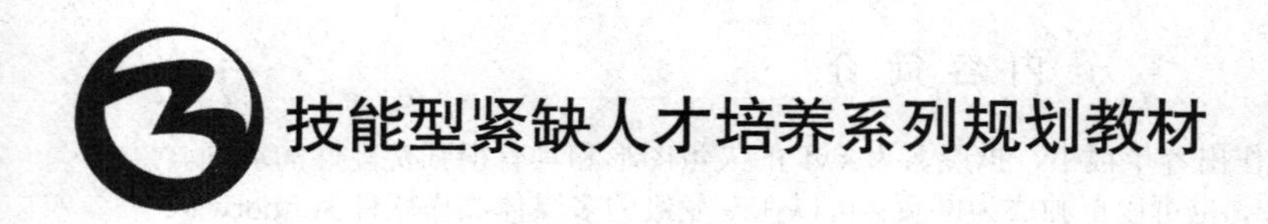

中文 Flash CS6 案例教程
（第四版）

张　伦　沈大林　主　编

佘晶晶　王爱赪　王浩轩　张　秋　副主编

中国铁道出版社有限公司
CHINA RAILWAY PUBLISHING HOUSE CO., LTD.

内 容 简 介

使用 Flash 软件可以制作出容量很小、扩展名为.swf 的矢量图形和具有很强交互性的动画。这种文件可以插入 HTML 中，也可以单独成为网页；可以在专业级的多媒体制作软件 Authorware 和 Director 中使用，也可以独立成为多媒体课件。Flash 还可以制作游戏和教学课件，以及处理视频等。本书介绍 Adobe 公司开发的 Flash 中文版 Adobe Flash CS6。

本书采用案例驱动的教学方式，除了第一章和最后一章外，各章均以节为教学单元，由“案例效果”“操作过程”“相关知识”“思考与练习”四部分组成。在“案例效果”部分介绍案例完成的效果；在“操作过程”部分介绍完成案例的操作方法和操作技巧；在“相关知识”部分介绍与本案例单元有关的知识，起到总结和提高的作用；在“思考与练习”部分提供一些与本案例有关的思考与练习题，主要是操作题。全书共 10 章，提供 42 个案例和大量的练习题，且部分案例提供了视频讲解，读者可以边进行任务制作，边学习相关知识和技巧。采用这种方法，特别有利于教师教学和学生自学。

本书适合作为中等职业学校计算机专业和高等职业院校的非计算机专业的教材，还可以作为广大计算机爱好者、多媒体程序设计人员的自学读物。

图书在版编目（CIP）数据

中文 Flash CS6 案例教程/张伦，沈大林主编. —4 版. —北京：中国铁道出版社，2018. 11（2021. 9重印）
技能型紧缺人才培养系列规划教材
ISBN 978-7-113-25079-9

Ⅰ. ①中…　Ⅱ. ①张…　②沈…　Ⅲ. ①动画制作软件-教材
Ⅳ. ①TP391. 414

中国版本图书馆 CIP 数据核字（2018）第 247785 号

书　　名：**中文 Flash CS6 案例教程**
作　　者：张　伦　沈大林

策　　划：邬郑希　　　　　　　　编辑部电话：（010）83527746
责任编辑：邬郑希　卢　笛
封面设计：刘　颖
责任校对：张玉华
责任印制：樊启鹏

出版发行：中国铁道出版社有限公司（100054，北京市西城区右安门西街 8 号）
网　　址：http://www.tdpress.com/51eds/
印　　刷：三河市宏盛印务有限公司
版　　次：2004 年 8 月第 1 版　2018 年 11 月第 4 版　2021 年 9 月第 2 次印刷
开　　本：787 mm×1 092 mm　1/16　印张：15.5　字数：373 千
书　　号：ISBN 978-7-113-25079-9
定　　价：45.00 元

技能型紧缺人才培养系列规划教材

审稿专家组

审稿专家：（按姓氏笔画排列）

丁桂芝（天津职业大学） 王行言（清华大学）
毛一心（北京科技大学） 毛汉书（北京林业大学）
邓泽民（教育部职业技术教育中心研究所）
艾德才（天津大学） 冯博琴（西安交通大学）
曲建民（天津师范大学） 刘瑞挺（南开大学）
安志远（北华航天工业学院） 李凤霞（北京理工大学）
吴文虎（清华大学） 吴功宜（南开大学）
宋　红（太原理工大学） 宋文官（上海商学院）
张　森（浙江大学） 陈　明（中国石油大学）
陈维兴（北京信息科技大学） 钱　能（杭州电子科技大学）
徐士良（清华大学） 黄心渊（北京林业大学）
龚沛曾（同济大学） 蔡翠平（北京大学）
潘晓南（中华女子学院）

技能型紧缺人才培养系列规划教材

丛书编委会

FOREWORD

丛书序

本套教材依据教育部办公厅和原信息产业部办公厅联合颁发的《中等职业院校计算机应用与软件技术专业领域技能型紧缺人才培养指导方案》进行规划。

根据我们多年的教学经验和对国外教学的先进方法的分析，针对目前职业技术学校学生的特点，采用案例引领，将知识按节细化，通过案例与知识相结合的教学方式，充分体现我国教育学家陶行知先生“教学做合一”的教育思想。通过完成案例的实际操作，学习相关知识、基本技能和技巧，让学生在学习中始终保持学习兴趣，充满成就感和探索精神。这样不仅可以让学生迅速上手，还可以培养学生的创作能力。从教学效果来看，这种教学方式可以使学生快速掌握知识和应用技巧，有利于学生适应社会的需要。

每本书按知识体系划分为多个章节，每一个案例是一个教学单元，按照每一个教学单元将知识细化，每一个案例的知识都有相对的体系结构。在每一个教学单元中，将知识与技能的学习融于完成一个案例的教学中，将知识与案例很好地结合成一体，案例与知识不可分割。在保证一定的知识系统性和完整性的情况下，体现知识的实用性。

每个教学单元均由“案例效果”“操作过程”“相关知识”“思考与练习”四部分组成。在“案例效果”部分介绍案例完成的效果；在“操作过程”部分介绍完成案例的操作方法和操作技巧；在“相关知识”部分介绍与本案例单元有关的知识，起到总结和提高的作用；在“思考与练习”部分提供一些与本案例有关的思考与练习题。对于程序设计类的教程，考虑到程序设计技巧较多，不易于用一个案例带动多项知识点的学习，因此采用先介绍相关知识，再结合知识介绍一个或多个案例的编写方式。

丛书作者努力遵从教学规律、面向实际应用、理论联系实际、便于自学等原则，注重训练和培养学生分析问题和解决问题的能力，注重提高学生的学习兴趣和培养学生的创造能力，注重将重要的制作技巧融于案例介绍中。每本书内容由浅入深、循序渐进，使读者在阅读学习时能够快速入门，从而达到较高的水平。读者可以边进行案例制作，边学习相关知识和技巧。采用这种方法，特别有利于教师进行教学和学生自学。

为便于教师教学，丛书还提供了实时演示的多媒体电子课件。

参与本套教材编写的作者不仅有在教学一线的教师，还有在企业负责项目开发的技术人员。他们将教学与工作需求更紧密地结合起来，通过完全的案例教学，提高学生的应用操作能力，为我国职业技术教育探索更助一臂之力。

沈大林

PREFACE

第四版前言

Flash 是 Adobe 公司开发的软件。Flash 可以在使用很小字节量的情况下，完成高质量的矢量图形和交互式动画的制作。Flash 采用“流”的播放形式，可以边下载边观看。Flash 制作的扩展名为.swf 的动画文件，可以插入 HTML 里，也可以单独成为网页。它不但可以制作一般的动画，还可以制作具有较强交互性能的动画。Flash 与 Dreamweaver 和 Photoshop 等软件配合使用，可以快速制作精彩的网页、创建有特色的网站。Flash 不仅可以用于网页制作，还可以应用于交互式多媒体软件的开发。它不但可以在专业级的数字媒体制作软件中使用，还可以独立地制作数字媒体演示软件、数字媒体教学软件和游戏等。本书介绍 Flash 中文版 Adobe Flash CS6。

本书共分 10 章，第 1 章介绍了中文 Flash CS6 工作区、文档的基本操作，“库”面板、元件和实例等，还通过介绍制作一个实例，使读者对中文 Flash CS6 有一个总体了解，为以后的学习打下一个良好的基础；第 2 章介绍了对象和帧的基本操作及场景；第 3 章介绍了如何绘制和编辑图形；第 4 章介绍了创建文本和导入外部对象的方法；第 5 章介绍了创建按钮元件的方法、元件实例“属性”面板的使用方法，以及特殊绘图的方法；第 6 章介绍了创建传统补间动画、补间动画和补间形状动画的方法；第 7 章介绍了遮罩层的应用方法和技巧，以及创建 IK 动画的方法；第 8 章介绍了 ActionScript 基本语法、部分全局函数和交互动画的基本制作方法，以及部分面向对象的编程方法；第 9 章介绍了组件基本知识和几个应用案例；第 10 章介绍 3 个综合案例。

本书采用案例驱动的教学方式，除了第 1 章和最后一章外，各章均以节为一个教学单元（相当于 1～4 课时），对知识点进行了细致的取舍和编排，按节细化了知识点，并结合知识点介绍相关的实例。一个教学单元由“案例效果”、“操作过程”、“相关知识”和“思考练习”四部分组成。在“案例效果”部分介绍案例完成的效果，在“操作过程”部分介绍完成案例的操作方法和技巧，在“相关知识”部分介绍与本案例有关的知识，有总结和提高的作用，在“思考练习”部分提供了一些与本案例有关的练习题，主要是操作题，有总结和提高的作用。全书提供 42 个案例和大量的练习题，且部分案例提供视频讲解，读者可以边进行任务制作，边学习相关知识和技巧。采用这种方法，特别有利于教师教学和学生自学。

本书遵从教学规律，特别注意认知特点，培养学习兴趣和创造力，将重要的制作技巧融于实例当中，具有较高知识含量，力求做到内容由浅入深、循序渐进，使读者在阅读学习时，不但知其然，还要知其所以然，不但能够快速入门，而且可以达到较高的水平。本书注意知识结构与实用技巧相结合，读者可以边进行案例制作，边学习相关知识和技巧，轻松掌握中文 Flash CS6 的使用方法和技巧。

本书在第三版的基础之上进行了一些修改，主要是更改了一些案例，修改了一些错误。

本书主编：张伦和沈大林；副主编：佘晶晶、王爱赪、王浩轩、张秋。参加本书编写的主要人员有：闫怀兵、沈昕、肖柠朴、万忠、郑淑晖、曾昊、于建海、郑鹤、郭海、陈恺硕、郝侠、丰金兰、卢贺、李宇辰、苏飞、王小兵、郑瑜等。

本书适合作为中等职业学校计算机专业和高等职业院校的非计算机专业的教材，还可以作为广大计算机爱好者、多媒体程序设计人员的自学读物。

由于操作过程中的疏漏，书中难免有偏漏和不妥之处，恳请广大读者批评指正。

编　者

2018 年 5 月

CONTENTS

目录

第1章　中文 Flash CS6 初步

1.1　中文 Flash CS6 工作区和工作区布局

1.1.1　中文 Flash CS6 工作区简介

1. 中文 Flash CS6“欢迎”屏幕

通常在刚刚启动中文 Flash CS6 或者关闭所有 Flash 文档时，会自动调出 Flash CS6 的“欢迎”屏幕，如图 1-1-1 所示。它由 6 个区域组成，各区域的作用如下：

（1）“打开最近的项目”区域：其中列出了最近打开过的 Flash 文件名称，单击其中一个文件名称，即可调出相应的 Flash 文档。单击“打开”按钮，可以弹出“打开”对话框，利用该对话框可以打开外部的一个或多个 Flash 文档。

（2）“新建”区域：其中列出了可以创建的 Flash 文件类型名称。单击“ActionScript 3.0”选项，即可新建一个普通的 Flash 文档（默认的播放器版本为 Flash Player 11.2，ActionScript 版本为 ActionScript 3.0）。单击其他项目名称，可以快速创建一个相应的 Flash 文档。

（3）“从模板创建”区域：其中列出了一些 Flash CS6 提供的模板类型，单击其中一个模板类型名称或“更多”按钮，即可弹出“从模板新建”对话框，如图 1-1-2 所示。通过该对话框可以选择一个具体的模板，来进一步利用模板创建 Flash 文档。

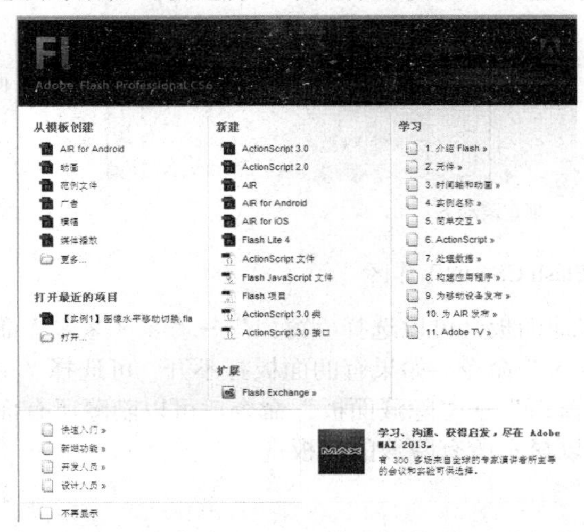

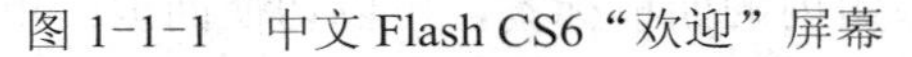
图 1-1-1　中文 Flash CS6“欢迎”屏幕

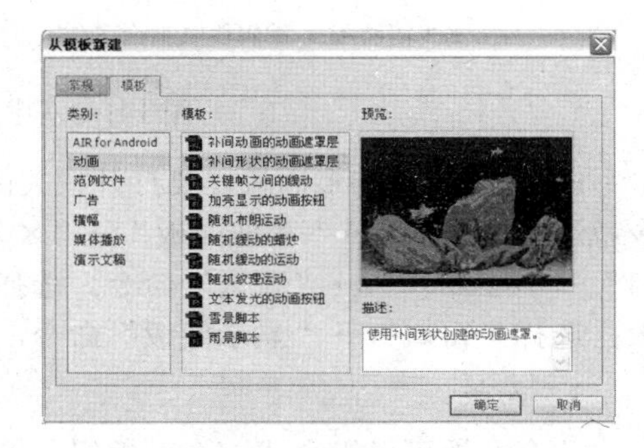

图 1-1-2　“从模板新建”对话框

（4）“扩展”区域：单击“Flash Exchange”按钮，可以跳转到“Flash Exchange”网站。可以在其中下载助手应用程序、扩展功能以及相关信息。

（5）“学习”区域：单击其内的按钮，可以弹出相应的学习网站，学习相关的内容，提供了对“学习”资源的快速访问。

（6）“学习和培训”区域：在“欢迎”屏幕最下方有 4 个按钮，单击不同的按钮，可以打开相应的网页，了解入门知识、Flash CS6 新增功能和查找 Adobe 授权的培训机构等有关内容。

如果选中 Flash CS6“欢迎”屏幕内最下边的“不再显示”复选框，则下次启动中文 Flash CS6 或关闭所有 Flash 文档时，就不会再出现此“欢迎”屏幕，而是直接进入“新建文档”对话框。若要显示“欢迎”屏幕，可选择“编辑”→“首选参数”命令，弹出“首选参数”对话框，在该对话框内的“类别”栏中选择“常规”选项，在“启动时”下拉列表框中选择“欢迎屏幕”选项，然后单击“确定”按钮。

2. 中文 Flash CS6 工作区简介

启动中文 Flash CS6，新建一个 Flash 文档，它的工作区如图 1-1-3 所示。可以看出，它由标题栏、菜单栏、工具箱、时间轴、舞台工作区、“属性”面板和其他面板等组成。选择“窗口”命令，调出它的菜单，选择该菜单内的命令，可以打开或关闭时间轴、工具、“属性”、“库”等面板。选择“窗口”→“工具栏”→“××”命令，可以打开或关闭主工具栏、控制器（用于播放影片）和编辑器。

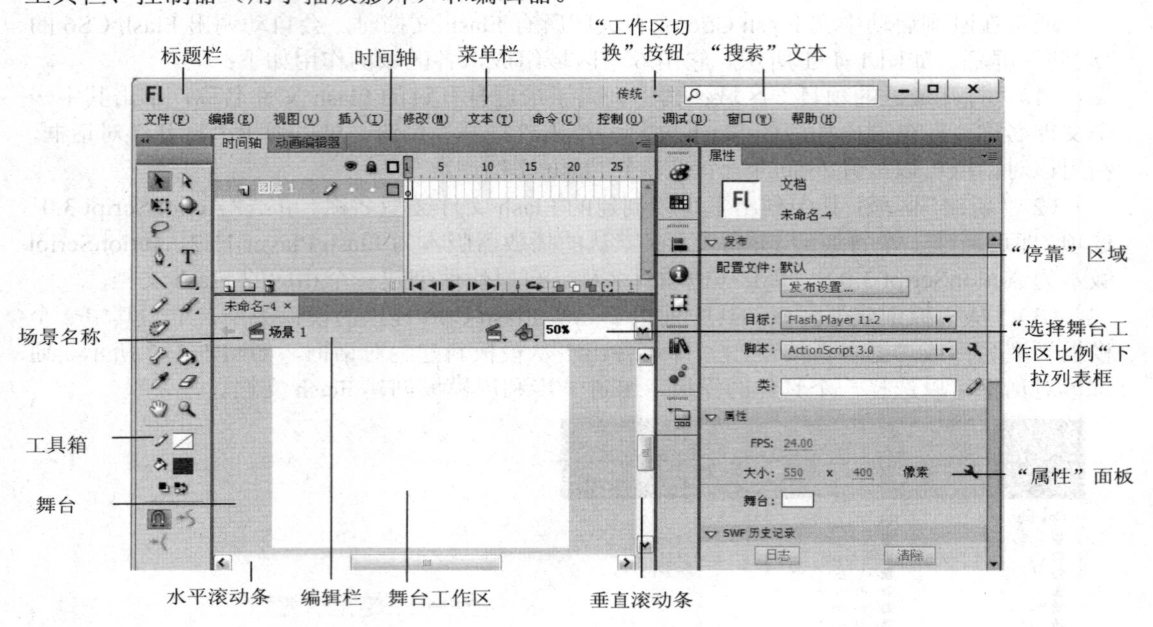

图 1-1-3 中文 Flash CS6 的工作区

Flash CS6 有许多面板，要打开或关闭其他面板，可以选择“窗口”→“××××”命令或选择“窗口”→“其他面板”→“××××”命令。如果有的面板打不开，可选择“窗口”→“工作区”→“默认”命令。选择“窗口”→“隐藏面板”命令，可以隐藏所有面板；选择“窗口”→“显示面板”命令，可以显示所有隐藏的面板。

3. 面板

几个面板可以组合成一个面板组，单击面板组内的面板标签，可以切换面板。单击面板标题栏右上角的，调出面板菜单，其内有“帮助”、“关闭”、“关闭组”命令和其他命令。

（1）“停靠”区域：调出的面板会放置在 Flash 工作区最右边的区域内，该区域称为“停靠”区域（见图 1-1-3）。单击“停靠”区域内右上角的“展开面板”按钮，或者双击其左边标签栏空白部分，可以展开面板和面板组。单击“停靠”区域内的面板图标，可以展开相应的面板。例如，单击“样本”图标，可以展开“样本”面板，如图 1-1-4 所示。

单击“停靠”区域内右上角的“折叠为图标”按钮或双击其左边标签栏空白部分，可以收缩相应一列的面板和面板组，形成由这些面板的图标和名称组成的列表，如图 1-1-5 所示。将鼠标指针移到列表的左或右边框处，当鼠标指针呈双箭头状时，水平拖动，可以调整列表的宽度，当宽度足够时会显示面板的名称。

（2）面板和面板组操作：拖动面板或面板组顶部的水平虚线条 行，可以将面板或面板组移出“停靠”区域的任何位置。例如，移出的“颜色和样本”面板组如图 1-1-6 所示。拖动面板标签或右边的空白处，可以将面板从“停靠”区域内拖动出来。

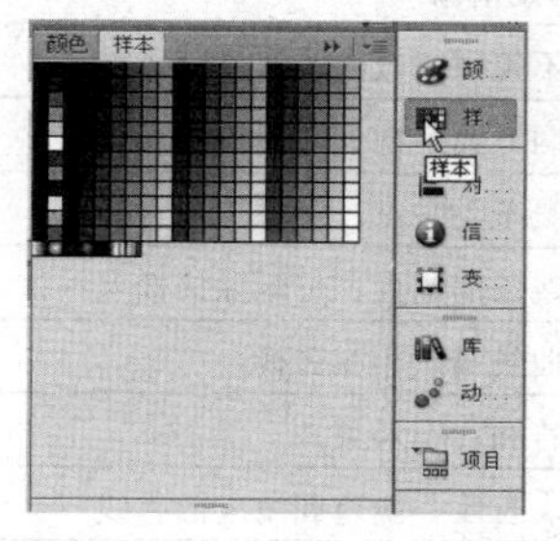

图 1-1-4　展开“样本”面板

图 1-1-5　面板收缩

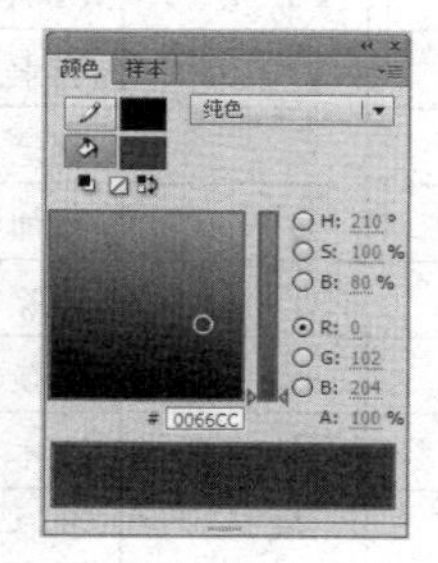

图 1-1-6　移出“停靠”区域

拖动面板标签（如“样本”标签）到面板组外边，可以使该面板独立，如图 1-1-7 所示。拖动面板的标签（如“样本”标签）到其他面板（例如“对齐”面板）的标签处，可以将该面板与其他面板或面板组组合在一起，如图 1-1-8 所示。在图 1-1-9 左图所示面板组内，上下拖动面板图标，也可以改变面板图标的相对位置，如图 1-1-9 右图所示。

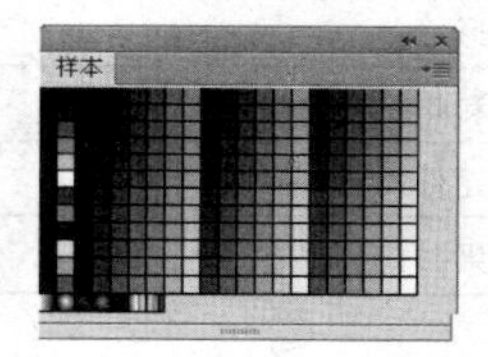

图 1-1-7　“样本”面板

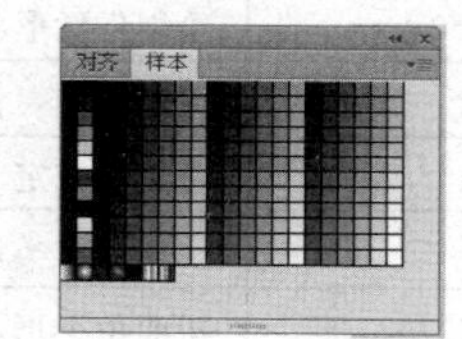

图 1-1-8　重新组合的面板组

图 1-1-9　改变面板图标的相对位置

（3）“属性”面板：该面板是一个特殊面板，单击选中不同的对象或工具时，它会自动切换到相应的“属性”面板，集中了有关的参数设置选项。例如，单击工具箱中的“选择工具”按钮 ，单击舞台工作区内空白处，此时的“属性”面板是文档的“属性”面板（见图 1-1-3），提供了设置文档的许多选项。单击 ，可收缩相应的选项；单击 ，可以展开相应的选项。拖动面板下边缘和右边缘，可以调整“属性”面板的大小。

4. 工具箱

工具箱就是“工具”面板，它提供了用于选择对象、绘制和编辑图形、图形着色、修改对象和改变舞台工作区视图等工具。工具箱内从上到下分为“工具”（第 1～3 栏）、“查看”（第 4 栏）、“颜色”（第 5 栏）和“选项”（第 6 栏），如图 1-1-3 所示。将鼠标指针移到各按钮之上，会显示该按钮的中文名称。单击某个工具按钮，可以激活相应的工具操作功能，以后把这一操作称作使用某个工具。下面简要介绍各栏工具的名称与作用。

（1）“工具”栏：工具箱“工具”栏内的工具用来绘制图形、输入文字、编辑图形、选择对象。其中各工具按钮的名称与作用如表 1-1-1 所示。

表 1-1-1　“工具”栏中工具按钮的名称与作用

序　　号	图　　标	中　文　名	热　　键	作　　用
1		选择工具	V	选择对象，移动、改变对象大小和形状
2		部分选取工具	A	选择和调整矢量图形的形状等
3-1		任意变形工具	Q	改变对象大小、旋转角度和倾斜角度等
3-2		渐变变形工具	F	改变填充的位置、大小、旋转和倾斜角度
4-1		3D 旋转工具	W	在 3D 空间中旋转对象

续表

序　　号	图　　标	中 文 名	热　键	作　　用
4-2		3D 平移工具	G	在 3D 空间中移动对象
5		套索工具	L	在图形中选择不规则区域内的部分图形
6-1		钢笔工具	P	采用贝赛尔绘图方式绘制矢量曲线图形
6-2		添加锚点工具	=	单击矢量图形线条上一点，可添加锚点
6-3		删除锚点工具	-	单击矢量图形线条的锚点，可删除该锚点
6-4		转换锚点工具	C	将直线锚点和曲线锚点相互转换
7		文本工具	T	输入和编辑字符和文字对象
8		线条工具	N	绘制各种粗细、长度、颜色和角度的直线
9-1		矩形工具	R	绘制矩形的轮廓线或有填充的矩形图形
9-2		椭圆工具	O	绘制椭圆形轮廓线或有填充的椭圆形图形
9-3		基本矩形工具	R	绘制基本矩形
9-4		基本椭圆工具	O	绘制基本椭圆或基本圆形
9-5		多角星形工具		绘制多边形和多角星形图形
10		铅笔工具	Y	绘制任意形状的曲线矢量图形
11-1		刷子工具	B	可像画笔一样绘制任意形状和粗细的曲线
11-2		喷涂刷工具	B	可使用在定义区域随机喷涂元件
12		Deco 工具	U	快速创建类似于万花筒的效果并应用填充
13-1		骨骼工具	X	扭曲单个形状
13-2		绑定工具	Z	用一系列链接对象创建类似于链的动画效果
14-1		颜料桶工具	K	给填充对象填充彩色或图像内容
14-2		墨水瓶工具	S	用于改变线条的颜色、形状和粗细等属性
15		滴管工具	I	用于将选中对象的一些属性赋予相应面板
16		橡皮擦工具	E	擦除图形和打碎后的图像与文字等对象

（2）“查看”栏：该栏内的工具用来调整舞台编辑画面的观察位置和显示比例。其中两个工具按钮的名称与作用如表 1-1-2 所示。

表 1-1-2　“查看”栏中工具按钮的名称与作用

序　　号	图　　标	名　　称	快 捷 键	作　　用
1		手形工具	H	拖动移动舞台工作区画面的观察位置
2		缩放工具	M，Z	改变舞台工作区和其内对象的显示比例

屏幕窗口的大小是有限的，有时画面中的内容会超出屏幕窗口可以显示的区域，这时可以使用窗口右边和下边的滚动条或“手形工具”按钮，拖动移动舞台工作区。

（3）“颜色”栏：工具箱“颜色”栏的工具是用来确定绘制图形的线条和填充的颜色。其中各工具按钮的名称与作用如下：

① （笔触颜色）按钮：用于给线着色。

② （填充颜色）按钮：用于给填充着色。

③ 两个按钮：单击“黑白”按钮，可以使笔触颜色恢复为黑色，填充色恢复为白色的默认状态。单击“交换颜色”按钮，可以使笔触颜色与填充色互换。

（4）“选项”栏：工具箱“选项”栏中放置了可对当前激活的工具进行设置的一些属

性和功能按钮等选项。这些选项是随着用户选用工具的改变而变化的，大多数工具都有自己相应的属性设置。在绘图、输入文字或编辑对象时，通常应在选中绘图或编辑工具后，再对其属性和功能进行设置。

5. 主工具栏

主工具栏有 16 个按钮，如图 1-1-10 所示。主工具栏中各按钮的作用如表 1-1-3 所示。将鼠标指针移到各按钮之上，会显示该按钮的中文名称。

图 1-1-10 主工具栏

表 1-1-3 主工具栏按钮的名称与作用

序号	图标	名称	作用
1		新建	新建一个 Flash 文档
2		打开	打开一个已存在的 Flash 文档
3		转到 Bridge	单击该按钮，可以调出“Bridge”，它是一个文件浏览器
4		保存	将当前 Flash 文件保存为扩展名为“.fla”的文档
5		打印	将当前编辑的 Flash 图像打印输出
6		剪切	将选中的对象剪切到剪贴板中
7		复制	将选中的对象复制到剪贴板中
8		粘贴	将剪贴板中的内容粘贴到光标所在的位置处
9		撤销	撤销刚刚完成的操作
10		重做	重新进行刚刚被撤销的操作
11		贴紧至对象	可以进入“贴紧”状态。此时，绘图、移动对象都可自动贴紧到对象、网格或辅助线，不适合于微调
12		平滑	可使选中的曲线或图形外形更加平滑，有累积效果
13		伸直	可使选中的曲线或图形外形更加平直，有累积效果
14		旋转与倾斜	可以改变舞台中对象的旋转角度和倾斜角度
15		缩放	可以改变舞台中对象的大小尺寸
16		对齐	单击该按钮，可以调出“对齐”面板，用来将选中的多个对象按照设定的方式排列对齐和等间距调整

1.1.2 舞台工作区

1. 舞台和舞台工作区的概念

创建或编辑 Flash 文档离不开舞台，像导演指挥演员演戏一样，要给演员一个排练的场所，这在 Flash 中称为舞台。它是在创建 Flash 文档时放置对象的矩形区域。舞台工作区是舞台中的一个矩形区域，它是绘制图形，输入文字，编辑图形、文字和图像等对象的矩形区域，也是创建影片的区域。这些对象的展示可以在舞台工作区中进行，相当于 Flash Player 或 Web 浏览器窗口中播放时显示 Flash 文档的矩形区域。可以使用舞台工作区周围的区域存储图形和其他对象，而在播放 SWF 文件时不在舞台上显示它们。

2. 舞台工作区显示比例的调整方法

（1）方法一：在舞台工作区的上方是编辑栏，编辑栏内右边的“选择舞台工作区比例”下拉列表框可以用来选择或输入舞台百分比来改变工作区显示比例，如图 1-1-11 所示。

（2）方法二：单击“缩放工具”按钮，则工具箱“选项”栏内会出现和两个按钮。单击按钮，再单击舞台，可以放大；单击按钮，再单击舞台，可以缩小。单击“缩放工具”按钮后，在舞台工作区内拖出一个矩形，该矩形区域中的内容将会撑满整个舞台工作区。

图 1-1-11　调整舞台显示比例

（3）方法三：选择“视图”→“缩放比率”命令，调出其子菜单，如图 1-1-12 所示。其中各命令的作用如下：

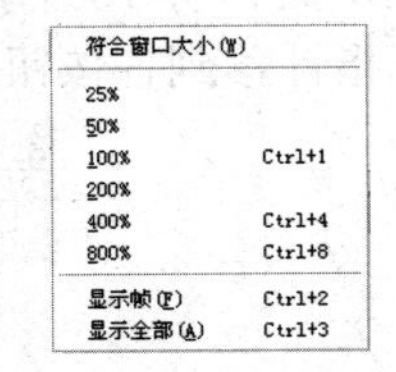

图 1-1-12 “缩放比率”子菜单

①“符合窗口大小”命令：按窗口大小显示舞台工作区。

② 第 2 栏命令：选择舞台工作区的显示比例。

③“显示帧”命令：自动调整舞台工作区的显示比例，使舞台工作区完全显示。

④“显示全部”命令：调整舞台工作区显示比例，将舞台工作区内所有对象完全显示。

1.1.3　工作区布局

工作区布局就是确定打开和关闭哪些面板、工作区内各面板的位置、调整工作区大小等。

1. 新建工作区布局

调整工作区后，选择“窗口”→“工作区”→“新建工作区”命令，弹出“新建工作区”对话框，在文本框中输入工作区名称（如“我的第 1 个工作区”，见图 1-1-13），单击“确定”按钮，在“窗口”→“工作区”菜单中添加“我的第 1 个工作区”命令。

2. 管理工作区布局

选择“窗口”→“工作区”→“管理工作区”命令，弹出“管理工作区”对话框，如图 1-1-14 所示。单击选中一个工作区布局名称，单击“重命名”按钮，可弹出“重命名工作区”对话框，用来给工作区布局重命名；单击“删除”按钮，可将选中的工作区布局删除。

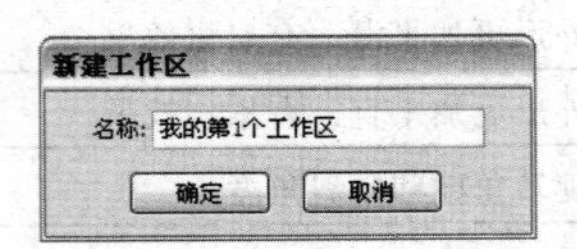

图 1-1-13 “新建工作区”对话框

图 1-1-14 “管理工作区”对话框

3. 不同工作区布局的切换

单击中文 Flash CS6 工作区内最上边的“工作区切换”按钮，弹出它的菜单，单击该菜单内用户定义的工作区名称（如“用户工作区 1”），或者系统定义的工作区名称（如“动画”“传统”等），或者单击“窗口”→“工作区”→“××”命令（××是工作区名称），都可以切换到相应的工作区布局。

思考与练习1-1

（1）通过操作了解中文 Flash CS6 工作区特点，主工具栏和工具箱内所有工具的名称。

（2）新建一个 Flash 文档，参见表 1-1-2 和表 1-1-3，练习使用工具箱内的工具。

（3）调整一种工作区布局，将这种工作区布局以“工作区 1”为名保存。然后，将工作区布局还原为默认状态，再将工作区布局重命名为“工作区 1”的工作区布局状态。

1.2 时间轴

1.2.1 时间轴的组成和特点

1. 时间轴组成

每个动画都有它的时间轴。图 1-2-1 给出了一个 Flash 动画的时间轴。Flash 把动画按时间顺序分解成帧，在舞台中直接绘制的图形或从外部导入的图像均可以形成单独的帧，再把各个单独的帧画面连在一起，合成动画。时间轴就好像导演的剧本，决定了各个场景的切换以及演员出场、表演的时间顺序，它是创作和编辑动画的主要工具。

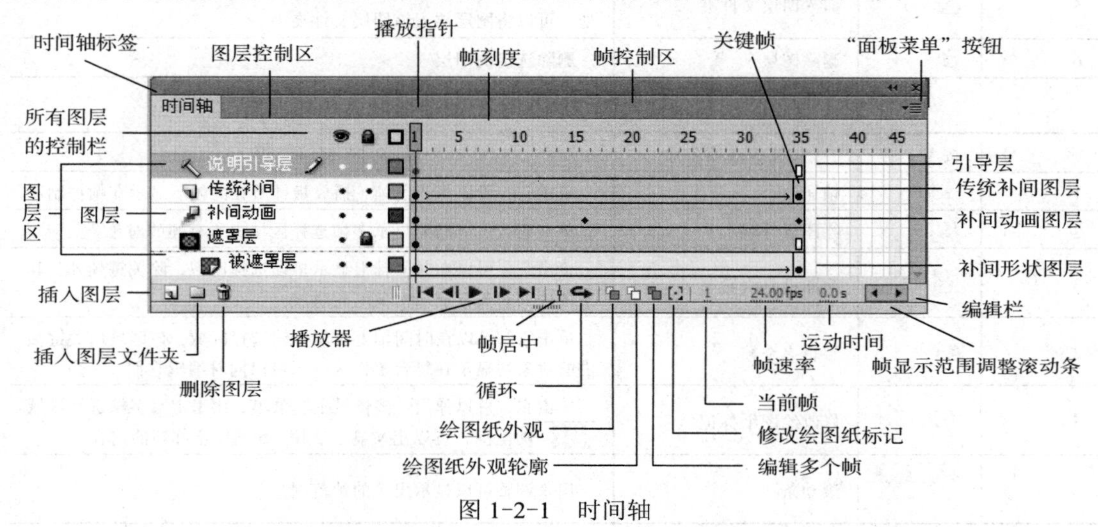

图 1-2-1　时间轴

由图 1-2-1 可以看出，时间轴窗口可以分为左右两个区域。左边区域是图层控制区，它主要用来进行各图层的操作；右边区域是帧控制区，它主要用来进行各帧的操作。拖动它们之间的分隔条，可以调整图层控制区和帧控制区的大小比例，还可以将某个控制区隐藏起来。

图层相当于舞台中演员所处的前后位置。可以在制作一个 Flash 影片中建立多个图层。图层靠上，相当于该图层的对象在舞台的前面。在同一个纵深位置处，前面的对象会挡住后面的对象。在不同纵深位置处，可以透过前面图层看到后面图层内的对象。图层之间是完全独立的，不会相互影响。图层的多少，不会影响输出文件的大小。

在时间轴窗口的帧控制区中有一条红色的竖线，它指示的是当前帧，称为播放指针，它指示了舞台工作区内显示的是哪一帧画面。可以用鼠标拖动它，来改变舞台显示的画面。

2. 时间轴图层控制区

图层控制区内第 1 行有三个按钮，用来对所有图层的属性进行控制。从第 2 行开始到倒数第 2 行是图层区，其内有许多图层行。在图层控制区内，从左到右按列分为“图层类别图标”、“图层名称”、“当前图层图标”、“显示/隐藏图层”、“锁定/解除锁定”和“轮廓”6 列。双击图层名称进入图层名称编辑状态，用来更改图层名称。“当前图层图标”列的图标为✎，表示该图层是当前图层。右击图层控制区的图层，可以弹出图层快捷菜单，利用它可以完成对图层的一些操作。图层控制区内按钮的名称和作用简介如表 1-2-1 所示。

3. 时间轴帧控制区

时间轴帧控制区内编辑栏中的按钮、滚动条的名称和作用如表 1-2-2 所示。

表 1-2-1　时间轴图层控制区内按钮的名称和作用

序　号	按　钮	按 钮 名 称	按 钮 作 用
1		显示/隐藏所有图层	使所有图层的内容显示或隐藏
2		锁定/解除锁定所有图层	使所有图层的内容锁定或解锁，图层锁定后，其内的所有对象不可以被操作
3		显示所有图层的轮廓	使所有图层中的图形只显示轮廓
4		插入图层	在选中图层的上面再增加一个新的普通图层
5		插入图层文件夹	在选中图层之上新增一个图层文件夹，拖动图层到图层文件夹处，可以将图层放入该图层文件夹中
6		删除图层	删除选定的图层

表 1-2-2　时间轴帧控制区内按钮、滚动条的名称和作用

序　号	按　钮	按钮等选项名称	按 钮 作 用
1		帧居中	单击它，可以将当前帧（播放指针所在的帧）显示在帧控制区
2		绘图纸外观	单击它，可以同时显示多帧选择区域内所有帧的对象
3		绘图纸外观轮廓	单击它，可以在时间轴上显示多帧选择区域，除关键帧外，其余帧中的对象仅显示对象的轮廓线
4		编辑多个帧	单击它，可以在时间轴上制作多帧选择区域，该区域内关键帧内的对象均显示在舞台工作区中，可以同时编辑它们
5		修改绘图纸标记	单击它，可以弹出“多帧显示”菜单，用来定义多帧选择区域的范围，可以定义显示 2 帧、5 帧或全部帧的内容
6		滚动条	用来调整可以显示出来的帧范围

帧控制区第 1 行是时间轴帧刻度区，用来标注随时间变化所对应的帧号码，下边是帧工作区，它给出各帧的属性信息。其内也有许多图层行。在一个图层中，水平方向上划分为许多帧，每个帧表示一帧画面。单击一帧，即可在舞台工作区中显示相应的对象。有一个实心圆圈的帧表示是关键帧（即动画中起点、终点或转折点的帧）。右击帧控制区的帧，可以弹出帧快捷菜单，利用该菜单可以完成对帧的大部分操作。

帧主要有以下几种，不同种类的帧表示了不同的含义。

（1）空白帧：又称帧。该帧内是空的，没有任何对象，也不可以在其内创建对象。

（2）空白关键帧：又称白色关键帧，帧内有一个空心的圆圈，表示它是一个没内容的关键帧，可以创建各种对象。新建一个 Flash 文件，则会在第 1 帧自动创建一个空白关键帧。单击选中某一个空白帧，再按【F7】键，即可将它转换为空白关键帧。

（3）关键帧：在创建补间动画的时间轴内，帧有一个实心的圆圈图标，表示该帧内有对象，可以进行编辑。单击选中一个帧，再按【F6】键，即可创建一个关键帧。

（4）属性关键帧或：在补间动画的补间范围内帧有一个实心圆圈或菱形图标，表示它是补间动画中起始属性关键帧，是补间动画起始属性关键帧，是补间动画中非起始属性关键帧。

（5）普通帧：关键帧右边的浅灰色、绿色或浅蓝色帧分别是传统补间动画、形状补间动画和补间动画的普通帧，表示它的内容与左边的关键帧内容一样。选中关键帧右边的一个空白帧，再按【F5】键，则从关键帧到选中帧之间的所有帧均变成普通帧。

（6）动作帧：该帧本身也是一个关键帧，其中有一个字母“a”，表示这一帧中分配有动作脚本。当影片播放到该帧时会执行相应的脚本程序。有关内容将在第 5 章介绍。

（7）过渡帧▭：它是创建补间动画后由 Flash 计算生成的帧，它的底色为灰蓝色（传统补间）、浅蓝色（补间）或浅绿色（形状补间）。不可以对过渡帧进行编辑。

创建不同帧的方法还有：选中某一帧，选择“插入”→“时间轴”→“××××”命令。或右击关键帧，弹出帧快捷菜单，再选择该帧快捷菜单中相应的命令。

1.2.2　编辑图层

1. 图层基本操作

（1）选择图层：选中的图层，其图层控制区的图层行呈灰底色，还会出现一个图标✎，同时也选中了该图层中的所有帧，如图 1-2-1 所示。

① 选中一个图层：单击图层控制区的相应图层行。另外，单击选中一个对象，该对象所在的图层会同时被选中。

② 选中连续多个图层：按住【Shift】键，同时单击控制区内起始图层和终止图层。

③ 选中多个不连续图层的所有帧：按住【Ctrl】键，单击控制区域内的各个图层。

④ 选择所有图层和所有帧：单击选中帧快捷菜单中的“选择所有帧”命令。

（2）改变图层的顺序：图层的顺序决定了工作区各图层的前后关系。用鼠标拖动图层控制区内的图层，即可将图层上下移动，改变图层的顺序。

（3）删除图层：首先选中一个或多个图层，然后单击“删除图层”按钮🗑或者拖动选中的图层到“删除图层”按钮🗑之上。

（4）复制和移动图层：右击要复制的图层，弹出帧快捷菜单，选择该菜单中的“复制帧”命令，将选中的帧复制到剪贴板中。选中要粘贴的所有帧，右击选中的帧，弹出帧快捷菜单，选择该菜单中的“粘贴帧”命令，将剪贴板中的内容粘贴到选中的各帧。

（5）给图层重命名：双击图层控制区内图层的名字，使黑底色变为白底色，然后输入新的图层名字即可。

2. 显示/隐藏图层

（1）显示/隐藏所有图层：单击图层控制区第一行的图标👁，可以隐藏所有图层的对象，所有图层的图层控制区会出现图标✕，表示图层隐藏。再单击图标👁，所有图层的图层控制区内图标✕会取消，表示图层显示。隐藏图层中的对象不会显示出来，但可以正常输出。

（2）显示/隐藏一个图层：单击图层控制区某一图层内“显示/隐藏图层”列的图标•，使该图标变为图标✕，该图层隐藏；再单击图标✕，该图标变为图标•，使该图层显示。

（3）显示/隐藏连续的几个图层：单击起始图层控制区“显示/隐藏图层”列（图标👁列），不松开鼠标左键垂直拖动，使鼠标指针移到终止图层，即可使这些图层显示/隐藏。

（4）显示/隐藏未选中的所有图层：按住【A1t】键，单击图层控制区内某一个图层的“显示”列，即可显示/隐藏其他所有图层。

3. 锁定/解锁图层和显示对象轮廓

所有图形与动画制作都是在选中的当前图层中进行，任何时刻只能有一个当前图层。在任何可见的并且没有被锁定图层中，可以进行对象的编辑。

（1）锁定/解锁所有图层：它的操作方法与显示/隐藏所有图层的方法相似，只是操作的不是“显示/隐藏图层”列，而是“锁定/解除锁定”列，不是图标👁，而是图标🔒。

（2）锁定/解锁一个图层：单击该列图层行内的图标•，变为图标🔒，使该图层的内容锁定；单击该列图层行内的图标🔒，使该图标变为图标•，该图层的内容解锁。

（3）显示所有图层内对象轮廓：单击图层控制区第一行的图标□，可以使所有图层内对象只显示轮廓线；再单击该图标，可以使所有图层内对象正常显示。

（4）显示一个图层内对象轮廓：单击图层控制区内“轮廓”列图层行中的图标■，使它变为□，该图层对象只显示其轮廓；单击图标□，使它变为■，该图层的对象会正常显示。

思考与练习1-2

（1）在“图层 1”图层之上添加两个图层，将三个图层的名称分别改为“绿色矩形”、“蓝色圆”和“红色梯形”。

（2）选中“绿色矩形”图层第1帧，在舞台工作区内绘制一个绿色矩形；选中“蓝色圆”图层第1帧，在舞台工作区内绘制一个蓝色圆；选中“红色梯形”图层第1帧，在舞台工作区内绘制一个红色梯形。然后，分别将三个图层隐藏，观察舞台工作区内画面的变化。将“绿色矩形”图层锁定，再将“绿色矩形”图层解除锁定。

1.3 Flash 文档基本操作

1.3.1 建立 Flash 文档和文档属性设置

1. 新建 Flash 文档

（1）方法一：选择“文件”→“新建”命令，弹出“新建文档”（常规）对话框，如图 1-3-1 所示。在“类型”栏内选中一种类型，在右边设置动画画面的宽度、高度，设置帧频、背景色等，再单击该对话框内的“确定”按钮，即可创建一个新的 Flash 空文档。

（2）方法二：单击主工具栏内的“新建”按钮，可以直接创建一个空的 Flash 文档。

（3）方法三：调出 Flash CS6 的“欢迎”屏幕（见图 1-1-1），单击“新建”区域内的“ActionScript 3.0”选项，即可新建一个普通的 Flash 文档，单击其他项目名称，也可以快速创建一个相应的 Flash 文档。

2. 设置文档属性

选择“修改”→“文档”命令，弹出“文档设置”对话框，如图 1-3-2 所示。单击工具箱中的“选择工具”按钮，再单击舞台，切换到文档的“属性”面板，单击该面板内的“编辑文档属性”按钮，也可以调出“文档设置”对话框。

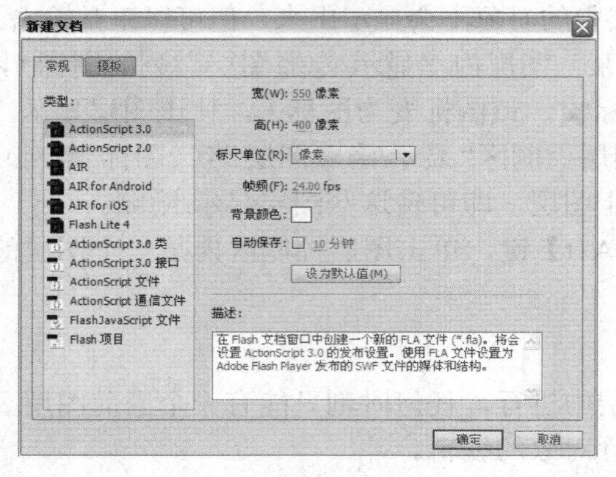

图 1-3-1 “新建文档”（常规）对话框

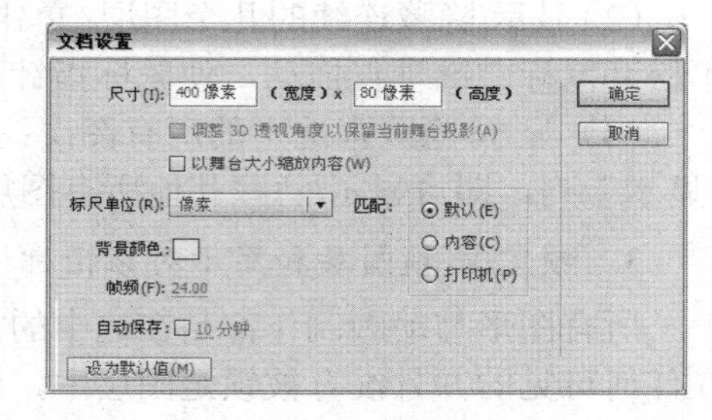

图 1-3-2 “文档设置”对话框

“文档设置”对话框各选项的作用和设置如下：

（1）“尺寸”栏：它的两个文本框可以设置舞台工作区的大小。在“宽度”文本框内输入舞台工作区的宽度，在“高度”文本框内输入舞台工作区的高度，默认单位为 px（像素）。舞台工作区的大小最大可设置为 2 880px×2 880px，最小可设置为 1px×1px。

（2）“标尺单位”下拉列表框：它用来选择舞台上边与左边标尺的单位，可选择英寸、点、像素、厘米和毫米等。

（3）“匹配”栏：选择“默认”单选按钮，可以按照默认值设置文档属性。选择“打印机”单选按钮，可以使舞台工作区与打印机相匹配。选择“内容”单选按钮，可以使舞台工作区与影片内容相匹配，并使舞台工作区四周具有相同的距离。要使影片尺寸最小，可以把场景内容尽量向左上角移动，然后单击该按钮。

（4）“背景颜色”按钮：单击打开颜色面板，如图 1-3-3 所示。单击颜色面板中的一种色块，即可设置舞台工作区的背景颜色。

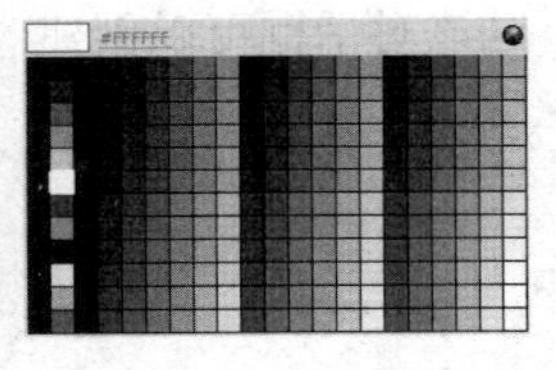

图 1-3-3　颜色面板

（5）“帧频”文本框：用来输入影片的播放速度，影片的播放速度默认为 12 fps，即每秒播放 12 帧画面。

（6）“设置默认值”按钮：单击可使文档属性的设置状态成为默认状态。

完成 Flash 文档属性的设置后，单击“确定”按钮，即可完成设置，退出该对话框。

1.3.2　保存、打开和关闭 Flash 文档

1. 保存和打开 Flash 文档

（1）保存 Flash 文档：如果是第一次存储 Flash 影片，可以选择“文件”→“保存”或“文件”→“另存为”命令，弹出“保存为”对话框。通过该对话框，将影片存储为扩展名为“.fla”的 Flash CS6 文档（在“保存类型”下拉列表框中选择“Flash CS6 文档”选项）或“Flash CS6 未压缩文档”、“Flash CS5 文档”和“Flash CS5 未压缩文档”等文档，如果要再次保存修改后的 Flash 文档，可以选择“文件”→“保存”命令。如果要以其他名字保存当前 Flash 文档，可以选择“文件”→“另存为”命令，弹出“另存为”对话框。

（2）打开 Flash 文档：选择“文件”→“打开”命令，弹出“打开”对话框。利用该对话框，选择扩展名为“.fla”的 Flash CS6 或 Flash CS5 文件和其他文档，再单击该对话框内的“打开”按钮，即可打开选定的 Flash 文档。

2. 关闭 Flash 文档和退出 Flash CS6

（1）关闭 Flash 文档窗口：选择“文件”→“关闭”命令或单击 Flash 舞台窗口右上角的“关闭”按钮。如果在此之前没有保存影片文件，会弹出一个提示框，提示是否保存文档。单击“是”按钮，即可保存文档，然后关闭 Flash CS6 文档窗口。

选择“文件”→“全部关闭”命令，可以关闭所有打开的 Flash 文档。

（2）退出 Flash CS6：选择“文件”→“退出”命令或单击窗口右上角的按钮。如果在此之前还有没关闭的修改过的 Flash 文档，则会弹出提示框，提示是否保存文档。单击“是”按钮，即可保存文档，并关闭 Flash 文档窗口，退出 Flash CS6。

思考与练习1-3

（1）新建一个舞台工作区宽 400 px，高 300 px，帧速为 12 fps，背景色为黄色的 Flash 文档。再以名称“动画 1.fla”保存。将舞台工作区宽更改为 60 cm，高更改为 40 cm。

（2）新建一个舞台工作区宽 600 px，高 400 px，帧速为 8 fps，背景色为浅蓝色。

1.4　“库”面板、元件和实例

1.4.1　“库”面板和元件分类

1. “库”面板

库有两种：一种是用户库，即“库”面板，用来存放用户创建动画中的元件，如图 1-4-1

所示；另一种是 Flash 系统提供的“公用库”，用来存放系统提供的元件。选择“窗口”→“公用库”→“××”命令，可以打开相应的一种公用库的“库”面板。例如，选择“窗口”→“公用库”→“Buttons”（按钮）命令，可打开按钮“外部库”面板，如图 1-4-2 所示。

（1）“库”面板底部按钮的作用如下：

①“新建元件”按钮：单击可以弹出“创建新元件”对话框，如图 1-4-3 所示。通过该对话框可以创建一个新元件。

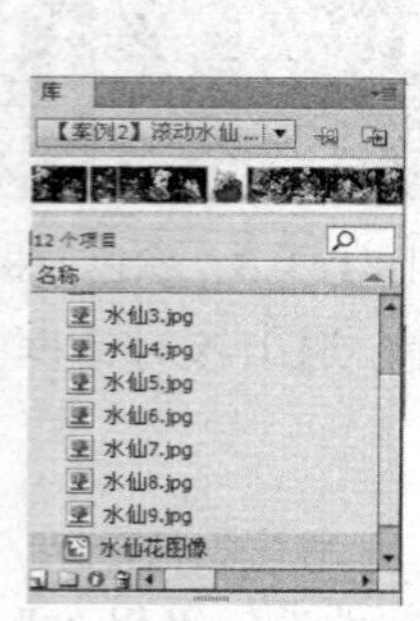

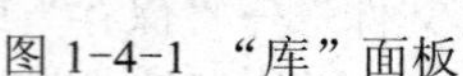

图 1-4-1 “库”面板

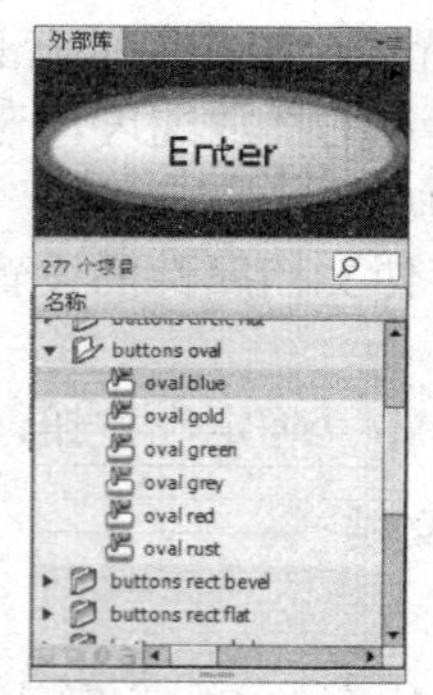

图 1-4-2 按钮“外部库”面板

图 1-4-3 “创建新元件”对话框

②“属性”按钮：选中“库”面板中的一个元件，再单击它，可以弹出“元件属性”对话框或“位图属性”对话框。通过该对话框可以更改选中元件的类别属性。

③“删除”按钮：单击该按钮，可以删除“库”面板中选中的元素。

④“新建文件夹”按钮：单击它可以在“库”面板中创建一个新文件夹。按住【Ctrl】键，单击选中要放入图层文件夹的各个图层，拖动选中的所有图层移到图层文件夹之上，选中的所有图层会自动向右缩进，表示被拖动的图层已经放置到该图层文件夹中。

单击图层文件夹左边的箭头按钮，可将图层文件夹收缩，不显示该图层文件夹内的图层。单击图层文件夹左边的箭头按钮，可将图层文件夹展开。

（2）元素预览窗口的显示方式：右击“库”面板内的显示窗口，弹出它的快捷菜单。利用该菜单中的命令可以改变素材面板预览窗口的显示方式。

单击选中库内一个元件，即可在“库”面板上边的元素预览窗口内看到元素的形状。不同的图标表示不同的元件类型。要了解元件的动画效果和声音效果，可以单击“库”面板右上角的按钮。如果要暂停播放，可以单击按钮。

2. 元件类型

在“名称”文本框内输入元件的名称，在“类型”下拉列表框内选择元件类型，有“影片剪辑”、“图形”和“按钮”三种，再单击“确定”按钮，即可进入该元件的编辑状态。

1.4.2 创建元件和实例

此处仅介绍创建图形元件和影片剪辑元件的方法，创建按钮元件的方法将在第 5 章介绍，创建元件和实例的方法很多，前面已经介绍了一些，下面介绍通常最常用的方法。

1. 创建元件

（1）选择“插入”→“新建元件”命令或单击“库”面板内的“新建元件”按钮，弹出“创建新元件”对话框（见图 1-4-3）。

（2）在“名称”文本框内输入元件的名称，在“类型”下拉列表框内选择元件类型（有“影片剪辑”、“图形”和“按钮”三种），单击“确定”按钮，进入元件的编辑窗口。该窗口内有一个十字标记，表示元件的中心。同时，在“库”面板中会出现一个新的空元件。

以后将这一操作称为“进入元件的编辑状态”，如进入“元件 1”影片剪辑元件的编辑状态。

（3）可以在该窗口内创建或导入对象（图像、图形、文字、元件实例等），还可以制作动画等。单击“库”面板中新元件，可以在“库”面板的预览窗口显示该元件的第 1 帧画面。

（4）单击元件编辑窗口中的场景名称按钮 场景 1 或按钮 ，回到主场景。

2. 创建实例

在需要元件对象上场时，只需将“库”面板中的元件拖动到舞台中即可。此时舞台中的该对象称为“实例”，即元件复制的样品。舞台中可以放置多个相同元件复制的实例对象，但在“库”面板中与之对应的元件只有一个。

当元件的属性（如元件的大小、颜色等）改变时，由它生成的实例也会随之改变。当实例的属性改变时，与它相应的元件和由该元件生成的其他实例不会随之改变。

1.4.3　复制元件和编辑元件

1. 复制元件

在“库”面板中将一个元件复制一份，再双击复制的元件，进入它的编辑状态，修改后可以获得一个新元件。复制元件的方法有以下三种。

（1）元件复制元件：右击“库”面板内的元件（如“台球 1”元件），在弹出的快捷菜单中选择“直接复制”命令，弹出“直接复制元件”对话框，选择元件类型和输入名称，如图 1-4-4 所示。再单击“确定”按钮，即可在“库”面板内复制一个新元件。

（2）实例复制元件：选中一个元件实例，选择“修改”→“元件”→“直接复制元件”命令，弹出“直接复制元件”对话框，如图 1-4-5 所示。输入名称，单击“确定”按钮，即可在“库”面板内复制一个新元件。

（3）对象转换为元件：选中一个对象，选择“修改”→“转换为元件”命令，弹出“转换为元件”对话框，如图 1-4-6 所示。输入名称，选择元件类型，单击“确定”按钮，即可在“库”面板内创建一个新元件，原来的对象成为该元件的实例。

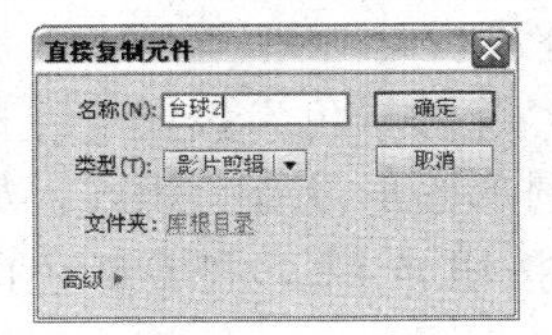

图 1-4-4　“直接复制元件”对话框 1

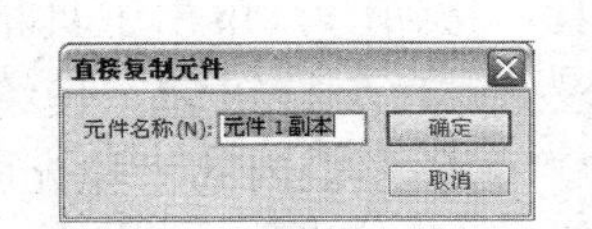

图 1-4-5　“直接复制元件”对话框 2

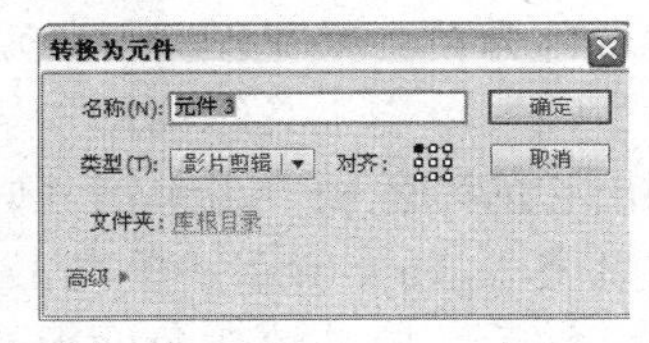

图 1-4-6　“转换为元件”对话框

2. 编辑元件

在创建了若干元件实例后，可能需要编辑修改元件。编辑元件可以采用许多方法。元件经过编辑后，Flash 会自动更新它在影片中所有由该元件生成的实例。编辑元件需要进入元件编辑窗口，编辑完成后单击元件编辑窗口中的按钮 场景 1，或双击舞台工作区的空白处，都可以回到主场景。进入元件编辑窗口的方法如下：

（1）双击“库”面板中的一个元件图标，即可打开元件编辑窗口。

（2）双击舞台工作区内的元件实例，也可以打开该元件编辑窗口。

（3）右击舞台工作区内的元件实例，弹出实例快捷菜单，选择“编辑”命令。

（4）选择实例快捷菜单中的“在当前位置编辑”命令，也可以进入元件编辑窗口，只是保留原舞台工作区的其他对象（不可编辑，只供参考）。

（5）选择实例快捷菜单中的“在新窗口中编辑”命令，打开一个新的舞台工作区窗口，可以在该窗口内编辑元件。元件编辑完成后单击 × 按钮，可以回到主场景。

思考与练习1-4

（1）创建一个名称为“彩球”的影片剪辑元件，将“库”面板内的“彩球”影片剪辑元件两次拖动到舞台工作区内，形成两个实例。

（2）修改“库”面板内的“彩球”影片剪辑元件，将它的颜色进行改变，观察舞台工作区中的两个相应的实例是否随之改变。调整一个“彩球”影片剪辑元件实例的大小，观察“库”面板内的“彩球”影片剪辑元件是否改变，另一个实例是否随之改变。

（3）将“库”面板内的“彩球”影片剪辑元件复制一个，重命名为“双彩球”，将“双彩球”影片剪辑元件的内容改为两个彩球。

1.5 Flash 动画的播放和导出

1.5.1 制作一个 Flash 动画

下面制作一个“彩球水平来回移动”动画，该动画显示一个绿色彩球在黄色背景之中，从左向右水平移动，再从右向左水平移到原位置，其中的两幅画面如图 1-5-1 所示。

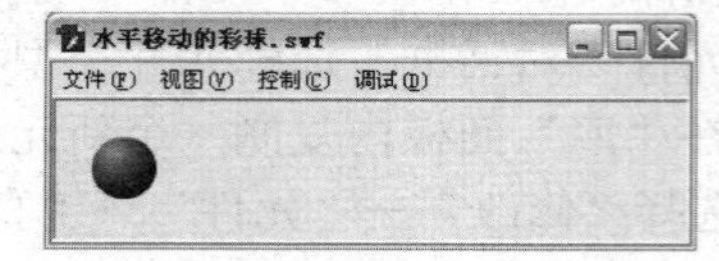

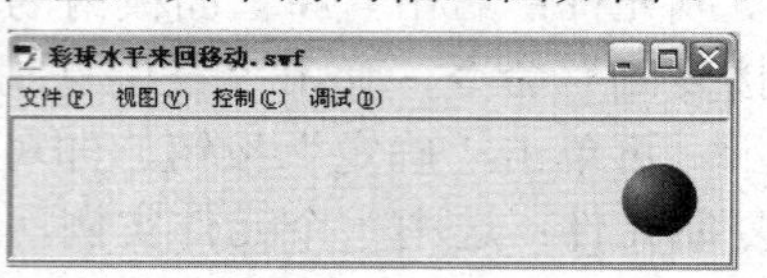

图 1-5-1 “彩球水平来回移动”动画播放后的两幅画面

1. 绘制彩球

（1）单击主工具栏内的“新建”按钮，创建一个空的 Flash 文档。选择“修改”→“文档”命令，弹出“文档设置”对话框。设置舞台工作区的宽度为 400 px，高度为 80 px，背景色为黄色（见图 1-3-2）。然后，单击该对话框内的“确定”按钮。

（2）单击工具箱内的“椭圆工具”按钮，单击工具箱内的“笔触颜色”按钮，调出它的颜色板，再单击其内的“没有颜色”按钮，使绘制的圆形图形没有轮廓线，如图 1-5-2（a）所示。单击工具箱中“颜色”栏内的“填充颜色”按钮，打开颜色面板。然后，单击该颜色面板左下方第 4 个按钮，如图 1-5-2（b）所示。

（3）将鼠标指针移到舞台的左边，按住【Shift】键的同时拖动鼠标，在舞台工作区的左边绘制一个绿色的立体彩球，如图 1-5-3（a）所示。

（4）单击工具箱内的“颜料桶工具”按钮，再单击绿色立体彩球内左上角，使绿色立体彩球内的亮点偏移，这样绿色立体彩球的立体感会更强一些，如图 1-5-3（b）所示。

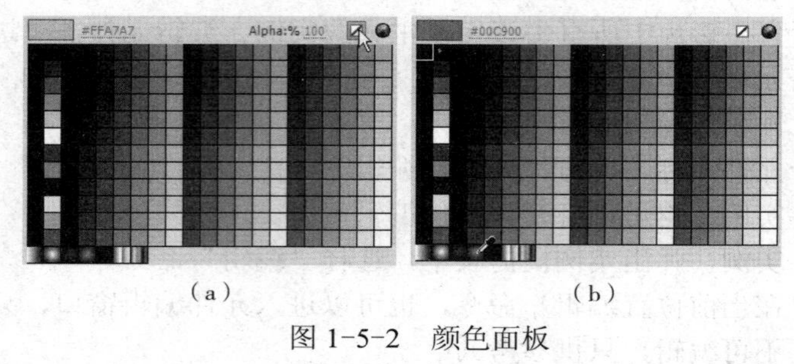

（a）（b）

图 1-5-2 颜色面板

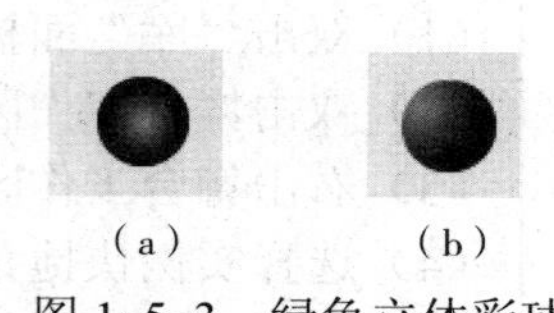

（a）（b）

图 1-5-3 绿色立体彩球

2. 创建动画

（1）单击工具箱内的“选择工具”按钮，右击“图层 1”图层的第 1 帧，在弹出的快捷菜单中选择“创建传统补间”命令，使该帧具有传统补间动画属性。

（2）单击选中“图层 2”图层的第 60 帧，按【F6】键，创建第 1 帧到第 60 帧的传统补间动画。此时，第 60 帧内出现一个实心圆圈，表示该帧为关键帧；第 1 帧到第 60 帧内会出现一条水平指向右边的箭头，表示动画制作成功。

（3）单击选中“图层 1”图层第 30 帧，按【F6】键，创建一个关键帧。单击选中该帧的彩球图形，按住【Shift】键，用鼠标水平拖动绿色彩球到舞台工作区内的右边。

（4）选择“文件”→“另存为”命令，弹出“保存为”对话框。利用该对话框将 Flash 文档以“彩球水平来回移动.fla”为名保存。

至此，“彩球水平来回移动”动画制作完毕，按【Ctrl+Enter】组合键即可观看动画播放。“彩球水平来回移动”动画的时间轴如图 1-5-4 所示。

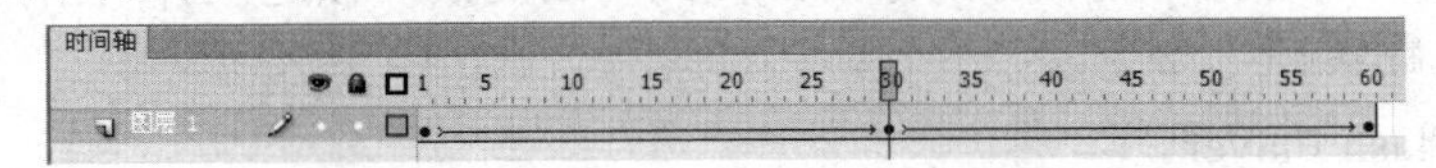

图 1-5-4 “彩球水平来回移动”动画的时间轴

1.5.2 Flash 动画的播放

1. 播放 Flash 动画的方法

播放与测试 Flash 影片（即动画），可以选择“控制”菜单的命令或使用“控制器”面板。

（1）使用“控制器”面板播放：选择“窗口”→“工具栏”→“控制器”命令，弹出“控制器”面板，如图 1-5-5 所示。单击“播放”按钮，可在舞台工作区内播放影片；单击“停止”按钮，可使正在播放的影片停止播放；单击“转到第一帧”按钮，可使播放头回到第 1 帧；单击“转到最后一帧”按钮，可使播放头回到最后一帧；单击“后退一帧”按钮，可使播放头后退一帧；单击“前进一帧”按钮，可使播放头前进一帧。

图 1-5-5 “控制器”面板

时间轴内的播放器也具有基本相同的功能，除了“停止”按钮。

（2）选择“控制”→“播放”命令或按【Enter】键，可以在舞台窗口内播放该影片。对于有影片剪辑实例的影片，采用这种播放方式不能播放影片剪辑实例。选择“控制”→“停止”命令或按【Enter】键，即可使影片暂停播放。再次按【Enter】键，又可以从暂停处继续播放。

（3）选择“控制”→“测试影片”→“测试”命令或按【Ctrl+Enter】组合键，可以在播放窗口内播放影片。单击播放窗口右上角的按钮，可以关闭播放窗口。可以循环依次播放各场景。

（4）选择“控制”→“测试场景”命令或按【Ctrl+Alt+Enter】组合键，可以循环播放当前场景。

在编辑按钮时，必须采用后两种方法，才能在播放器窗口内演示按钮的动作和交互效果。另外，在“控制”菜单内还有“后退”“转到结尾”“前进一帧”“后退一帧”命令。

2. 播放动画方式的设置

可以在菜单栏的“控制”菜单中进行如下设置。

（1）在舞台工作区循环播放：选择“控制”→“循环播放”命令，使该菜单选项左边出现对钩。进行此设置后，当选择“控制”→“播放”命令（或按【Enter】键）或使用“控制器”面板的动画播放键时，均可在舞台工作区内播放动画，而且是循环播放。

（2）在舞台工作区播放所有场景的动画：选择“控制”→“播放所有场景”命令，进行此设置后再选择“控制”→“播放”命令，均是在舞台工作区内播放影片的所有场景。

3. 预览模式设置和动画翻转帧

（1）预览模式设置：为了加速显示过程或改善显示效果，可以在“预览模式”菜单中选择有关图形质量的选项。图形质量越好，显示速度越慢；如果要显示速度快，可以降低显示质量。选择“视图”→“预览模式”命令，弹出“预览模式”菜单，其中包括“轮廓”“高速显示”“消除锯齿”“消除文字锯齿”“整个”命令，播放速度依次变慢，图形质量依次提高。“整个”命令可以完全呈现舞台上的所有内容。

（2）动画翻转帧：就是使起始帧变为终止帧，终止帧变为起始帧。选中一段动画的所有帧，可以包括多个图层，然后将鼠标指针移到动画的某一帧之上并右击，在弹出的帧快捷菜单中选择“翻转帧”命令。

4. Adobe Flash Player

Adobe Flash Player（独立播放器）是一个独立的应用程序，它的名字是“FlashPlayer.exe”。使用 Adobe Flash Player 可以播放 SWF 格式的文件。在“C:\Program Files\Adobe\Adobe Flash CS6\Players”目录下可以找到“FlashPlayer.exe”文件。双击 FlashPlayer.exe 图标，可以打开 Adobe Flash Player 11 播放器。

1.5.3 Flash 动画的导出

1. Flash 动画的导出

（1）导出影片：选择“文件”→“导出”→“导出影片”命令，弹出“导出影片”对话框。通过该对话框选择文件保存类型，输入文件名，单击“保存”按钮，即可将整个动画保存为 SWF 文件或 GIF 格式动画文件，或者图像序列文件等，还可以导出动画中的声音。声音的导出要考虑声音的质量与输出文件的大小。声音的采样频率和位数越高，声音的质量也越好，但输出的文件也越大。压缩比越大，输出的文件越小，但声音的音质越差。

（2）导出图像：选择“文件”→“导出图像”命令，弹出“导出图像”对话框，它与“导出影片”对话框相似，只是“保存类型”下拉列表框中的文件类型只有图像文件的类型。通过该对话框可将动画的当前帧保存为扩展名为“.swf”“.jpg”“.gif”“.bmp”等格式的图像文件。选择文件的类型不一样，则单击“保存”按钮后的效果也不一样。

（3）导出所选内容：选中动画中的一个对象、对象所在的帧或动画所有帧，选择“文件”→“导出所选内容”命令，弹出“导出图像”对话框，它与“导出影片”对话框相似，只是“保存类型”下拉列表框中的文件类型是“Adobe FXG”。通过该对话框可将所选内容（动画对象）保存为扩展名为“.fxg”格式的文件。以后可以通过选择“文件”→“导入”→“××××”命令，将保存的对象导入到舞台和“库”面板内。

2. Flash 动画的发布设置

选择“文件”→“发布设置”命令，弹出“发布设置”对话框，如图 1-5-6 所示。通过该对话框可以设置发布文件的格式、播放器目标和脚本版本等。本书中的案例通常都在“目标”下拉列表框中设置播放器版本为“Flash Player 11”；在“脚本”下拉列表框中选择“ActionScript 3.0”选项，如图 1-5-6 所示。

在左边列表框中选中相应的复选框，即可确定一种发布文件的格式；选中一个选项，即可针对该格式文件进行相应的设置。进行设置后，单击“发布”按钮，即可发布选定格式的文件；单击“确定”按钮，即可退出该对话框，完成发布设置，但不进行发布。

3. Flash 动画的发布预览和发布

（1）发布预览：进行发布设置后，选择“文件”→“发布预览”命令，可以弹出它的下一级子菜单，如图 1-5-7 所示。可以看出，子菜单的选项正是之前设置时所选的文件格式。

（2）发布：选择“文件”→“发布”命令，可以按照选定的格式发布文件，并存放在相同的文件夹中。它与“发布设置”对话框中“发布”按钮的作用一样。

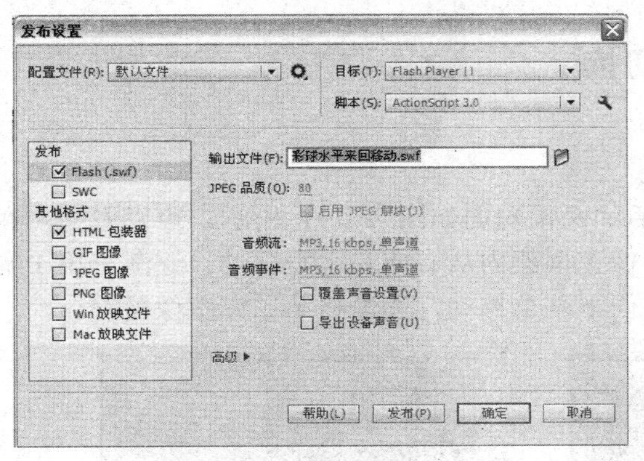

图 1-5-6 “发布设置”对话框

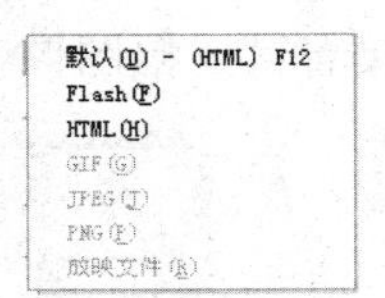

图 1-5-7 “发布预览”子菜单

思考与练习1-5

（1）修改本案例，使立体彩球为红色，彩球垂直上下来回移动。尝试用不同的方法来播放该动画。设置该动画生成几种格式的动画。将第 1 帧画面输出为“彩球.jpg”图像文件。

（2）制作一个“两个彩球水平来回移动”动画，该动画表现为两个红色立体彩球从舞台工作区的左边移到舞台工作区的右边，再水平移到舞台工作区的左边。

（3）制作一个“彩球沿矩形轮廓转圈移动”动画，该动画表现为一个蓝色立体彩球沿着一个矩形轮廓线转圈移动。

第 2 章　对象和帧的基本操作及场景

本章通过完成 4 个案例，介绍关于舞台工作区的网格、标尺和辅助线的应用，对象基本操作、帧的基本操作、精确调整对象大小与位置，以及对象形状的调整和有关场景操作等知识。

2.1 【案例 1】风景图像移动切换

【案例效果】

“风景图像移动切换”动画播放后的两幅画面如图 2-1-1 所示。可以看到，在立体框架内显示第 1 幅图像，接着第 2 幅图像在框架内从右向左水平移动，逐渐将第 1 幅图像覆盖；再接着第 3 幅图像在框架内从上向下垂直移动，逐渐将第二幅图像覆盖。

图 2-1-1　“图像移动切换”动画播放后的 2 幅画面

【操作过程】

1. 绘制矩形框架

（1）选择“文件”→“新建”命令，弹出“新建文档”对话框，按照图 1-3-1 所示进行设置，单击“确定”按钮，新建一个 Flash 文档。也可以单击主工具栏内的“新建”按钮，直接创建一个空的 Flash 文档，再选择“修改”→“文档”命令，弹出“文档设置”对话框，按照图 1-3-2 所示进行设置，单击“确定”按钮，完成文档修改。

（2）选择“视图”→“辅助线”→“编辑辅助线”命令，弹出“辅助线”对话框，如图 2-1-2 所示。单击“颜色”色块颜色:，调出一个颜色面板，如图 2-1-3 所示。单击其内的红色色块，设置参考线的颜色为红色。其他设置如图 2-1-2 所示。单击“确定”按钮。

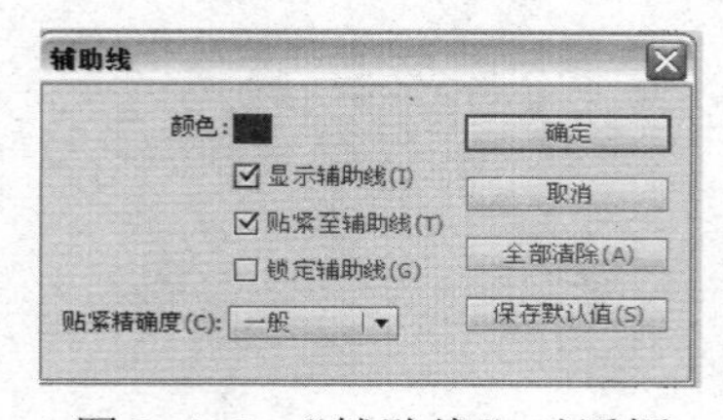

图 2-1-2　“辅助线”对话框

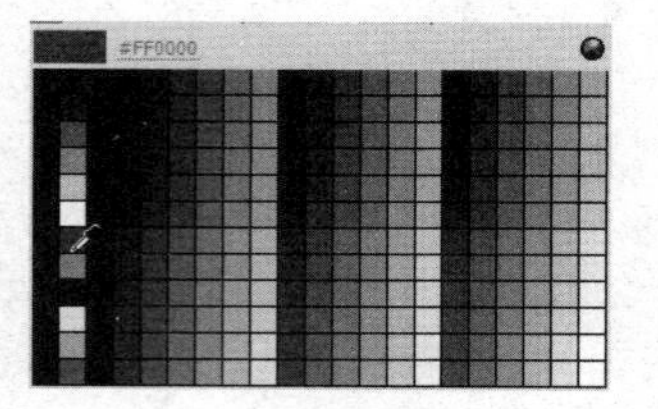

图 2-1-3　颜色面板

（3）选择“视图”→“标尺”命令，使该命令左边出现对勾，在舞台工作区上边和左边添加标尺。单击工具箱中的“选择工具”按钮，两次从左边的标尺栏向舞台工作区拖动，产生两条垂直的辅助线，再两次从上边的标尺栏向舞台工作区拖动，产生两条水平的辅助线，围成宽 280 px，高 310 px 的矩形，用来给矩形图形定位，如图 2-1-4 所示。

（4）单击工具箱内的“矩形工具”按钮，单击工具箱内“颜色”栏中的“笔触颜色”按钮，调出它的颜色面板，如图 2-1-5 所示。单击颜色面板内的“没有颜色”按钮，使绘制的矩形图形没有轮廓线。

（5）单击工具箱内“颜色”栏内“填充色”按钮，调出填充的颜色面板，它与图 2-1-5 所示一样。单击颜色面板内的金黄色图标，设置填充色为金黄色。

（6）如果工具箱内“选项”栏中的“对象绘制”按钮处于按下状态，则单击该按钮。然后，沿舞台工作区边缘拖动，绘制一幅金黄色矩形图形，如图 2-1-6 所示。

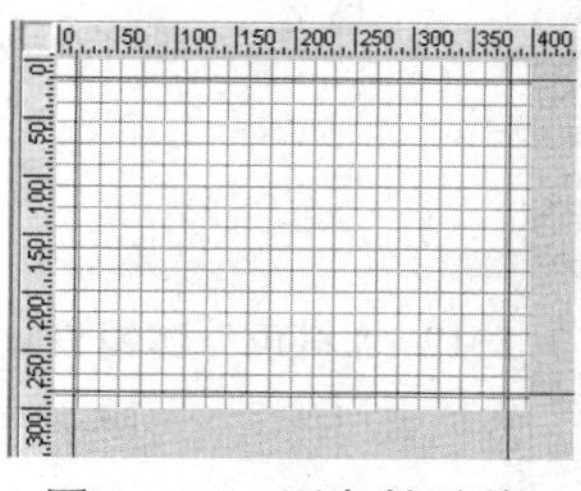
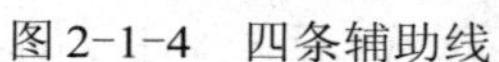

图 2-1-4　四条辅助线

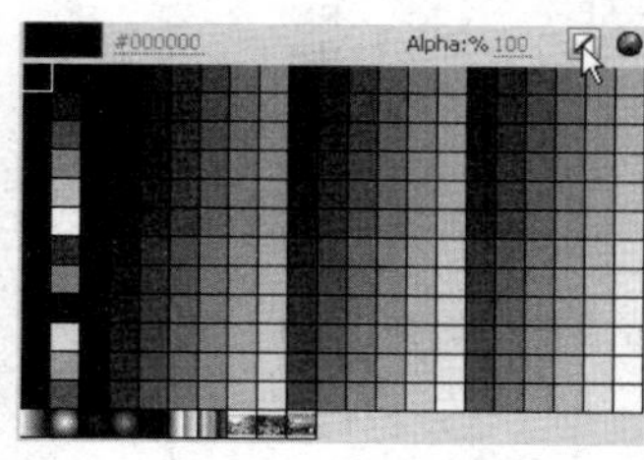

图 2-1-5　颜色面板

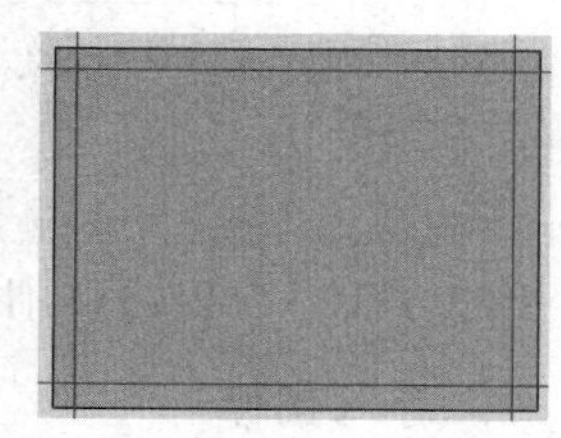

图 2-1-6　金黄色矩形图形

（7）使用工具箱内的“矩形工具”，单击工具箱内“颜色”栏中的“笔触颜色”按钮，调出笔触颜色面板，如图 2-1-5 所示。单击其内的金黄色图标，设置矩形轮廓线颜色为金黄色。在其“属性”面板内的“笔触”数字框中输入 2，设置轮廓线粗 2 pts。

（8）单击工具箱内“颜色”栏内“填充色”按钮，调出它的颜色面板，单击“没有颜色”按钮，使绘制的矩形图形没有填充。沿着四条辅助线拖动，绘制一个金黄色矩形。

（9）再使用“选择工具”，单击选中金黄色矩形框内的金黄色矩形图形，图形上边会蒙上一层小白点，如图 2-1-7 所示。

（10）按【Del】键，将选中的矩形图形删除，形成金黄色矩形框架，如图 2-1-8 所示。

2. 制作立体框架

（1）单击工具箱中的“选择工具”按钮，在舞台工作区，在文档的“属性”面板“发布”栏内的“目标”下拉列表框中选择“Flash Player 9”选项，如图 2-1-9 所示。这项操作的目的是为了使用 Flash CS6 的滤镜功能。

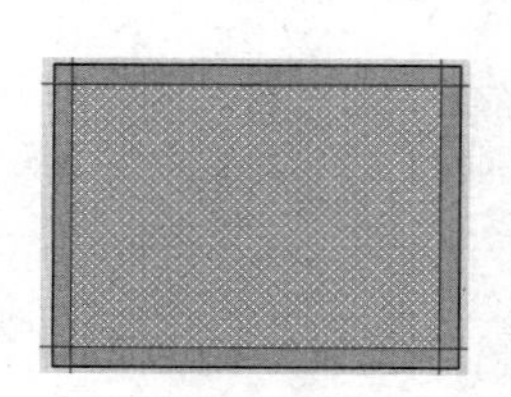

图 2-1-7　选中金黄色矩形图形

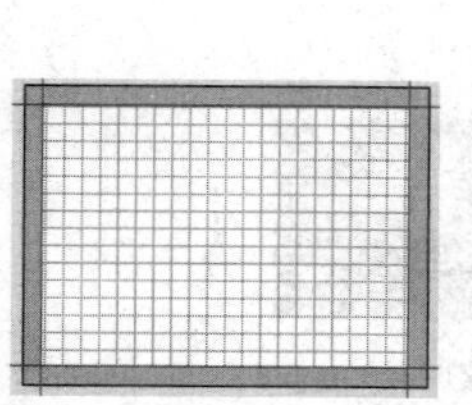

图 2-1-8　金色矩形框架

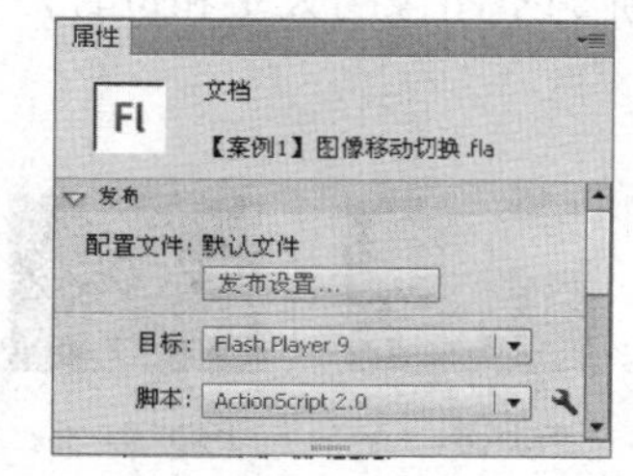

图 2-1-9　“属性”面板

（2）选中整个金黄色矩形框架图形，选择“修改”→“转换为元件”命令，弹出“转换为元件”对话框，如图 2-1-10 所示。单击“确定”按钮，关闭该对话框，将选中的矩形框架图形转换为影片剪辑元件的实例。

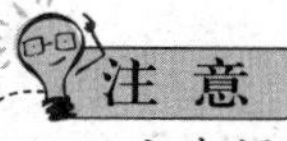

注意

这步操作的目的：只有影片剪辑元件的实例才可以用滤镜对其进行立体化加工。

（3）选中刚刚创建的影片剪辑元件的实例，展开“属性”面板内的“滤镜”栏，单击

“添加滤镜”按钮，调出滤镜菜单，如图 2-1-11 所示。选择该滤镜菜单中的“斜角”命令，此时的“属性”面板的“滤镜”设置如图 2-1-12 所示。同时，选中的影片剪辑实例（金黄色矩形框架）也变成立体状态，如图 2-1-1 所示。

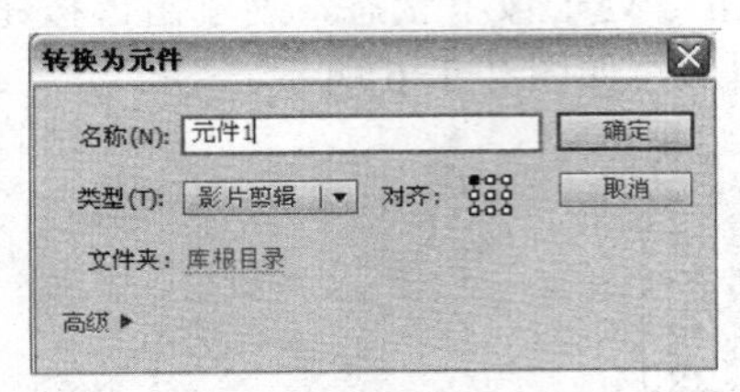

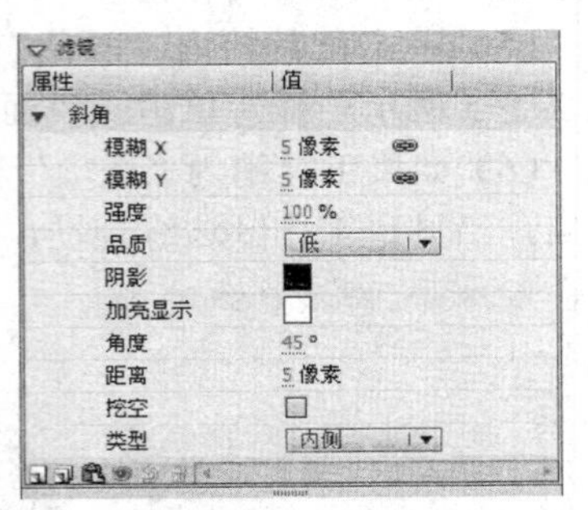

图 2-1-10 “转换为元件”对话框　图 2-1-11 滤镜菜单　图 2-1-12 “斜角”滤镜设置

3. 导入图像

（1）使用“选择工具”，单击选中“图层 1”图层，单击时间轴内的“插入图层”按钮，在“图层 1”图层的上边创建一个名为“图层 2”的图层。

（2）选择“文件”→“导入”→“导入到库”命令，弹出“导入到库”对话框。按住【Ctrl】键，单击选中“【案例 1】图像移动切换”文件夹内的“梦幻风景 1.jpg”、“梦幻风景 2.jpg”和“梦幻风景 3.jpg”图像文件。

（3）单击“打开”按钮，将选定的“梦幻风景 1.jpg”～“梦幻风景 3.jpg”图像文件导入到“库”面板内。“梦幻风景 1.jpg”～“梦幻风景 3.jpg”图像如图 2-1-13 所示。

（4）单击选中“图层 2”图层第 1 帧，将“库”面板内的“梦幻风景 1.jpg”图像拖动到其他工作区内。单击工具箱中的“任意变形工具”按钮，单击按下工具箱中“选项”栏内的“缩放”按钮。拖动图像四周的控制柄，调整图像大小；拖动图像可以移动图像的位置。最后使图像与框架内部大小一样，并使图像刚好将框架内部完全覆盖。

（5）另外，单击选中图像后，在它的“属性”面板内“宽”数字框中输入 370，在“高”数字框内输入 270，在“X”和“Y”数字框内分别输入 200 和 150，如图 2-1-14 所示。可以精确调整图像的大小和位置，使它刚好将框架内部完全覆盖。

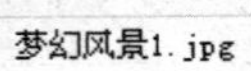

梦幻风景2.jpg　梦幻风景3.jpg

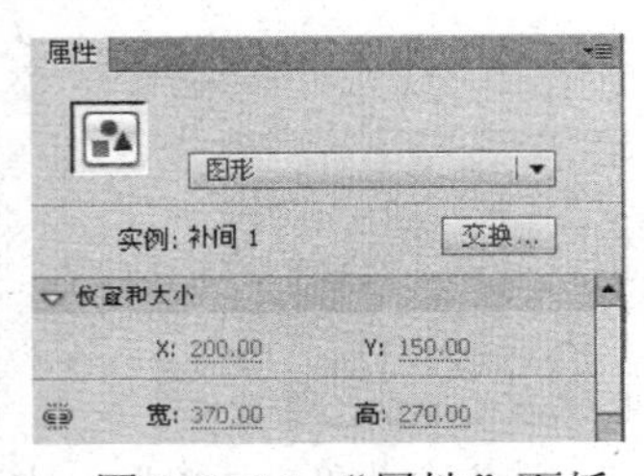

图 2-1-13 “梦幻风景 1.jpg”～“梦幻风景 3.jpg”图像文件　图 2-1-14 “属性”面板

（6）在“图层 2”图层的上边创建一个名称为“图层 3”的图层。选中“图层 3”图层第 1 帧，将“库”面板内的“梦幻风景 2.jpg”图像拖动到舞台工作区内，调整该图像的大小和位置与第 1 幅图像一样。

4. 制作图像水平移动动画

（1）右击“图层 3”图层第 1 帧，在弹出的帧快捷菜单中选择“创建传统补间”命令。此时，该帧具有了传统补间动画的属性。单击选中“图层 3”图层的第 60 帧，按【F6】键，创建第 1 帧到第 60 帧的传统补间动画。

（2）按住【Ctrl】键，单击选中“图层 1”、“图层 2”和“图层 3”图层的第 120 帧，按【F5】键，创建普通帧，使“图层 1”和“图层 2”图层所有帧的内容一样。使“图层 3”图层第 60 帧到第 120 帧内容一样。

（3）右击“图层 3”图层第 60 帧，在弹出的帧快捷菜单中选择“删除补间”命令，将“图层 3”图层第 60 帧的补间动画属性删除，其右边各帧内的圆点消失。

（4）使用“选择工具” ，单击选中“图层 3”图层第 1 帧，按住【Shift】键，水平向右拖动第 2 幅图像到第 1 幅图像的右边，如图 2-1-15 所示。

至此，第 2 幅图像从右向左水平移动的动画制作完毕。按【Enter】键，可以看到第 2 幅图像从右向左水平移动，最后将第 1 幅图像完全覆盖。但可以看到第 2 幅图像移动时，会将框架右边缘覆盖，效果不好。为了解决该问题，可以使用遮罩效果。

（5）在“图层 3”图层的上边创建一个名称为“图层 4”的图层。选中该图层第 1 帧，绘制一个与第 1 幅图像大小和位置完全一样的黑色矩形，如图 2-1-16 所示。

图 2-1-15　第 1 帧画面

图 2-1-16　黑色矩形

（6）右击“图层 4”图层，在弹出的图层快捷菜单中选择“遮罩层”命令，将“图层 4”图层设置为遮罩图层，“图层 3”图层为被遮罩图层。

5. 制作图像垂直移动动画

（1）在“图层 3”图层的上边创建一个名称为“图层 5”的图层，它自动成为“图层 4”图层的被遮罩图层。选中“图层 5”图层第 61 帧，按【F7】键，创建一个空白关键帧。

（2）隐藏“图层 4”图层。选中“图层 5”图层第 61 帧，将“库”面板内的“梦幻风景 3.jpg”图像拖动到舞台工作区内，将该图像调整为与第 2 幅图像的大小和位置一样，如图 2-1-17 所示。

（3）右击“图层 5”图层第 61 帧，在弹出的帧快捷菜单中选择“创建补间动画”命令。此时，该帧具有了补间动画的属性，帧背景为浅蓝色。单击选中“图层 5”图层的第 120 帧，按【F6】键，创建了第 61 帧到第 120 帧的补间动画。

（4）单击选中“图层 5”图层的第 61 帧，使用“选择工具” ，按住【Shift】键，垂直向上拖动第 3 幅图像到第 2 幅图像上，如图 2-1-18 所示。

（5）单击选中“图层 5”图层第 120 帧，该帧的画面如图 2-1-19 所示。然后，显示“图层 4”图层。

图 2-1-17　第 61 帧导入图像

图 2-1-18　第 61 帧画面

图 2-1-19　第 120 帧画面

（6）选择“文件”→“另存为”命令，弹出“保存为”对话框。在“保存类型”下拉列表框中选择“Flash CS6 文档”选项，选择“【案例 1】图像移动切换”文件夹，输入“【案例 1】图像移动切换”，单击“保存”按钮，将该动画保存为 Flash 文档。

至此，整个动画制作完毕。该动画的时间轴如图 2-1-20 所示。

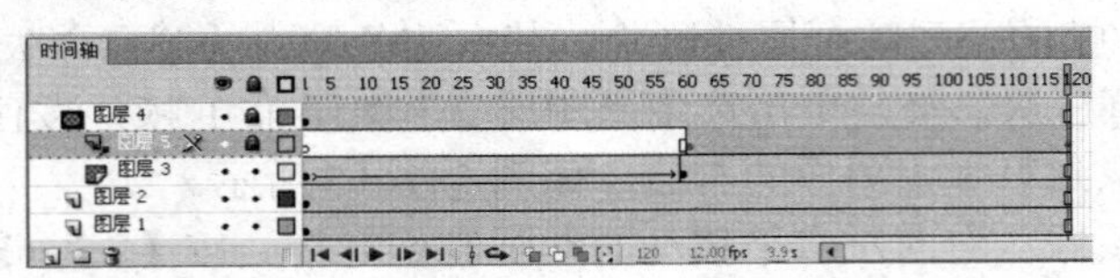

图 2-1-20 “【案例 1】图像移动切换”动画的时间轴

【相关知识】

1. 舞台工作区的网格

（1）选择“视图”→“网格”→“显示网格”命令，则在舞台工作区内显示网格。再选择该命令，可取消该命令左边的对勾，同时取消网格。

（2）选择“视图”→“网格”→“编辑网格”命令，弹出“网格”对话框，如图 2-1-21 所示。通过该对话框，可编辑网格颜色、网格线间距，确定是否显示网格，移动对象时是否紧贴网格和贴紧网格线的精确度等。

2. 舞台工作区的标尺和辅助线

（1）选中“视图”→“标尺”命令，使该命令左边出现对勾，此时会在舞台工作区上边和左边出现标尺。再单击该命令，可取消标尺。加入网格和标尺的舞台工作区如图 2-1-22 所示。

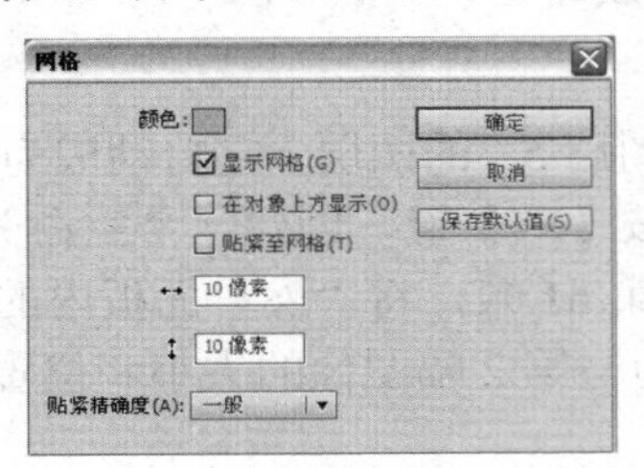

图 2-1-21 “网格”对话框

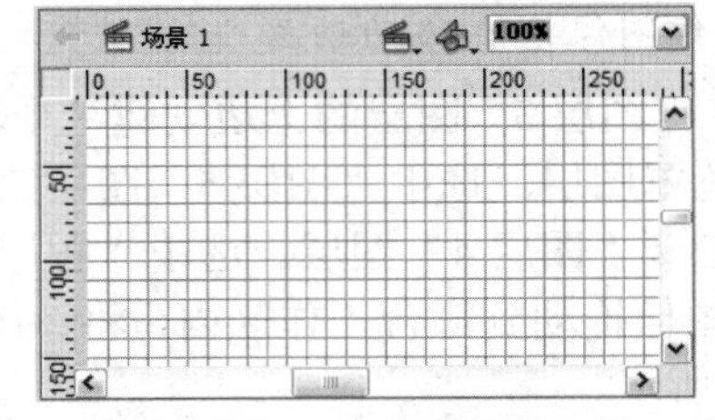

图 2-1-22 加入网格和标尺的舞台工作区

（2）选中“视图”→“辅助线”→“显示辅助线”命令，再单击工具箱中的“选择工具”按钮，用鼠标从标尺栏向舞台工作区拖动，即可产生辅助线，如图 2-1-7 所示。再选择该命令，可取消辅助线。用鼠标拖动辅助线，可以调整辅助线的位置。

（3）选中“视图”→“辅助线”→“锁定辅助线”命令，即可将辅助线锁定，此时再无法用鼠标拖动改变辅助线的位置。

（4）选中“视图”→“辅助线”→“编辑辅助线”命令，弹出“辅助线”对话框，如图 2-1-2 所示。通过该对话框，可以编辑辅助线的颜色，确定是否显示辅助线、是否对齐辅助线和是否锁定辅助线等。

（5）选中“视图”→“辅助线”→“清除辅助线”命令，可清除辅助线。

3. 对象基本操作

（1）选择对象：使用工具箱内的“选择工具”可以选择对象，方法如下：

① 选取一个对象：单击一个对象，即可选中该对象。

② 选取多个对象方法之一：按住【Shift】键，同时依次单击各对象，可选中多个对象。

③ 选取多个对象方法之二：用鼠标拖出一个矩形，可将矩形中的所有对象都选中。

（2）移动和复制对象：用鼠标拖动选中的对象，可以移动对象。如果在鼠标拖动对象时按住【Ctrl】键或【Alt】键，则可以复制被拖动的对象。

按住【Shift】键的同时拖动对象，可以沿 45° 整数倍角度方向移动对象。如果在拖动对象时按住【Ctrl+Alt+Shift】组合键，则可以沿 45° 整数倍角度方向复制对象。

（3）删除对象：选中要删除的对象，然后按【Del】键，即可删除选中的对象。另外，选择“编辑”→“清除”或“编辑”→“剪切”命令，也可以删除选中的对象。

4. 对齐对象

（1）与网格贴紧：如果选中“网格”对话框（见图 2-1-21）中的“贴紧至网格”复选框，则以后在绘制、调整和移动对象时，可以自动与网格线对齐。“网格”对话框内的“贴紧精确度”下拉列表框中有“必须接近”、“一般”、“可以远离”和“总是贴紧”四个选项，表示贴紧网格的程度。

（2）与辅助线贴紧：在舞台工作区中创建了辅助线后，如果在“辅助线”对话框中选中“贴紧至辅助线”复选框，则以后在创建、调整和移动对象时，可以自动与辅助线对齐。

（3）与对象贴紧：单击按下主工具栏内或工具箱“选项”栏（在选择了某种工具后）内的“贴紧至对象”按钮后，在创建和调整对象时，可自动与附近的对象贴紧。

如果选中“视图”→“贴紧”→“贴紧至像素”命令，则当视图缩放比率设置为 400% 或更高时，会出现一个像素网格，它代表将出现单个像素。当创建或移动一个对象时，它会被限定到该像素网格内。如果创建的形状边缘处于像素边界内（如使用的笔触宽度是小数形式，大小为 6.5px），切记“贴紧至像素”是贴紧像素边界，而不是贴紧图形的边缘。

5. 精确调整对象大小和位置

使用“选择工具”，单击选中对象（如边长 80px 的矩形图形，该图形与舞台工作区左上角对齐），再选择“窗口”→“信息”命令，弹出“信息”面板。利用“信息”面板可以精确调整对象的位置与大小，获取颜色的有关数据和鼠标指针位置的坐标值。“信息”面板的使用方法如下：

（1）“信息”面板左下角显示线和图形等对象当前（即鼠标指针指示处）颜色的红、绿、蓝和 A（Alpha）的值。右下角显示当前鼠标指针位置的坐标值。随着鼠标指针的移动，红、绿、蓝、A（Alpha）的值和鼠标坐标值也会随着改变。

（2）“信息”面板中的“宽”和“高”数字框内显示选中对象的宽度和高度值（单位为像素）。改变数字框内的数值，再按【Enter】键，可以改变选中对象的大小。

（3）“信息”面板中的“X”和“Y”数字框内显示选中的对象的坐标值（单位为像素）。改变数字框内的数值，再按【Enter】键，可以改变选中对象的位置。选中“X”和“Y”数字框左边图标内左上角的白色小方块，使它变为，如图 2-1-23 左图所示，则表示给出的是对象外切矩形左上角的坐标。选中图标内右下角的白色小方块，使它变为，如图 2-1-23 右图所示，则表示给出的是对象中心的坐标值。

（4）利用“属性”面板调整：“属性”面板“位置和大小”栏内的“宽”和“高”数字框可精确调整对象的大小，“X”和“Y”数字框可精确调整对象的位置，如图 2-1-24 所示。

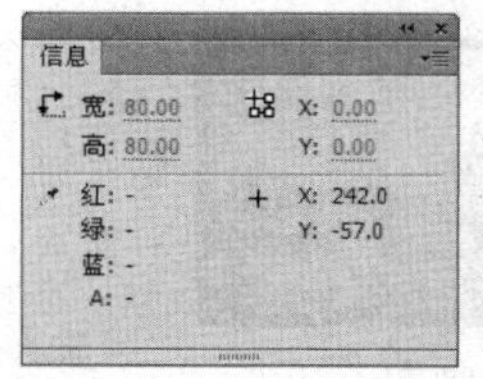

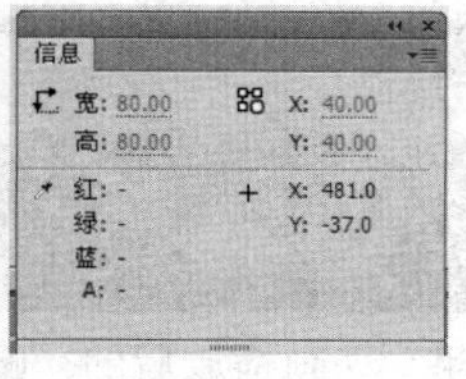

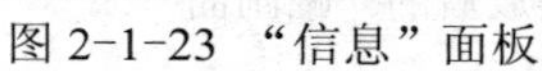
图 2-1-23 “信息”面板

图 2-1-24 “属性”面板“位置和大小”栏

思考与练习2-1

（1）在舞台的左边和上边显示标尺；创建 4 条等间距的水平辅助线，6 条等间距的垂直辅助线，水平和垂直辅助线的间距均为 40 px；显示网格，网格的颜色为蓝色。

（2）在舞台工作区内绘制 3 个任意形状的图形，利用滤镜使它们呈立体状。

（3）在舞台工作区内绘制 4 个圆，它们的半径不一样，颜色不同。

（4）修改【案例 1】动画，使动画播放后，第 2 幅图像从左向右移动，直到将第 1 幅图像完全遮盖为止。修改【案例 1】动画，使动画播放后，第 2 幅图像从右上角向左下角移动，直到将第 1 幅图像完全遮盖为止。

（5）制作一个“水平撞击的彩球”动画，该动画播放后，在七彩的立体框架内，一个红色彩球从左向右水平移动，同时另一个绿色彩球从右向左水平移动，两个彩球相互撞击后，沿原来的路径返回，周而复始，不断进行。该动画运行后的两幅画面如图 2-1-25 所示。

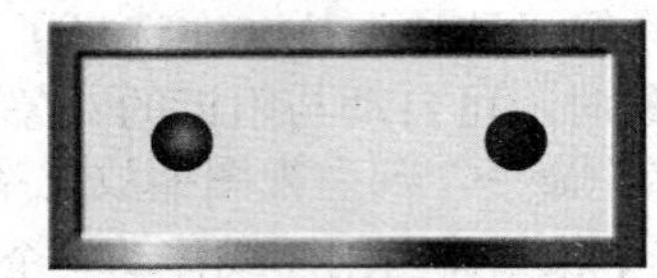

图 2-1-25 “水平撞击的彩球”动画播放后的两幅画面

（6）制作一个“水仙花图像移动切换”动画，该动画播放后，在绿色立体图像框架内显示第 1 幅水仙花图像，接着第 2 幅水仙花图像在图像框架内从右向左水平移动，逐渐将第 1 幅水仙花图像完全覆盖。该动画播放中的 3 幅画面如图 2-1-26 所示。

图 2-1-26 “水仙花图像移动切换”动画播放中的 3 幅画面

2.2 【案例 2】蝴蝶飞翔

【案例效果】

案例 2 视频

“蝴蝶飞翔”动画，该动画播放后的一幅画面如图 2-2-1 所示，可以看到，一排风景图像在立体框架内不断从右向左滚动。在风景图像滚动的展示过程中，3 只蝴蝶在空中不断地从左向右飞翔。

图 2-2-1 “蝴蝶飞翔”动画播放后的一幅画面

【操作过程】

1. 制作多幅图像水平滚动动画

（1）选择“文件”→“新建”命令，弹出“新建文档”（常规）对话框，设置舞台工作区宽 910px，高 200px，单击“确定”按钮，新建一个 Flash 文档。

将“图层 1”图层的重命名为“框架”，单击选中第 1 帧，按照【案例 1】动画的制作方法，制作一个宽 910px，高 200px 的蓝色立体框架图形。

（2）使用“选择工具”，单击选中“图层 1”图层第 120 帧，按【F5】键。然后，在舞台右上角的“选择舞台工作区比例”下拉列表框内输入 20%，使舞台工作区缩小为原来的 20%。

（3）单击选中蓝色立体框架图形，选择“修改”→“转换为元件”命令，弹出“转换为元件”对话框，在“名称”文本框内输入“框架”，在“类型”下拉列表框内选择“影片剪辑”选项，如图 2-2-2 所示。单击“确定”按钮，在“库”面板内创建一个“框架”影片剪辑元件，同时舞台工作区内的蓝色立体框架图形成为“框架”影片剪辑元件的实例。

（4）调出“库”面板。选择“文件”→“导入”→“导入到库”命令，弹出“导入到库”对话框。选择“【案例 2】蝴蝶飞翔”文件夹，按住【Ctrl】键，单击选中 8 幅风景图像（高均为 180px）。单击“打开”按钮，将选中的图像导入到“库”面板中。

（5）在“框架”图层之上创建一个图层，将该图层重命名为“滚动图像”，选中该图层第 1 帧，依次将“库”面板内导入的 8 幅图像拖动到舞台工作区中。然后，使用“选择工具”，按住【Alt】键，同时水平拖动左边三幅风景图像，复制一份，再将它移到最右边。

（6）选择“窗口”→“对齐”命令，调出“对齐”面板，如图 2-2-3 所示，按住【Shift】键，单击选中 11 幅图像。单击“对齐”面板内的“顶对齐”按钮，将选中的 11 幅图像顶部对齐。

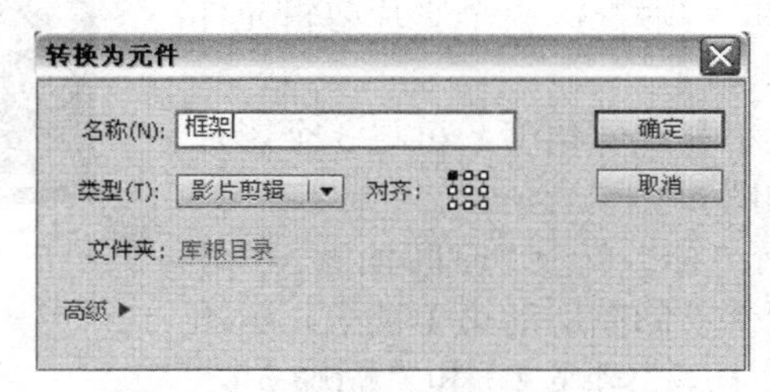

图 2-2-2　“转换为元件”对话框

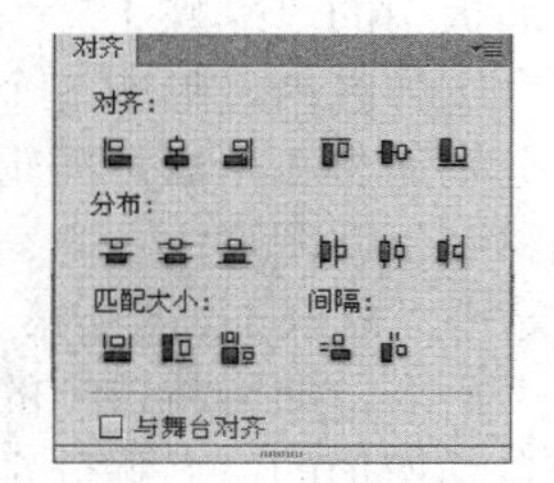

图 2-2-3　“对齐”面板

（7）选择“修改”→“组合”命令，将选中的 11 幅图像组成一个组合对象，如图 2-2-4 所示。将该组合对象上边缘与框架图像内框上边对齐，左边缘与框架图像内框左边对齐，如图 2-2-5 所示。

图 2-2-4　11 幅图像组成一个组合对象

（8）右击“滚动图像”图层第 1 帧，在弹出的帧快捷菜单中选择“创建传统补间”命令，使该帧具有传统补间动画的属性。单击选中“滚动图像”图层第 120 帧，按【F6】键，创建“滚动图像”图层第 1 帧到第 120 帧的传统补间动画。

（9）使用“选择工具”，单击选中“图层 2”图层第 120 帧，按住【Shift】键，水平向左拖动移动组对象，使第 9 幅图像右边缘与框架图像内框的最左边对齐，如图 2-2-6 所示。

注 意

这一点很重要，因为播放完第 120 帧，会自动重新从第 1 帧播放。为了保证循环播放动画的连贯性，必须保证第 120 帧画面接近第 1 帧画面，两幅画面应该是连贯的，否则会产生停顿或跳跃。

图 2-2-5　第 1 帧画面（局部）

图 2-2-6　第 120 帧画面（局部）

2. 制作蝴蝶动画

（1）选择“文件”→“导入”→“导入到库”命令，弹出“导入到库”对话框。选择“【案例 3】蝴蝶飞翔”文件夹，按住【Ctrl】键，单击选中“蝴蝶 1.gif”、“蝴蝶 1.gif”和“蝴蝶 1.gif” 3 个蝴蝶 GIF 动画。单击“打开”按钮，将选中的 GIF 动画导入到“库”面板中。创建 3 条垂直的辅助线。

（2）在“库”面板中生成 3 个影片剪辑元件，其内分别是 3 个 GIF 动画内的各帧图像，并在“库”面板中保存这些图像。双击生成的影片剪辑元件的名称，将其分别重命名为“蝴蝶 1”、“蝴蝶 2”和“蝴蝶 3”。

（3）将“滚动图像”图层隐藏。在“滚动图像”图层之上新建一个图层，将该图层重命名为“蝴蝶 1”，单击选中“蝴蝶 1”图层第 1 帧，将“库”面板中的“蝴蝶 1”、“蝴蝶 2”和“蝴蝶 3” 3 个影片剪辑元件拖动到舞台工作区内，形成 3 个影片剪辑实例。

（4）分别调整 3 个影片剪辑实例的大小和旋转角度，再将 3 个影片剪辑实例移到框架图形内左下角，效果如图 2-2-7 所示。

图 2-2-7　第 1 帧中的 3 个实例

（5）选中“蝴蝶 1”图层第 1 帧，选择“修改”→“时间轴”→“分散到图层”命令，即可将该帧的对象分配到不同图层的第 1 帧中。新图层是系统自动增加的，名称分别为“蝴蝶 1”、“蝴蝶 2”和“蝴蝶 3”，新生成的各图层内保存一个影片剪辑实例。原来选中的“蝴蝶 1”图层第 1 帧内的所有对象消失。将原来选中的“蝴蝶 1”图层删除。

（6）按住【Ctrl】键，单击选中“蝴蝶 1”、“蝴蝶 2”和“蝴蝶 3”图层，右击选中的帧，在弹出的帧快捷菜单中选择“创建传统补间”命令，使选中图层的第 1 帧具有传统补间动画的属性。

（7）按住【Shift】键的同时，单击选中“蝴蝶 1”图层第 120 帧，再单击“蝴蝶 3”图层第 120 帧，同时选中“蝴蝶 1”～“蝴蝶 3”图层第 120 帧。按【F6】键，创建这 3 个图层的传统补间动画，再水平向左拖动第 120 帧到第 80 帧，使 3 个图层的动画终止帧为第 80 帧。

（8）按住【Ctrl】键，同时单击选中“蝴蝶 1”～“蝴蝶 3”图层第 20、40、60 帧，按【F6】键，创建 9 个关键帧。

（9）单击选中“蝴蝶 2”图层，即选中该图层第 1 帧～第 80 帧动画帧，水平向右拖动到该图层第 21 帧～第 100 帧。单击选中“蝴蝶 3”图层，即选中该图层第 1 帧～第 80 帧动画帧，水平向右拖动到该图层第 41 帧～第 120 帧。

（10）单击选中“蝴蝶 1”图层第 20 帧，将该帧内的“蝴蝶 1”影片剪辑实例移到图 2-2-8 左图所示的位置。单击选中“蝴蝶 1”图层第 40 帧，将该帧内的“蝴蝶 1”影片剪辑实例移到图 2-2-8 中图所示的位置。单击选中“蝴蝶 1”图层第 60 帧，将该帧内的“蝴蝶 1”影片剪辑实例移到图 2-2-8 右图所示的位置。

（11）按照上述方法，调整其他图层各关键帧内影片剪辑实例的位置，其中第 60 帧的画面如图 2-2-9 所示。

图 2-2-8　第 20、40、60 帧内“蝴蝶 1”影片剪辑实例的位置

图 2-2-9　第 60 帧画面

（12）锁定所有图层。将动画以名称“【案例 2】蝴蝶飞翔.fla”保存。

至此，整个动画制作完毕。该动画的时间轴如图 2-2-10 所示。

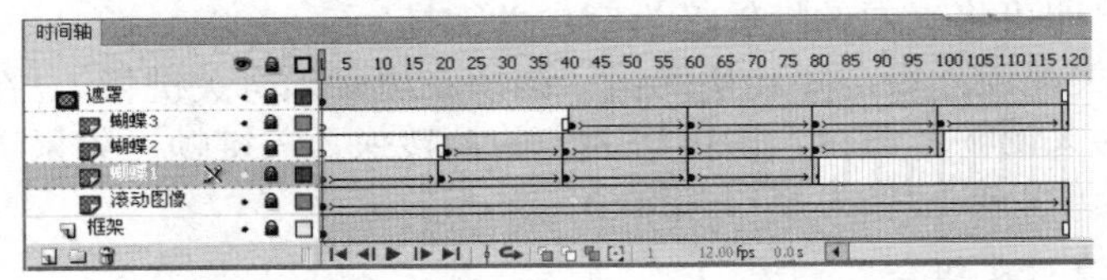

图 2-2-10　“【案例 2】蝴蝶飞翔”动画的时间轴

【相关知识】

1. 帧基本操作

（1）选择帧：使用工具箱内的“选择工具”可以选择对象，方法如下：

- 选中一个帧：单击该帧，即可选中单击的帧。
- 选中连续的多个帧：按住【Shift】键，单击选中多个帧中左上角的帧，再单击多个帧中右下角帧，即可选中连续的所有帧。另外，从一个非关键帧处拖动，可选中连续的多个帧。
- 选中不连续的多个帧：按住【Ctrl】键，单击选中各个要选中的帧。
- 选中所有帧：右击动画的帧，在弹出的帧快捷菜单中选择“选择所有帧”命令。

（2）插入普通帧：选中要插入普通帧的帧，按【F5】键。在选中帧处新增一个普通帧，原来的帧以及它右面的帧都会向右移动一帧。如果选中空帧后按【F5】键。会使该帧到该帧左边关键帧之间的所有帧成为普通帧，它们与左边关键帧的内容一样。

右击动画的帧，在弹出的帧快捷菜单中选择“插入帧”命令，与按【F5】键的效果一样。

（3）插入关键帧，选中要插入关键帧的帧，再按【F6】键，即可插入关键帧。

如果选中空帧，按【F6】键。在插入关键帧的同时，还会使该关键帧和它左边的所有空帧成为普通帧，使这些普通帧的内容与左边关键帧的内容一样。右击要插入关键帧的帧，在弹出的帧快捷菜单中选择“插入关键帧”命令，与按【F6】键的效果一样。

（4）插入空白关键帧：单击选中要插入空白关键帧的帧，然后按【F7】键或选择帧快捷菜单中的“插入空白关键帧”命令，都可以插入空白关键帧。

（5）调整帧的位置：选中一个或若干个帧（关键帧或普通帧等），用鼠标拖动选中的帧，即可移动这些选中的帧，将它们移到目的位置。同时还可能产生其他附加的帧。

拖动动画的起始关键帧或终止关键帧，调整关键帧的位置就可以调整动画帧的长度。

（6）复制（移动）帧：右击选中的帧，在弹出的帧快捷菜单中选择“复制帧”（或“剪切帧”）命令，将选中的帧复制（剪切）到剪贴板内。再选中另外一个或多个帧，右击选中的帧，在弹出的帧快捷菜单中选择“粘贴帧”命令，即可将剪贴板中的一个或多个帧粘贴到选定的帧内，完成复制（移动）关键帧的操作。

在粘贴时，最好先选中相同的帧再粘贴，这样不会产生多余的帧。

（7）删除帧：选中要删除的一个或多个帧，右击，在弹出的帧快捷菜单中选择“删除帧”命令。按【Shift+F5】组合键，也可以删除选中的帧。

（8）清除帧：右击要清除的帧，在弹出的帧快捷菜单中选择“清除帧”命令，可将选中帧的内容清除，使该帧成为空白关键帧或空白帧，同时使该帧右边的帧成为关键帧。

（9）清除关键帧：右击关键帧，在弹出的帧快捷菜单中选择“清除关键帧”命令，可清除选中的关键帧，使它成为普通帧。此时，原关键帧会被它左边的关键帧取代。

（10）转换为空白关键帧：右击要转换的帧，在弹出的帧快捷菜单中选择“转换为空白关键帧”命令，即可将选中的帧转换为空白关键帧。

（11）转换为关键帧：右击要转换的帧（该帧左边必须有关键帧），在弹出的帧快捷菜单中选择“转换为关键帧”命令，即可将选中的帧转换为关键帧。如果选中的帧左边没有关键帧，则可将选中的帧转换为空白关键帧。

2. 组合和取消对象组合

（1）组合：组合就是将一个或多个对象（图形、位图和文字等）组成一个对象。

选择所有要组成组合的对象，选择“修改”→“组合”命令。组合可以嵌套，就是说几个组合对象还可以组成一个新的组合。双击组合对象，即可进入它的“组”对象的编辑状态。进行编辑修改后，可单击编辑窗口中的⇦按钮，回到主场景。

（2）取消组合：选中组合对象，选择“修改”→“取消组合”命令，即可取消组合。

组合对象和一般对象的区别是，把一些图形组成组合后，这些图形可以把它作为一个对象来进行移动等操作。因为在同一帧内，后画的图形覆盖之前的图形后，当移动后画的图形时，会将覆盖部分的图形擦除；如果将图形组合，则后画的组合对象移出后，不会将覆盖部分的图形擦除。另外，也不能用橡皮擦工具擦除。

3. 多个对象对齐

可以将多个对象以某种方式排列整齐。例如，图 2-2-11 左图中所示的 3 个对象，原来在垂直方向参差不齐，经过对齐操作（垂直方向与顶部对齐）就整齐了，如图 2-2-11 右图所示。具体操作方法：先选中要参与排列的所有对象，再进行下面操作中的一种操作。

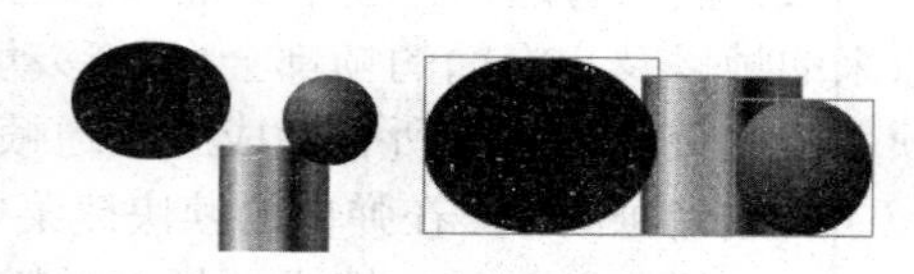

图 2-2-11　在垂直方向底部对齐排列对象

（1）选择“修改”→“对齐”→“××××”命令（此处是“底对齐”命令）。

（2）选择“窗口”→“对齐”命令或单击主工具栏中的“对齐”按钮，调出“对齐”面板，如图 2-2-3 所示。单击“对齐”面板中相应的按钮（每组只能单击一个按钮），即可将选中的多个对象进行相应的对齐。“对齐”面板中各组按钮的作用如下：

①“对齐”栏：在水平方向（左边的 3 个按钮）可以选择左对齐、水平居中对齐和右对齐。在垂直方向（右边的 3 个按钮）可以选择上对齐、垂直居中对齐和底对齐。

②“分布”栏：在水平方向（左边的 3 个按钮）或垂直方向（右边的 3 个按钮），可以选择以中心为准或以边界为准的排列分布。

③“匹配大小”栏：可以选择使对象的高度相等、宽度相等或高度与宽度都相等。

④“间隔”栏：等间距控制，在水平方向或垂直方向等间距分布排列。

使用“分布”和“间隔”栏的按钮时，必须先选中三个或三个以上的对象。

⑤“与舞台对齐”复选框：选中复选框，则以整个舞台为标准，将选中的多个对象进行排列对齐；取消选中复选框，则以选中的对象所在区域为标准，将选中的多个对象进行排列对齐。

4. *多个对象分散到图层*

可以将一个图层某一帧内多个对象分散到不同图层的第 1 帧中。方法是选中要分散的对象所在的帧，选择“修改”→“时间轴”→“分散到图层”命令，即可将该帧的对象分配到不同图层的第 1 帧中。新图层是系统自动增加的，选中帧内的所有对象消失。

5. *多个对象的层次排列*

同一图层中不同对象互相叠放时，存在着对象的层次顺序（即前后顺序）。这里所说的对象，不包含绘制的图形，也不包括分离的文字和位图图像，可以是文字、位图图像、元件实例、组合、在“对象绘制”模式下绘制的形状和图元图形等。这里介绍的层次指的是同一帧内对象之间的层次关系，而不是时间轴中的图层之间的层次关系。

对象的层次顺序是可以改变的。选择“修改”→“排列”→“××××”命令，可以调整对象的前后次序。例如，选择“修改”→“排列”→“移至顶层”命令，可使选中的对象移到最上边一层；选择“修改”→“排列”→“上移一层”命令，可以使选中对象向上移一层。

例如，绘制一个蓝色圆形图形和一个七彩色矩形图形，分别组成组合，矩形在圆形之上，选中圆形组合，选择“修改”→“排列”→“上移一层”命令，可以使选中的圆形组合对象向上移一层，移到矩形组合对象上边，如图 2-2-12 所示。

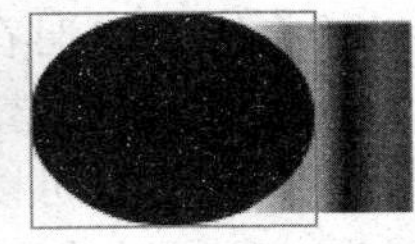

图 2-2-12　圆形组合对象向上移动一层

思考与练习2-2

（1）采用多个对象分散到图层的方法，制作该案例。

（2）制作一个“垂直图像”动画。该动画播放后，5 幅图像依次从上向下不断循环移动。

（3）制作一个“撞击框架彩球”动画，该动画播放后的画面如图 2-2-13 所示。四个彩球不断依次撞击框架的内边框中点，而且四个彩球是错开的。

（4）制作一个“热气球”动画，该动画播放后可以看到，在云彩中 8 个热气球排成一字线，从下慢慢向上移动，画面如图 2-2-14 所示。

图 2-2-13 “撞击框架彩球”动画画面

图 2-2-14 “热气球”动画画面

（5）制作一个“滚动水仙花图像和彩球”动画播放后的两幅画面如图 2-2-15 所示。可以看到，一排水仙花图像在立体框架内不断从右向左滚动移动。在水仙花图像滚动移动的展示过程中，几个彩球依次从左向右跳跃移动，同时彩球顺时针转圈滚动。

图 2-2-15 “滚动水仙花图像和彩球”动画播放后的两幅画面

2.3 【案例 3】徽标

案例 3 视频

【案例效果】

“徽标”图形如图 2-3-1 所示。

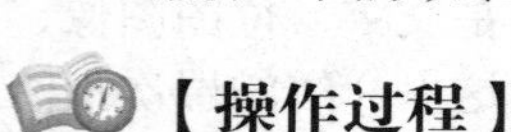

【操作过程】

1. 制作圆和箭头图形

（1）创建一个宽 200px，高 200px，背景色为白色的舞台工作区。选择“视图”→“网格”→“显示网格”命令，在舞台工作区内显示网格。

（2）使用工具箱中的“椭圆工具”，设置笔触颜色为无，设置填充色为黑色。按住【Shift】键，同时在舞台工作区内右上方拖动鼠标，绘制一个黑色圆图形。

（3）使用“选择工具”，单击选中圆图形，在其“属性”面板内，在“宽”数字框内输入 60，也可以将鼠标指针移到数字框之上，当鼠标指针呈水平双箭头状时，水平拖动，也可以改变数字框内的数值。在“高”数字框内均输入 60，在“X”和“Y”数字框内分别输入 130 和 10，如图 2-3-2 所示。此时的黑色圆图形如图 2-3-3 所示。

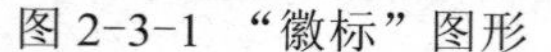

图 2-3-1 “徽标”图形

图 2-3-2 “属性”面板设置

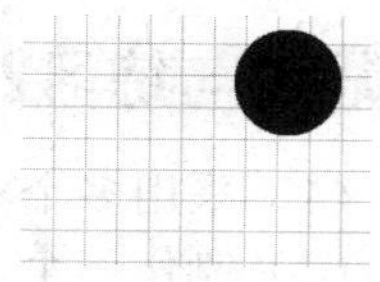

图 2-3-3 黑色圆图形

（4）单击工具箱中的“矩形工具”按钮，在舞台工作区内左下方拖动鼠标，绘制一个黑色矩形图形，如图 2-3-4（a）所示。

（5）单击工具箱内的“任意变形工具”按钮，单击选中黑色矩形图形，单击按下“选项”栏内的“旋转与倾斜”按钮，将鼠标指针移到矩形右边中间的控制柄外，当鼠标指针呈双箭头时，垂直向下拖动，使矩形右边向下倾斜，如图 2-3-4（b）所示。

（6）使用“选择工具”，按住【Alt】键，水平拖动，复制一份图形，效果如图 2-3-4（c）所示。选中图 2-3-4（c）内右边的图形，选择“修改”→“变形”→“水平翻转”命令，将选中的图形水平翻转。然后，按【←】键，使水平翻转的图形水平向左移动，与左边的图形合并，如图 2-3-4（d）所示。

（7）拖动选中图 2-3-4（d）所示图形，选择“修改”→“组合”命令，将选中的图形组成组合，如图 2-3-4（e）所示。

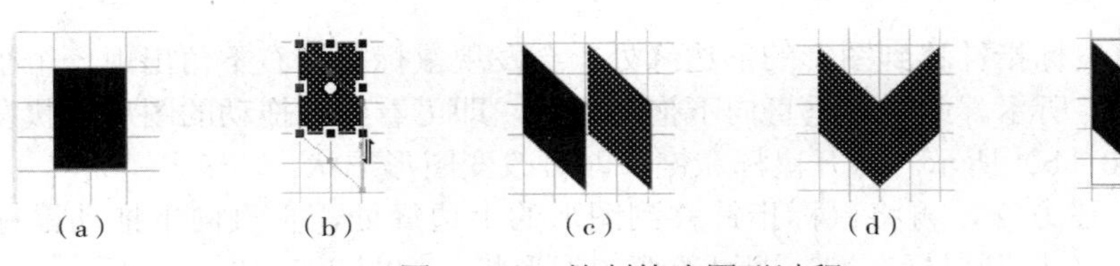

（a）　（b）　（c）　（d）　（e）

图 2-3-4　绘制箭头图形过程

2. 制作一个图案图形

（1）3 次按住【Alt】键同时拖动图 2-3-4（e）所示图形，复制 3 幅该图形。选中其中一个图形，打开“变形”面板，单击选中该面板内的“旋转”单选按钮，在它的数字框内输入 45，如图 2-3-5（a）所示。按【Enter】键，将选中图形旋转 45°，如图 2-3-5（b）所示。

（2）选中图 2-3-5（b）所示图形，按住【Alt】键，同时拖动鼠标，复制一份该图形。

（3）选中一个图 2-3-4（e）所示图形，在“变形”面板内的“旋转”数字框内输入–45，如图 2-3-6（a）所示。按【Enter】键，将选中图形旋转–45°，如图 2-3-6（b）所示。

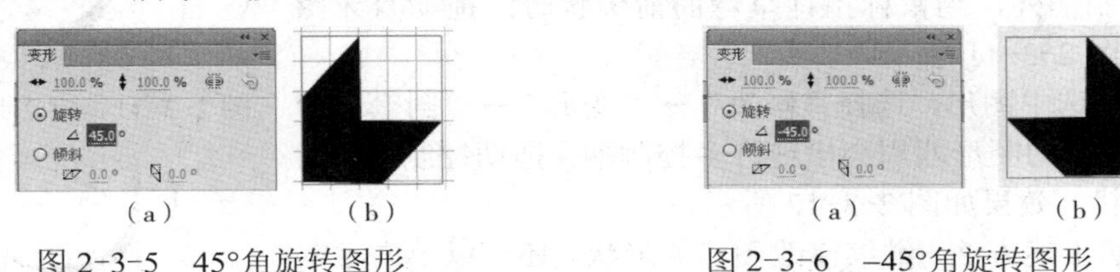

（a）　（b）　　（a）　（b）

图 2-3-5　45°角旋转图形　　图 2-3-6　–45°角旋转图形

（4）选中一个图 2-3-4（e）所示图形，在“变形”面板内的“旋转”数字框内输入 135，如图 2-3-7（a）所示。按【Enter】键，将选中图形旋转 135°，如图 2-3-7（b）所示。

（5）调整所有图形的位置，效果如图 2-3-8 所示。

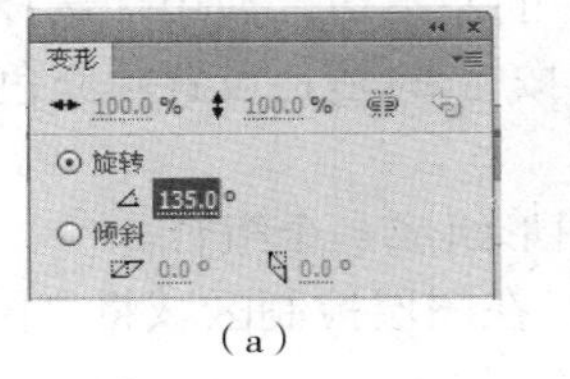

（a）　（b）

图 2-3-7　135°角旋转图形

图 2-3-8　部分图案

3. 制作弧形图形

（1）使用工具箱中的“椭圆工具”，设置线为无，填充色为黑色。在舞台工作区的外边绘制一个黑色圆，如图 2-3-9（a）所示。

（2）将填充色改为绿色。在舞台工作区外边绘制一个绿色椭圆。使用工具箱内的“选择工具”，将蓝色椭圆移到黑色圆形处，覆盖其中的一部分，如图 2-3-9（b）所示。

（3）按【Del】键，删除绿色椭圆形图形，并将覆盖的图形删除，形成黑色月牙图形，效果如图 2-3-9（c）所示。

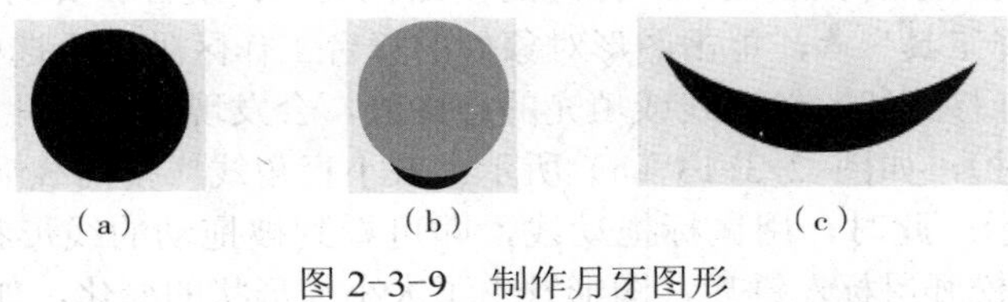

（a）　（b）　（c）

图 2-3-9　制作月牙图形

（4）使用“选择工具”，单击图形对象外的舞台工作区处，不选中要改变形状的黑色月牙图形。将鼠标指针移到图形的下边缘处，会发现鼠标指针右下角出现一个小弧线，如图 2-3-10（a）所示。此时，垂直向下拖动鼠标，即可看到被拖动的图形形状发生了变化，如图 2-3-10（b）所示。松开鼠标左键，即可改变图形形状。

（5）按照上述方法，再将鼠标指针移到图形的上边缘处，垂直向下拖动鼠标，如图 2-3-10（c）所示，松开鼠标左键，即可改变图形形状，如图 2-3-10（d）所示。

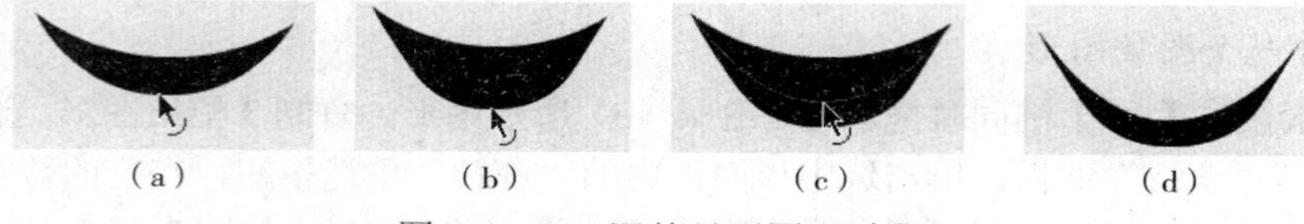

图 2-3-10　调整月牙图形过程

（6）使用"任意变形工具"按钮，选中月牙图形，单击"选项"栏内的"旋转与倾斜"按钮，将鼠标指针移到图形右上角的控制柄外，当鼠标指针呈弯曲箭头状时，拖动月牙图形旋转，如图 2-3-11 所示。

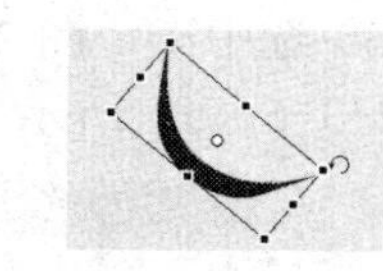

图 2-3-11　旋转月牙图形

（7）单击选中图形，选择"修改"→"变形"→"封套"命令。此时，选中的图形四周会出现许多控制柄，拖动控制柄，调整图形的形状，效果如图 2-3-12 所示。

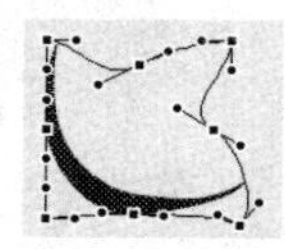

图 2-3-12　套封调整

（8）按照上述方法，继续修改图形的形状。还可以单击主工具栏内的"平滑"按钮，使图形的轮廓线平滑；可以使用工具箱中的"橡皮擦工具"，擦除多余的图形。

4. 合成徽标图形

（1）将修改后的月牙图形移到图 2-3-8 所示图形的左下边。使用"选择工具"，选中所有图形，单击工具箱内"颜色"栏内"填充色"按钮，设置填充色为蓝色，给所有图形着蓝色，如图 2-3-1 所示。

（2）选择"修改"→"组合"命令，将选中的图形组成一个组合。

（3）在"图层 1"图层之上创建"图层 2"图层，在图层控制区域将"图层 1"图层拖动到"图层 2"图层的上边。

（4）单击工具箱中的"矩形工具"按钮，在舞台工作区内拖动绘制一个黄色的矩形图形，它的宽和高均为 200px，刚好将整个舞台工作区完全覆盖。

（5）将动画以名称"【案例 3】徽标.fla"保存。

【相关知识】

对象形状调整

1. 使用选择工具改变图形形状

可以改变形状的对象有矢量图形、打碎的位图、文字、组合和实例等图形类对象。

（1）使用"选择工具"，单击图形对象外的舞台工作区处，不选中图形对象。

（2）将鼠标指针移到线、轮廓线或填充的边缘处，会发现鼠标指针右下角出现一个小弧线（指向线边处时），如图 2-3-13（a）所示；或小直角线（指向线端或折点处时），如图 2-3-13（b）所示。此时，用鼠标拖动线，即可看到被拖动的线形状发生了变化，如图 2-3-13 所示。当松开鼠标左键后，图形发生了大小与形状的变化，如图 2-3-14 所示。

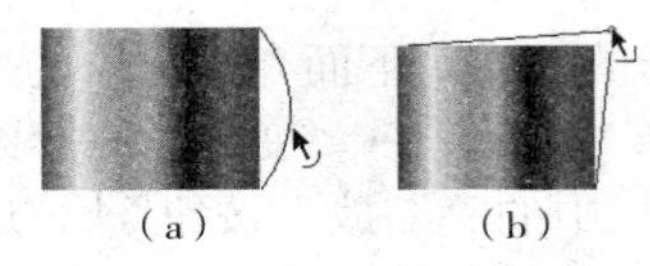

图 2-3-13　使用“选择工具”改变图形形状

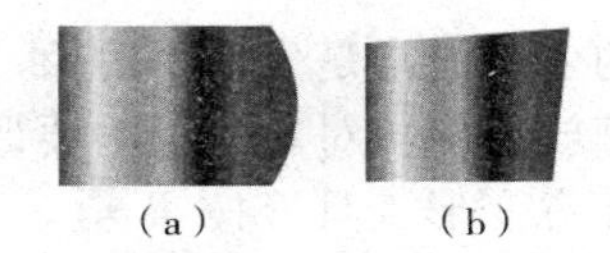

图 2-3-14　改变形状后的图形

2. 切割图形的几种方法

（1）使用工具箱中的“选择工具”，拖动出一个矩形，选中部分图形，如图 2-3-15（a）所示。拖动选中的部分图形，即可将选中的部分图形分离，如图 2-3-15（b）所示。

（2）在要切割的图形上绘制一条细线，如图 2-3-16（a）所示。使用“选择工具”双击选中部分图形，拖动移开，如图 2-3-16（b）所示。单击选中细线，按【Del】键，可将细线删除。

（3）在要切割的图形上绘制一个图形，如图 2-3-17（a）所示。使用“选择工具”，拖动移出新绘制的图形，将原图形与它重叠部分的图形删除，如图 2-3-17（b）所示。

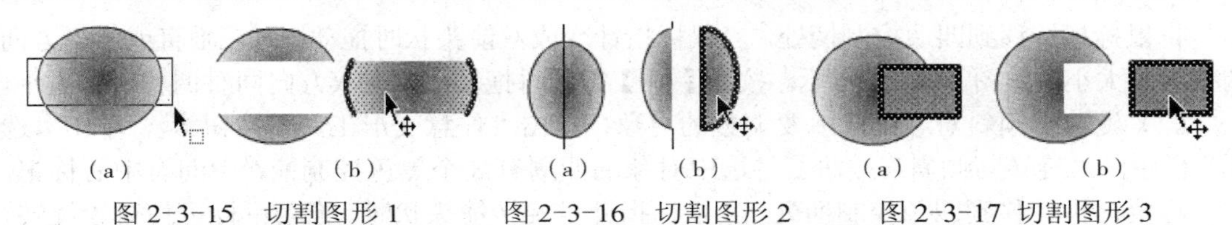

图 2-3-15　切割图形 1　图 2-3-16　切割图形 2　图 2-3-17　切割图形 3

3. 橡皮擦工具

单击“橡皮擦工具”按钮，工具箱中“选项”栏内的 3 个按钮的作用如下：

（1）“水龙头”按钮：单击按下该按钮后，鼠标指针呈状。再单击一个封闭的有填充的图形内部，即可将所有填充擦除。

（2）“橡皮擦形状”按钮：打开它，打开它的列表，可以选择橡皮擦形状与大小。

（3）“橡皮擦模式”按钮：打开它，打开一个菜单，利用该菜单可以设置擦除方式。

- “标准擦除”按钮：选中它后，鼠标指针呈橡皮状，拖动擦除图形时，可以擦除鼠标指针拖动过的矢量图形、线条、打碎的位图和文字。
- “擦除填色”按钮：选中它后，拖动擦除图形时，只可以擦除填充和打碎的文字。
- “擦除线条”按钮：选中它后，拖动擦除图形时，只可以擦除线条和轮廓线。
- “擦除所选填充”按钮：选中它后，拖动擦除图形时，只可以擦除已选中的填充和分离的文字，不包括选中的线条、轮廓线和图像。
- “内部擦除”按钮：选中它后，拖动擦除图形时，只可以擦除填充。

不管哪一种擦除方式，都不能够擦除文字、位图、组合和元件的实例等。

4. 对象一般变形调整

单击“选择工具”，选中对象。选择“修改”→“变形”命令，打开其子菜单，如图 2-3-18 所示。利用该菜单，可以将选中的对象进行各种变形等。另外，使用“任意变形工具”也可以进行各种变形。单击“任意变形工具”按钮，此时工具箱的“选项”栏如图 2-3-19 所示。

注　意

对于文字、组合、图像和实例等对象，菜单中的“扭曲”和“封套”是不可用的，“任意变形工具”的“选项”栏内的“扭曲”和“封套”按钮也无效。

对象的变形通常是先选中对象，再进行对象变形的操作。下面介绍对象的变形方法。

（1）缩放与旋转对象：选中要调整的对象，选择“修改”→“变形”→“缩放”命令或单击“任意变形工具”按钮，再单击“选项”栏中的“缩放”按钮。选中的对象四周会出现 8 个黑色方形控制柄。将鼠标指针移到四角的控制柄处，当鼠标指针呈双箭头状时，拖动鼠标，即可在四个方向缩放调整对象的大小，如图 2-3-20 所示。

图 2-3-18　变形菜单

图 2-3-19 “任意变形工具”的“选项”栏

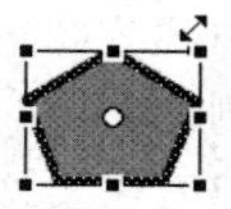

图 2-3-20　调整对象大小

将鼠标指针移到四边控制柄处，当鼠标指针变成双箭头状时拖动，可在垂直或水平方向调整对象大小，如图 2-3-21 所示。按住【Alt】键同时拖动，会在双方向同时调整对象大小。

（2）旋转与倾斜对象：选中要调整的对象，单击“任意变形工具”按钮，单击“选项”栏中的“旋转与倾斜”按钮，选中对象的四周有 8 个黑色控制柄，中间有中心标记。

将鼠标指针移到四角控制柄处，当鼠标指针呈旋转箭头状时，拖动鼠标可使对象旋转，如图 2-3-22 所示。拖动中心标记，可以改变旋转中心的位置。将鼠标指针移到四边控制柄处，当鼠标指针呈两个平行的箭头状时拖动，可以使对象倾斜，如图 2-3-23 所示。

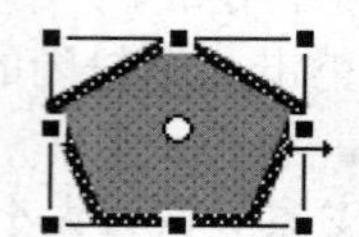
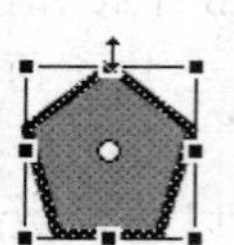

图 2-3-21　单向调整对象大小

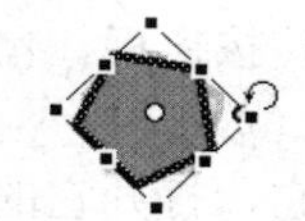

图 2-3-22　旋转对象

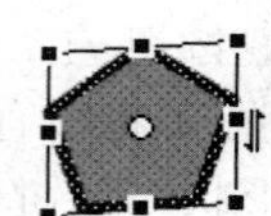
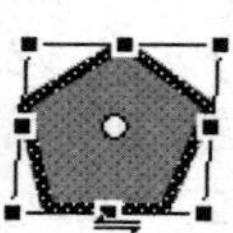

图 2-3-23　倾斜对象

（3）扭曲对象：选中要调整的对象，选择“修改”→“变形”→“扭曲”命令或单击“任意变形工具”按钮，再单击“选项”栏内的“扭曲”按钮。

鼠标指针移到四周的控制柄处，当鼠标指针呈白色箭头状时，拖动鼠标，可以使对象扭曲，如图 2-3-24（a）和图 2-3-24（b）所示。按住【Shift】键，拖动四角的控制柄，可以对称地进行扭曲调整（又称透视调整），如图 2-3-24（c）所示。

（4）封套对象：选中要调整的图形，选择“修改”→“变形”→“封套”命令或单击“任意变形工具”按钮并单击“选项”栏内的“封套”按钮，此时图形四周出现许多控制柄，如图 2-3-25（a）所示。将鼠标指针移到控制柄处，当鼠标指针呈白色箭头状时，拖动控制柄或切线控制柄，可改变图形形状，如图 2-3-25（b）所示。

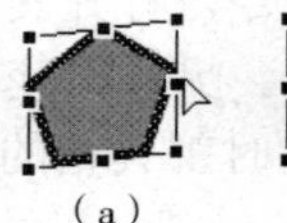

（a）

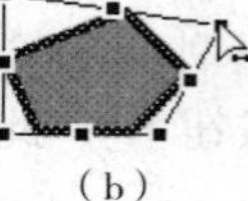

（b）

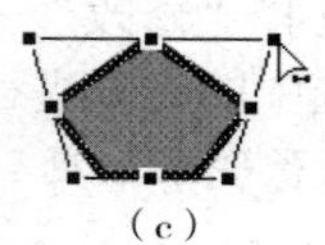

（c）

图 2-3-24　扭曲对象

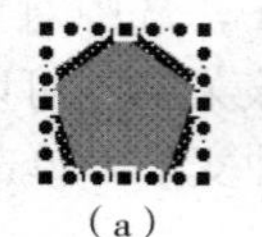

（a）

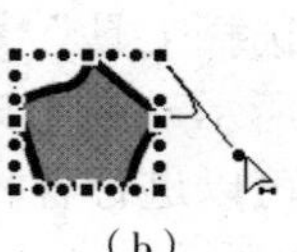

（b）

图 2-3-25　封套调整

（5）任意变形对象：选中要调整的对象，选择“修改”→“变形”→“任意变形”命令或单击“任意变形工具”按钮。根据鼠标指针的形状，拖动控制柄，可以调整对象的大小、旋转角度、倾斜角度等。拖动中心标记，可以改变中心标记的位置。

5. 对象精确变形调整

（1）精确缩放和旋转：选择“修改”→“变形”→“缩放和旋转”命令，弹出“缩放和旋转”对话框，如图 2-3-26 所示。利用它可以将选中的对象进行缩放和旋转设置。

（2）90°旋转对象：选择“修改”→“变形”→“顺时针旋转 90 度”命令，选中对象顺时针旋转 90°，如图 2-3-27（a）和图 2-3-27（b）所示。选择“修改”→“变形”→“逆时针旋转 90 度”命令，选中对象逆时针旋转 90°，如图 2-3-27（c）所示。

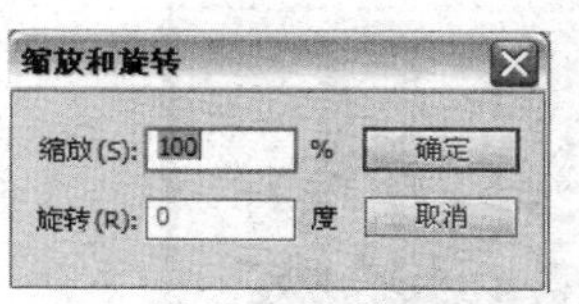

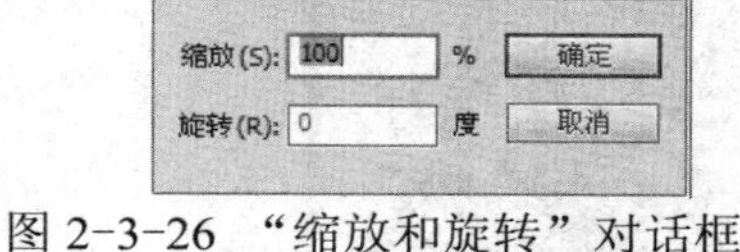

图 2-3-26　“缩放和旋转”对话框

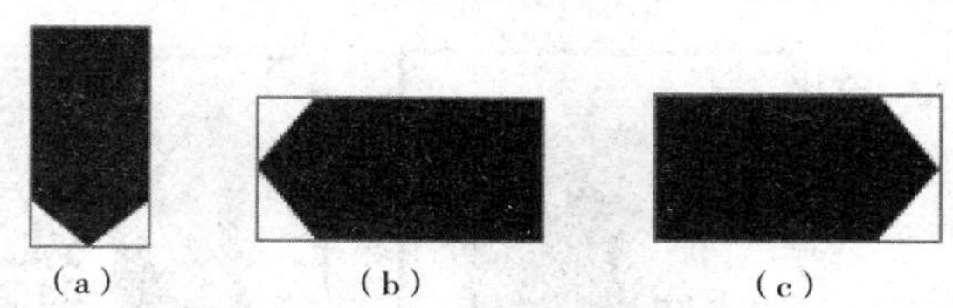

图 2-3-27　顺时针和逆时针旋转 90°

（3）垂直翻转对象：选择“修改”→“变形”→“垂直翻转”命令。

（4）水平翻转对象：选择“修改”→“变形”→“水平翻转”命令。

（5）使用“变形”面板调整对象：“变形”面板如图 2-3-28 所示。使用方法如下：

● 在数字框内输入水平缩放百分比数，在数字框内输入垂直缩放百分比数，按【Enter】键，可以改变选中对象的水平和垂直大小；单击面板右下角的按钮，可以复制一个改变了水平和垂直大小的对象。单击该面板右下角的“取消变形”按钮后，可以使选中的对象恢复原状态。

● 单击“约束”按钮，使按钮呈状，则与数字框内的数值可以不一样。单击“约束”按钮，使按钮呈状，则会强制两个数值一样，即保证原宽高比不变。

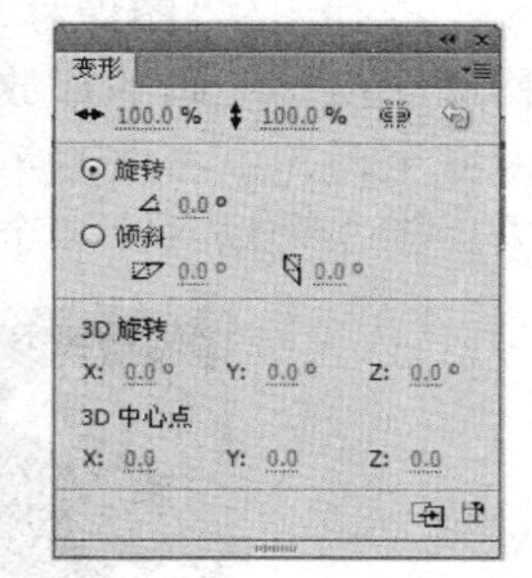

图 2-3-28　“变形”面板

（6）对象的旋转：选中“旋转”单选按钮，在其右边的数字框内输入旋转的角度，再按【Enter】键或单击“复制选区和变形”按钮，即可按指定的角度将选中的对象旋转或复制一个旋转的对象。

（7）对象的倾斜：选中“倾斜”单选按钮，再在其右边的数字框内输入倾斜角度，然后按【Enter】键或单击按钮，即可按指定的角度将选中的对象旋转或复制一个倾斜的对象。图标右边的数字框表示以底边为准来倾斜，右边的数字框表示以左边为准来倾斜。

关于“3D 旋转”和“3D 中心点”两栏的作用将在第 5 章介绍。

思考与练习2-3

（1）制作一幅“七彩蝴蝶”图形，如图 2-3-29 所示。

（2）制作图 2-3-30 所示的各种徽标图形。

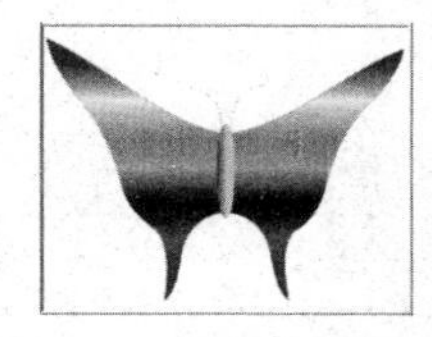

图 2-3-29　“七彩蝴蝶”图形

图 2-3-30　各种徽标图形

2.4 【案例 4】多场景图像切换

【案例效果】

首先制作“图像移动切换”动画，该动画播放后，在绿色立体图像框架内显示第 1 幅水仙花图像，接着第 2 幅水仙花图像在图像框架内从右向左水平移动，逐渐将第 1 幅水仙花图像完全覆盖。该动画播放中的 3 幅画面如图 2-4-1 所示。

图 2-4-1 “图像移动切换”动画播放后的 3 幅画面

再利用 “图像移动切换”动画制作“多场景图像切换”动画播放后，先显示“图像移动切换”动画的播放效果，接着第 3 幅水仙花图像从左向右水平移动，逐渐将第 2 幅图像完全覆盖；再接着第 4 幅图像逐渐显示出来。其中的 3 幅画面如图 2-4-2 所示。该动画采用了 3 个场景，一个场景完成一幅图像的切换。

图 2-4-2 “多场景图像切换”动画播放后的 3 幅画面

【操作过程】

1. 制作图像水平移动动画

（1）新建一个 Flash 文档。选择“修改”→“文档”命令，弹出“文档设置”对话框，设置舞台工作区宽 300px，高 330px，单击“确定”按钮，完成设置。

（2）参考【案例 1】的制作方法，制作一个绿色立体矩形框架。选中“图层 1”图层，在“图层 1”图层的上边创建一个名称为“图层 2”的图层。选中“图层 2”图层的第 1 帧。选择“文件”→“导入”→“导入到舞台”命令，弹出“导入”对话框，如图 2-4-3 所示。利用该对话框，将选定的“水仙花 1.jpg”图像导入到舞台工作区中。

图 2-4-3 “导入”对话框

（3）单击选中图像后，在它的“属性”面板的“宽”数字框中输入 280，在“高”数字框中输入 310，在“X”和“Y”数字框中输入 10，可以精确调整图像的大小和位置，使它刚好将框架内部完全覆盖。

（4）在“图层 2”图层的上边创建一个名称为“图层 3”的图层。选中“图层 3”图层第 1 帧，导入“水仙花 2.jpg”图像，将该图像调整到与第 1 幅图像大小和位置一样。

（5）右击“图层 3”图层第 1 帧，在弹出的帧快捷菜单中选择“创建传统补间”命令。此时，该帧具有了传统补间动画的属性。单击选中该图层的第 60 帧，按【F6】键，创建了第 1 帧到第 60 帧的传统补间动画。

（6）按住【Ctrl】键，单击选中“图层 1”和“图层 2”图层第 60 帧，按【F5】键，创建普通帧，使“图层 1”图层所有帧的内容一样，使“图层 2”图层所有帧的内容一样。

使用“选择工具”，单击选中“图层 3”图层第 1 帧，按住【Shift】键，水平向右拖动第 2 幅图像到第 1 幅图像的右边，如图 2-4-4 所示。

（7）在“图层 3”图层的上边创建一个名称为“图层 4”的图层。选中该图层第 1 帧，绘制一个与第 1 幅图像大小和位置完全一样的黑色矩形，如图 2-4-5 所示。右击“图层 4”图层，在弹出的图层快捷菜单中选择“遮罩层”命令，将“图层 4”图层设置为遮罩图层，“图层 3”图层为被遮罩图层。

图 2-4-4　第 1 帧画面

图 2-4-5　黑色矩形

（8）选择“文件”→“另存为”命令，弹出“保存为”对话框。在“保存类型”下拉列表框中选择“Flash CS6 文档”选项，选择“【案例 4】水仙花图像移动切换”文件夹，输入“图像移动切换”，单击“保存”按钮，将该动画保存为 Flash 文档。

至此，整个动画制作完毕。该动画的时间轴如图 2-4-6 所示。

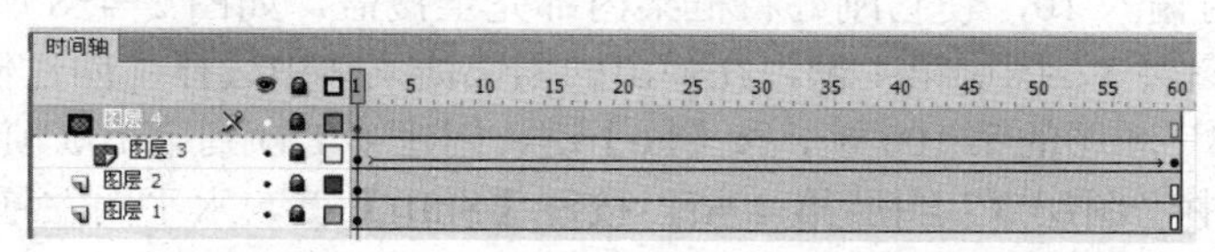

图 2-4-6　“图像移动切换”动画的时间轴

2. 制作“图像 1-2 切换”场景动画

（1）将“图像移动切换.fla”文件夹复制一份，将复制的文件夹名称改为“【案例 4】多场景图像切换”，将文件名称改为“【案例 4】多场景图像切换.fla”。

（2）打开“【案例 4】多场景图像切换.fla”Flash 文档，单击“窗口”→“其他面板”→“场景”命令，调出“场景”面板，双击该面板内的“场景 1”名称，进入“场景 1”名称的编辑状态，将场景名称改为“图像 1-2 切换”，如图 2-4-7（a）所示。

（3）单击选中“场景”面板内的“图像 1-2 切换”场景名称，单击“复制场景”按钮，在“场景”面板内复制两个“图像 1-2 切换”场景，如图 2-4-7（b）所示。

（4）为了使动画播放的速度慢一些，按住【Ctrl】键，单击选中“图层 1”、“图层 2”

和“图层 4”第 60 帧，按【F5】键；水平向右拖动“图层 3”第 60 帧到第 100 帧。

（5）将“图像 1-2 切换复制”场景名称改为“图像 2-3 切换”，将“图像 1-2 切换复制 2”场景名称改为“图像 3-4 切换”，如图 2-4-7（c）所示。

（6）调出“库”面板。选择“文件”→“导入”→“导入到库”命令，弹出“导入到库”对话框。选择“【案例 4】多场景水仙花图像切换”文件夹，按住【Ctrl】键，单击选中“水仙花 3.jpg”和“水仙花 4.jpg”图像，单击“打开”按钮，将选中图像导入到“库”面板中。

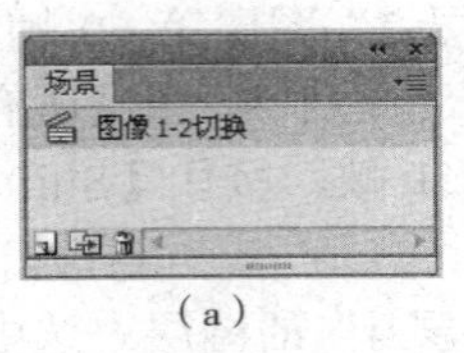

（a）

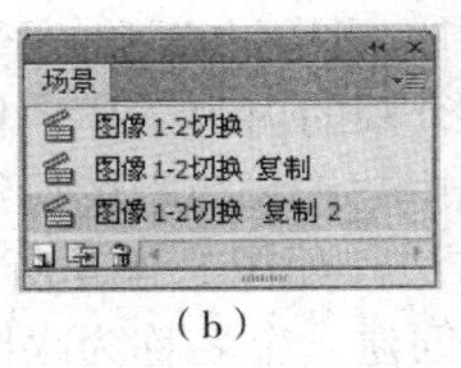

（b）

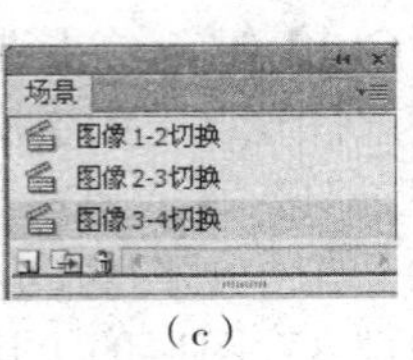

（c）

图 2-4-7 “场景”面板

3. 制作“图像 2-3 切换”场景动画

（1）使用“选择工具”，单击“场景”面板内的“图像 2-3 切换”名称，切换到“图像 2-3 切换”场景。也可以单击舞台右上角的“编辑场景”按钮，调出它的菜单，选择其内的“图像 2-3 切换”命令。将各图层解锁，将“图层 4”图层隐藏。

（2）右击“图层 3”图层第 100 帧，在弹出的帧快捷菜单中选择“复制帧”命令，将该帧内容复制到剪贴板内。右击“图层 2”图层第 1 帧，在弹出的帧快捷菜单中选择“粘贴帧”命令，将剪贴板内该帧内容粘贴到“图层 2”图层第 1 帧。

（3）右击“图层 2”图层第 1 帧，在弹出的帧快捷菜单中选择“删除补间”命令。

上述（1）（2）步的操作目的是使第 2 幅图像替代第 1 幅图像。

（4）按住【Shift】键，单击选中“图层 3”图层第 100 帧和第 1 帧，选中该图层所有动画帧，右击选中的帧，在弹出的帧快捷菜单中选择“删除帧”命令，将“图层 3”图层各帧删除。单击选中“图层 3”图层第 1 帧，按【F7】键，创建一个空白关键帧。

（5）将“库”面板内的“水仙花 3.jpg”图像拖动到舞台工作区内框架图像内框中。选中该图像，在它的“属性”面板内“宽”和“高”数字框中分别输入 280 和 310，在“X”和“Y”数字框内输入 10，使它刚好将框架内部完全覆盖，如图 2-4-8 所示。

（6）右击“图层 3”图层第 1 帧，在弹出的帧快捷菜单中选择“创建传统补间”命令。单击选中“图层 3”图层的第 100 帧，按【F6】键，创建第 1 帧到第 100 帧的传统补间动画。

（7）单击选中“图层 3”图层第 1 帧，按住【Shift】键，水平向左拖动第 3 幅图像到第 2 幅图像的左边，如图 2-4-9 所示。

（8）将各图层锁定，显示“图层 4”图层。

图 2-4-8 第 100 帧画面

图 2-4-9 第 1 帧画面

4. 制作“图像 3-4 切换”场景动画

（1）右击“图像 2-3 切换”场景“图层 3”图层第 100 帧，在弹出的帧快捷菜单中选择“复制帧”命令，将该帧内容复制到剪贴板内。

（2）单击“场景”面板内的“图像 3-4 切换”名称，切换到“图像 3-4 切换”场景。将各图层解锁，将“图层 4”图层隐藏。右击“图层 2”图层第 1 帧，在弹出的帧快捷菜单中选择“粘贴帧”命令，将剪贴板内该帧内容粘贴到“图层 2”图层第 1 帧。

（3）右击“图层 2”图层第 1 帧，在弹出的帧快捷菜单中选择“删除补间”命令。

上述步骤的操作目的是使第 3 幅图像替代第 2 幅图像。

（4）将“图层 3”图层各帧删除。在“图层 3”图层第 1 帧创建一个空白关键帧。将“库”面板内的“水仙花 4.jpg”图像拖动到舞台工作区内框架图像内框中。选中该图像，调整大小和位置，使它刚好将框架内部完全覆盖，如图 2-4-10 所示。

（5）右击“图层 3”图层第 1 帧，在弹出的帧快捷菜单中选择“创建传统补间”命令。单击选中“图层 3”图层的第 100 帧，按【F6】键，创建第 1 帧到第 100 帧的传统补间动画。

（6）单击选中“图层 3”图层第 1 帧，在其“属性”面板内“色彩效果”栏内，在“样式”下拉列表框中选择“Alpha”选项，调整 Alpha 数值为 0%，使“图层 3”图层第 1 帧内第 4 幅图像完全透明，第 1 帧画面如图 2-4-11 所示。

（7）将各图层锁定，显示“图层 4”图层。保存动画。

图 2-4-10　第 1 帧画面

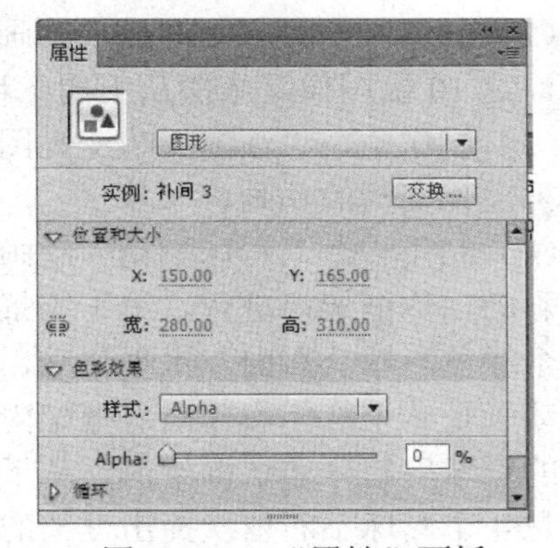

图 2-4-11　“属性”面板

【相关知识】

1. 增加场景与切换场景

在 Flash 动画中，演出的舞台只有一个，但在演出过程中，可以更换不同的场景。

（1）增加场景：选择“插入”→“场景”命令，即可增加一个场景，并进入该场景的编辑窗口。在舞台工作区编辑栏内的左边会显示出当前场景的名称 场景 2。

（2）切换场景：单击编辑栏右边的“编辑场景”按钮，弹出它的快捷菜单，选择该菜单中的场景名称命令，可以切换到相应的场景。另外，选择“视图”→“转到”命令，可调出其下一级子菜单。利用该菜单，可以完成场景的切换。

2. “场景”面板的使用

选择“窗口”→“其他面板”→“场景”命令，可以调出“场景”面板，如图 2-4-12 所示。利用该面板可显示、新建、复制、删除场景，以及给场景更名和改变场景的顺序等。

（1）单击“场景”面板右下角的“添加场景”按钮，可以新建场景。

（2）用鼠标上下拖动“场景”面板内的场景图标，可以改变场景的前后次序，也就改变了场景的播放顺序，如图 2-4-13 所示。

（3）单击“场景”面板右下角的“重制场景”按钮，可复制场景。例如，单击选中“场景 2”后，单击“场景”面板右下角的“重制场景”按钮，可复制“场景 2”场景，生成名字为“场景 2 副本”的场景，如图 2-4-14 所示。

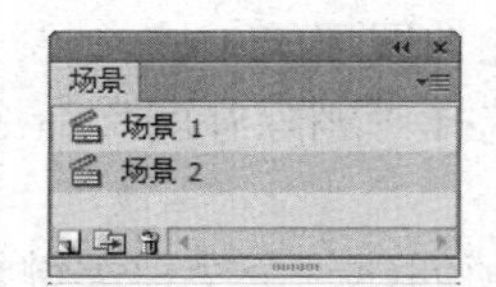

图 2-4-12 “场景”面板

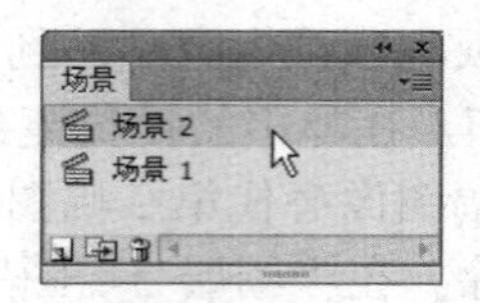

图 2-4-13 调整场景播放顺序

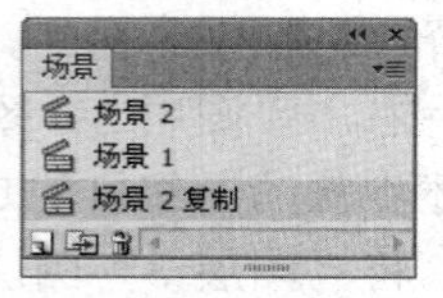

图 2-4-14 复制场景

（4）单击“场景”面板右下角的“删除场景”按钮，即可将选中的场景删除。

（5）双击“场景”面板内的一个场景名称，即可进入场景名称的编辑状态。

思考与练习2-4

（1）修改“【案例 4】多场景图像切换.fla”动画，增加两个场景，分别用来切换第 5、6 幅图像。第 4 场景用来将第 5 幅图像由小逐渐变大，最后将第 4 幅图像完全覆盖。第 5 场景用来将第 5 幅图像由大变小，最后完全将第 6 幅图像显示出来。（注意：各场景内动画的衔接应正确。）

（2）制作一个“滚动图像”动画。该动画播放后，10 幅图像依次从下向上移动。接着，这 10 幅图像又依次从上向下移动。要求：两个动画分别在不同场景内完成。

（3）制作一个“逐渐变暗变亮图像”动画，该动画播放后，一幅图像逐渐由暗变亮，再由亮变暗的动画。

（4）制作一个“彩球滚动”动画，该动画由 4 个场景动画组成，彩球的滚动都是在七彩的立体框架内进行。第 1 场景动画是在一个红色彩球从左向右水平移动，同时另一个绿色彩球从右向左水平移动，两个彩球相互撞击后，沿原来的路径返回；第 2 场景动画是一个红色彩球沿着框架内框顺时针自转一圈；第 3 场景动画是让 4 个不同颜色的彩球均匀分布在框架内，从下向上垂直滚动，再从上向下垂直滚动；第 4 场景动画是 4 个彩球不断依次撞击框架的内边框中点，而且 4 个彩球是错开的。

第3章　绘制和编辑图形

本章通过完成6个案例，介绍“颜色”和“样本”面板的使用方法，填充和笔触的设置方法，使用渐变变形、颜料桶、刷子、墨水瓶、钢笔和部分选取等工具的方法，绘制和编辑线与几何图形的方法，绘图模式、两类对象的特点，绘制图元图形和合并对象的方法等。

Flash CS6 绘图有两种绘制模式：一种是“合并绘制”模式；另一种是“对象绘制”模式。在不同模式下绘制的图形具有不同的特点。图形可以看成是由线和填充组成的。图形的着色有两种：一是对线的着色；二是对填充着色，可以着单色、渐变色和位图。工具箱中的一部分工具（线条工具、铅笔工具、钢笔工具和墨水瓶工具等）只用于绘制和编辑线；另一部分工具（刷子工具、颜料桶工具和渐变变形工具等）只用于绘制和编辑填充；再有一部分工具（椭圆工具、矩形工具、多角星形工具、橡皮擦工具、滴管工具、任意变形工具和套索工具等）可以绘制和编辑线及填充。线可以转换为填充。

3.1 【案例5】水晶球按钮

【案例效果】

“水晶球按钮”图形如图 3-1-1 所示。它给出了红、蓝、绿三个不同颜色的水晶球按钮图形。水晶球按钮图形的底图是立体的水晶球，球内有不断移动的鲜花图像，按钮上有倒影的“水晶按钮”文字。下面介绍该动画的制作方法和相关知识。

图 3-1-1 “水晶球按钮”图形

【操作过程】

1. 制作“水晶球”影片剪辑元件

（1）设置舞台工作区的宽为 540px，高为 200px，背景色为黄色。以名称“【案例 5】水晶球按钮.fla”保存在“【案例 5】水晶球按钮”文件夹内。

（2）选择“插入”→“新建元件”命令，弹出“创建新元件”对话框，在“名称”文本框内输入“水晶球按钮”，在“类型”下拉列表框中选择“影片剪辑”选项，如图 3-1-2 所示。单击“确定”按钮，在“库”面板内创建一个“水晶球按钮”影片剪辑元件，并进入编辑状态。

（3）选择“视图”→“标尺”命令，在舞台工作区显示标尺，创建 3 条水平辅助线和 3 条垂直辅助线，如图 3-1-3 所示。单击工具箱内的“椭圆工具”按钮，在其“属性”面板内，单击“笔触颜色”按钮，调出笔触颜色面板，单击其中的“无”图标，设置无笔触。

（4）调出“颜色”面板，在“颜色类型”下拉列表框中选择“线性渐变”选项，单击左边关键点滑块，设置颜色为红色（红为 255，绿和蓝均为 60），如图 3-1-4 所示。单击右边关键点滑块，设置颜色为灰色（红为 80，绿和蓝均为 10），Alpha 值均为 100%，如图 3-1-5 所示。

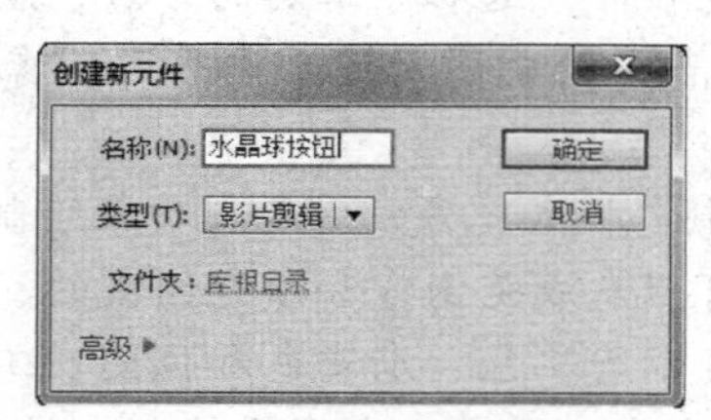

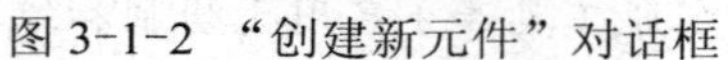

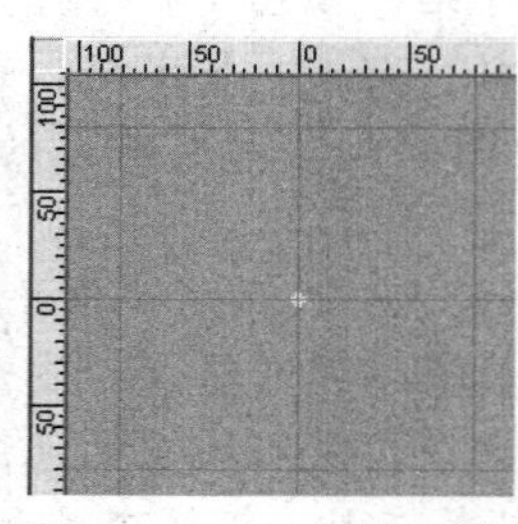

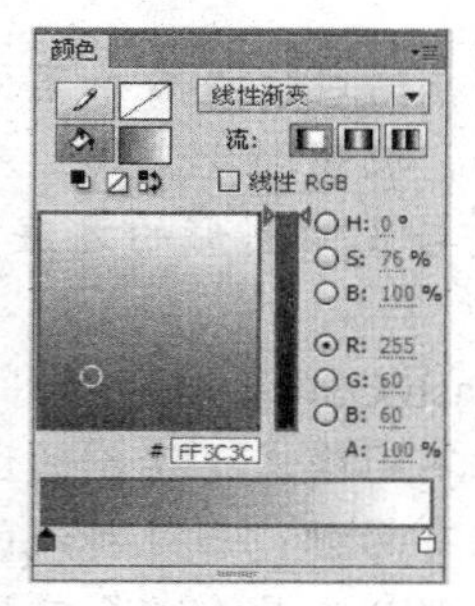

图 3-1-2 “创建新元件”对话框　图 3-1-3　6 条辅助线　图 3-1-4 “颜色”面板 1

（5）按住【Shift】键，拖动绘制一个圆。单击“渐变变形工具”按钮，单击圆，拖动调整控制柄，使填充色旋转 90°，如图 3-1-6 所示。然后将圆组成组合。

（6）按照上述方法，绘制一个椭圆，椭圆采用颜色线性渐变填充样式，由白色（红为 255，绿为 255，蓝为 255，Alpha 值为 90%）到白色（红为 255，绿为 255，蓝为 255，Alpha 值为 10%）。“颜色”面板设置如图 3-1-7 所示。

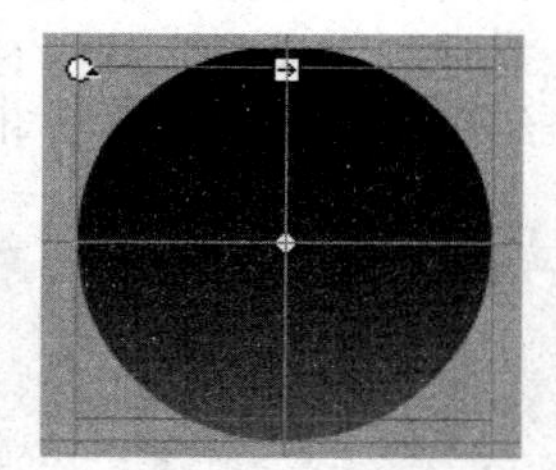

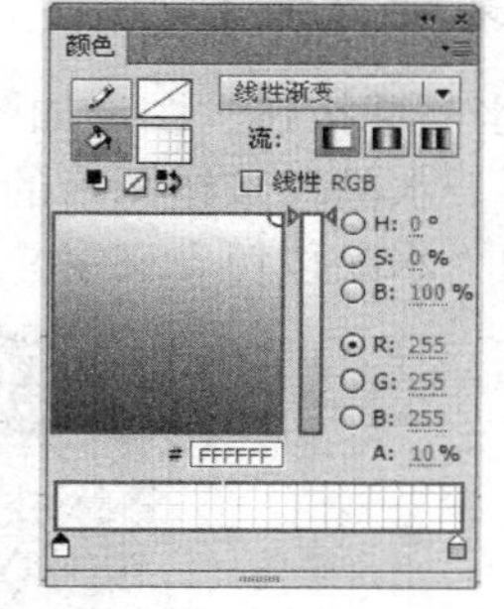

图 3-1-5 “颜色”面板 2　图 3-1-6　调整圆　图 3-1-7 “颜色”面板 3

（7）使用工具箱内的“渐变变形工具”，调整椭圆如图 3-1-8 左图所示。然后将圆图形组成组合。

（8）按照上述方法，再绘制一个椭圆，椭圆采用颜色放射状渐变填充样式，由白色（红为 255，绿为 255，蓝为 255，Alpha 值为 85%）到白色（红为 255，绿为 255，蓝为 255，Alpha 值为 0%）。使用工具箱内的“渐变变形工具”，调整椭圆如图 3-1-8 右图所示。

（9）将第 2 个椭圆图形分别组成组合，将它移到红色圆形图形之上，形成一个水晶球图形，然后将三个图形组成组合，如图 3-1-9 所示。

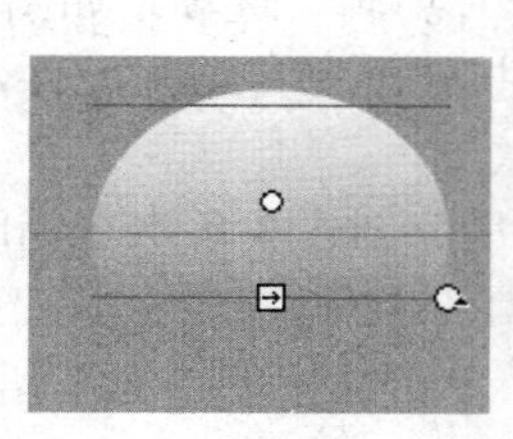

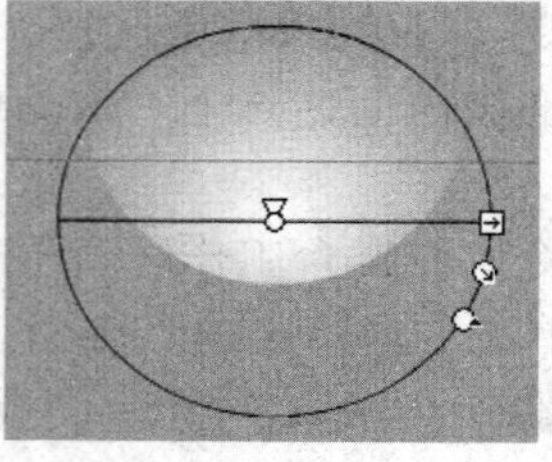

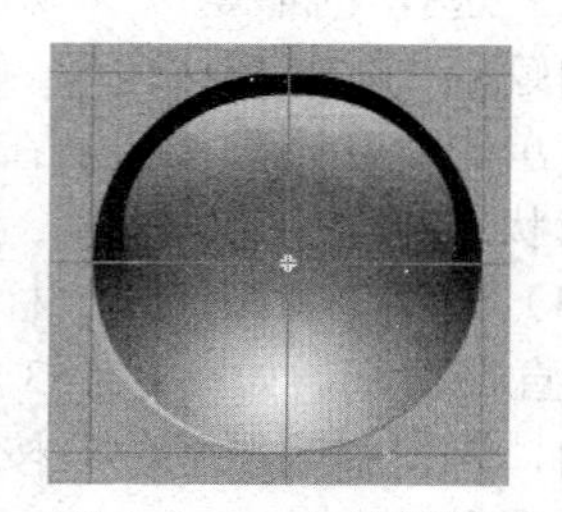

图 3-1-8　绘制和调整椭圆图形　图 3-1-9　水晶球图形

最后，单击元件编辑窗口中的按钮，回到主场景。

2. 制作按钮文字

（1）选择“插入”→“新建元件”命令，弹出“创建新建元件”对话框，在该对话框内的“名称”文本框中输入“按钮文字”，在“类型”下拉列表框中选择“影片剪辑”选项，单击“确定”按钮，进入“按钮文字”影片剪辑元件编辑状态。

（2）输入黄色、黑体、20 磅的文字“水晶按钮”，如图 3-1-10 左图所示。按住【Alt】键，垂直向下拖动“水晶按钮”文字，复制一份“水晶按钮”文字。

（3）单击选中复制的“水晶按钮”文字，选择“修改”→“变形”→“垂直翻转”命令，将“水晶按钮”文字垂直翻转，如图 3-1-10 右图所示。

图 3-1-10　“水晶按钮”文字

（4）两次选择“修改”→“分离”命令，将下边的“水晶按钮”文字打碎，成为图形。

（5）单击工具箱中的“刷子工具”按钮，在其“选项”栏内设置刷子大小为最小，设置填充色为黄色，然后在文字各部分之间绘制几条细线，将“水晶按钮”文字变为一个对象，如图 3-1-11 所示。

（6）单击工具箱中的“选择工具”按钮，拖动选中“水晶按钮”文字图形对象。调出“颜色”面板，在其“填充样式”下拉列表框中选择“线性”选项，左边为白色（红为 255，绿为 255，蓝为 255，Alpha 值为 0%），右边为灰色（红为 255，绿为 255，蓝为 0，Alpha 值为 100%）。此时的“水晶按钮”文字图形如图 3-1-12 所示。

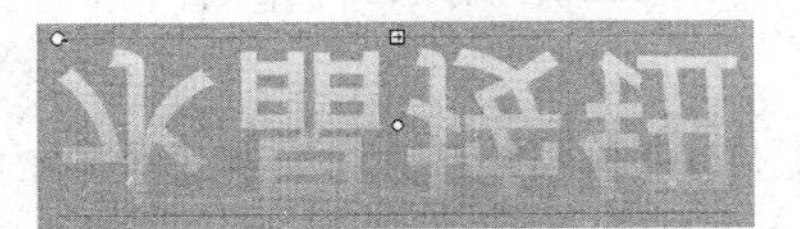

图 3-1-11　“水晶按钮”文字变为一个对象

图 3-1-12　“水晶按钮”文字图形线性渐变填充

（7）使用工具箱内的“渐变变形工具”，调整“水晶按钮”文字图形的填充色，如图 3-1-13 所示。然后将“水晶按钮”文字图形组成组合。调整“水晶按钮”文字和“水晶按钮”文字倒影图形的位置，如图 3-1-14 所示。

图 3-1-13　调整文字图形的填充色

图 3-1-14　“水晶按钮”文字倒影

（8）单击元件编辑窗口中的场景名称图标 场景 1，回到主场景舞台工作区。

3. 制作“水晶球按钮”影片剪辑

（1）选择“插入”→“新建元件”命令，弹出“创建新建元件”对话框，如图 3-1-2 所示。在该对话框内的“名称”文本框内输入“水晶球按钮”，选择“影片剪辑”选项。单击“确定”按钮，进入“水晶球按钮”影片剪辑元件编辑状态。

（2）将“图层 1”图层名称改为“图像”，在“图像”图层之上创建 3 个新图层，从上到下将图层的名称改为“文字”、“圆形按钮”和“遮罩”。选中“遮罩”图层第 1 帧，绘制一幅宽和高均为 160px 的黑色圆图形。选中“遮罩”图层第 80 帧，按【F5】键。

（3）选中“图像”图层第 1 帧，导入三幅图像到舞台工作区内，将它们的高度调整为 165px，宽度适当调整，将它们水平排成一排，再将左边第 1 幅图像复制一份并移到第 3

幅图像的右边，利用“属性”面板将第 1 幅图像的 X 和 Y 均设置为 0，4 幅图像如图 3-1-15 所示。

图 3-1-15　第 1 帧的 4 幅图像

（4）创建“图像”图层第 1 帧到第 80 帧的传统补间动画。选中“图像”图层第 80 帧，将该帧 4 幅图像水平左移到图 3-1-16 所示的位置。

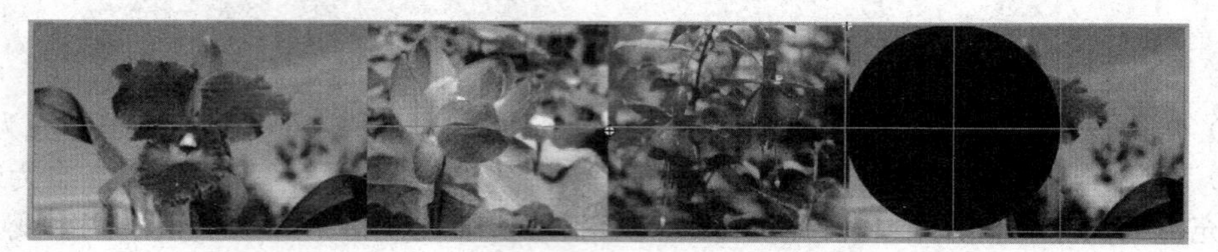

图 3-1-16　第 80 帧的 4 幅图像

提 示

因为制作的 Flash 动画是连续循环播放的，所以可以认为第 80 帧的下一帧是第 1 帧，调整第 80 帧画面应注意这一点，保证第 80 帧和第 1 帧画面的衔接。

（5）右击“遮罩”图层，在弹出的图层捷菜单中选择“遮罩层”命令，将“遮罩”图层设置为遮罩图层，“图像”图层为被遮罩图层。

（6）选中“圆形按钮”图层第 1 帧，将“库”面板内的“圆形按钮”影片剪辑元件拖动到舞台工作区内的正中间，与圆形图像完全重叠。

（7）选中“圆形按钮”图层第 1 帧，将“库”面板内的“文字”影片剪辑元件拖动到舞台工作区内的正中间，位于“圆形按钮”影片剪辑实例的中间。

（8）单击元件编辑窗口中的场景名称图标 场景 1，回到主场景舞台工作区。

4. 制作主场景

（1）3 次将“库”面板内的“水晶球按钮”影片剪辑元件拖动到舞台工作区内，形成 3 个“水晶球按钮”影片剪辑实例。

（2）选中第 2 个“水晶球按钮”影片剪辑实例，在它的“属性”面板内的“样式”下拉列表框中选择“色调”选项，设置颜色为蓝色，色调为 50%，如图 3-1-17 所示。

（3）选中第 3 个“水晶球按钮”影片剪辑实例，在它的“属性”面板内的“样式”下拉列表框中选择“色调”选项，再设置颜色为绿色，色调为 50%，如图 3-1-18 所示。

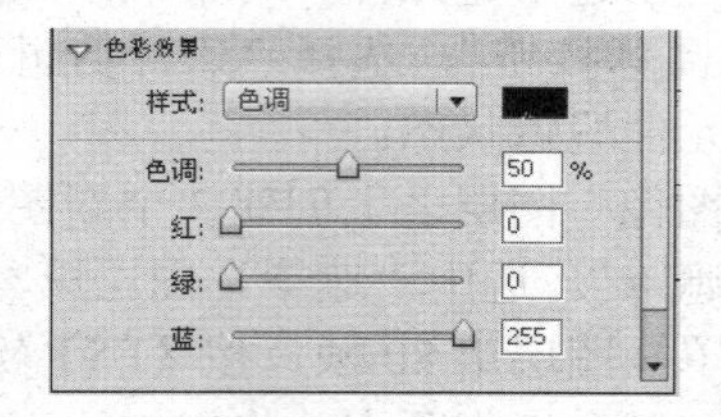

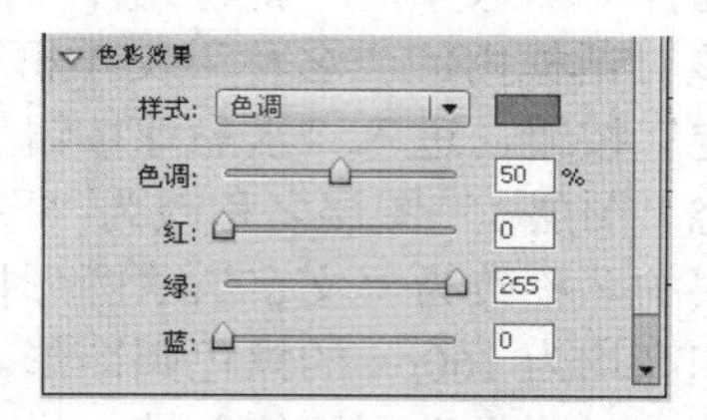

图 3-1-17　影片剪辑实例“属性”面板设置 1　图 3-1-18　影片剪辑实例“属性”面板设置 2

【相关知识】

1. “样本”面板

“样本”面板如图 1-1-7 所示。它与填充色颜色面板和笔触颜色面板基本一样。利用“样本”面板可以设置笔触和填充的颜色。单击“样本”面板右上角的箭头按钮，会弹出一个“样本”面板菜单。其中，部分命令的作用如下：

（1）“直接重制样本”：选中色块或颜色渐变效果图标（叫样本），再单击该命令，即可在“样本”面板内相应栏中复制样本。

（2）“删除样本”：选中样本，再单击该命令，即可删除选定的样本。

（3）“添加颜色”：单击该命令，即可调出“导入颜色样本”对话框。利用它可以导入 Flash 的颜色样本文件（扩展名为.clr）、颜色表（扩展名为.act）、GIF 格式图像的颜色样本等，并追加到当前颜色样本的后边。

（4）“替换颜色”：单击该命令，即可弹出“导入颜色样本”对话框。利用它也可以导入颜色样本，替代当前的颜色样本。

（5）“加载默认颜色”：单击该命令，即可加载默认的颜色样本。

（6）“保存颜色”：单击该命令，弹出“导出颜色样本”对话框。利用它可以将当前颜色面板以扩展名为“.clr”或“.act”存储为颜色样本文件。

（7）“保存为默认值”：单击该命令，弹出一个提示框，提示是否要将当前颜色样本保存为默认的颜色样本，单击“是”按钮即可将当前颜色样本保存为默认的颜色样本。

（8）“清除颜色”：单击该命令，可清除颜色面板中的所有颜色样本。

（9）“Web 216 色”：单击该命令，可导入 Web 安全 216 颜色样本。

（10）“按颜色排序”：单击该命令，可将颜色样本中的色块按色相顺序排列。

2. “颜色”面板

选择“窗口”→“颜色”命令，可调出“颜色”面板。利用该面板可以调整笔触颜色和填充颜色，方法一样。可以设置单色、线性渐变色、径向渐变渐变色和位图。单击“笔触颜色”按钮，可以设置笔触颜色；单击“填充颜色”按钮，可以设置填充颜色。在“类型”下拉列表框中选择不同类型的“颜色”面板，如图 3-1-19 所示。

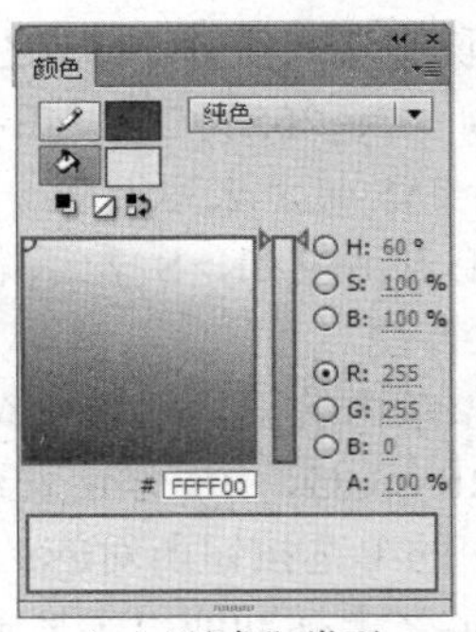

（a）“纯色”类型

（b）“径向渐变”类型

（c）“位图填充”类型

图 3-1-19　“颜色”面板

“颜色”面板内各选项的作用如下：

（1）颜色栏按钮：“颜色”（线性）面板如图 3-1-20 所示。颜色栏按钮的作用如下：

- “填充颜色”按钮：它和工具箱“颜色”栏和“属性”面板中的“填充颜色”按钮的作用一样，单击都可以调出颜色面板。单击颜色面板内的色块，或在其左上角的文本框中输入颜色的 16 进制代码，都可以给填充设置颜色。还可以在 Alpha 数字框中输入 Alpha 值，以调整填充的不透明度。单击颜色面板中按钮，可以弹出一个 Windows 的“颜色”对话框，如图 3-1-21 所示。利用该对话框可以设置更多的颜色。

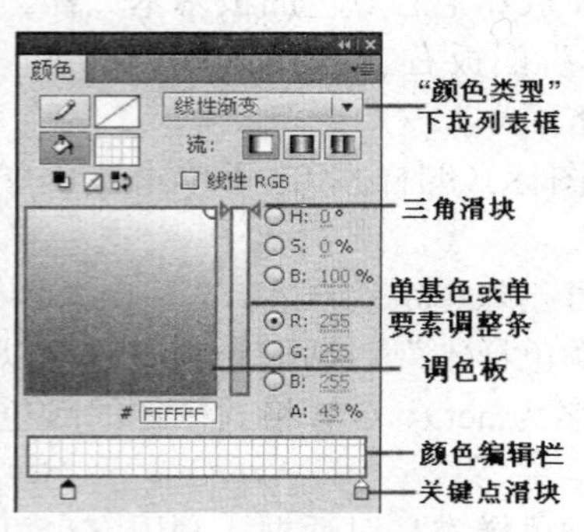

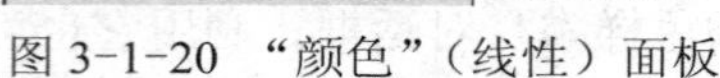

图 3-1-20 “颜色”（线性）面板

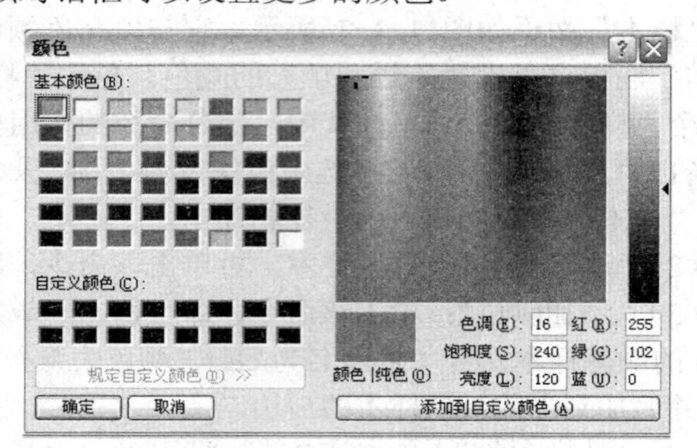

图 3-1-21 “颜色”对话框

● “笔触颜色”按钮：它和工具箱“颜色”栏和“属性”面板中的“笔触颜色”按钮的作用一样，单击它可以调出笔触的颜色面板，利用它可以给笔触设置颜色。

● 按钮组：从左到右，分别为设置笔触颜色为黑色，填充颜色为白色；取消颜色；笔触颜色与填充颜色互换。

（2）“颜色类型”下拉列表框：在该下拉列表框中选择一个选项，即可改变填充样式。选择不同选项后，“颜色”面板会发生相应的变化，各选项的作用如下：

● “无”：没有填充色或轮廓线颜色，即没有填充或轮廓线。

● “纯色”：提供一种纯正的填充单色，该面板如图 3-1-19（a）所示。

● “线性渐变”：产生沿线性轨迹变化的渐变色，该面板如图 3-1-20 所示。

● “径向渐变”：从焦点沿环形的渐变色填充，该面板如图 3-1-19（b）所示。

● “位图填充”填充样式：用位图平铺填充区域，该面板如图 3-1-19（c）所示。

（3）6 个单选按钮和 6 个数字框：RGB 和 HSB 分别表示两种颜色模式，颜色模式决定了用于显示和打印图像的颜色模型，它决定了如何描述和重现图像的色彩。

RGB 模式是用红（R）、绿（G）、蓝（B）三基色来描述颜色的方式，是相加混色模式。R、G、B 三基色分别用 8 位二进制数来描述，R、G、B 的取值范围在 0～255 之间，可以表示的彩色数目为 256×256×256=16 777 216 种颜色。例如，R=255、G=0、B=0 时，表示红色；R=0、G=255、B=0 时，表示绿色；R=0、G=0、B=255 时，表示蓝色。

HSB 模式是利用颜色的三要素来表示颜色的。其中，H 表示色相，S 表示饱和度，B 表示亮度。这种方式描述颜色比较自然，但实际使用中不太方便。

选中 6 个单选按钮中的一个单选按钮后，拖动其左边调整条内的三角滑块，或改变“#”文本框内的十六进制数（颜色代码格式是#RRGGBB，其中 RR、GG、BB 分别表示红、绿、蓝色成分的大小，取值为 00～FF 十六进制数），可以修改选中的单选按钮所对应的参数。R、G、B 和 H、S、B 文本框分别用来调整相应的数值，可在数据之上拖动或单击后输入数值。

（4）“流”（溢出）栏：其内有 3 个按钮，用来选择流模式，即控制超出线性或径向渐变限制的颜色。单击按下一个按钮，即可设置相应的模式。三种模式简介如下：

● 扩展颜色：将所指定的颜色应用于渐变末端之外，它是默认模式。

● 反射颜色：渐变颜色以反射镜像效果来填充形状。指定的渐变色从渐变的开始到结束，以相反的顺序从渐变的结束到开始，再从渐变的开始到结束，直到填充完毕。

● 重复：渐变的开始到结束重复变化，直到选定的形状填充完毕为止。

（5）“A”（Alpha）数字框：用来输入百分比，调整颜色（纯色和渐变色）的透明度。Alpha 值为 0%时填充完全透明，Alpha 值为 100%时填充完全不透明。

（6）调色板：调色板又称“颜色选择器”，如图 3-1-20 所示。利用它可以给线和填充设置颜色。可以先在调色板中单击，粗略选择一种颜色，再选中一个单选按钮，拖动“单基色或单要素调整条”的三角形滑块，调整某个基色或某个要素的数值。

（7）“线性 RGB”复选框：选中它后，可创建与 SVG（可伸缩矢量图形）兼容的渐变。

（8）“颜色”面板菜单：单击该面板的按钮，调出“颜色”面板菜单，其中“添加样本”命令的作用是将设置的渐变填充色添加到“样本”面板最下面一行的最后。

（9）设置填充渐变色：对于“线性”和“径向渐变”填充样式，用户可以设计颜色渐变的效果。下面以图 3-1-20 所示的“颜色”（线性）面板为例，介绍其设计的方法。

① 移动关键点滑块：所谓关键点就是在确定渐变时起始和终止颜色的点，以及颜色的转折点。拖动调整条下边的滑块，可以改变关键点的位置，改变颜色渐变的状况。

② 改变关键点的颜色：双击颜色编辑栏下边关键点的滑块，调出颜色面板，选中某种颜色，即可改变关键点颜色。还可以通过改变右边数字框的数据来调整颜色和不透明度。

③ 增加关键点：单击调整条下边要加入关键点处，可增加新的滑块，即增加一个关键点。可以增加多个关键点，但不可以超过 15 个。拖动关键点滑块，可以调整它的位置。

④ 删除关键点：用鼠标向下拖动关键点滑块，即可删除被拖动的关键点滑块。

（10）设置填充图像：如果没有导入位图，则第一次选择“类型”下拉列表框中的“位图填充”选项后，会弹出“导入到库”对话框，用来导入图像后，即可在“颜色”面板中加入可填充位图，如图 3-1-19（c）所示。单击该小图像，可选中该图像为填充图像。

另外，选择“文件”→“导入”→“导入到库”命令或单击“颜色”面板中的“导入”按钮，弹出“导入”对话框，选择文件后单击“确定”按钮，可在“库”面板和“颜色”面板内导入选中的位图。可以在“库”面板和“颜色”面板中导入多幅图像。

3. 渐变变形工具

选中图形，单击按下“渐变变形工具”按钮；或者不选中图形，单击按下“渐变变形工具”按钮，再单击图形填充，即可在填充之上出现一些圆、方形和三角形的控制柄，以及线条或矩形框。拖动这些控制柄，可以调整填充的填充状态。调整焦点，可以改变径向渐变的焦点；调整中心点，可以改变渐变的中心点；调整宽度，可以改变渐变的宽度；调整大小，可以改变渐变的大小；调整旋转，可以改变渐变的旋转角度。

单击“渐变变形工具”按钮，单击径向渐变填充。填充中会出现 4 个控制柄和 1 个中心标记，如图 3-1-22 所示。单击“渐变变形工具”按钮，再单击线性填充。填充中会出现 2 个控制柄和 1 个中心标记，如图 3-1-23 所示。单击“渐变变形工具”按钮，再单击位图填充。位图填充中会出现 6 个控制柄和 1 个中心标记，如图 3-1-24 所示。

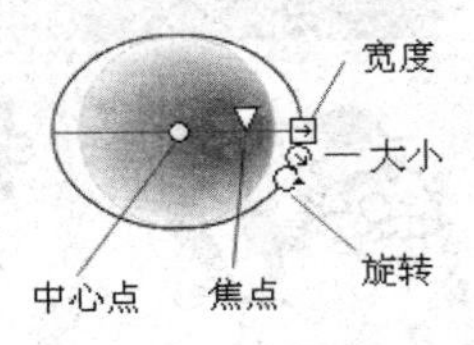

图 3-1-22　径向渐变填充调整

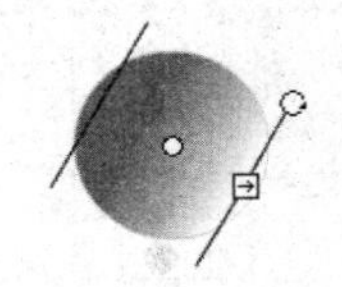

图 3-1-23　线性填充调整

图 3-1-24　位图填充调整

4. 颜料桶工具

颜料桶工具的作用是对填充属性进行修改。使用颜料桶工具的方法如下：

（1）设置填充的新属性，再单击工具箱内的“颜料桶工具”按钮，此时鼠标指针呈状。再单击舞台工作区中的某填充，即可用新设置的填充属性修改被单击的填充。另外，对于线性渐变填充、径向渐变渐变填充，可以在填充内拖出一条直线来修改填充。

（2）单击“颜料桶工具”按钮后，“选项”栏会出现两个按钮，其作用如下：

①“空隙大小”按钮：单击它可调出一个菜单，用来选择对无和有不同大小空隙（即缺口）的图形进行填充，如图 3-1-25 所示。对有空隙图形的填充效果如图 3-1-26 所示。

②“锁定填充”按钮：该按钮弹起时，为非锁定填充模式；单击按下该按钮，即为锁定填充模式。在非锁定填充模式下，为图 3-1-27 所示的上边两行的矩形填充灰度线性渐变色，再使用“渐变变形工具”，单击矩形填充，可以看到，各矩形的填充是相互独立的，无论矩形长短如何，填充都是左边浅右边深。

在锁定填充模式下，为图 3-1-27 所示下边两行的矩形填充灰度线性渐变色，再使用“渐变变形工具”，单击矩形填充，可以看到，各矩形的填充是一个整体，好像背景已经涂上了渐变色，但是被盖上了一层东西，因而看不到背景色，这时填充就好像剥去这层覆盖物，显示了背景的颜色。

图 3-1-25　图标菜单

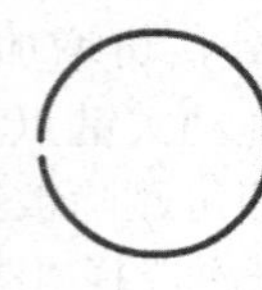

图 3-1-26　填充有缺口的区域

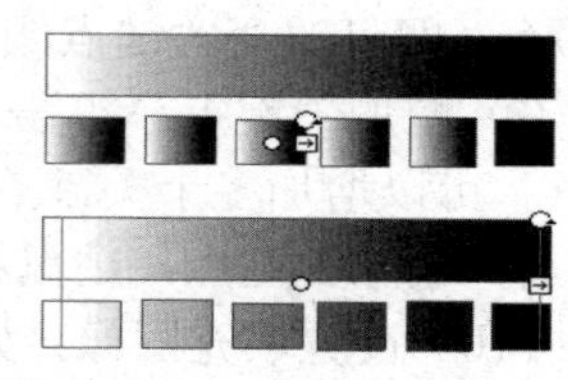

图 3-1-27　非锁定与锁定填充

5. 刷子工具

单击工具箱内的“刷子工具”按钮，“选项”栏内会出现 5 个按钮，如图 3-1-28 所示。利用它们可以设置刷子工具的参数，以及设置绘图模型等。刷子工具绘制的图形只有填充，没有轮廓线，需要设置好填充。

（1）“刷子模式”按钮：单击该按钮，调出刷子模式图标菜单，如图 3-1-29 左图所示。它有 5 种选择，单击其中一个按钮，即可完成相应的刷子模式设置。

（2）设置刷子大小：单击工具箱中选项栏内右边的按钮，会调出各种画笔大小示意图菜单，如图 3-1-29 中图所示。单击选中其中一种，即可设置刷子的大小。

（3）设置刷子形状：单击工具箱中选项栏内下边的按钮，会调出各种刷子形状示意图，如图 3-1-29 右图所示。单击选中其中一种，即可设置刷子的形状。

（4）“锁定填充”按钮：其作用与颜料桶工具“锁定填充”按钮的作用一样。

设置好参数，即可拖动绘制图形。使用刷子工具绘制的一些图形如图 3-1-30 所示。

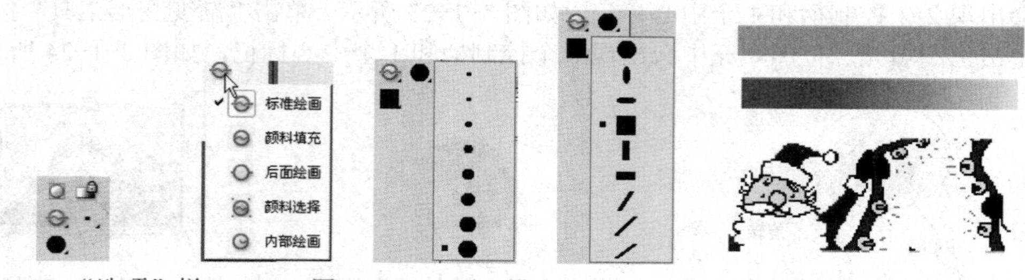

图 3-1-28　“选项”栏　　图 3-1-29　刷子模式菜单　　图 3-1-30　绘制的图形

思考与练习3-1

（1）绘制一幅“透明彩球”图形，如图 3-1-31 所示。

（2）制作一幅“圆形按钮”图形，如图 3-1-32 所示。

图 3-1-31　“透明彩球”图形

图 3-1-32　“圆形按钮”图形

（3）制作“移动的透明光带”动画，该动画播放后的一幅画面如图 3-1-33 所示。可以看到，在背景图像之上，有水平来回移动的多条透明光带。

图 3-1-33　“移动的透明光带”动画播放后的一幅画面

（4）制作一个 “动感圆形按钮”动画，该动画播放后的两幅画面如图 3-1-34 所示。它给出了灾荒色背景之上的红和蓝两种不同颜色的动感圆形按钮。每个动感圆形按钮内部都有不断水平移动变化的图像。

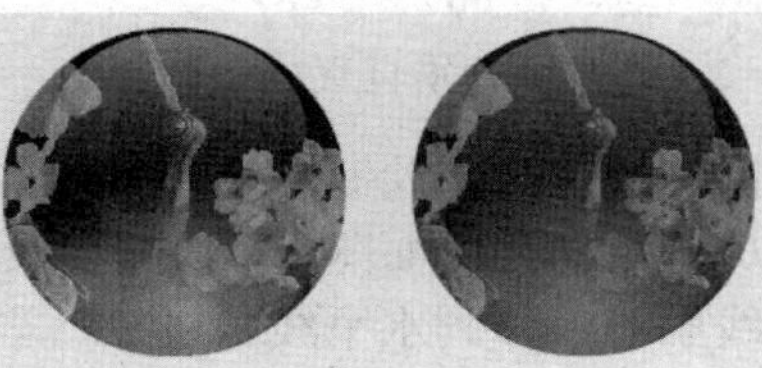

图 3-1-34　“动感圆形按钮”动画播放后的两幅画面

（5）修改“动感圆形按钮”动画，使该动画播放后显示红、蓝、绿三个不同颜色的动感圆形按钮，动感圆形按钮内的图像会在逐渐消失与逐渐显示之间不断变化。

3.2 【案例 6】美丽家园

【案例效果】

“美丽家园”动画播放后的画面如图 3-2-1 所示。

【操作过程】

图 3-2-1　“美丽家园”动画播放后的画面

1. 制作“楼房”影片剪辑元件

（1）设置舞台工作区的宽为 800px，高为 500px，背景色为浅蓝色。选择“视图”→“网格”→“编辑网格”命令，弹出“网格”对话框，设置水平间距和垂直间距均为 10px，颜色为灰色，“贴近精确度”下拉列表框中选择“一般”选项。单击“确定”按钮，在舞台工作区显示水平与垂直间距为 10px 的网格。

（2）创建并进入“楼房”影片剪辑元件的编辑状态。使用“矩形工具”，设置填充色为灰色，笔触颜色为白色，笔触高度为 3px，然后绘制一个小矩形，如图 3-2-2（a）

所示。

（3）按住【Alt】键，垂直拖动刚刚绘制的小矩形，复制 15 个，再将这 16 个小矩形左边对齐，等间距垂直分布，如图 3-2-2（b）所示。

（4）单击“线条工具”按钮，在其“属性”面板内，单击选中“端点”下拉列表框内的“方型”选项，单击选中“接合”下拉列表框内的“斜角”选项，设置笔触高度为 22px，笔触颜色为白色。然后，在 16 个小矩形的右边绘制一条垂直白色直线，如图 3-2-2（c）所示。

（5）将 16 个小矩形和垂直直线复制 6 份，将它们水平排列，再在最右边绘制或复制一条垂直直线，如图 3-2-3（a）所示。再复制 3 列 16 个小矩形和垂直直线，如图 3-2-3（b）所示。

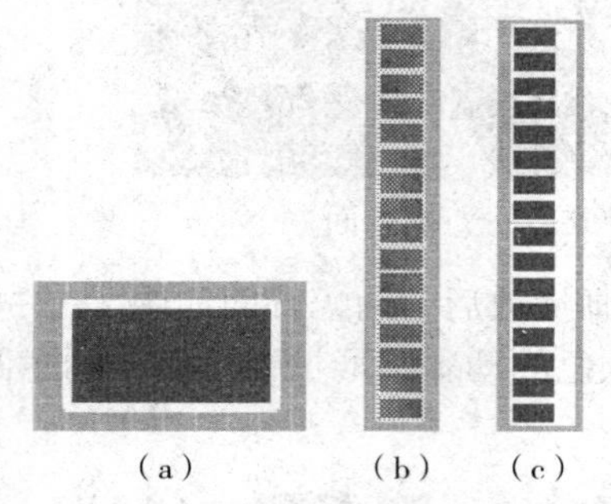

（a）（b）（c）

图 3-2-2 小矩形和垂直直线

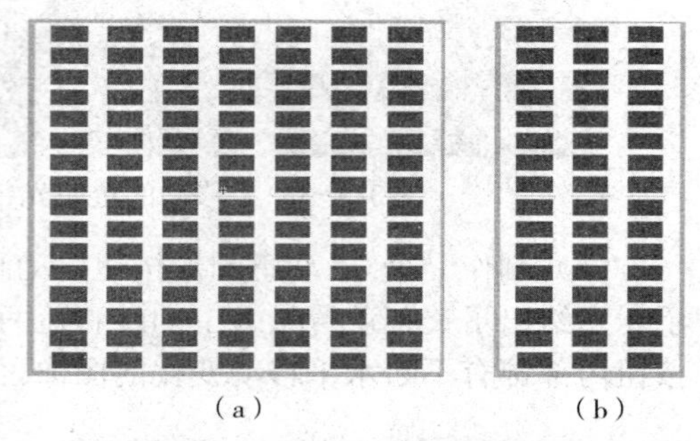

（a）（b）

图 3-2-3 7 列和 3 列小矩形和垂直直线

（6）按照上述方法，绘制四个顶部弯曲的矩形，分别与图 3-2-3 所示的图形连接在一起，构成楼房的正面和侧面图形，如图 3-2-4 所示。使用工具箱中的“选择工具”，在不选中水平线条时，移到水平线条之上，当鼠标指针右下角出现弧线时，微微向上拖动水平线条，即可将水平直线调整为弧线。

（7）拖动鼠标选中 3 列 16 个小矩形和垂直直线，单击工具箱中的“任意变形工具”按钮，单击“选项”栏内的“扭曲”按钮，垂直向下拖动图形左上角的控制柄，垂直向上拖动图形左下角的控制柄，水平向右拖动图形左边中间的控制柄，效果如图 3-2-5（a）所示。

拖动鼠标选中 7 列 16 个小矩形和垂直直线，单击工具箱中的“任意变形工具”按钮，单击按下“选项”栏内的“扭曲”按钮，垂直向下拖动图形右上角的控制柄，垂直向上拖动图形右下角的控制柄，水平向左拖动图形右边中间的控制柄，效果如图 3-2-5（b）所示。

（8）将图 3-2-5 种所示的两幅图形拼接在一起，即可获得楼房图形的效果，如图 3-2-6 所示。然后，单击元件编辑窗口中的按钮，回到主场景。

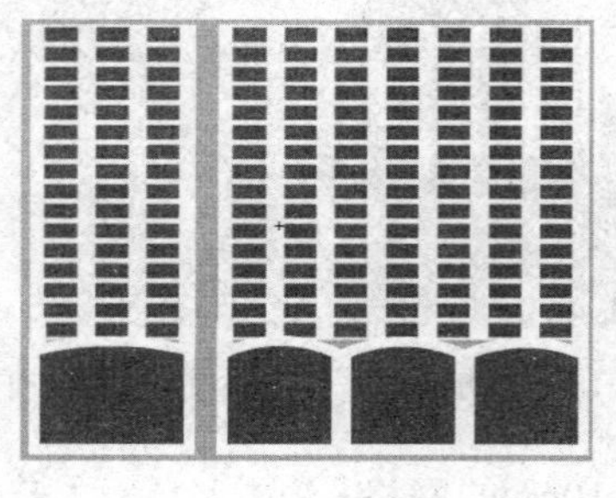

图 3-2-4 楼的侧面和正面图形

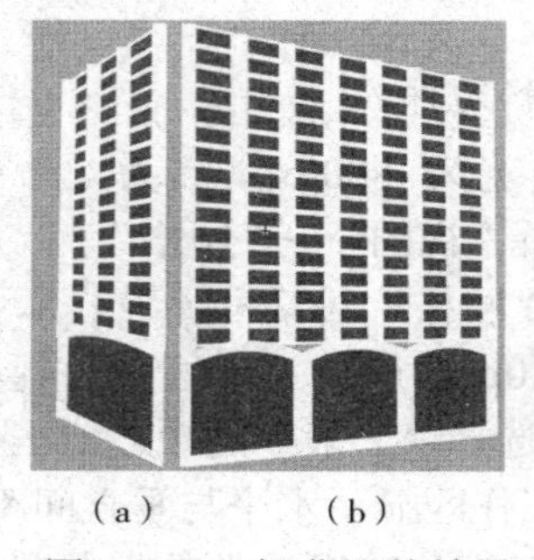

（a）（b）

图 3-2-5 扭曲调整效果

图 3-2-6 楼房图形

2. 制作“树木”影片剪辑元件

（1）选择“插入”→“新建元件”命令，弹出“创建新建元件”对话框，在该对话框内的“名称”文本框内输入“树木”，选中“影片剪辑”单选按钮。再单击“确定”按钮，进入“树木”影片剪辑元件编辑状态。

（2）单击工具箱中的“铅笔工具”按钮，利用它的“属性”面板设置笔触颜色为褐色，单击“铅笔模式”按钮，选择“平滑”按钮，设置笔触高度为 12px，绘制树干，如图 3-2-7（a）所示。设置笔触高度为 2 px，绘制粗树枝，如图 3-2-7（b）所示。设置笔触高度为 1 px，绘制细树枝，如图 3-2-7（c）所示。

（3）设置笔触颜色为深绿色，设置笔触高度为 1 px，绘制许多弯曲的线条，作为柳树叶。如果线条不够弯曲，可以在选中线条后，单击工具箱内“选项”栏或主工具栏中的“平滑”按钮。然后，在水平方向将整个柳树图像调小一些，最终效果如图 3-2-8 所示。

（4）单击元件编辑窗口中的按钮，回到主场景。

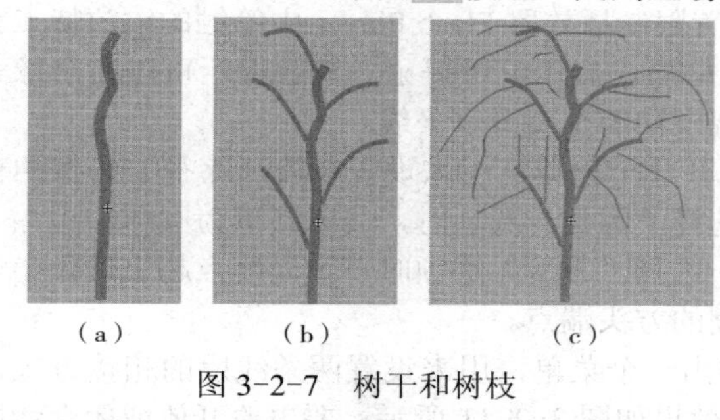

（a）　（b）　（c）

图 3-2-7　树干和树枝

图 3-2-8　柳树图形

3. 制作主场景动画

（1）将“图层 1”图层的名称改为“原野”，选中该图层第 1 帧，导入“原野.bmp”图像到舞台工作区内，调整它的大小和位置，使它刚好将整个舞台工作区覆盖，如图 3-2-9 所示。

图 3-2-9　导入的图像

（2）在“原野”图层之上添加一个“图层 2”图层，将“图层 2”图层的名称改为“楼房”，选中“楼房”图层第 1 帧，三次将“库”面板内的“楼房”影片剪辑元件拖动到舞台工作区内，形成 3 个实例，分别调整 3 个实例的大小和位置，效果如图 3-2-1 所示。

（3）在“楼房”图层之上添加一个“图层 3”图层，将“图层 3”图层的名称改为“树木”，选中“树木”图层第 1 帧，四次将“库”面板内的“树木”影片剪辑元件拖动到舞台工作区内，形成 4 个实例，分别调整 4 个实例的大小和位置，效果如图 3-2-1 所示。

【相关知识】

1. 笔触设置

笔触设置可以利用线的“属性”面板来进行。单击“铅笔工具”按钮后的“属性”

面板，如图 3-2-10 所示。选中“线条工具”和“钢笔工具”后的“属性”面板，与图 3-2-10 所示基本一样，只是没有“平滑”文本框。

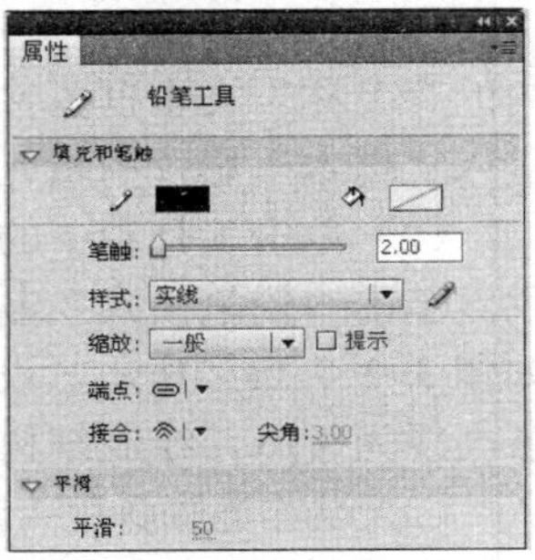

“属性”面板中各选项的作用如下：

（1）“笔触颜色”按钮：单击该按钮可以打开笔触颜色面板，用来设置颜色。

利用“颜色”面板也可以设置笔触，设置笔触颜色、透明度、线性渐变色、径向渐变色和位图，其方法与设置填充的方法一样。

（2）“笔触”数字框：可以直接输入线粗细的数值（数值在 0.1 到 200 之间，单位为磅），还可以拖动滑块来改变线的粗细。改变数值后按【Enter】键。

图 3-2-10　线条工具“属性”面板

（3）“样式”下拉列表框：用来选择笔触样式。

（4）“缩放”下拉列表框：用来设置限制播放器 Flash Player 中笔触的缩放特点。

（5）“提示”复选框：选中该复选框后，启用笔触提示。笔触提示可以在全像素下调整直线锚记点和曲线锚记点，防止出现模糊的垂直或水平线。

（6）“端点”按钮：单击它可以打开一个菜单，用来设置线段（路径）终点的样式。选择“无”选项时，对齐线段终点；选择“圆角”选项时，线段终点为圆形，添加一个超出线段端点半个笔触宽度的圆头端点；选择“方型”选项时，线段终点超出线段半个笔触宽度，添加一个超出线段半个笔触宽度的方头端点。

（7）“接合”按钮：单击它可以调出一个菜单，用来设置两条线段的相接方式，选择“尖角”、“圆角”和“斜角”选项时的效果如图 3-2-11 所示。要更改开放或闭合线段中的转角，可以先选择与转角相连的两条线段，然后再选择另一个接合选项。在选择“尖角”选项后，“属性”面板内的“尖角”数字框变为有效，用来输入一个尖角限制值，超过这个值的线条部分将被切除，使两条线段的接合处不是尖角，这样可以避免尖角接合倾斜。

（8）“平滑”数字框：在单击按下“铅笔工具”按钮后，工具箱内的选项栏中会出现“对象绘制”和“铅笔模式”两个按钮，单击“铅笔模式”，打开它的菜单，如图 3-2-12 所示。单击选中该菜单内的“平滑”选项。此时，铅笔工具的“属性”面板内的“平滑”数字框才有效，改变其内的数值，可以调整曲线的平滑程度。

图 3-2-11　“尖角”、“圆角”和“斜角”接合

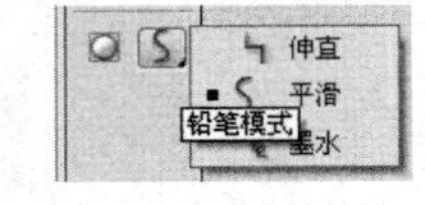

图 3-2-12　“铅笔工具”的“选项”栏

2. 编辑笔触样式

单击“编辑笔触样式”按钮，可以弹出“笔触样式”对话框，如图 3-2-13 所示。利用该对话框可以自定义笔触样式（线样式）。该对话框中各选项的作用如下：

（1）“类型”下拉列表框：用来选择线的类型。选择不同类型时，其下边会显示不同的选项，利用它们可以修改线条的形状。例如，选择“斑马线”选项时，“笔触样式”对话框如图 3-2-14 所示。可以看出，它有许多可以设置的下拉列表框，没有必要对它们的作用进行介绍，因为在进行设置时可以在其左边的显示框内形象地看到设置后线的形状。

（2）“4 倍缩放”复选框：选中它后，显示窗口内的线可以放大 4 倍。线实际并没有放大。

（3）“粗细”下拉列表框：用来输入或选择线条的宽度，数的范围是 0.1 磅到 200 磅。

（4）“锐化转角”复选框：选中它后，会使线条的转折明显。此选项对绘制直线无效。

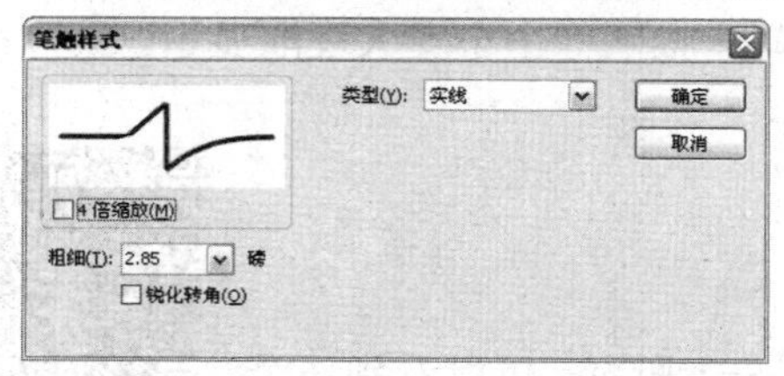

图 3-2-13　“笔触样式”（实线）对话框

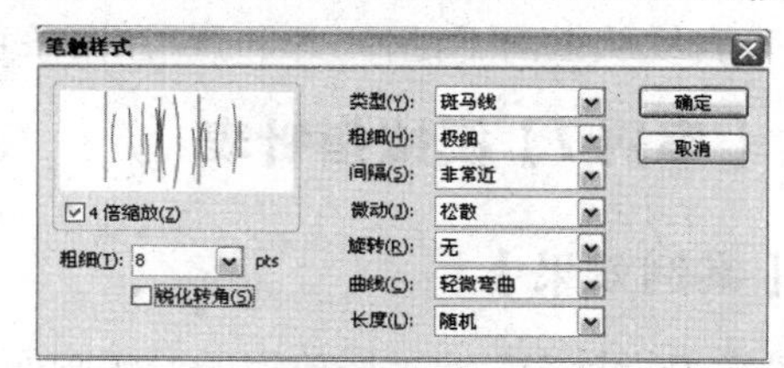

图 3-2-14　“笔触样式”（斑马线）对话框

3. 绘制线条

（1）使用线条工具绘制直线：单击“线条工具”按钮，利用它的“属性”面板设置线型和线颜色，再在舞台工作区内拖动鼠标，即可绘制各种长度和角度的直线。按住【Shift】键，同时在舞台工作区内拖动鼠标，可以绘制出水平、垂直和 45° 角的直线。

（2）使用铅笔工具绘制线条图形：使用“铅笔工具”绘制图形，就像真的在用一支铅笔画图一样，可以绘制任意形状的曲线矢量图形。绘制完一条线后，Flash 可以自动对线进行变直或平滑等处理。按住【Shift】键的同时拖动，可以绘制出水平和垂直的直线。

在使用“铅笔工具”后，“选项”栏“铅笔模式”按钮菜单内选项的作用如下：

①“直线化”选项：它是规则模式，适用于绘制规则线条，并且绘制的线条会分段转换成与直线、圆、椭圆、矩形等规则线条中最接近的线条。

②“平滑”选项：它是平滑模式，适用于绘制平滑曲线。

③“墨水”选项：它是徒手模式，适用于绘制接近徒手画出的线条。

4. 墨水瓶工具和滴管工具

（1）墨水瓶工具：它的作用是改变已经绘制线的颜色和线型等属性。使用工具的方法如下：

① 设置笔触的属性，即利用“属性”或“颜色”面板等修改线的颜色和线型等。

② 单击工具箱内的“墨水瓶工具”按钮，此时鼠标指针呈状。再将鼠标指针移到舞台工作区中的某条线上单击，即可用新设置的线条属性修改被单击的线条。

③ 如果单击一个无轮廓线的填充，则会自动为该填充增加一条轮廓线。

（2）滴管工具：它的作用是吸取舞台工作区中已经绘制的线条、填充（还包括打碎的位图、打碎的文字）和文字的属性。滴管工具的使用方法如下：

① 单击工具箱中的“滴管工具”按钮，然后将鼠标指针移到舞台工作区内的对象之上。此时鼠标指针变成一个滴管加一支笔（对象是线条）、一个滴管加一个刷子（对象是填充）或一个滴管加一个字符 A（对象是文字）的形状。

② 单击，即可将单击对象的属性赋给相应的面板，相应的工具也会被选中。

思考与练习 3-2

（1）制作图 3-2-15 所示的各种楼屋图像。

图 3-2-15　各种楼屋图像

（2）制作一个“线条延伸”影片。该影片播放后，上边一条水平直线从左向右延伸，下边一条水平直线从右向左延伸，左边一条垂直直线从下向上延伸，右边一条垂直直线从上向下延伸。同时，在四条直线中间一幅图像由小变大逐渐显示。

3.3 【案例 7】模拟指针表

案例 7 视频

【案例效果】

“模拟指针表”动画播放后的一幅画面如图 3-3-1 所示。可以看到三个模拟指针表，模拟指针表内有 3 个顺时针自转的彩珠环，3 个逆时针自转的彩珠环，一个顺时针自转的七彩光环。指针就像表的时针和分针一样不断地旋转，3 个模拟指针表指针指示的位置都不一样。

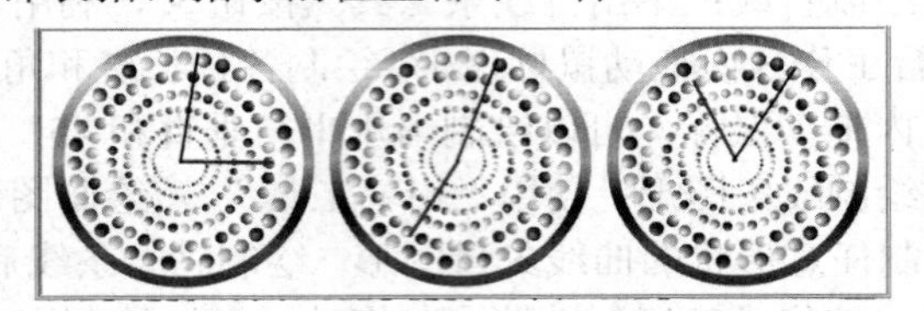
图 3-3-1 “模拟指针表”动画播放后的一幅画面

【操作过程】

1. 制作“顺指针自转光环”影片剪辑元件

（1）新建一个 Flash 文档。设置舞台工作区的宽为 700px，高 240px，背景为白色。

（2）创建并进入“七彩光环”影片剪辑元件编辑状态。使用“椭圆工具”，设置笔触颜色为七彩色，笔触宽度为 10pts，没有填充。

（3）在舞台工作区内拖动绘制一个七彩光环。使用“选择工具”，选中七彩光环，选择“修改”→“组合”命令，将选中的七彩光环组成组合，如图 3-3-2 所示。

（4）选中七彩光环图形，在“信息”面板内的“宽”和“高”数字框内均输入 220，在“X”和“Y”数字框中均输入 0，注意：此时“信息”面板内的中心位置设置应为，如图 3-3-3 所示。将选中的七彩光环圆形图形调整到舞台工作区的中心处。

（5）单击元件编辑窗口中的按钮，回到主场景。

（6）创建并进入“七彩光环”影片剪辑元件编辑状态。使用“选择工具”，选中“图层 1”图层第 1 帧，将“库”面板内的“七彩光环”影片剪辑元件拖到舞台中心处，“信息”面板设置如图 3-3-3 所示。

（7）创建“图层 1”图层第 1 帧到第 120 帧传统补间动画，单击选中第 1 帧，在其“属性”面板内的“旋转”下拉列表框中选择“顺时针”选项，右边数值框内数值为 1，如图 3-3-4 所示。

（8）单击元件编辑窗口中的按钮，回到主场景。

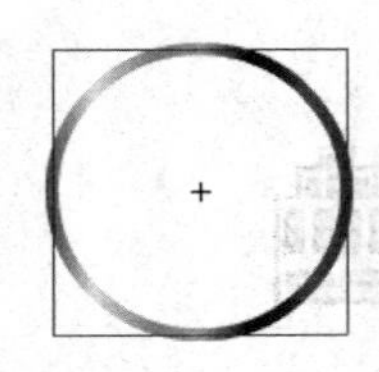
图 3-3-2 七彩光环

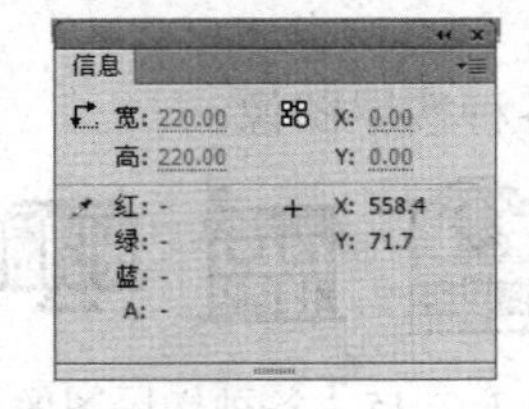

图 3-3-3 “信息”面板设置

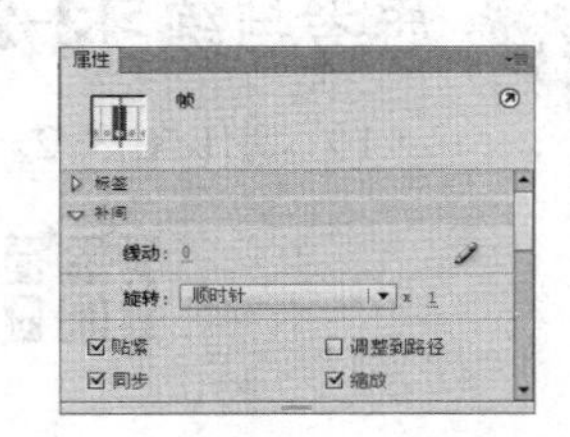

图 3-3-4 “属性”面板设置

2. 制作“自转彩珠环”影片剪辑元件

（1）创建并进入“彩珠环”影片剪辑元件的编辑状态。使用“椭圆工具”，在其“属性”面板内设置笔触颜色为红色，笔触宽度为 14 pts，没有填充。

（2）单击“编辑笔触样式”按钮，弹出“笔触样式”对话框，在该对话框内“点距”数字框中输入 4 点，如图 3-3-5 所示。单击“确定”按钮，再绘制一个圆环图形。

（3）选中圆环图形，调整它的高和宽均为 200，且位于中心处。选择“修改”→“形状”→“将线条转换为填充”命令，将选中的轮廓线转换为填充，如图 3-3-6 所示。

（4）打开“颜色”面板，设置白色到红色的径向渐变色，每间隔 3 个单击圆内左上角，填充径向渐变色，创建小彩球。按照上述方法，给其他一些红色圆图形填充不同的径向渐变色，最后形成的彩珠圆环图形如图 3-3-7 所示。然后，回到主场景。

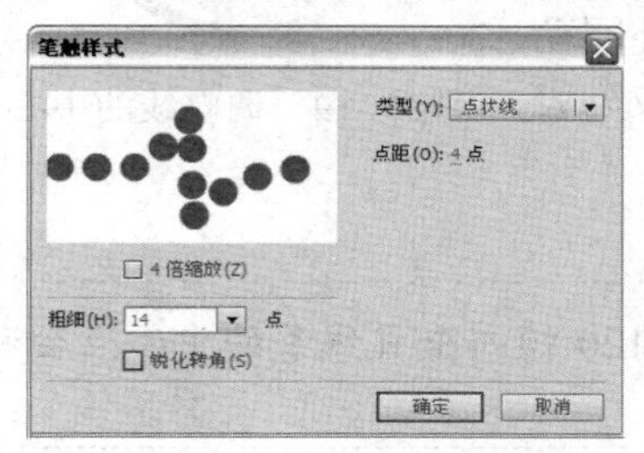

图 3-3-5 “笔触样式”对话框

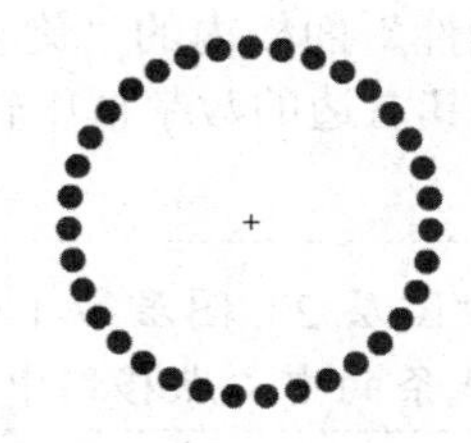
图 3-3-6 红色圆环

图 3-3-7 彩珠圆环图形

（5）创建并进入“顺时针自转彩珠环”影片剪辑元件的编辑状态。选中“图层 1”图层第 1 帧，将“库”面板中的“彩珠环”影片剪辑元件拖动到舞台工作区中。

（6）制作“图层 1”图层第 1 帧到第 120 帧的传统补间动画。选中第 1 帧，在其“属性”面板“补间”栏内的“旋转”下拉列表框中选择“顺时针”选项，在其右边的数字框中输入 1，如图 3-3-4 所示，使彩珠环顺时针旋转 1 周。然后，回到主场景。

（7）使用“选择工具”，右击“库”面板中的“顺时针自转彩珠环”影片剪辑元件，在弹出的快捷菜单中选择“直接复制”命令，弹出“直接复制元件”对话框，将“名称”文本框中的文字改为“逆时针自转彩珠环”文字，如图 3-3-8 所示。单击“确定”按钮，在“库”面板中增加一个“逆时针自转彩珠环”影片剪辑元件。

（8）双击“库”面板中的“逆时针自转光环”的影片剪辑元件，进入它的编辑状态，选中“图层 1”图层第 1 帧，将其“属性”面板“补间”栏内“旋转”下拉列表框中的“顺时针”选项改为“逆时针”选项。然后，回到主场景。

3. 制作“模拟指针表”影片剪辑元件

（1）创建并进入“模拟指针表”影片剪辑元件的编辑状态。选中“图层 1”图层第 1 帧，将“库”面板中的“逆时针自转彩珠环”影片剪辑元件拖动到舞台工作区中，形成一个“逆时针自转彩珠环”影片剪辑元件的实例。

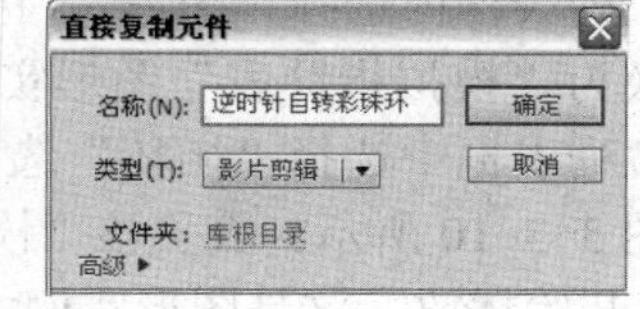

图 3-3-8 “直接复制元件”对话框

（2）在“属性”面板内设置宽和高均为 200px，“X”和“Y”均为 0。再将“库”面板中的“顺时针自转彩珠环”影片剪辑元件拖动到舞台工作区中，形成一个实例。然后，设置它的宽和高均调整为 165px，“X”和“Y”均为 0。两个实例的中心对齐。

（3）再两次将“库”面板中的“顺时针自转彩珠环”影片剪辑元件拖动到舞台工作区中，两次将“库”面板中的“逆时针自转彩珠环”影片剪辑元件拖动到舞台工作区中，共形成 6 个实例，利用“属性”面板分别调整它们的大小依次变小，且均在“X”和“Y”数字框中输入 0。

（4）将“库”面板中的“自转彩珠环”影片剪辑元件拖动到舞台工作区中，它的实例位于最外圈。将这 7 个影片剪辑实例的中心点对齐。

（5）在“图层 1”图层之上添加一个“图层 2”图层，选中该图层第 1 帧。使用“线条工具”，在其“属性”面板内设置“笔触高度”为 3，笔触颜色为红色。按住【Shift】键，从中心处垂直向上拖动，绘制一条垂直直线。使用“选择工具”，选中直线，在其“属性”面板内设置“宽”和“高”分别为 3 和 80。

（6）使用“任意变形工具”，单击选中绘制的垂直线条，拖动线的中心点到中心处，如图 3-3-9 所示。在“属性”面板内的“X”和“Y”数字框内分别输入 0 和–40。这条直线表示时针，其底部与中心对齐。

（7）制作“图层 2”图层第 1 帧到第 120 帧的传统补间动画。选中第 1 帧，再在其“属性”面板内的“旋转”下拉列表框中选择“顺时针”选项，在其右边的数字框中输入 1。

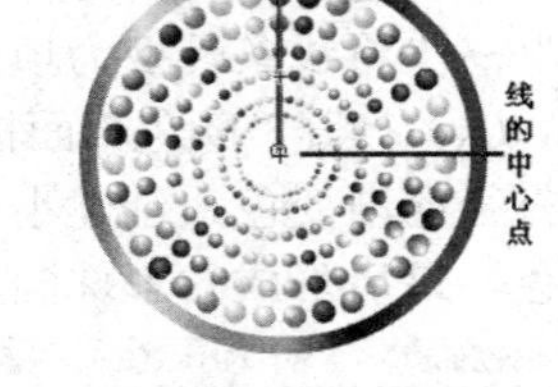

图 3-3-9 调整线的中心点

注 意

在制作完动画后，如果“图层 2”图层第 1 帧和第 120 帧内垂直线条的中心点会移回原处，需要重新调整，将线条的中心点移到中心处。

（8）在“图层 2”图层之上添加一个名称为“图层 3”的图层，选中该图层第 1 帧。按照上述方法绘制一条线宽为 2 pts 的蓝色垂直线条，在它的“属性”面板内，在“宽”、“高”、“X”和“Y”数字框内均输入 2、100、0、–50。这条直线表示时针。然后，使用“任意变形”按钮，单击选中绘制的垂直线条，再拖动线的中心点到中心处。

（9）制作“图层 3”图层第 1 帧到第 120 帧的传统补间动画。选中第 1 帧，再在其“属性”面板内的“旋转”下拉列表框中选择“顺时针”选项，在其右边的数字框中输入 12。

（10）选中“图层 1”图层第 120 帧，按【F5】键，使第 1～120 帧一样。然后，回到主场景。

4. 制作主场景动画

（1）选中主场景内“图层 1”图层第 1 帧，3 次将“库”面板中的“模拟指针表”影片剪辑元件拖动到舞台工作区内，使它们均匀分布在舞台工作区内。

（2）单击选中一个“模拟指针表”影片剪辑实例，在其“属性”面板的“实例行为”下拉列表框内选择“图形”，将“模拟指针表”影片剪辑实例转换为“模拟指针表”图形实例。在“循环”栏内“选项”下拉列表框中选择“循环”选项，在第一帧文本框内输入 1，如图 3-3-10 所示。表示该“模拟指针表”图形实例从它的第 1 帧开始播放。这是图形实例才具有的特性。

（3）选中“图层 1”图层第 120 帧，按【F5】键，使第 1～120 帧内容一样。图形实例必须在与相应元件动画有相同帧的情况下，才可以完全播放动画的所有帧，而影片剪辑实例只需要一帧就可以播放元件动画的所有帧。

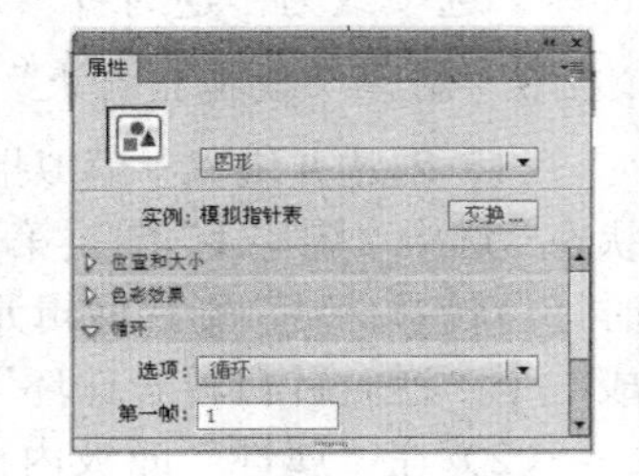

图 3-3-10 “属性”面板设置

（4）单击选中第 2 个“模拟指针表”影片剪辑实例，进行上述设置，只是在“属性”面板“第一帧”文本框内输入 41，表示该“模拟指针表”图形实例从它的第 41 帧开始播放。

（5）单击选中第 3 个“模拟指针表”影片剪辑实例，进行上述设置，只是“属性”面板“第一帧”文本框内输入 82，表示该“模拟指针表”图形实例从它的第 82 帧开始播放。

【相关知识】

1. 平滑和伸直

可以通过平滑和伸直线来改变线的形状。平滑操作使曲线变柔和并减少曲线整体方向上的突起或其他变化，同时还会减少曲线中的线段数。平滑只是相对的，它并不影响直线段。如果在改变大量非常短的曲线段的形状时遇到困难，则该操作尤其有用。选择所有线段并将它们进行平滑操作，可以减少线段数量，从而得到一条更易于改变形状的柔和曲线。

伸直操作可以稍稍弄直已经绘制的线条和曲线。它不影响已经伸直的线段。

（1）平滑：使用工具箱“选择工具”，选中要进行平滑操作的线条或形状轮廓，然后，单击工具箱内“选项”栏或主工具栏中的“平滑”按钮，即可将选中的对象平滑。

（2）高级平滑：使用工具箱“选择工具”，选中要进行平滑操作的线条，选择“修改”→“形状”→“高级平滑”命令，弹出“高级平滑”对话框，如图 3-3-11 所示。选中“预览”复选框后，随着调整“平滑强度”等数字框内的数值，可以看到线的平滑变化。

（3）伸直：使用工具箱“选择工具”，选中要进行伸直操作的线条或形状轮廓，单击工具箱内“选项”栏或主工具栏中的“伸直”按钮，即可将选中的对象平滑。

（4）高级伸直：使用工具箱“选择工具”，选中要进行伸直操作的线条，选择“修改”→“形状”→“高级伸直”命令，弹出“高级伸直”对话框，如图 3-3-12 所示。选中“预览”复选框后，随着“伸直强度”数字框内数值的变化，可以看到线的伸直变化。

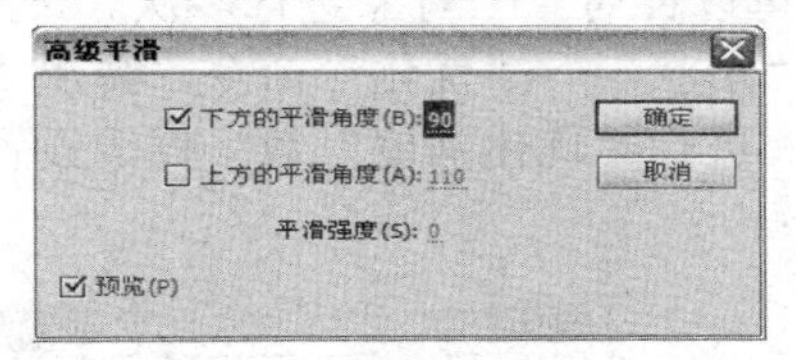

图 3-3-11　“高级平滑”对话框

图 3-3-12　“高级伸直”对话框

根据每条线段的曲直程度，重复应用平滑和伸直操作可以使每条线段更平滑、更直。

2. 扩展填充大小和柔化填充边缘

（1）扩展填充大小：选择一个填充，如图 3-3-13 所示的七彩渐变色圆轮廓线。然后选择“修改”→“形状”→“扩展填充”命令，弹出“扩展填充”对话框，如图 3-3-13 所示。“距离”文本框用来输入扩充量；“方向”栏内的“扩展”单选按钮表示向外扩充，“插入”单选按钮表示向内扩充。单击“确定”按钮，可以使图 3-3-14 所示图形变为图 3-3-15 所示图形。如果填充有轮廓线，则向外扩展填充时，轮廓线会被扩展的填充覆盖掉。

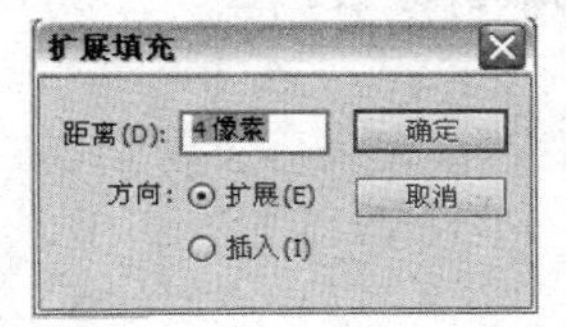

图 3-3-13 “扩展填充”对话框

图 3-3-14　七彩圆轮廓线

图 3-3-15　扩展填充效果

注 意

最好在扩展填充以前对图形进行一次优化曲线处理，其方法参看下面内容。

（2）柔化填充边缘：选择一个填充，选择“修改”→“形状”→“柔化填充边缘”命令，弹出“柔化填充边缘”对话框，按图 3-3-16 所示进行设置，单击“确定”按钮，即可将图 3-3-15 所示图形加工为图 3-3-17 所示图形。该对话框内各选项的含义如下：

- “距离”文本框：输入柔化边缘的宽度，单位为像素。
- “步长数”文本框：输入柔化边缘的阶梯数，取值在 0～50 之间。
- “方向”栏：用来确定柔化边缘的方向是向内还是向外。

“距离”和“步长数”数字框中的数据不可太大，否则会破坏图形；在使用柔化时，会使计算机处理的时间太长，甚至出现死机现象。

3. 将线转换为填充

选中一个线条或轮廓线图形，选择“修改”→“形状”→“将线条转换为填充”命令，即可将选中的线条或轮廓线图形转换为填充。

4. 优化曲线

一个线条是由很多“段”组成的，前面介绍的用鼠标拖动来调整线条，实际上一次拖动操作只是调整一“段”线条，而不是整条线。优化曲线就是通过减少曲线“段”数，即通过一条相对平滑的曲线段代替若干相互连接的小段曲线，从而达到使曲线平滑的目的。通常，在进行扩展填充和柔化操作之前可以进行优化操作，这样可以避免出现因扩展填充和柔化操作出现的删除部分图形的现象。优化曲线还可以缩小 Flash 文件字节数。

优化曲线的操作与单击“平滑”按钮一样，可以针对一个对象进行多次。

首先选取要优化的曲线，然后选择“修改”→“形状”→“优化”命令，弹出“优化曲线”对话框，如图 3-3-18 所示。利用该对话框，进行“优化强度”数字框等设置后，单击“确定”按钮即可将选中的曲线优化。

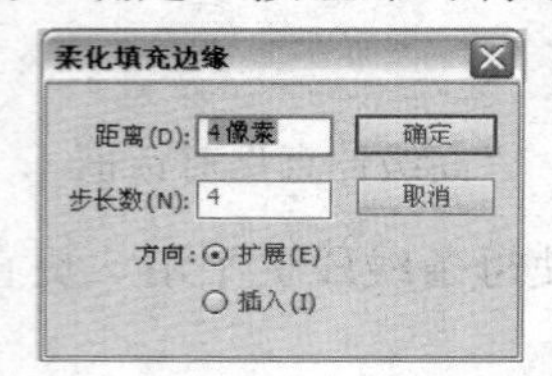

图 3-3-16 “柔化填充边缘”对话框

图 3-3-17 柔化填充

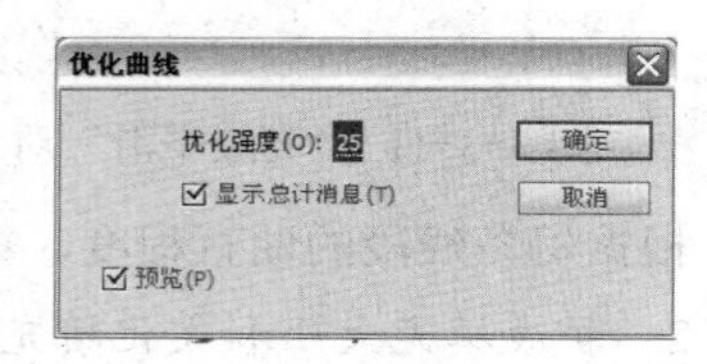

图 3-3-18 “优化曲线”对话框

该对话框中各选项的作用如下：

（1）“优化强度”数字框：在数字框上拖动，可以改变平滑操作的力度。

（2）“显示总计消息”复选框：选中它后，在操作完成后会打开一个提示框，内容是：原来共由多少条曲线段组成，优化后由多少条曲线段组成，缩减百分数。

思考与练习3-3

（1）制作一个“椭圆轨道”图形，如图 3-3-19 所示。

（2）制作一幅“珠宝项链”图形，如图 3-3-20 所示。

（3）制作一个“摆动光环”动画，该动画播放后，两个交叉的顺时针自转的七彩光环上下不断摆动，同时还从左向右移动，该动画播放后的一幅画面如图 3-3-21 所示。

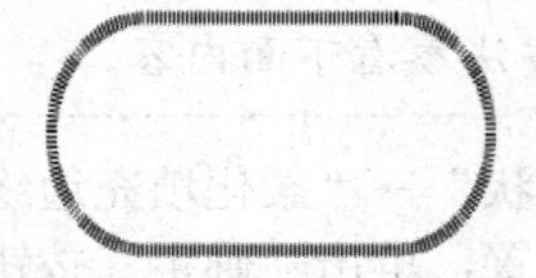

图 3-3-19 “椭圆轨道”图形

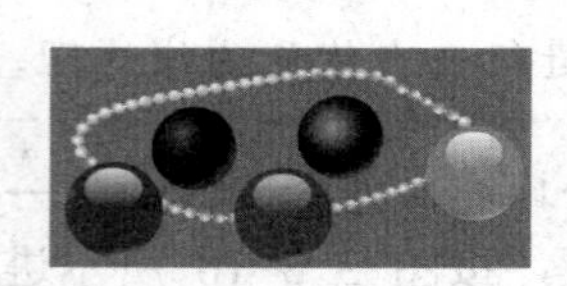

图 3-3-20 “珠宝项链”图形

图 3-3-21 “摆动光环”动画画面

（4）制作一个“彩灯”动画，该动画播放后，一圈彩灯交替地在红、绿两种颜色之间改变。

（5）制作一个“自转七彩光环”动画，该动画播放后，有三个逆时针自转七彩光环围着一个顺时针自转七彩光环转圈。三个逆时针自转七彩光环间的夹角约为 120°。

3.4 【案例 8】世界名画展厅和跳跃彩球

【案例效果】

案例 8 视频

“世界名画展厅和跳跃彩球”动画播放后的一幅画面如图 3-4-1 所示。画厅的地面是黑白相间的大理石，房顶是明灯倒挂，三面有油画图像，给人富丽堂皇的感觉。两个红绿彩球在画厅内上下跳跃。

图 3-4-1　“世界名画展厅和跳跃彩球”动画播放后的一幅画面

【操作过程】

1. 创建“彩球”影片剪辑元件

（1）设置舞台工作区宽为 600px，高为 200px，背景为白色。在舞台工作区内显示网格。然后，以名称“【案例 8】世界名画展厅和跳跃彩球.fla”保存。

（2）创建并进入“彩球”影片剪辑元件的编辑状态。使用工具箱内的“椭圆工具”。再在它的“属性”面板内，设置笔触类型为实线，笔触颜色为蓝色，笔触高度为 2 pts，无填充。按住【Shift】键，拖动绘制一个直径 10 个格的圆形。再将圆形复制一份并移到原来图形的右边。

（3）选中复制的圆图形，选择“窗口”→“变形”命令，调出“变形”面板，使“约束”按钮呈状，表示不约束长宽比例，在其“宽度”数字框内输入 33.3，如图 3-4-2 所示。按【Enter】键，将圆形转换为水平方向缩小为原图的 33.3%的椭圆形，如图 3-4-3 所示。

（4）选中圆图形，单击“变形”面板右下角的按钮，将圆图形复制一份，同时将复制的圆图形转换为水平方向缩小为原图的 33.3%的椭圆形。然后，将复制的椭圆图形移到原椭圆图形的左边，如图 3-4-4 所示。

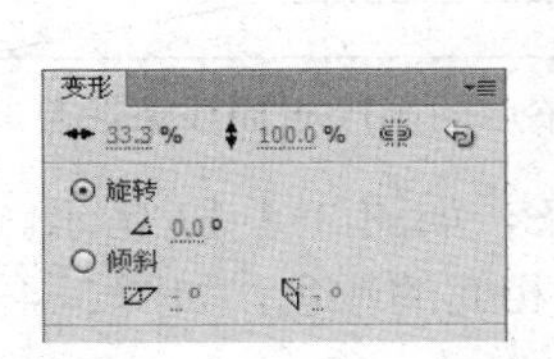

图 3-4-2　“变形”面板设置

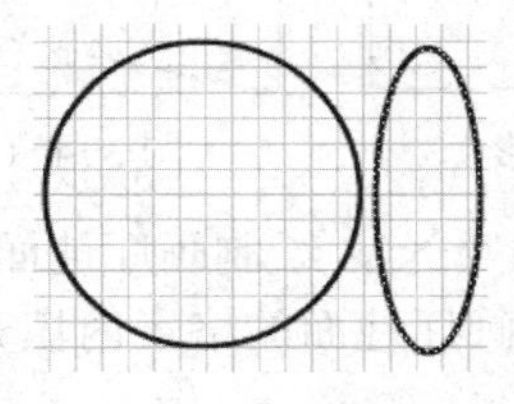

图 3-4-3　复制圆图形

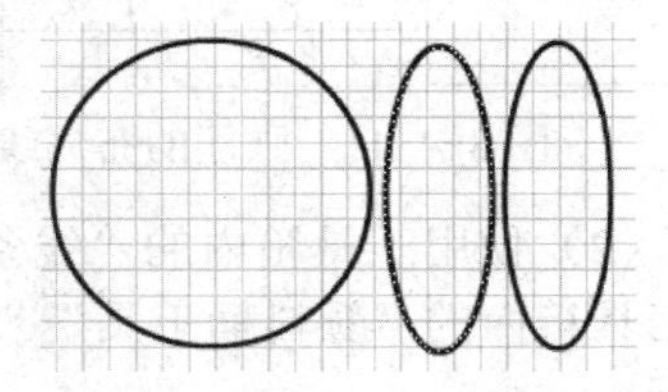

图 3-4-4　复制圆图形

（5）单击选中图 3-4-4 所示的圆图形，在“变形”面板的“宽度”数字框内输入

66.66。按照上述方法，制作两个水平方向缩小为原图形的 66.66%的椭圆图形，并移到原图形的左边，如图 3-4-5 所示。

（6）选中圆图形左边的一个椭圆，选择“修改”→“变形”→“顺时针旋转 90 度”命令，将椭圆旋转 90°。再将圆图形右边的另一个椭圆图形旋转 90°。然后将它们移到圆内，再将两个剩余的图形移到圆图形中，如图 3-4-6 所示。

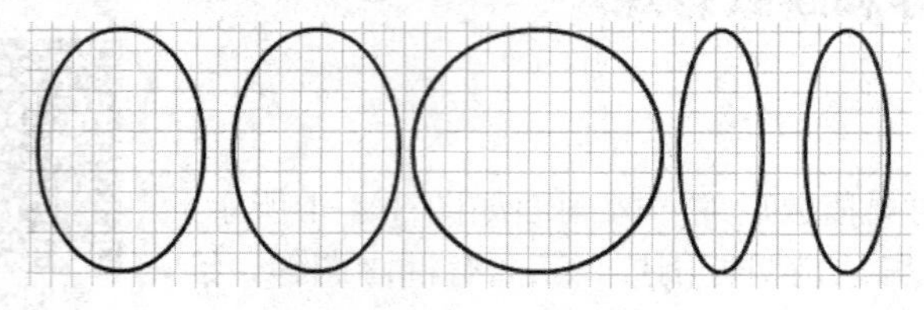

图 3-4-5　几个椭圆图形

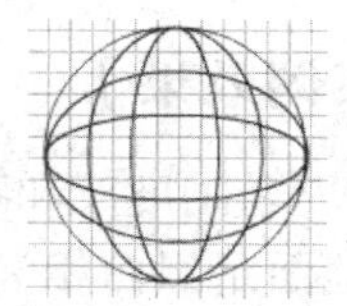

图 3-4-6　彩球轮廓线

（7）设置填充颜色为深红色，再给图 3-4-6 所示的彩球轮廓线的一些区域填充红色，如图 3-4-7 所示。调出“颜色”面板，在“颜色类型”下拉列表框内选择“径向渐变”选项。设置填充颜色为白、绿、黑色放射状渐变色（白色到绿色）。绘制一个同样大小的无轮廓线绿色彩球图形，如图 3-4-8 所示。再将图 3-4-8 所示的绿色彩球组合。

（8）使用“选择工具”，单击选中图 3-4-7 所示的彩球线条，按【Del】键，删除所有线条，效果如图 3-4-9 所示。再给该彩球左上角的两个色块填充由白色到红色的放射状渐变色，如图 3-4-10 所示。将图 3-4-10 所示的全部图形组合。

（9）将绿色彩球移到图 3-4-10 所示的彩球之上，如图 3-4-1 中的彩球所示。如果绿色彩球将图 3-4-10 所示图形覆盖，可选择“修改”→“排列”→“移至底层”命令。

（10）拖动选中彩球图形，将它组合。然后，单击元件编辑窗口中的按钮，回到主场景。

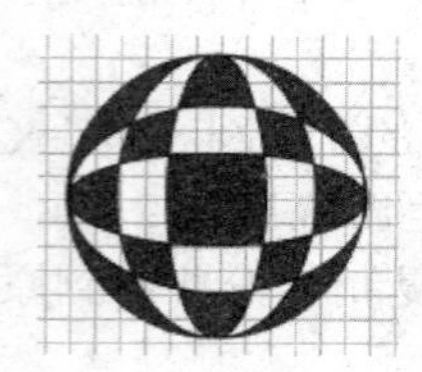

图 3-4-7 填充红色

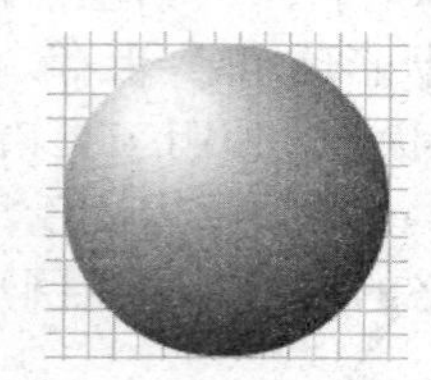

图 3-4-8　绿色彩球

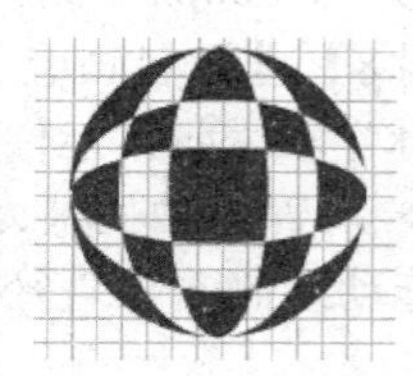

图 3-4-9　删除线条

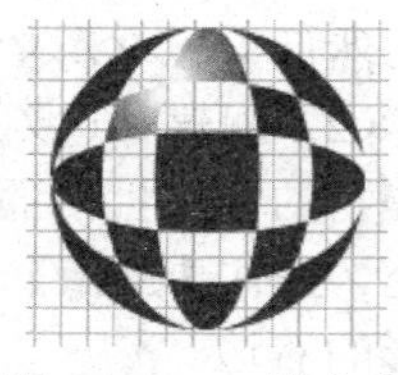

图 3-4-10　填充色

2. 制作摄影画厅

（1）使用工具箱内的“线条工具”，绘制画厅的布局线条图形，如图 3-4-11 所示。删除图 3-4-11 中的四条直线，再用“线条工具”补充绘制四条斜线，如图 3-4-12 所示。

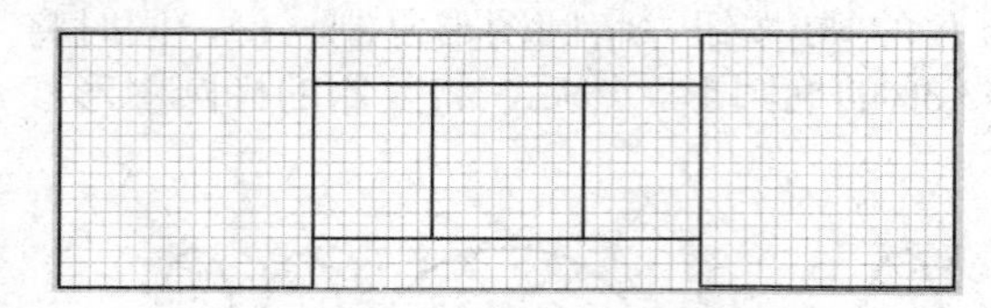

图 3-4-11　画厅的布局线条图形

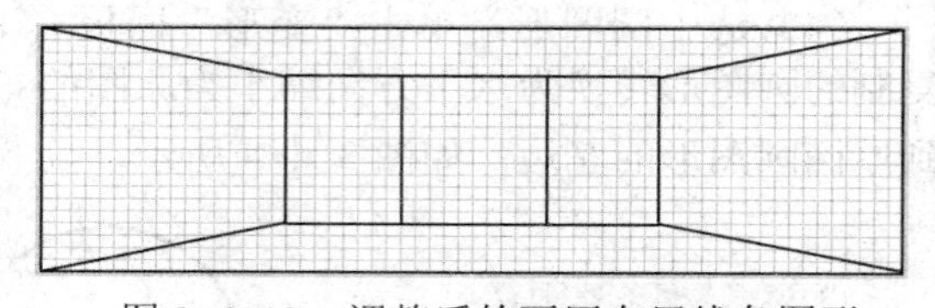

图 3-4-12　调整后的画厅布局线条图形

（2）使用工具箱内的“线条工具”，绘制画厅地面的线条，如图 3-4-13 所示。使用工具箱内的“颜料桶工具”，在画厅地面的格子内填充黑白相间的颜色，如图 3-4-14 所示。

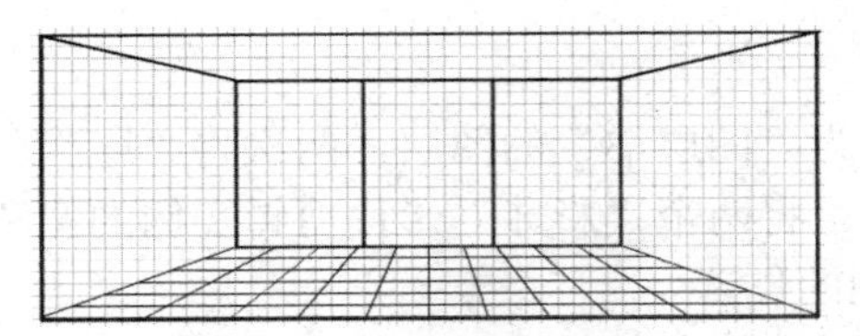

图 3-4-13　绘制画厅地面的线条

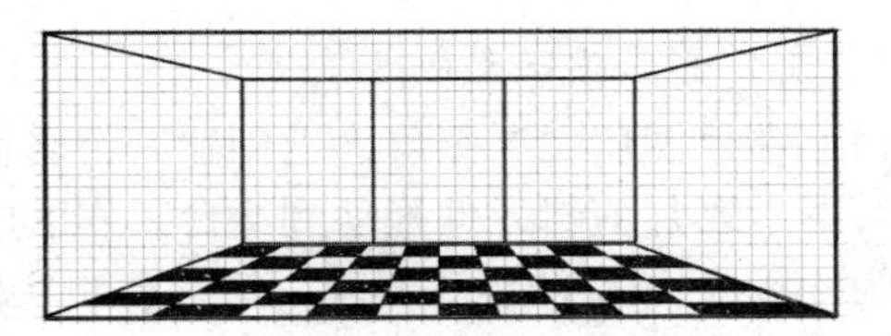

图 3-4-14　填充黑白相间的颜色

（3）将一幅“灯”图像和 5 幅油画图像导入“库”面板中。调出“颜色”面板，在“颜色类型”下拉列表框中选择“位图”选项，此时的“颜色”面板如图 3-4-15 所示。

（4）单击选中“颜色”面板中的“灯”图像，再使用工具箱内的“颜料桶工具”，给上边的梯形内部填充吊灯图像。填充后的效果如图 3-4-16 所示。

图 3-4-15　“颜色”面板

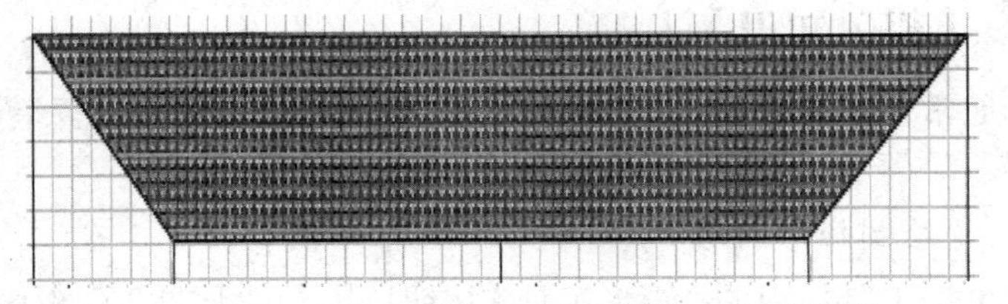

图 3-4-16　给画厅房顶填充“灯”图像

（5）单击工具箱内“渐变变形工具”按钮，再单击填充，使吊灯图像处出现一些控制柄，如图 3-4-17 所示。拖动调整这些控制柄，形成画厅房顶的吊灯图像，如图 3-4-18 所示。

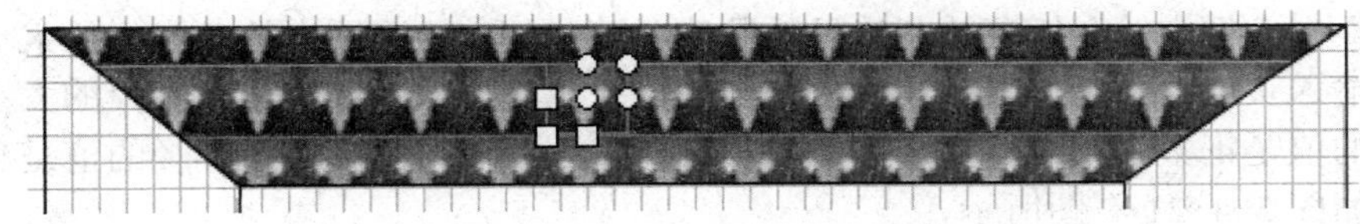

图 3-4-17　调整填充的吊灯图像

（6）在“图层 1”图层之上添加一个“图层 2”图层，选中“图层 2”图层第 1 帧，将“库”面板内的 3 幅窄幅图像依次拖到舞台工作区外，调整它们的大小分别为宽 84px，高 120px，然后分别移到画厅正面的矩形内部。此时的画厅图像如图 3-4-19 所示。

图 3-4-18　画厅的房顶

图 3-4-19　画厅正面图像效果

（7）再将“库”面板中的两幅宽幅油画图像拖到舞台工作区中，使用工具箱内的“任意变形工具”，调整这两幅图像的大小和位置，使一幅图像与画厅左边梯形一样大小（按照梯形左边的长度为准），另一幅图像与画厅右边梯形一样大小（按照梯形右边的长度为准）。

（8）选中这两幅宽幅油画图像，选择“修改”→“分离”命令，将这两幅图像打碎。

（9）在没有选中图像的情况下，用鼠标垂直向下拖动左边宽幅油画图像右上角的顶角，再垂直向上拖动左边宽幅油画图像右下角的顶角；向内垂直拖动右边宽幅油画图像左边的两个顶角，使画厅图像的最终效果如图 3-4-1 所示。

3. 制作彩球跳跃动画

（1）在“图层 2”图层之上创建一个名称为“图层 3”的图层，两次将“库”面板中的“彩球”影片剪辑元件拖动到舞台工作区中。将两个“彩球”影片剪辑实例的宽和高均调整为 40px。调整两个“彩球”影片剪辑实例的位置。

（2）右击“彩球”图层第 1 帧，在弹出的帧快捷菜单中选择“创建传统补间”命令。此时，该帧具有传统补间动画的属性。

（3）单击选中“图层 3”图层的第 90 帧，按【F6】键，创建第 1 帧到第 90 帧的补间动画。单击选中该图层的第 45 帧，按【F6】键，创建一个关键帧。然后将第 45 帧的两个彩球垂直下移。

【相关知识】

通常在使用椭圆、矩形和多角星形工具绘图前先设置笔触和填充的属性，然后再绘制图形。

1. 绘制矩形图形

单击工具箱内的“矩形工具”按钮，在“属性”面板内进行设置，如图 3-4-20 所示。在舞台内拖动，即可绘制一个矩形。按住【Shift】键的同时拖动，可以绘制正方形图形。

如果希望只绘制矩形轮廓线而不要填充，只需设置无填充。如果希望只绘制填充不要轮廓线时，只需再设置无轮廓线。绘制其他图形也如此。

（1）设置矩形边角半径的方法：在“属性”面板内的“矩形选项”栏内的四个“矩形边角半径”文本框中输入矩形边角半径的数值，可以调整矩形四个边角半径的大小。

如果输入负值，则是反半径。另外，拖动滑块也可以改变四个边角半径的大小。矩形边角半径的值是正数时绘制的矩形如图 3-4-21 左图所示，矩形边角半径的值是负数时绘制的矩形如图 3-4-21 右图所示。

如果“锁定”图标呈状，则只有左上角的文本框为有效，滑块有效，如图 3-4-20 所示。在其内输入数值，其他文本框也会随之变化，矩形各角的边角半径取相同的半径值。单击“锁定”图标，使该图标呈状，则其他三个文本框变为有效，滑块变为无效，如图 3-4-22 所示。调整四个数字框的数值，可分别调整每个角的角半径。单击“锁定”图标，使该图标呈状，还原为锁定状态。单击“重置”按钮，可以将四个“矩形边角半径”数字框内的数值重置为 0，而且只有第一个数字框有效，可以重置角半径。

图 3-4-20 “属性”面板

图 3-4-21 矩形图形

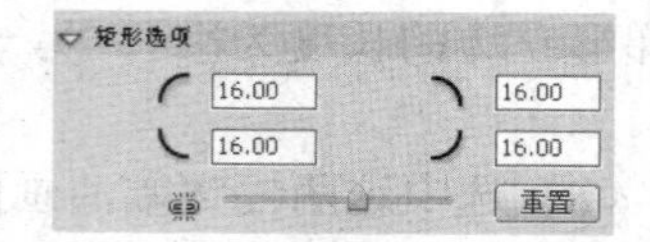

图 3-4-22 “矩形选项”栏

（2）绘制矩形的其他方法：使用“矩形工具”，在其“属性”面板内设置笔触高度和颜色、填充色等。按住【Alt】键，再单击舞台，弹出“矩形设置”对话框，如图 3-4-23 所示。在该对话框内设置矩形的宽度和高度，设置矩形边角半径，单击“确定”按钮，即可绘制一幅符合设置的矩形图形。如果选中了“从中心绘制”复选框，则以单击点为中心绘制矩形图形；如果未选中“从中心绘制”复选框，则以单击点为矩形图形左上角绘制一幅符合设置的矩形图形。

2. 绘制椭圆图形

单击工具箱内的“椭圆工具”按钮，在“属性”面板内进行设置，如图 3-4-24 所示。在舞台内拖动，即可绘制一个矩形。按住【Shift】键的同时拖动，可以绘制正方形图形。

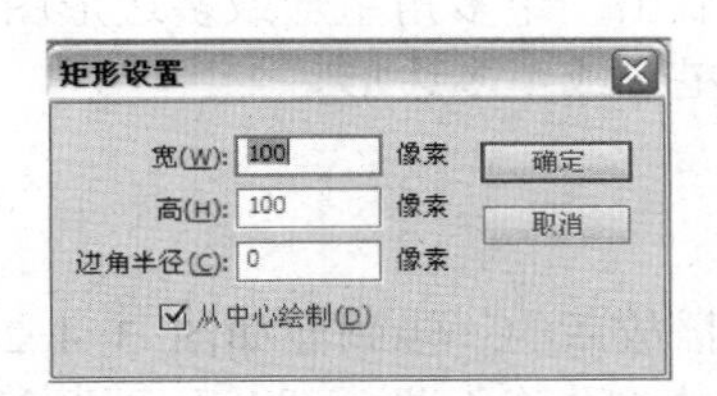

图 3-4-23 “矩形设置”对话框

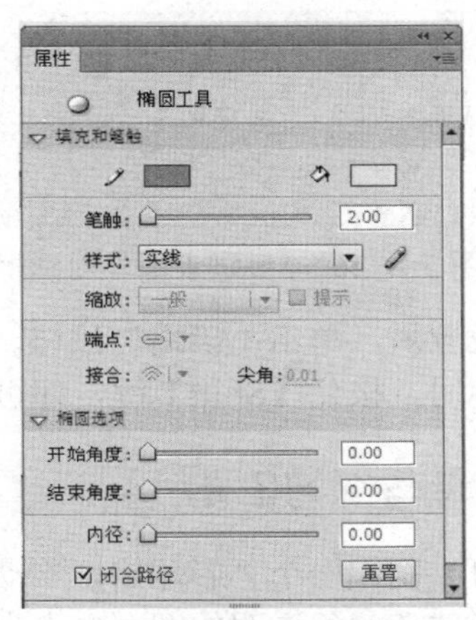

图 3-4-24 椭圆工具的“属性”面板

（1）“开始角度”和“结束角度”数字框：其内的数用来指定椭圆开始点和结束点的角度。使用这两个参数可轻松地将椭圆的形状修改为扇形、半圆及其他有创意的形状。

（2）“内径”数字框：其内的数用来指定椭圆的内路径（即内侧椭圆轮廓线）。该数字框内允许输入的内径数值范围为 0～99，表示删除的椭圆填充的百分比。

开始角度设置为 90 时，绘制的图形如图 3-4-25（a）所示。结束角度设置为 90 时，绘制的图形如图 3-4-25（b）所示。内径设置为 50 时，绘制的图形如图 3-4-25（c）所示。

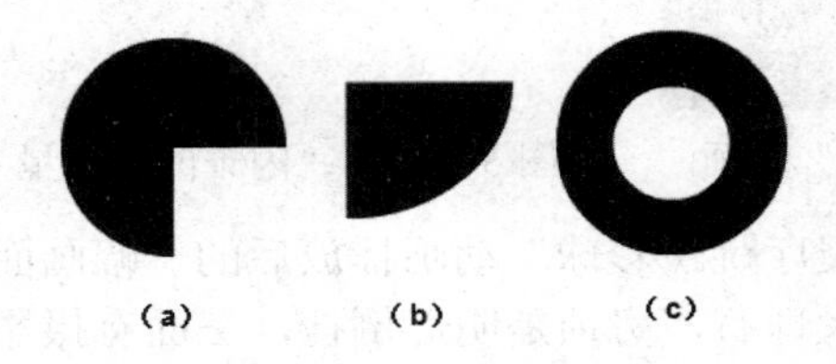

图 3-4-25 几种椭圆图形

（3）“闭合路径”复选框：用来指定椭圆的路径（如果设置了内路径，则有多个路径）是否闭合。选中该复选框后（默认情况），则表示闭合路径，否则表示不闭合路径。

（4）“重置”按钮：单击它后，将“属性”面板内的各个参数回归默认值。

另外，按住【Alt】键，再单击舞台，弹出“椭圆设置”对话框，如图 3-4-26 所示。用来设置椭圆的宽和高，确定是否选中“从中心绘制”复选框，然后单击“确定”按钮，即可绘制一个符合设置的椭圆。如果选中了“从中心绘制”复选框，则以单击点为中心绘制椭圆；如果未选中“从中心绘制”复选框，则以单击点为椭圆的外切矩形左上角绘制椭圆。

3. 绘制多边形和星形图形

单击工具箱内的“多角星形工具”按钮，单击“属性”面板内的“选项”按钮，可以弹出“工具设置”对话框，如图 3-4-27 所示。该对话框内各选项的作用如下：

（1）“样式”下拉列表框：其中有“多边形”或“星形”选项，用来设置图形样式。

（2）“边数”数字框：输入介于 3 和 32 之间的数，该数是多边形或星形图形的边数。

（3）“星形顶点大小”数字框：其内输入一个介于 0 到 1 之间的数字，用来确定星形图形顶点的深度，此数字越接近 0，创建的顶点就越深（像针一样）。该数字框的数据只在绘制星形图形时有效，绘制多边形时，它不会影响多边形的形状。

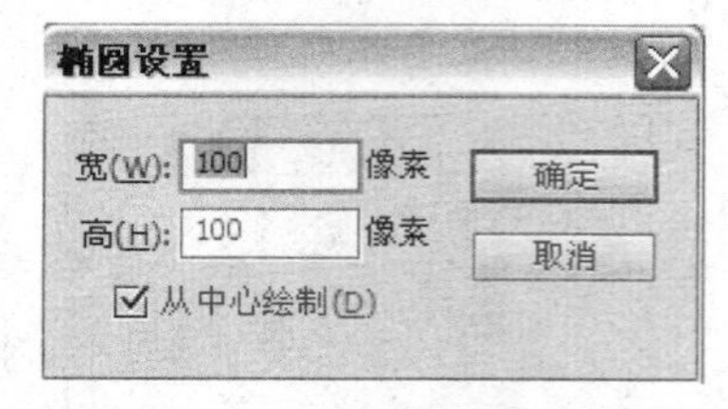

图 3-4-26 “椭圆设置”对话框

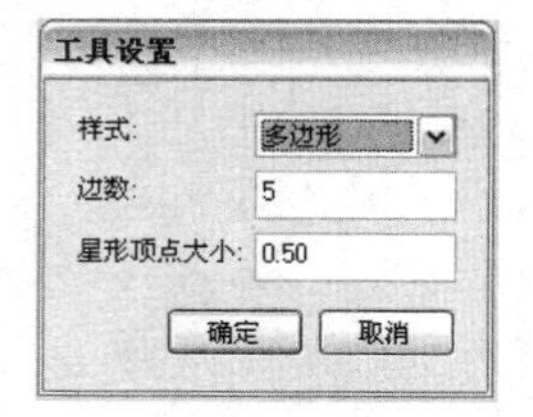

图 3-4-27 “工具设置”对话框

完成设置后，单击“确定”按钮，即可拖动绘制出一个多角星形或多边形图形。如果在拖动鼠标时，按住【Shift】键，即可画出正多角星形或正多边形。

思考与练习3-4

（1）制作一个“彩球倒影”动画，该动画播放后的一幅画面如图 3-4-28 所示。两个彩球在蓝色透明的湖面之上上下移动，同时透过蓝色湖面可以看到两个立体彩球的倒影也在上下移动。

（2）制作一幅夜景图形，图形中有闪烁的星星和明亮的月亮。

（3）制作一个“闪耀的五角星”动画，该动画播放后的两幅画面如图 3-4-29 所示。

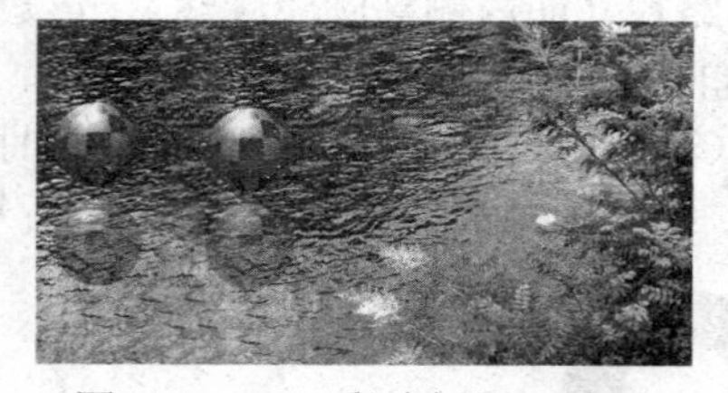

图 3-4-28 “彩球倒影”动画

图 3-4-29 “闪耀的五角星”动画播放后的两幅画面

（4）制作一个“展厅跳跃彩球”动画播放后的一幅画面如图 3-4-30 所示。展厅的地面是黑白相间的大理石，房顶是明灯倒挂，三面有摄影照片图像，给人富丽堂皇的感觉。两个立体感很强的红绿彩球在展厅内上下跳跃移动。

图 3-4-30 “展厅跳跃彩球”动画播放后的一幅画面

3.5 【案例 9】胶片滚动图像

【案例效果】

“胶片滚动图像”动画播放后的一幅画面如图 3-5-1 所示。背景是黑色电影胶片状图形，10 幅水仙花图像不断从右向左循环移动，形成水仙花图像影片效果。一幅小花图像在水仙花图像影片的右边，花朵围绕中心不断顺时针自转。

图 3-5-1 “胶片滚动图像”动画播放后的一幅画面

【操作过程】

1. 制作电影胶片图形

（1）新建一个 Flash 文档。设置舞台工作区的宽为 1 000 px，高 240 px。创建 4 条水平和两条垂直辅助线，如图 3-5-2 所示。再以名称“【案例 9】胶片滚动图像.fla”保存。

（2）选中“图层 1”图层第 1 帧，使用“矩形工具”，设置填充色为黑色，无轮廓线。单击按下“选项”栏中的“对象绘制”按钮，进入“对象绘制”模式。在舞台工作区中绘制宽 1 000 px，高 240 px 的黑色矩形，刚好将舞台工作区完全覆盖。

（3）使用“矩形工具”，保证进入“对象绘制”模式，在其“属性”面板内设置填充色为绿色，无轮廓线。在两条垂直和上边两条水平辅助线之间绘制一个宽和高均为 19 px 的绿色正方形。按住【Alt】键，水平拖动绿色正方形，复制 25 份，将它们水平排成一行。

（4）调出“对齐”面板，如图 3-5-3 所示。使用“选择工具”，拖动出一个矩形，选中一行的绿色小正方形，单击“对齐”面板内的“顶对齐”按钮，使它们顶部对齐；单击“水平平均间隔”按钮，使它们等间距分布。在下边两条水平辅助线之间复制一份，最终效果如图 3-5-2 所示。

图 3-5-2　两行绿色小正方形和黑色矩形

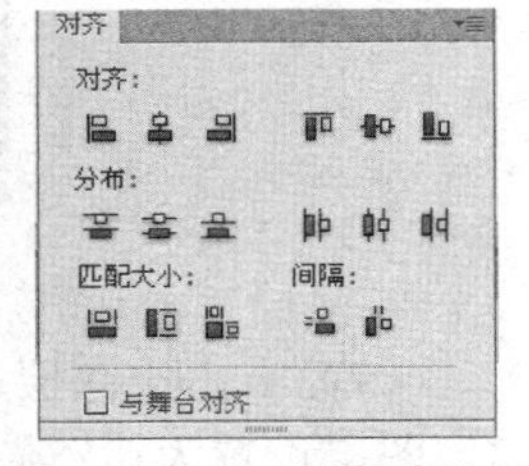

图 3-5-3 “对齐”面板

（5）选中所有绿色小正方形和黑色矩形，选择“修改”→“合并对象”→“打孔”命令，将右下角的绿色小正方形将黑色矩形打出一个正方形小孔。

（6）调出“历史记录”面板，选择选中“打孔”选项，如图 3-5-4 所示。单击“重放”按钮（相当于选择“修改”→“合并对象”→“打孔”命令），将右下角第 2 个绿色正方形打孔。

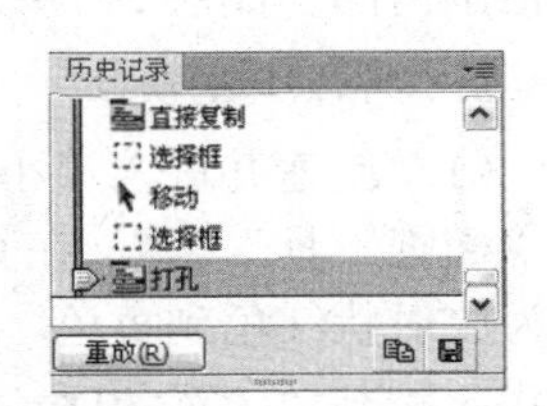

图 3-5-4 “历史记录”面板

不断单击“重放”按钮，直到所有绿色正方形均打孔为止，如图 3-5-1 所示。

2. 制作图像移动动画

（1）选择“文件”→“导入”→“导入到舞台”命令，弹出“导入”对话框，利用该对话框，将选定的“水仙花 1.jpg”～“水仙花 10.jpg”10 幅图像导入舞台工作区中。

（2）选择“插入”→“新建元件”命令，弹出“创建新元件”对话框，利用该对话框创建并进入“小花”影片剪辑元件，选中“图层 1”图层第 1 帧。

（3）选中该图层第 1 帧，将“库”面板内的 10 幅“水仙花图像”影片剪辑元件拖动到舞台工作区内，调整每幅图像的宽度为 210 px，高度为 300 px。参考“【案例 2】蝴蝶飞翔”案例的制作方法，将 10 幅图像水平排成一行。然后，单击元件编辑窗口中的⇦按钮，回到主场景。

（4）在“图层 1”图层之上创建新“图层 2”图层，选中该图层第 1 帧，将“库”面板内的“水仙花图像”影片剪辑元件拖动到舞台工作区内，调整“水仙花图像”影片剪辑实例的高为 180 px，宽 2 600 px。然后，调整“水仙花图像”影片剪辑实例的位置，如图 3-5-5 所示。

图 3-5-5　第 1 帧画面

（5）创建“图层 2”图层第 1～120 帧的传统补间动画。调整“图层 2”图层第 120 帧内图像位置，如图 3-5-6 所示。注意：保证第 120 帧和第 1 帧画面的衔接。

图 3-5-6　第 120 帧画面

（6）在“图层 2”图层之上创建新“图层 3”图层。选中该图层第 1 帧，绘制一个黑色矩形图形，调整该黑色矩形图形的宽度为 850 px，高度为 170 px，如图 3-5-7 所示。

图 3-5-7　第 1 帧画面

（7）右击“图层 3”图层，在弹出的图层快捷菜单中选择“遮罩层”命令，将“图层 3”图层设置为遮罩图层，“图层 2”图层为被遮罩图层。则只有“图层 3”图层内矩形遮盖范围内的“图层 2”图层中被遮罩的图像才会显示。

3. 制作小花动画

（1）创建并进入“小花”影片剪辑元件，选中“图层 1”图层第 1 帧。使用工具箱中的“椭圆工具”，在其“属性”面板内，设置轮廓线为绿色，笔触高度为 2 磅，填充色为放射状红色到黄色。单击按下“选项”栏中“对象绘制”按钮，进入“对象绘制”模式。绘制一个宽 80 px，高 80 px 的圆图形，如图 3-5-8（a）所示。

（2）绘制一个宽和高均为 30 px 的圆，位置如图 3-5-8（b）所示。使用“任意变形工具”，单击选中小圆，将它的中心标记移到大圆中心处，如图 3-5-8（c）所示。

（3）选中小圆，调出“变形”面板，在和文本框内输入 100，选中“旋转”单选项按钮，在“旋转”文本框内输入 30，如图 3-5-9 所示。11 次单击按钮，复制 11 个变形的圆，形成花朵图形，如图 3-5-10 所示。

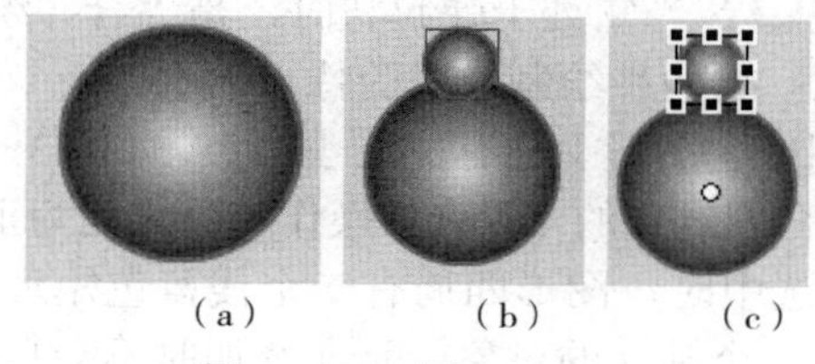
（a）（b）（c）

图 3-5-8　圆

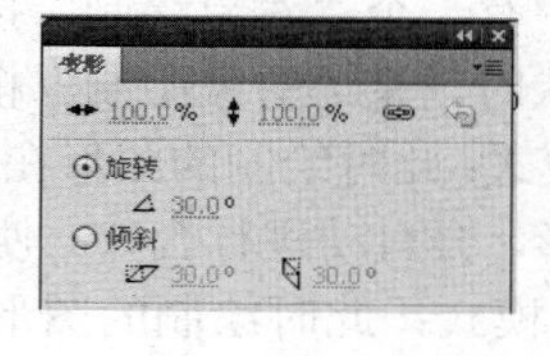

图 3-5-9 “变形”面板设置

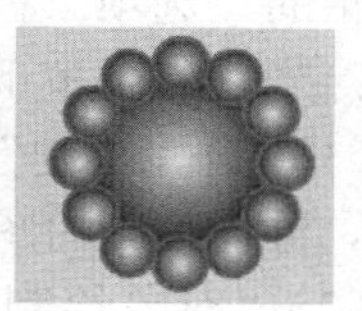

图 3-5-10　花朵

（4）将图 3-5-10 所示“花朵”图形组成组合，再创建“图层 1”图层第 1 帧到第 120 帧的顺时针旋转自转的传统补间动画，要求顺时针自转 1 周。

（5）在“图层 1”图层下边添加一个“图层 2”图层，选中该图层第 1 帧。使用“矩形工具”，设置填充为棕色，无轮廓线。保证在“对象绘制”模式，绘制一个长条矩形，作为花梗，如图 3-5-11（a）所示。

（6）使用工具箱中的“椭圆形工具”，设置无轮廓线，设置填充色为绿色。单击按下其“选项”栏中“对象绘制”按钮。然后，在舞台工作区内绘制一个椭圆，再复制一份。选中两个椭圆，如图 3-5-11（b）所示。

（7）选择“修改”→“合并对象”→“栽切”命令，或者选择“修改”→“合并对象”→“交集”命令，加工后的叶子图形如图 3-5-12 所示。

（8）使用工具箱内的“任意变形工具”，调整图 3-5-12 所示叶子图形的大小，旋转一定的角度移到花梗图形的左边，如图 3-5-13（a）所示。复制一份花叶图形，再选择“修改”→“变形”→“水平翻转”命令，将复制的花叶图形水平翻转。

（9）将该花叶图形移到花梗图形的右边，如图 3-5-13（b）所示。将两个叶片图形分别复制 1 份，调整复制图形的大小和位置，最后效果如图 3-5-13（c）所示。然后，单击选中“图层 2”图层第 120 帧，按【F5】键，使“图层 2”图层第 1～120 帧内容一样。

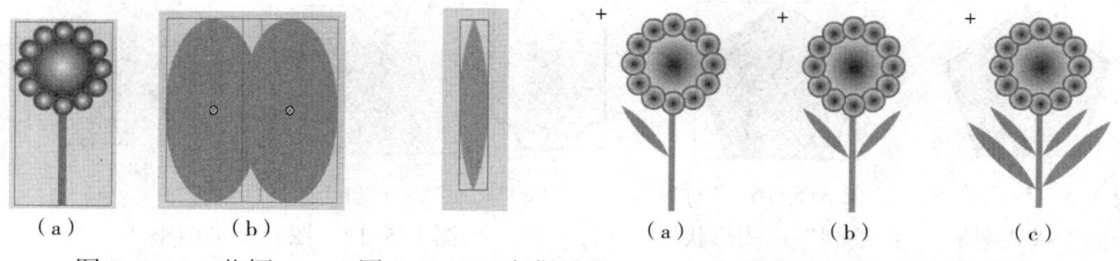
（a）（b）　　（a）（b）（c）

图 3-5-11　花梗　　图 3-5-12　交集效果　　图 3-5-13　添加花叶图形

（10）回到主场景，在“图层 3”图层之上添加“图层 4”图层，选中该图层第 1 帧，将“库”面板内的“小花”影片剪辑元件拖动到遮罩图层内黑色矩形的右边。

至此，整个动画制作完毕，该动画的时间轴如图 3-5-14 所示。

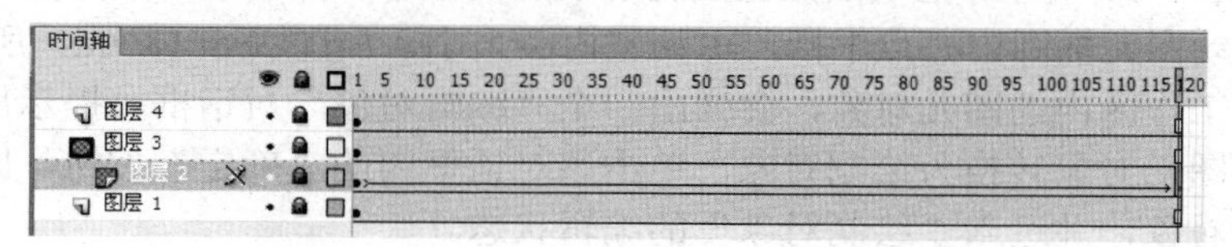

图 3-5-14 “胶片滚动图像”动画的时间轴

【相关知识】

1. 绘制模式

Flash CS6 绘图有“合并绘制”和“对象绘制”两种绘制模式。在选择了绘图工具后，工具箱的“选项”栏中有一个“对象绘制”按钮，当它处于弹起状时，是“合并绘制”模式；当它处于按下状时，是“对象绘制”模式。这两种绘制模式的特点如下：

（1）“合并绘制”模式：此时绘制的图形在选中时，图形上边有一层小白点，如图 3-5-15 所示。重叠绘制的图形，会自动进行合并。使用合并对象的“联合”操作可以转化为形状。

（2）“对象绘制”模式：此时绘制的图形被选中时，图形四周有一个浅蓝色矩形框，如图 3-5-16 所示。在该模式下，绘制的图形是一个独立的对象，且在叠加时不会自动合并，分开重叠图形时，也不会改变其外形。还可以使用合并对象的所有操作。

在两种模式下都可以使用“选择工具”和“橡皮擦工具”改变图形的形状等。

为了将这两种不同绘图模式下绘制的图形进行区别，可以将在“合并绘制”模式下绘制的图形称为图形，在“对象绘制”模式下绘制的图形称为形状。

2. 绘制图元图形

除了“合并绘制”和“对象绘制”绘制模式外，Flash CS6 还提供了图元对象绘制模式。使用“基本矩形工具”和“基本椭圆工具”（即“图元矩形工具”和“图元椭圆工具”）创建图元矩形或图元椭圆时，不同于在“合并绘制”模式下绘制的图形，也不同于在“对象绘制”模式下绘制的形状，它绘制的是由轮廓线和填充组成的一个独立的图元对象。

（1）绘制图元矩形图形：单击工具箱内的“基本矩形工具”按钮，其“属性”面板与“矩形工具”的“属性”面板一样，在该面板内进行设置后，即可拖动绘制图元矩形图形。

单击工具箱内的“基本矩形工具”按钮，拖动出一个图元矩形图形，在不松开鼠标左键的情况下，按【↑】键或【↓】键，即可改变矩形图形的四角圆角半径。当圆角达到所需角度时，松开鼠标左键即可，如图 3-5-17（a）所示。

在绘制完图 3-5-17（b）所示的图元矩形图形后，使用“选择工具”，拖动图元矩形图形四角的手柄，可以改变矩形图形四角圆角半径，如图 3-5-17（c）所示。

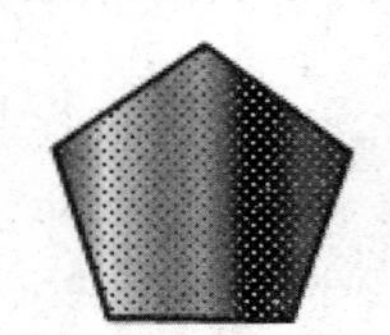

图 3-5-15 “合并绘制”模式图形

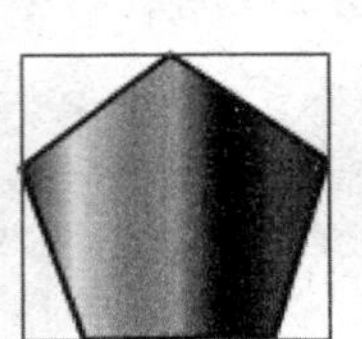

图 3-5-16 “对象绘制”模式形状

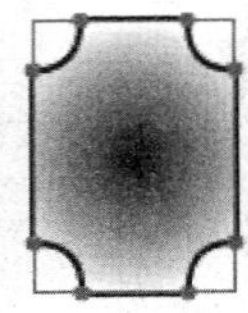

（a）

（b）

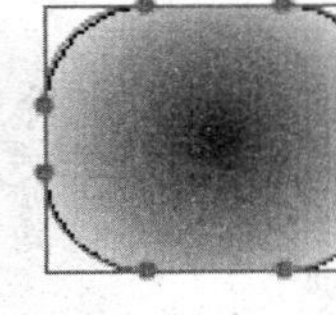

（c）

图 3-5-17 图元矩形调整

（2）绘制图元椭圆图形：单击工具箱内的“基本椭圆工具”按钮，其“属性”面板与“椭圆工具”的一样，进行设置后，可拖动绘制图元椭圆，如图 3-5-18（a）所示。

绘制完图元椭圆后，使用“选择工具”，拖动图元椭圆内手柄，可调整椭圆内径大小，如图 3-5-17（b）所示。拖动图元椭圆轮廓线上的手柄，可调整扇形角度，如图 3-5-18（c）所示。拖动图元椭圆中心点手柄，可调整内圆大小，如图 3-5-18（d）所示。

双击舞台工作区内的图元对象，会弹出一个“编辑对象”对话框，提示用户要编辑图元对象必须将图元对象转换为绘制对象，单击该对话框内的“确定”按钮，即可将图元对象转换为绘制对象，并进入“绘制对象”的编辑状态。

双击在“对象绘制”模式下绘制的形状，可以进入对象的编辑状态，如图 3-5-19 所示。进行编辑修改后，单击⇦按钮，回到主场景。双击绘制的图元图形，会弹出一个提示框，单击“确定”按钮后，将图元图形转换为形状对象，再进入对象的编辑状态。

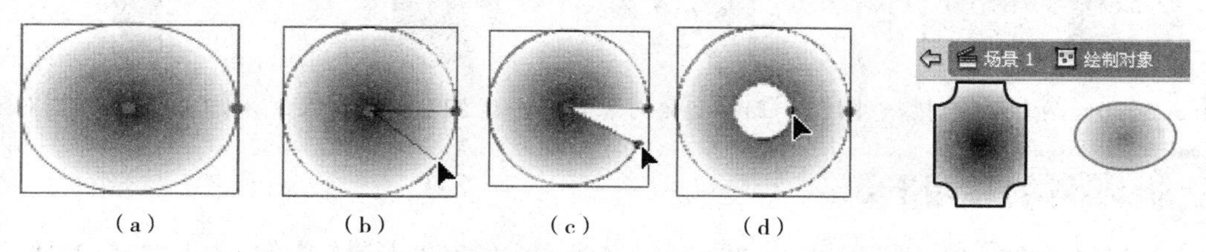

图3-5-18　图元椭圆图形和调整　　图3-5-19　形状对象的编辑状态

3. 两类 Flash 对象的特点

通过前面的学习可以知道，Flash 中可以创建的对象有很多种，例如“合并绘制”模式下绘制的图形（图形中的线和填充），“对象绘制”模式下绘制的形状，图元图形，导入的位图图像，输入的文字，由“库”面板内元件产生的实例，将对象组合后的对象等。

从选中后是否蒙上一层小黑点，可以将对象分为两大类：一类是“合并绘制”模式下绘制的图形（线和填充）和打碎后的对象；另一类是“对象绘制”模式下绘制的形状、图元图形、位图、文字、元件实例和组合等。

对于第一类对象，选中的对象上面会蒙上一层小黑点，可以用“橡皮擦工具”擦除图形，使用“套索工具”选中图形的部分，使用“选择工具”选中图形的部分，可以进行扭曲和封套变形调整，可以创建形状动画（即变形动画，后边将介绍）等；当两个图形重叠后，使用“选择工具”移开其中一个图形时会将另一个图形的重叠部分删除。

对于第二类对象，选中该类对象后，对象四周会出现蓝色的矩形或白点组成的矩形（位图对象），上述操作也基本不能够执行（对于形状，也可以使用“橡皮擦工具”擦除）。对于这类对象，选中该对象后，选择“修改”→“分离”命令，可以将这类对象（文字对象应是单个对象）打碎成第一类对象。

选中第一类对象后，选择“修改”→“组合”命令，可将对象转换为第二类对象。

4. 合并对象

合并对象有联合、交集、打孔和裁切 4 种方式。选中多个对象，选择“修改”→“合并对象”→“××”命令，可以合并选中对象。如果选中的是形状和图元对象，则“××”命令有 4 种；如果选中的对象中有图形，则“××”命令只有“联合”。

（1）对象联合：选中两个或多个对象，选择“修改”→“合并对象”→“联合”命令，可以将一个或多个对象合并成为单个形状对象。

可以进行联合操作的对象有图形、打碎的文字、形状（“对象绘图”模式下绘制的图形，或者是进行了一次联合操作后的对象）和打碎的图像，不可以对文字、位图图像和组合对象进行联合操作。进行联合操作后的对象变为一个对象，它的四周有一个蓝色矩形框。

（2）对象交集：选中两个或多个形状对象（见图 3-5-20，两个形状对象重叠一部分），选择“修改”→“合并对象”→“交集”命令，可创建它们的交集（相互重叠部分）对象，如图 3-5-21 所示。最上面的形状对象的颜色决定了交集后形状的颜色。

（3）对象打孔：选中两个或多个形状对象（见图 3-5-20），选择“修改”→“合并对象”→“打孔”命令，可以创建它们的打孔对象，如图 3-5-22 所示。通常按照上边形状对象的形状删除它下边形状对象的相应部分。

（4）对象裁切：选中两个或多个形状对象（见图 3-5-20），选择“修改”→“合并对象”→“裁切”命令，可以创建它们的裁切对象，如图 3-5-23 所示。裁切对象的形状是它们相互重叠部分轮廓线和填充，由下边形状对象决定。

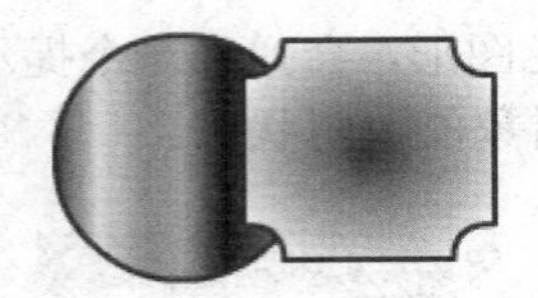
图 3-5-20　两个形状对象

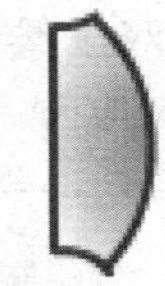
图 3-5-21　交集对象

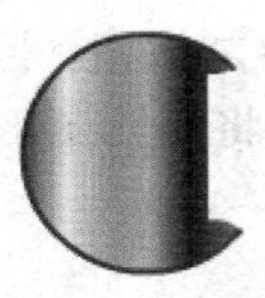
图 3-5-22　打孔对象

图 3-5-23　裁切对象

思考与练习3-5

（1）绘制“人脸”图像，如图 3-5-24 所示。绘制“卡通”图像，如图 3-5-25 所示。

图 3-5-24　“人脸”图像

图 3-5-25　“卡通”图像

（2）绘制“LOGO”图像，如图 3-5-26 所示。绘制“机器猫”图像，如图 3-5-27 所示。

图 3-5-26　“LOGO”图像

图 3-5-27　“机器猫”图像

3.6 【案例 10】青竹月圆

【案例效果】

“青竹月圆”动画运行后的两幅画面如图 3-6-1 所示。可以看到，在移动的明月、闪烁的星星和白云下，有竹林、树苗和绿草。下面介绍该动画的制作方法。

图 3-6-1　“青竹月圆”动画播放后的两幅画面

【操作过程】

1. 绘制夜空和山脉

（1）设置舞台工作区宽为 650 px，高为 400 px，背景色为蓝色。再以名称“【案例 10】青竹月圆.fla”保存。

（2）将“图层 1”图层的名称改为“夜空山脉”，选中“夜空山脉”图层第 1 帧，使用工具箱中的“矩形工具”□。在舞台工作区中拖动绘制一个与舞台工作区大小相同的、没有轮廓线的、填充色是深蓝色到蓝色再到浅灰色的线性渐变色的矩形图形，如图 3-6-2 左图所示。

（3）单击工具箱中的“渐变变形工具”按钮。再单击舞台工作区中矩形对象的线性填充调出控制柄，用鼠标拖动这些控制柄将填充旋转到适当角度，如图 3-6-2 右图所示。

（4）使用工具箱内的“铅笔工具”绘制山脉的轮廓线，使用“选择工具”调整轮廓线的形状。然后，使用工具箱内的“颜料桶工具”给轮廓线内填充深蓝色，再将轮廓线删除，效果如图 3-6-3 所示。

（5）拖动鼠标将蓝天和山脉图形均选中，将选中的图形组成组合。

图 3-6-2　线性渐变填充效果和调整填充

2. 绘制星星和月亮

（1）使用“多角星形工具”。单击“属性”面板中的“选项”按钮，弹出“工具设置”对话框，该对话框中各项参数的设置如图 3-6-4 所示。设置填充色为黄色，没有轮廓线。

图 3-6-3　深蓝色山脉

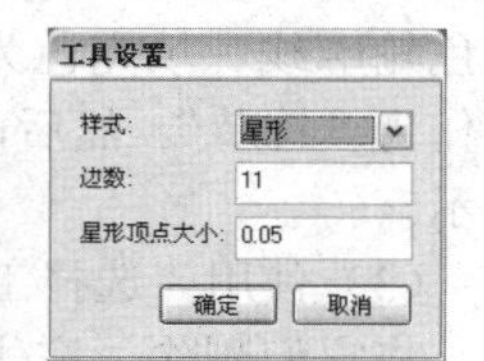

图 3-6-4 “工具设置”对话框

（2）在“夜空山脉”图层之上创建一个名称为“星星”图层，选中该图层，在蓝天之上拖动绘制一个黄色的星星图形，再复制多份，移到不同位置。

（3）在“星星”图层之上创建一个名称为“月亮”图层，选中该图层，使用“椭圆工具”按钮。在它的“属性”面板中设置填充色为黄色，没有轮廓线。然后，按住【Shift】键，在右上角蓝天内拖动，绘制一个黄色圆图形。

（4）选中黄色圆图形，选择“修改”→“形状”→“柔化填充边缘”命令，弹出“柔化填充边缘”对话框，按照图 3-3-16 所示进行设置，距离和步长数均为 4 px。单击“确定”按钮，即可将黄色圆形图形边缘柔化，效果如图 3-6-5 所示。

（5）将图 3-6-5 所示图形复制一份，选中复制的图形，选择“修改”→“转换为元件”命令，弹出“转换为元件”对话框，选中该对话框内的“影片剪辑”单选按钮，单击“确定”按钮，即可将选中的图形转换为影片剪辑实例，其目的是为了可以使用滤镜。

（6）单击“滤镜”栏下边的“添加滤镜”按钮。调出滤镜菜单，单击该菜单中的“模糊”命令，按照图 3-6-6 所示进行设置，使复制的黄色圆形模糊，形成月亮光芒，如图 3-6-7 所示。

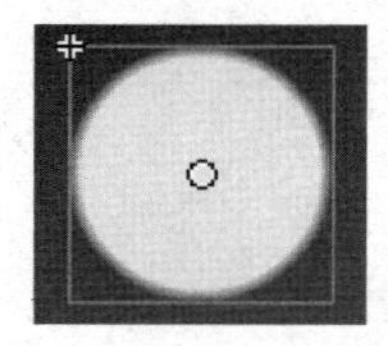

图 3-6-5　月亮图形

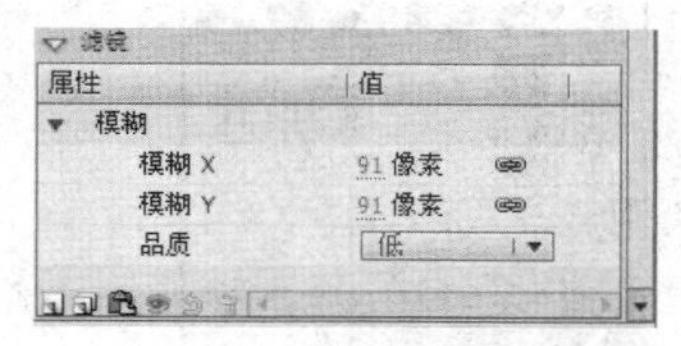

图 3-6-6 “滤镜”面板

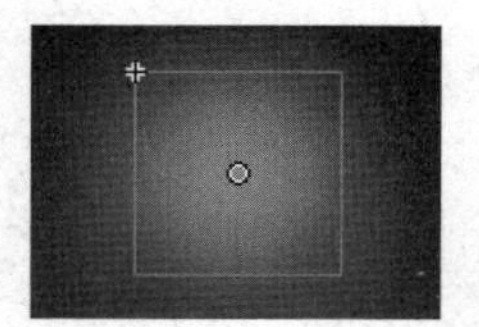

图 3-6-7　月亮光芒

（7）将图 3-6-5 所示的月亮图形移到图 3-6-7 所示的月亮光芒图形之上，再将它们组成组合，如图 3-6-1 所示。

（8）创建“月亮”图层第 1～120 帧的传统补间动画，将第 120 帧内的月亮图形移到左边。

3. 绘制绿草和熊猫

（1）在“月亮”图层之上新建一个“绿草”图层。选中该图层第 1 帧。使用工具箱中的“线条工具”，在它的“属性”面板中设置“笔触颜色”为绿色，“笔触高度”为 10 pts。

（2）单击“属性”面板内的“自定义”按钮，弹出“笔触样式”对话框，该对话框中的各项参数设置如图 3-6-8 所示。然后，在舞台工作区底部绘制小草图形，如图 3-6-1 所示。

（3）熊猫图形的制作留给读者自行来完成。

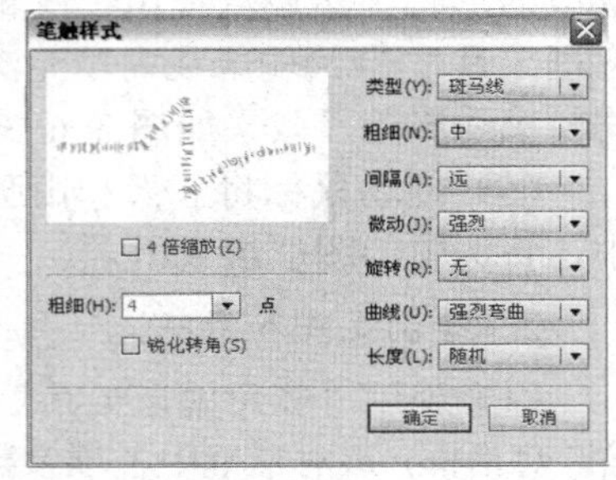

图 3-6-8 “笔触样式”对话框设置

4. 绘制翠竹

（1）在“绿草”图层下边新建一个“翠竹”图层。选中“翠竹”图层第 1 帧。

（2）创建并进入“竹子”影片剪辑元件的编辑状态，使用“矩形工具”。在舞台工作区中拖动绘制一个深绿色轮廓线、填充色为深绿色到绿色再到白色的长条矩形作为“竹节”。然后，使用“渐变变形工具”，调整长条矩形对象的填充，如图 3-6-9 所示。

（3）使用“选择工具”，选中舞台工作区中“竹节”图形左右的轮廓线，按【Del】键，将它们删除。按住【Shift】键，单击选中“竹节”图形上下的轮廓线，在“属性”面板内设置线样式为锯齿线，如图 3-6-10 所示。此时，“竹节”图形如图 3-6-11 所示。

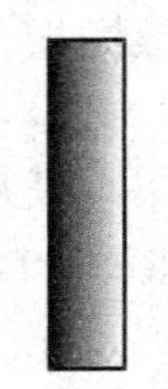

图 3-6-9 矩形图形

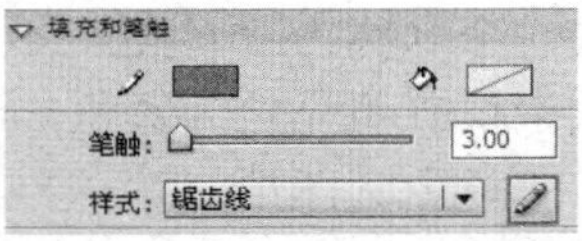

图 3-6-10 “属性”面板的设置

图 3-6-11 “竹节”图形

（4）使用“选择工具”，拖动选中“竹节”图形。按住【Ctrl】键，向上拖动“竹节”图形，复制出十个“竹节”图形，再把它们排列成“竹竿”图形，如图 3-6-12 所示。

（5）单击按下工具箱中的“钢笔工具”按钮。在其“属性”面板的“笔触样式”下拉列表框中选择“极细线”选项，设置笔触颜色为深绿色。调出“颜色”面板，设置填充颜色为线性的绿色到深绿色、浅绿色再到绿色渐变，如图 3-6-13 所示。

（6）将鼠标指针移到舞台工作区内，单击并在不松开鼠标左键的情况下，拖动鼠标，产生曲线，如图 3-6-14 所示。图中的直线为曲线的切线。

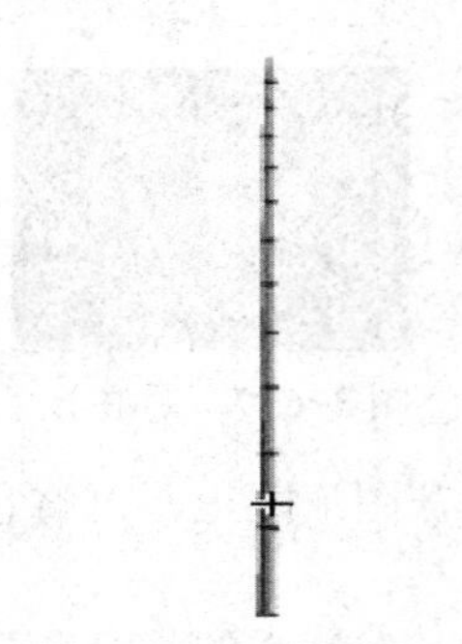

图 3-6-12 “竹竿”图形

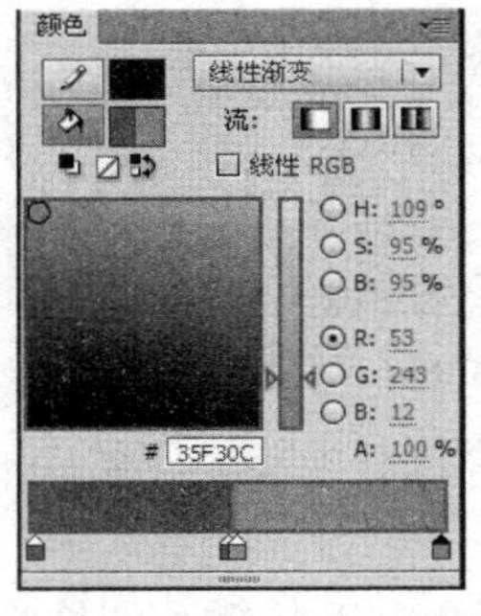

图 3-6-13 “颜色”面板设置

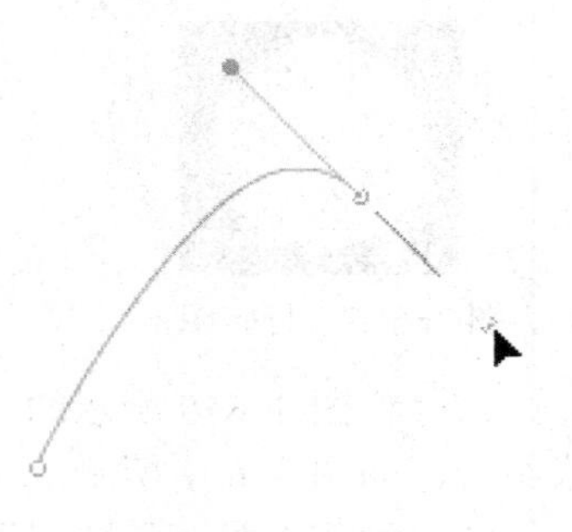

图 3-6-14 绘制曲线

（7）拖动鼠标可以调整切线的方向，从而调整了曲线的形状。曲线调整好后，松开鼠标左键，再单击曲线的起点，此时会产生新的曲线和切线，如图 3-6-15 所示。松开鼠标左键后，形成的曲线内即填充了线性渐变颜色，即一片竹叶的初步图形。然后使用工具箱中的“渐变变形工具”，调整线性渐变填充，使其成为图 3-6-16 所示的形状。

（8）单击工具箱中的“部分选取工具”按钮，用鼠标拖动出一个矩形，圈起树叶的初步图形，即可显示出曲线的全部节点，如图 3-6-17 左图所示。用鼠标拖动节点或节点处切线两端的控制柄，调整曲线的形状，如图 3-6-17 右图所示。

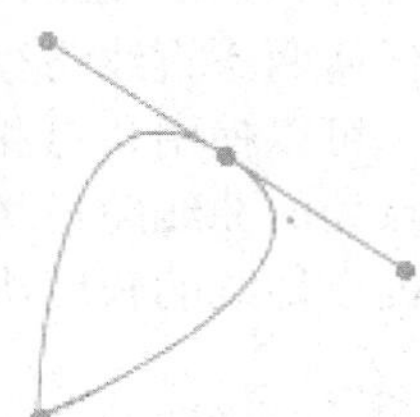

图 3-6-15　曲线

图 3-6-16　竹叶的初步图形

图 3-6-17　调整竹叶图形的过程

（9）将整个竹叶图形选中，然后选择“修改”→“组合”命令，将它们组成组合。选择“窗口”→“变形”命令，调出“变形”面板。

（10）在“变形”面板中的“旋转”数字框中输入“–90”，如图 3-6-18 所示。单击该面板内下边的“复制选区和变形”按钮，复制一份旋转了–90°的竹叶，如图 3-6-19 所示。

（11）向右拖动复制的竹叶，将它与原来的竹叶分开。按照上述方法再复制几片竹叶，调整它们的大小。再复制几片竹叶图形，使用“任意变形工具”，分别调整它们的大小和位置，使竹叶与竹竿组合成完整的翠竹图形，如图 3-6-20 所示。然后，回到主场景。

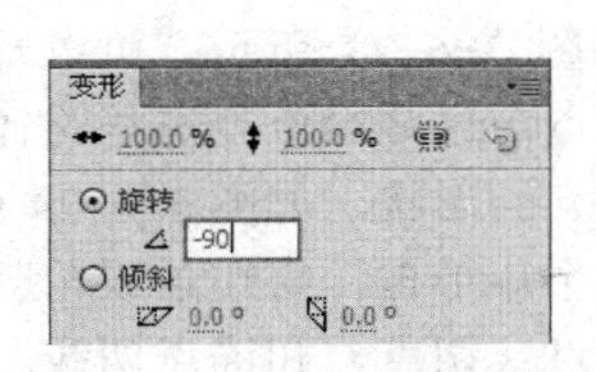

图 3-6-18　“变形”面板设置

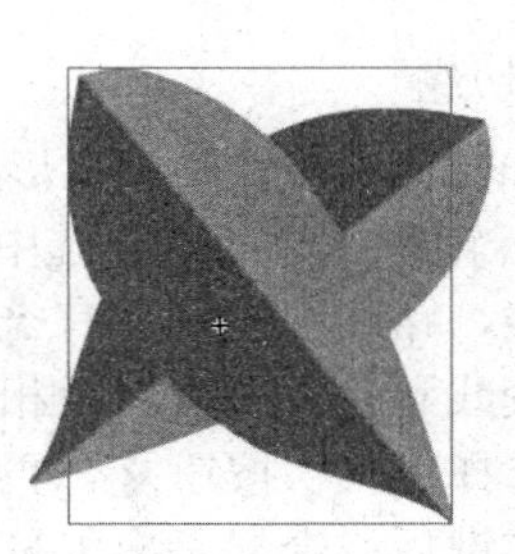

图 3-6-19　复制竹叶

图 3-6-20　翠竹图形

（12）使用“选择工具”，选中“翠竹”图层第 1 帧，多次将“库”面板内的“竹子”影片剪辑元件拖动到舞台工作区内，形成多个“竹子”影片剪辑实例，如图 3-6-1 所示。

至此，整个“青竹月圆”动画制作完毕，该动画的时间轴如图 3-6-21 所示。

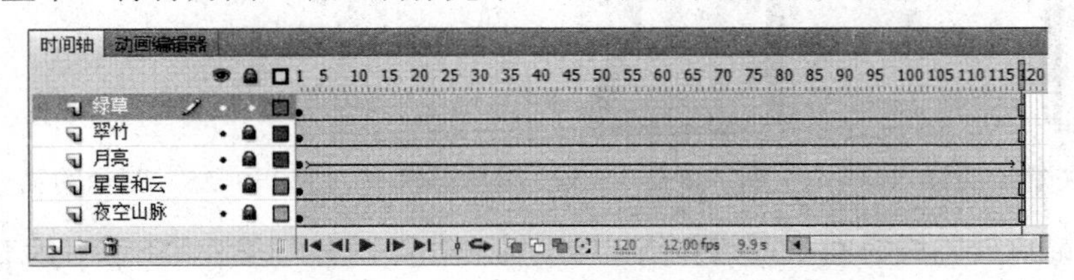

图 3-6-21　“青竹月圆”动画的时间轴

【相关知识】

1. 关于路径

在 Flash 中绘制线条、图形或形状时，会创建一个名为路径的线条。路径由一条或多条直线和曲线路径段（简称线段）组成。路径的起始点和结束点都有锚点标记，锚点又称节点。路径可以是闭合的（如椭圆图形），也可以是开放的，有明显的终点（如波浪线）。

使用工具箱内的“部分选取工具”，拖动选中路径对象，然后可以通过拖动路径的锚点、锚点切线的端点，来改变路径的形状。路径端点就是路径突然改变方向的点或路径端点，路径的锚点可分为两种，即角点和平滑点。在角点处，可以连接任何两条直线路径或一条直线路径和一条曲线路径；在平滑点处，路径段连接为连续曲线。可以使用角点和平滑点的任意组合绘制路径，可以连接两条曲线段。锚点切线始终与锚点处的曲线路径相切（与半径垂直）。每条锚点切线的角度决定曲线路径的斜率，而每条锚点切线的长度决定曲线路径的高度或深度。关于路径的有关基本名词可参见图 3-6-22。

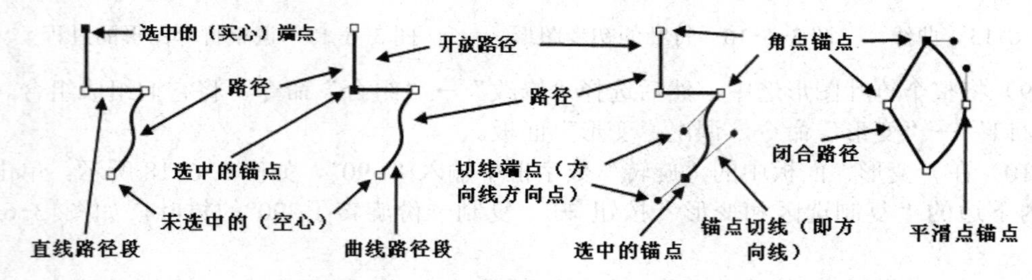

图 3-6-22　路径、锚点和锚点切线

路径轮廓可以称为笔触。应用到开放或闭合路径内部区域的颜色、渐变色或位图都可以称为填充。笔触具有粗细、颜色和图案。创建路径或形状后，可以更改其笔触和填充的特性。

2. 部分选择工具和锚点切线

“部分选择工具”可以改变路径和矢量图形的形状。单击工具箱中的“部分选择工具”按钮，再单击线条或有轮廓线的图形，选中它们，如图 3-6-23 所示。可以看到，图形轮廓线之上显示出路径线，路经线上边会有一些绿色亮点，这些绿色亮点是路径的锚点。用鼠标拖动锚点，会改变线和轮廓线（以及相应的图形）的形状，如图 3-6-24 所示。

单击工具箱中的“部分选择工具”按钮，再拖动出一个矩形框，将线条或轮廓线的图形全部围起来，松开鼠标左键后，会显示出矢量曲线的锚点（切点）和锚点切线。拖动移动切线端点可以调整锚点切线，同时改变与该锚点连接的路径和图形形状，如图 3-6-25 所示。锚点切线的角度和长度决定了曲线路经的形状和大小。

图 3-6-23　矢量线的锚点

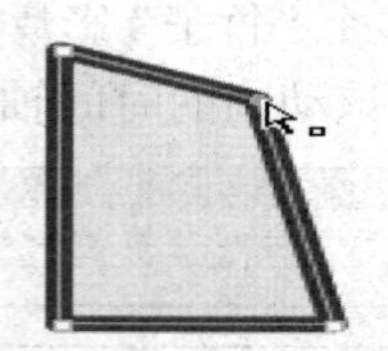

图 3-6-24　改变图形形状

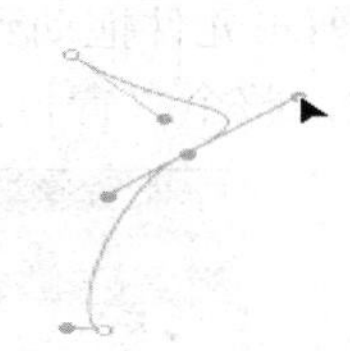

图 3-6-25　路径的锚点和切线调整

平滑点锚点处始终有两条锚点切线；角点锚点处可以有两条、一条或者没有锚点切线，这取决于它分别连接两条、一条还是没有连接曲线段。因此，连接直线路经的端点锚点处没有锚点切线，连接曲线路经的端点锚点处有一条锚点切线。

调整角点锚点的锚点切线时，只调整与锚点切线同侧的曲线路径。调整平滑点锚点的锚点切线时，两条锚点切线呈一条直线，同时旋转移动，与锚点连接的两侧曲线路经同步调整，保持该锚点处的连续曲线。如果使用工具箱中的“转换锚点工具”按钮拖动调整锚点切线的端点，则只可以调整与该端点连接的锚点切线。另外，按住【Alt】键，同时拖动调整锚点切线的端点，也可以只调整与该端点连接的锚点切线。

3. 钢笔工具指针

使用“钢笔工具”可以绘制精确的路径（如直线或平滑流畅的曲线）。将“钢笔工具”的指针移到路经线或锚点之上时，会显示不同形状的指针，反映了当前的绘制状态。

（1）初始锚点指针：单击“钢笔工具”按钮后，将指针移到舞台，可以看到该鼠标指针。该指针指示了单击舞台后将创建初始锚点，它是新路径的开始，终止现有的绘画路径。

（2）连续锚点指针：该指针指示下一次单击时将创建一个新锚点，并用一条直线路径与前一个锚点相连接。在创建所有用户定义的锚点（路径的初始锚点除外）时，显示此指针。

（3）添加锚点指针：使用“部分选择工具”选择路径，将鼠标指针移到路径之上没有锚点处，会显示该鼠标指针。单击，即可在路径上添加一个锚点。

（4）删除锚点指针：使用“部分选择工具”选择路径，将鼠标指针移到路径上的锚点处，会显示该鼠标指针。单击，即可删除路径上的这个锚点。

（5）继续路径指针：使用“部分选择工具”选择路径，将鼠标指针移到路径上的端点锚点处，会显示该鼠标指针，可以继续在原路径基础之上继续创建路径。

（6）闭合路径指针：在绘制完路径后，将鼠标指针移到路径的起始端锚点处，单击，即可使路径闭合，形成闭合路径。生成的路径没有将任何指定的填充设置应用于封闭路径内。如果要给路径内部填充颜色或位图，应使用“颜料桶工具”。

（7）连接路径指针：在绘制完一条路径后，不选中该路径。然后再绘制另一条路径，在绘制完路径后，将鼠标指针移到另一条路径的起始端锚点处，单击，即可将两条路径连成一条路径。

（8）回缩贝塞尔手柄指针：使用“部分选择工具”选择路径，将鼠标指针移到路径上的平滑点锚点处，会显示该鼠标指针。单击，可以将平滑点锚点转换为角点锚点，并使与该锚点连接的曲线路径改为直线路径。

4. 用钢笔工具绘制直线路径

（1）单击工具箱内的“钢笔工具”按钮，将鼠标指针移到舞台工作区内，此时的鼠标指针呈状，单击即可创建路径的起始端点锚点。

（2）将鼠标指针移到路径终点处，双击即可创建一条直线路径；或者单击路径终点处，再单击工具箱内的其他工具按钮；或者按住【Ctrl】键，同时单击路径外的任何位置。

（3）在创建路径的起始端点锚点后，单击下一个转折角点端点锚点，创建一条直线路径，接着单击下一个转折角点端点锚点，如此继续，在路径终点锚点处双击，即可创建直线折线路径。另外，按住【Shift】键的同时，单击可以使新创建的直线路径的角度限制为45°的倍数。

（4）如果要创建闭合路径，可将钢笔工具指针移到路径起始锚点之上，当钢笔工具指针呈状时，单击路径起始锚点，即可创建闭合路径。

5. 用钢笔工具绘制曲线

利用“钢笔工具”可以绘制矢量直线与曲线。绘制直线，只要单击直线的起点与终点即可。绘制曲线采用贝赛尔绘图方式，通常有以下两种方法：

（1）先绘曲线再定切线方法：单击工具箱中的“钢笔工具”按钮，在舞台工作区中，单击要绘制的曲线的起点处，松开鼠标左键；再单击下一个锚点处，则在两个锚点之间会产生一条线段；在不松开鼠标左键的情况下拖动鼠标，会出现两个控制点和它们之间的蓝色直线，蓝色直线是曲线的切线；再拖动鼠标，可改变切线的位置，以确定曲线的形状，如图 3-6-26 所示。

如果曲线有多个锚点，则应依次单击下一个锚点，并在不松开鼠标左键的情况下拖动鼠标以产生两个锚点之间的曲线，如图 3-6-27 所示。直线或曲线绘制完后，双击，即可结束该线的绘制。绘制完的曲线如图 3-6-28 所示。

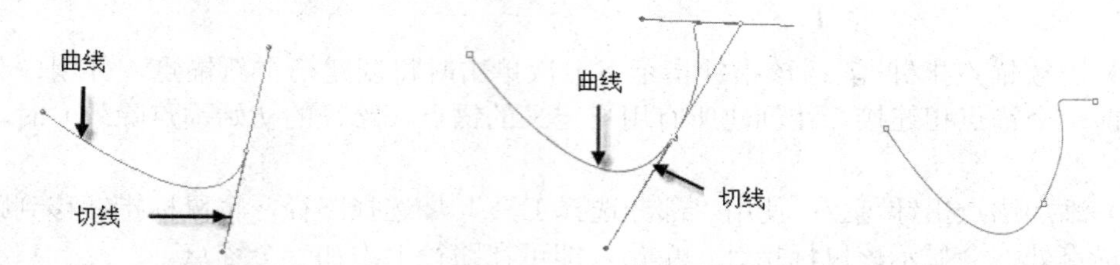

图 3-6-26　贝赛尔绘图方式之一　　图 3-6-27　绘图步骤　　图 3-6-28　绘制完的曲线

（2）先定切线再绘曲线方法：单击工具箱中的“钢笔工具”按钮，在舞台工作区中，单击要绘制曲线的起点处，不松开鼠标左键，拖动鼠标以形成方向合适的蓝色直线切线，然后松开鼠标左键，此时会产生一条直线切线。再用鼠标单击下一个锚点处，则该锚点与起点锚点之间会产生一条曲线，如图 3-6-29 所示。按住鼠标左键不放，拖动鼠标，即可产生第二个锚点的切线，如图 3-6-30 所示。松开鼠标左键，即可绘制一条曲线，如图 3-6-31 所示。

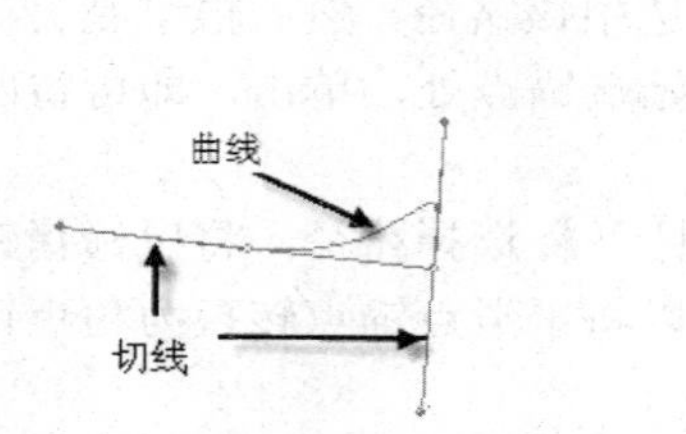

图 3-6-29　贝赛尔绘图方式之二

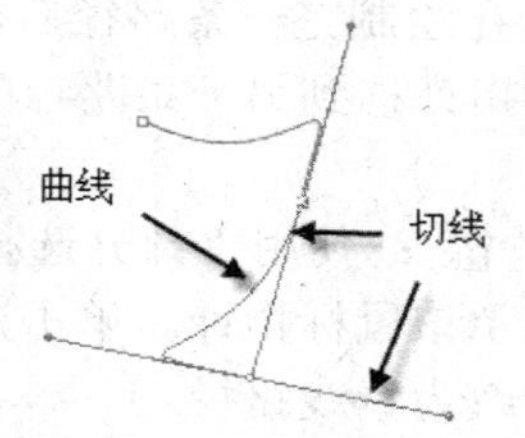

图 3-6-30　绘图步骤

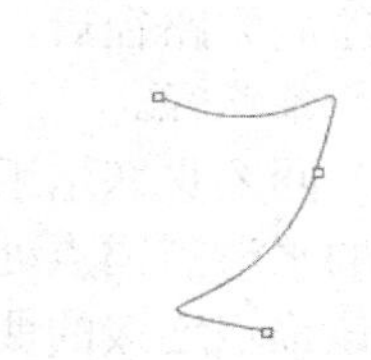

图 3-6-31　绘制完的曲线

如果曲线有多个锚点，则应依次单击下一个锚点，并在不松开鼠标左键的情况下拖动鼠标以产生两个锚点之间的曲线。曲线绘制完后，双击，即可结束该曲线的绘制。

6. 锚点工具

锚点工具有 3 个，它与钢笔工具在一个组合内，这三个工具的作用如下。

（1）“添加锚点工具”：单击“添加锚点工具”按钮，将鼠标指针移到路径之上没有锚点处，会显示该鼠标指针呈状。单击，即可在路径上添加一个锚点。

（2）“删除锚点工具”：使用“部分选择工具”，单击选中路径。单击“删除锚点工具”按钮，将鼠标指针移到路径之上锚点处，鼠标指针呈状。单击，即可在删除单击的锚点。用鼠标拖动锚点，也可以删除该锚点。

注 意

不要使用【Del】【Backspace】键，或者“编辑”→“剪切”或“编辑”→“清除”命令来删除锚点，这样会删除锚点以及与之相连的路径。

（3）“转换锚点工具”：使用“部分选择工具”，单击选中路径。单击“转换锚点工具”按钮，将鼠标指针移到角点锚点处，单击锚点，即可将平滑点锚点转换为角点锚点。如果拖动角点锚点。在使用平滑点的情况下，按【Shift+C】组合键，可以将钢笔工具切换为“转换锚点工具”，鼠标指针也由转换为“转换锚点工具”鼠标指针。

思考与练习3-6

（1）绘制一幅“小花”图像，如图 3-6-32 所示。

（2）绘制一幅“汽车和原野”图像，如图 3-6-33 所示。

（3）制作图 3-6-34 所示的各种化学仪器。

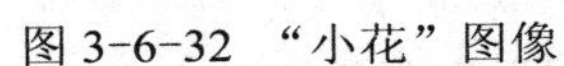

图 3-6-32　“小花”图像

图 3-6-33　“汽车和原野”图像

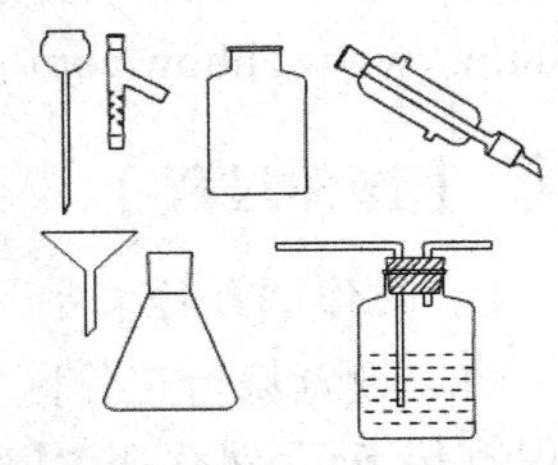

图 3-6-34　各种化学仪器

第 4 章　文本编辑和导入对象

本章通过完成 5 个案例，介绍文本输入和文本编辑的方法，导入外部图像、GIF 格式动画、视频和音乐文件的方法。同时，也介绍一些制作 Flash 动画的技巧。

4.1 【案例 11】环保宣传

案例 11 视频

【案例效果】

“环保宣传”动画播放后的一幅画面如图 4-1-1 所示。可以看到，有一个自转的“全国人民万众一心消除污染绿化环境保护地球美化家园”文字环，文字环不断顺时针自转；同时“环保宣传”立体文字的红黄颜色也不断变化，四周的绿色光芒不断变大变小；一些红色介绍环保知识的文字自下向上垂直移过转圈文字内部；下边有一行红色文字“中华环保宣传网站”，单击该文字，会在一个新浏览窗口内打开中华环保宣传网站的网页，网址是 http://www.zhhbw.com/。

【操作过程】

1．制作“自转文字”影片剪辑元件

（1）设置舞台工作区宽为 400 px，高为 480 px，背景颜色为白色。以名称“【案例 11】环保宣传.fla”保存在“【案例 11】环保宣传”文件夹内。

（2）创建并进入“转圈文字”影片剪辑元件编辑状态。使用工具箱内的“椭圆工具”，设置笔触颜色为红色，笔触高度为 2 pts，绘制一个没有填充的红色圆图形。

（3）选择“窗口”→“信息”命令，调出“信息”面板。按照图 4-1-2 所示进行设置，单击选中 右下角的圆点（即中心点），在“宽”和“高”文本框中分别输入 180，在“X”和“Y”文本框中分别输入 0，使红色圆图形的中心与舞台工作区的十字中心对齐。

（4）单击按下工具箱内的“文本工具”按钮 T，单击舞台工作区，在它的“属性”面板内设置文字颜色为蓝色、字体为华文行楷、字号为 26，在圆环的正上方输入文字“全”。单击“任意变形工具”按钮，单击选中“全”字，将文字移到红色圆形图形上边的正中间处，拖动该对象的中心点到红色圆图形的中点处，如图 4-1-3 所示。

图 4-1-1　“环保宣传”动画画面

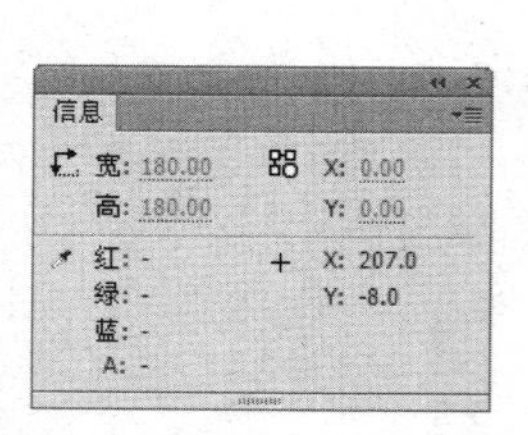

图 4-1-2　“信息”面板

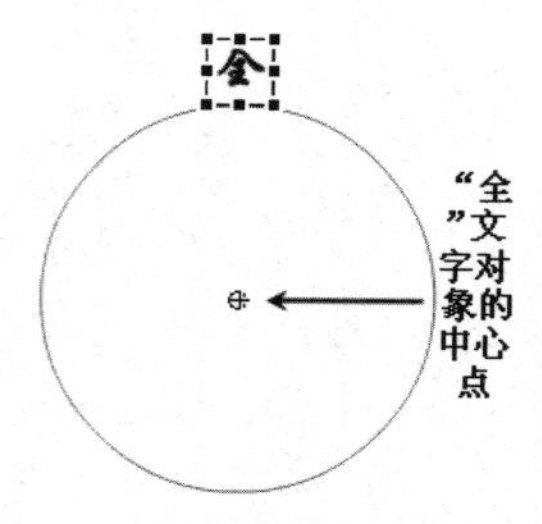

图 4-1-3　调整对象的中心点

（5）调出“变形”面板。在该面板的“旋转”文本框内输入 18（因为一共要输入 20 个文字，每一个文字要旋转的度数为 360/20=18），如图 4-1-4 所示。

（6）单击 19 次“变形”面板右下角的图标按钮，复制 19 个不同旋转角度的“全”

字。再用鼠标将复制的“全”字，依次拖动出来，并顺序排列好，如图 4-1-5 所示。

（7）将“全”字分别改为其他文字。选中所有文字和圆形轮廓线，如图 4-1-6 所示。再单击“修改”→“组合”命令，将它们组成一个组合。

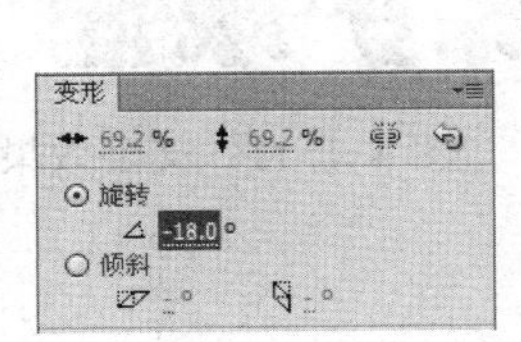

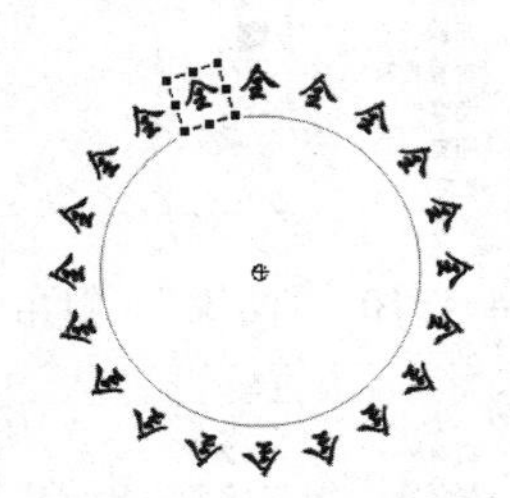

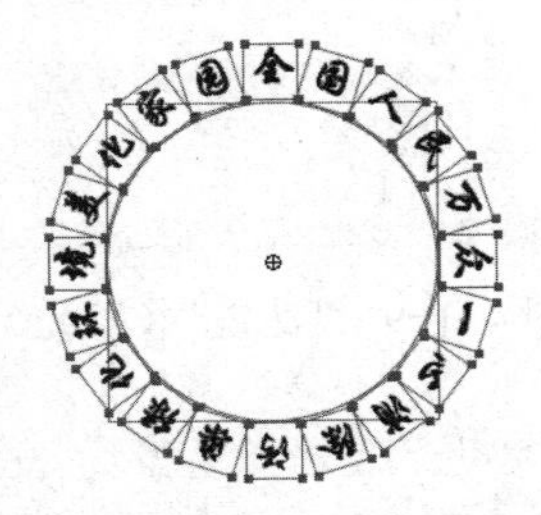

图 4-1-4 “信息”面板设置　图 4-1-5 不同旋转角度的“全”字　图 4-1-6 更换文字和选中对象

（8）创建第 1 帧～90 帧的传统补间动画。单击选中第 1 帧，在其“属性”面板内的“旋转”下拉列表框内的“顺时针”选项右边文本框内输入 1。然后，回到主场景。

2. 创建“标题文字”影片剪辑元件

（1）创建并进入“标题文字”影片剪辑元件的编辑状态。单击工具箱内的“文本工具”按钮 T，在其“属性”面板内，设置华文琥珀字体、60 磅、红色。然后，单击舞台工作区内，再输入“环保宣传”文字，如图 4-1-7（a）所示。

（2）使用“任意变形工具”，选中文字，适当调整文字的大小。使用“选择工具”，单击“属性”面板内“添加滤镜”按钮，调出滤镜菜单，单击该菜单内的“投影”命令。

（3）选中“内阴影”复选框，设置“角度”数字框数值为 135°。在“模糊 Y”或“模糊 X”数字框内输入 10，“品质”下拉列表框中选择“高”选项。在“强度”文本框中输入 110%，设置投影颜色为黄色，按【Enter】键，即可看到文字图像的变化。此时的文字效果如图 4-1-7（b）所示。设置参数如图 4-1-8 所示。

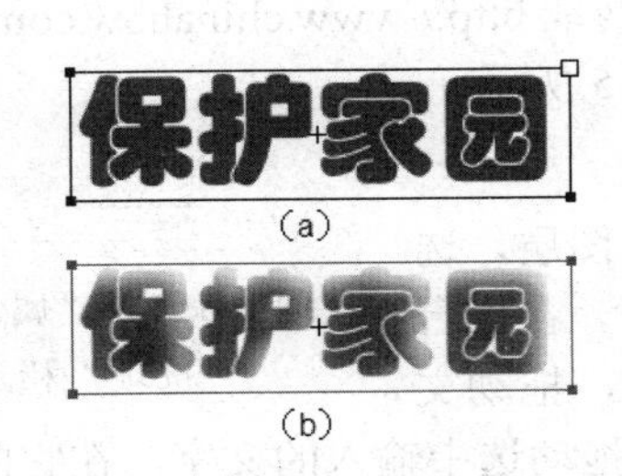

图 4-1-7 “环保宣传”文字

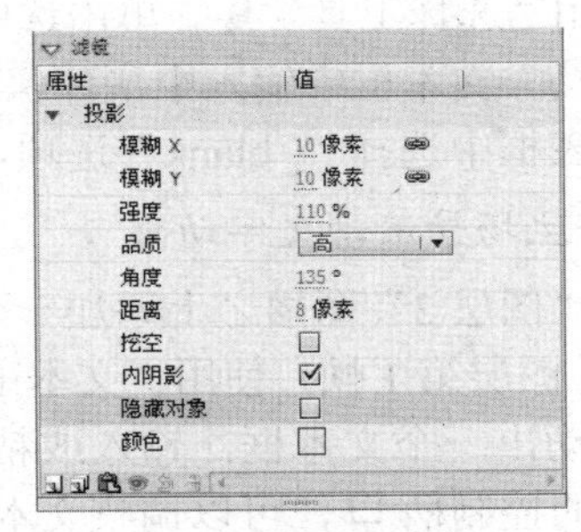

图 4-1-8 “滤镜”（投影）栏

（4）选择滤镜菜单内的“发光”命令，在“滤镜”面板内设置颜色为绿色，模糊为 5，其他设置如图 4-1-9 所示。

（5）选择滤镜菜单内的“斜角”命令，按照图 4-1-10 所示进行设置（阴影颜色为黑色），效果如图 4-1-11 所示。

（6）创建“图层 1”图层第 1 帧到第 60 帧，再到第 120 帧的传统补间动画。使用“选择工具”，选中第 60 帧，再选中文字。单击选中“属性”面板内“滤镜”栏“发光”选项，设置模糊 X 和模糊 Y 均为 100 px，强度为 200%，其他设置如图 4-1-12 所示。

（7）选中“属性”面板内“滤镜”栏“投影”选项，设置模糊 X 和模糊 Y 均为 30 px，强度为 160%，其他设置如图 4-1-13 所示。文字效果如图 4-1-14 所示。然后回到主场景。

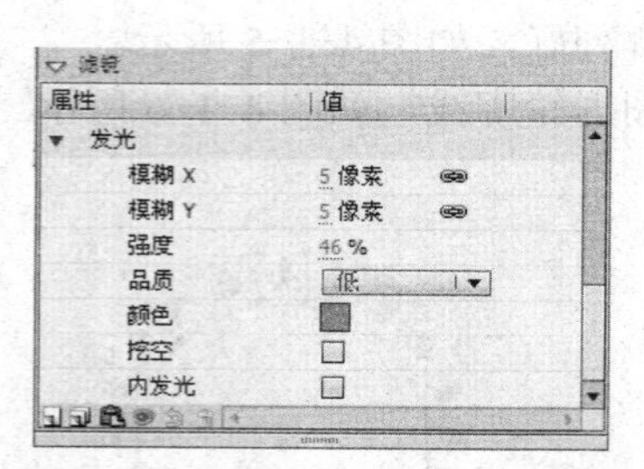

图 4-1-9 “滤镜”（发光）栏

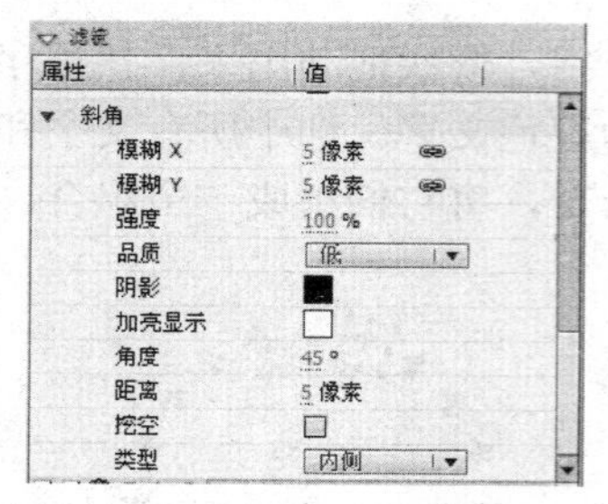

图 4-1-10 “滤镜”（斜角）栏

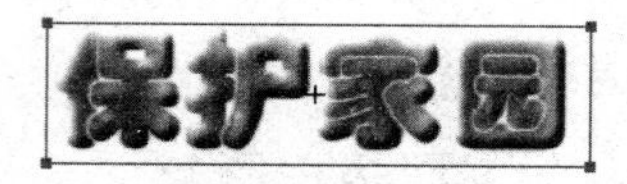

图 4-1-11 文字效果

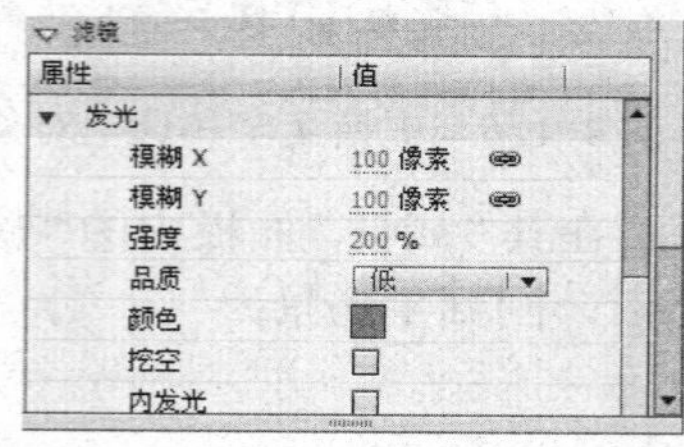

图 4-1-12 “滤镜”（发光）栏

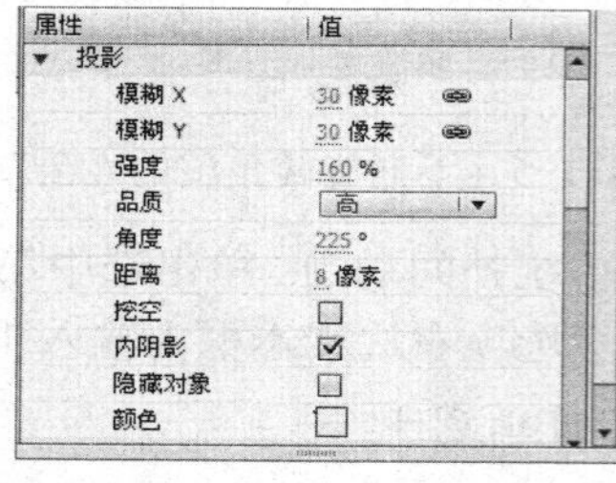

图 4-1-13 “滤镜”（投影）栏

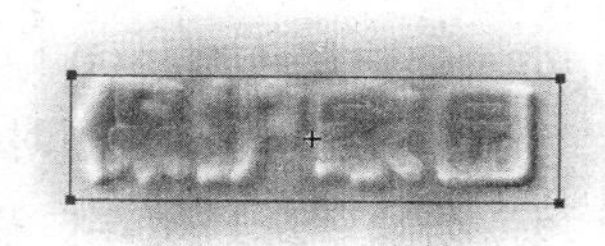

图 4-1-14 文字效果

3. 制作主场景影片剪辑实例和链接文字

（1）选中“图层 1”图层第 1 帧，将“库”面板内的“自转文字”影片剪辑元件拖动到舞台工作区内的正中间。使用工具箱中的“任意变形工具”，选中文字，适当调整文字的大小。

（2）在“图层 1”图层之上添加一个“图层 2”图层，选中该图层第 1 帧，将“库”面板内的“标题文字”影片剪辑元件拖动到舞台工作区内的正中间。

（3）在“图层 2”图层之上添加一个“图层 3”图层，选中该图层第 1 帧，在转圈文字的下边输入红色、26 点大小、隶书字体文字“中华环保宣传网站”。

（4）使用“选择工具”，单击选中“中华环保网站”文字，在其“属性”面板内“选项”栏“链接”文本框中输入中华环保宣传网站的网址 http://www.chinahbw.com/，在“目标”下拉列表框中选择“_blank”选项，如图 4-1-15 所示。

选项
链接：http://www.chinahbw.com/
目标：_blank

图 4-1-15 “属性”面板“选项”栏设置

4. 制作主场景滚动文字动画

（1）在“图层 3”图层之上添加一个“图层 4”图层，选中“图层 4”图层第 1 帧，使用“文本工具”按钮 T，在舞台工作区内拖动出一个文本框，输入或粘贴一段文字，拖动文本框右上角的控制柄，可以调整文本框的宽度。拖动选中输入的文字，在它的“属性”面板内设置文字颜色为红色、字体为宋体、字号为 12，单击按下“左对齐”按钮。

（2）使用“选择工具”，调整文本框位于圆形正下方，宽度比圆直径小一些，如图 4-1-16 所示。

（3）创建第 1～120 帧的传统补间动画，单击选中“图层 4”图层第 120 帧，垂直向上移动文本框，移到文本框中最下边的文字在圆内中间位置出现，如图 4-1-17 所示。

（4）在“图层 4”图层之上添加一个“图层 5”图层，选中“图层 5”图层第 1 帧，使用“椭圆工具”，在圆图形内绘制一个比它小一些的圆图形，填充黑色。

（5）按住【Ctrl】键，单击选中除了“图层 4”图层以外的所有图层的第 120 帧，按【F5】键。右击“图层 5”图层，在弹出的图层快捷菜单中选择“遮罩层”命令，使该图层成为遮罩图层，“图层 4”图层成为被遮罩图层。

（6）选择“修改”→“文档”命令，弹出“文档设置”对话框，利用该对话框设置文档背景色为绿色。在“图层 1”图层下边新建一个“图层 6”图层，选中该图层第 1 帧，选择“文件”→“导入”→“导入到舞台”命令，弹出“导入”对话框。

（7）单击选中“【案例 11】环保宣传”文件夹内的“风景.jpg”图像（见图 4-1-18），单击“打开”按钮，将该图像导入“图层 6”图层第 1 帧。调整它的大小和位置，使它刚好将整个舞台工作区覆盖。

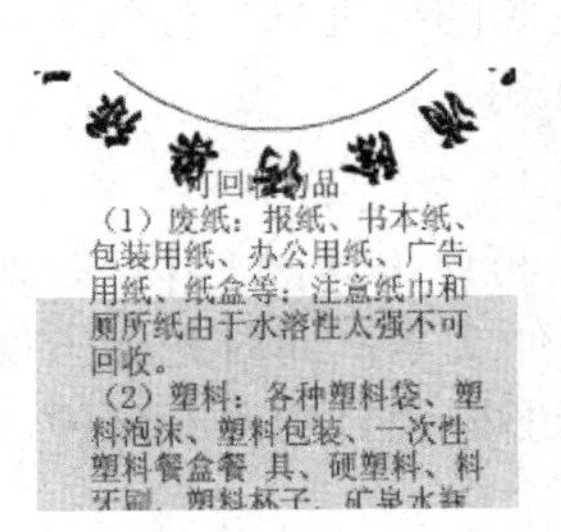

图 4-1-16　第 1 帧画面

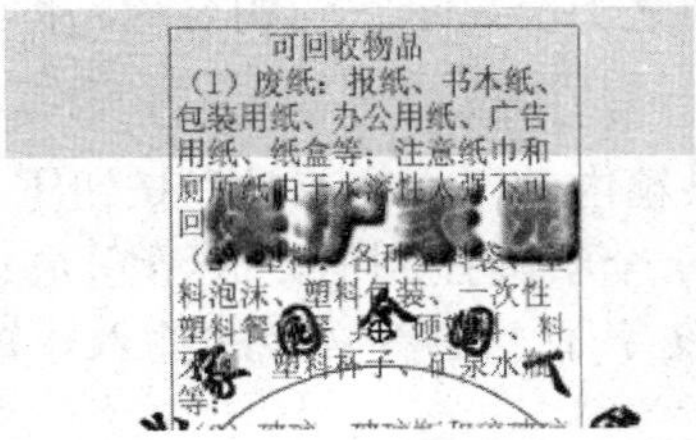

图 4-1-17　第 120 帧画面

图 4-1-18　“风景.jpg”图像

（8）单击选中导入的图像，在其“属性”面板“色彩效果”栏内“样式”下拉列表框中选中“Alpha”选项，在“Alpha”文本框内输入 30%，使图像半透明。

“环保宣传”动画的时间轴如图 4-1-19 所示。

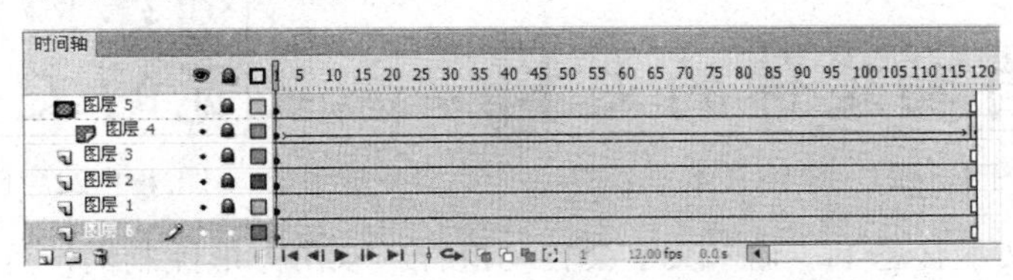

图 4-1-19　“环保宣传”动画的时间轴

【相关知识】

1. 文本属性的设置

文本的属性包括文字的字体、字号、颜色和风格等。可以通过命令或“属性”面板选项的调整来设置文本属性。文本的颜色由填充色（纯色，即单色）决定。选择“文本”菜单下的命令，可以设置文本属性。另外，还可以利用“文本工具”的“属性”面板设置文本的属性。

单击按下工具箱内的“文本工具”按钮 **T**，此时的“属性”面板如图 4-1-20 所示。再单击舞台工作区或在舞台工作区内拖动，即可在“属性”面板内展开“位置和大小”栏及“滤镜”栏。该“属性”面板内部分选项的作用如下：

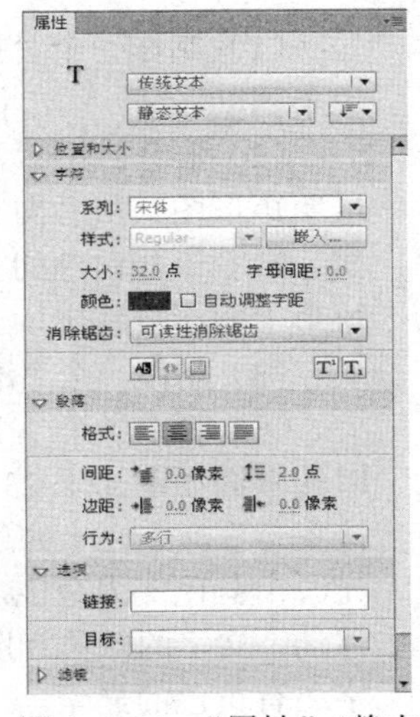

图 4-1-20　“属性”（静态文本）面板

（1）“文本类型”下拉列表框：它可以选择 Flash 文本类型，有静态文本、动态文本和输入文本三种类型。通常的文本状态是静态文本，动态文本和输入文本将在第 7 章介绍。

（2）“系列”下拉列表框：用来设置文字的字体。

（3）“大小”和“字母间距”数字框：用来设置文字的大小，以及字母之间的距离。

（4）“颜色”按钮：单击可以调出颜色面板，用来设置文字的颜色。

（5）“消除锯齿”下拉列表框：用来选择设备字体或各种消除锯齿的字体。消除锯齿可对文本作平滑处理，使显示的字符的边缘更平滑。这对于清晰呈现较小字体尤为有效。

（6）“可选”按钮：单击它后，在动画播放时，可以用鼠标拖动选择动画中的文字。

（7）“格式”栏按钮：设置文字的水平排列方式，鼠标指针移到按钮之上会显示它们的名称，即作用。

（8）“自动调整字距”复选框：选中它后，可以自动调整字间距。

（9）“间距”和“边距”栏按钮：利用四个按钮可以设置段落的缩进量、行间矩、左边矩和右边距。鼠标指针移到按钮之上会显示它们的名称，即作用。

2. 两种文本

设置完文字属性后，单击工具箱内的“文字工具”按钮**T**，再单击舞台工作区，即出现一个矩形框，矩形框右上角有一个小圆控制柄，表示它是延伸文本，同时光标出现在矩形框内。这时用户就可以输入文字了。随着文字的输入，矩形框会自动向右延伸，如图 4-1-21 所示。

如果要创建固定行宽的文本，可以用鼠标拖动文本框的小圆控制柄，即可改变文本的行宽度。或者使用工具箱内的“文字工具”**T**，再在舞台的工作区中拖出一个文本框。此时文本框的小圆控制柄变为方形控制柄，表示文本为固定行宽文本，如图 4-1-22 所示。

创建自动延伸的文本

图 4-1-21　延伸文本

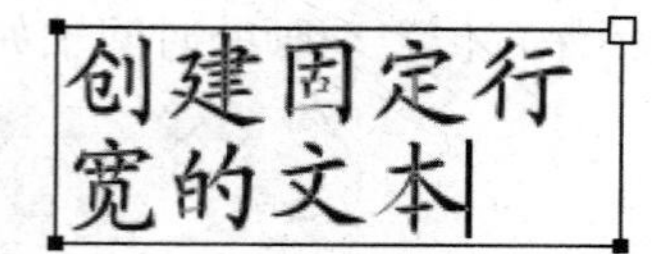

图 4-1-22　固定行宽文本

在固定行宽文本状态下，输入文字会自动换行。双击方形控制柄，可将固定行宽文本变为延伸文本。对于动态文本和输入文本类型，也有固定行宽的文本和延伸文本，只是这两种控制柄在文本框的右下角。

思考与练习4-1

（1）制作一个“摆动的自转文字”动画，该动画播放后，文字环不断自转，同时上下摆动。

（2）制作一个“滚动字幕”动画播放后，首先显示一幅风景图像，然后一幅红色透明矩形图画从右向左移动到风景图像的中间，移动过程中红色矩形变得越来越来透明。接着一些白色的文字从红色透明矩形下面移入，并缓慢向上移动，再在红色透明矩形上面缓慢移出，当最后的文字全部显示出来后，文字逐渐消失。

（3）制作一个“滚动字幕”动画，该动画播放后，一些竖排的文字从右向左移动。

（4）制作一个“变化文字”动画，该动画播放时的画面如图 4-1-23 所示。可以看到，好像在“迎接奥运”文字之上照射了变色的光线一样，照射的光源由蓝色变为金色，同时光源从左上方向右下方移动，文字的颜色和阴影的颜色也在不断变化。文字还有黄色的光晕。

图 4-1-23　“变化文字”动画

4.2 【案例 12】电影文字

【案例效果】

“电影文字”动画的一幅画面如图 4-2-1 所示。多幅风景图像不断从右向左移过掏空的“众志成城重建家园”电影文字内部而形成电影文字效果，文字轮廓线是红色，背景为黑色。电影文字周围有几个光芒逐渐由小变大再由大变小并不断旋转的白色光斑。

图 4-2-1 “电影文字”动画画面

【操作过程】

1. 制作电影胶片和图像移动动画

（1）新建一个 Flash 文档。设置舞台工作区的宽为 1 000 px、高 240 px。参考“【案例 9】胶片滚动图像”案例的制作方法，选中“图层 1”图层第 1 帧，使用“矩形工具”，绘制两行绿色小正方形和黑色矩形，如图 4-2-2 所示。

（2）选中所有绿色小正方形和黑色矩形，选择“修改”→“合并对象”→“打孔”命令，将右下角的绿色小正方形将黑色矩形打出一个正方形小孔。调出“历史记录”面板，单击选中“打孔”选项，如图 4-2-3 所示。单击“重放”按钮（相当于选择“修改”→“合并对象”→“打孔”命令），将右下角第 2 个绿色正方形打孔。不断单击“重放”按钮，直到所有绿色正方形均打孔为止，制作如图 4-2-1 所示的电影胶片图像。

图 4-2-2 两行绿色小正方形和黑色矩形

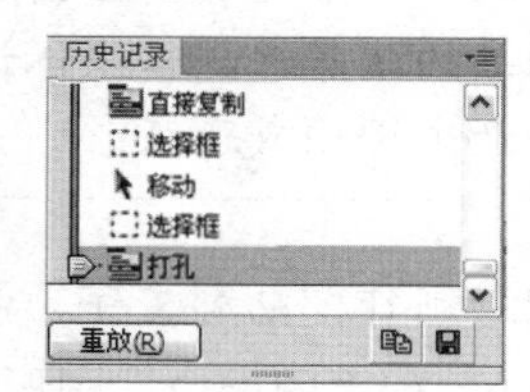

图 4-2-3 “历史记录”面板

（3）调出“库”面板。选择“文件”→“导入”→“导入到库”命令，弹出“导入到库”对话框。选择“【案例 12】电影文字”文件夹，按住【Ctrl】键，单击选中 8 幅风景图像（高均为 180 px）。单击“打开”按钮，将选中的图像导入“库”面板中。

（4）在“图层 1”图层之上创建“图层 2”图层，使用“选择工具”，单击选中“图层 2”图层第 1 帧，依次将“库”面板内导入的 8 幅风景图像依次拖动到舞台工作区中，水平排成一排，第 1 幅图像左边缘与电影胶片图形最左边内框对齐。

（5）使用“选择工具”，按住【Alt】键，同时水平拖动左边三幅风景图像，复制一份，再将它们移到水平排列图像的最右边。选择“窗口”→“对齐”命令，调出“对齐”面板，如图 4-2-4 所示。按住【Shift】键，单击选中 11 幅图像。

（6）单击“对齐”面板内的“顶对齐”按钮，将选中的 11 幅图像顶部对齐。选择“修改”→“组合”命令，将选中的 11 幅图像组成一个组合对象，如图 4-2-5 所示。

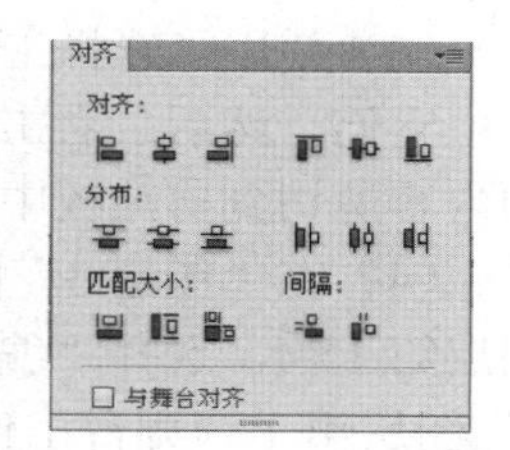

图 4-2-4 “对齐”面板

图 4-2-5　11 幅图像组成一个组合对象

（7）右击“图层 2”图层第 1 帧，弹出帧快捷菜单，选择该菜单中的“创建传统补间”命令，使该帧具有传统补间动画的属性。单击选中“图层 2”图层第 120 帧，按【F6】键，创建“图层 2”图层第 1 帧到第 120 帧的传统补间动画。此时，第 1 帧左边第 1 幅图像位置如图 4-2-6 所示。

（8）使用“选择工具”，单击选中“图层 2”图层第 120 帧，按住【Shift】键，水平向左拖动移动组对象，使第 9 幅图像左边缘与第 1 幅图像原位置最左边对齐，如图 4-2-7 所示。第 120 帧画面如图 4-2-8 所示。

图 4-2-6　第 1 帧画面（局部）

图 4-2-7　第 120 帧画面（局部）

图 4-2-8　第 120 帧画面

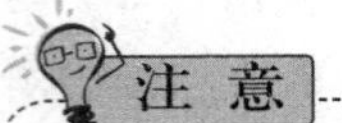

这一点很重要，当播放完第 120 帧时，会自动从第 1 帧重新播放。为了保证循环播放动画的连贯性，必须保证第 120 帧画面接近第 1 帧画面，两幅画面应该是连贯的，否则会产生停顿或跳跃。

2. 制作“电影文字”影片剪辑元件

（1）在“图层 2”图层之上创建新“图层 3”图层。选中该图层第 1 帧，单击工具箱内的“文本工具”按钮 T，在其“属性”面板内，设置“华文琥珀”字体、96 磅、金色。单击舞台工作区，再输入“众志成城重建家园”文字。然后，两次选择“修改”→“分离”命令，将“众志成城重建家园”文字打碎。如果出现连笔画现象，可以使用“橡皮擦工具”进行修复。

（2）使用“选择工具”，单击舞台工作区的空白处，不选中文字。使用工具箱中的“墨水瓶工具”，在其“属性”面板内设置线样式为实线，颜色为红色，线粗为 2 pts。再单击文字笔画的边缘，可以看到，文字的边缘增加了红色轮廓线，如图 4-2-9 所示。

（3）使用“选择工具”，按住【Shift】键，同时单击选中各文字轮廓线内部，全部选中它们。然后，右击选中图形，弹出快捷菜单，选择该菜单中的“剪切”命令，将选中的内容剪切到剪贴板中。

（4）在“图层 3”图层的上边创建一个名称为“图层 4”的图层，单击选中“图层 4”图层第 1 帧，选择“编辑”→“粘贴到当前位置”命令，将剪贴板中的文字粘贴到“图层 4”图层第 1 帧舞台工作区内的原位置。

图 4-2-9 “众志成城重建家园”打碎文字和文字描边

（5）按住【Ctrl】键，单击选中“图层 3”和“图层 4”图层的第 120 帧，按【F5】键，创建普通帧，使这两个图层的第 1 帧到第 120 帧的内容一样。

（6）右击“图层 3”图层，弹出图层快捷菜单，选择快捷菜单中的“遮罩层”命令，将“图层 3”图层设置为遮罩图层，“图层 2”图层为被遮罩图层。

3. 制作“光斑”影片剪辑元件

（1）创建并进入“光斑”影片剪辑元件的编辑状态。调出“颜色”面板，选择“放射状”选项，设置填充色从左到右分别为：浅灰、较浅灰、白、黑和浅灰色，如图 4-2-10 所示。设置为无轮廓线。使用“椭圆工具”，在舞台工作区内绘制一个圆，如图 4-2-11 所示。

（2）使用“选择工具”，单击选中圆图形。选择“修改”→“形状”→“柔化填充边缘”命令，弹出“柔化填充边缘”对话框，在两个文本框中均输入 20，单击“确定”按钮，将圆图形柔化，如图 4-2-12 所示。再将柔化后的圆图形组成组合，形成圆光环图形。

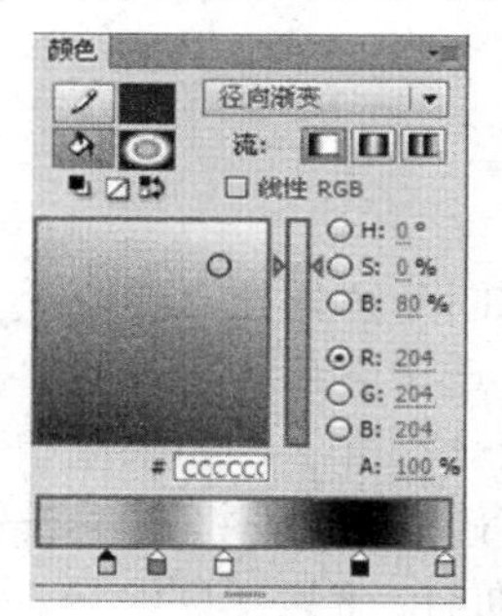

图 4-2-10 “颜色”面板设置

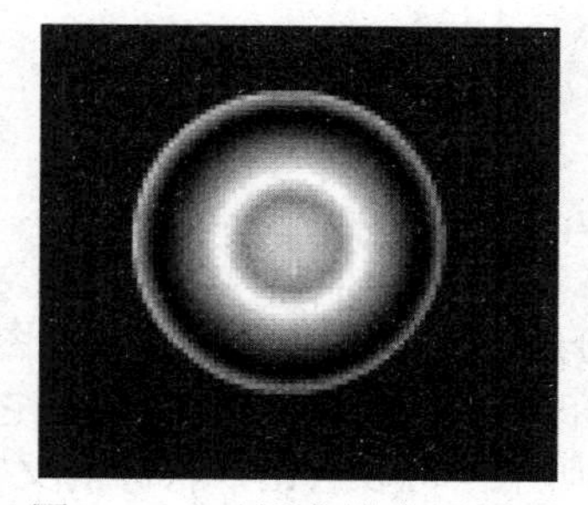

图 4-2-11　渐变填充圆图形

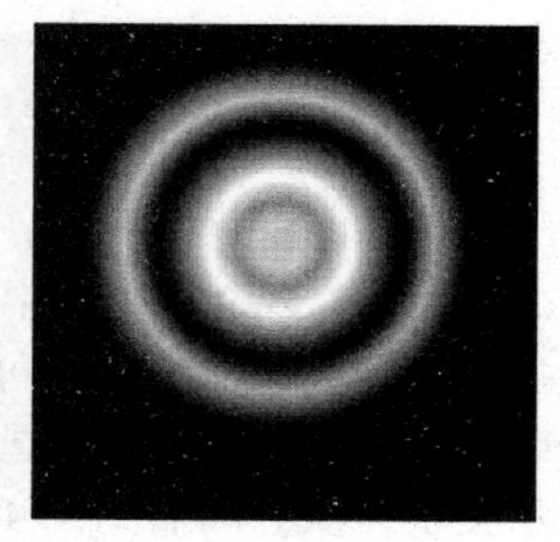

图 4-2-12　柔化圆图形

（3）在“颜色”面板内的“颜色类型”下拉列表框中选择“线性渐变”选项，设置的填充色从左到右分别为白色、白色和深灰色。使用“矩形工具”，拖动绘制一个无轮廓线水平细长的矩形。在没选中矩形的情况下，使用“选择工具”，拖动矩形的右边，使矩形右边变尖，形成光线图形，将其组成组合，如图 4-2-13 所示。调整它的宽为 19 px，高为 1 px。

（4）调出“变形”面板，选中“旋转”单选按钮，再在其右边的文本框内输入 90，如图 4-2-14 所示。然后，三次单击该面板右下角的图标按钮，复制三个依次旋转 90° 的细长的矩形。按照上述方法，再复制旋转 45°、-45°、135° 和-135° 的细长的光线图形。最后，将这 8 个细长的光线图形（相当于光线）分别移到圆光环图形之上，如图 4-2-15 所示。

（5）使用“选择工具”，拖动出一个矩形，将圆光环图形和 8 个细长的光线图形圈起来，选中它们并组成组合。然后，创建“图层 1”图层第 1～80 帧的传统补间动画。

（6）选中“图层 1”图层第 40 帧，按【F6】键，创建一个关键帧。选中该帧内的光斑图形，将该图形调小。选中“图层 1”图层第 1 帧，在其“属性”面板内的“旋转”下拉列表框中选择“顺时针”选项，在其右边的文本框中输入 1。选中“图层 1”图层第 40 帧，在其“属性”面板内的“旋转”下拉列表框中选择“逆时针”选项，其他不变。然后，回到主场景。

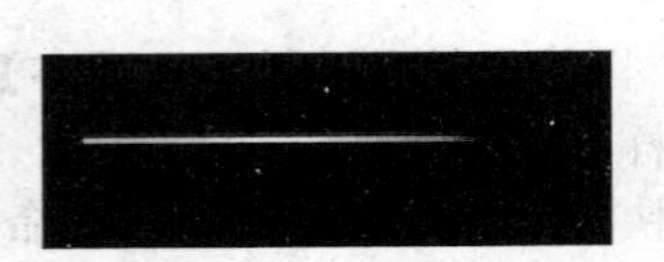
图 4-2-13　细长的矩形

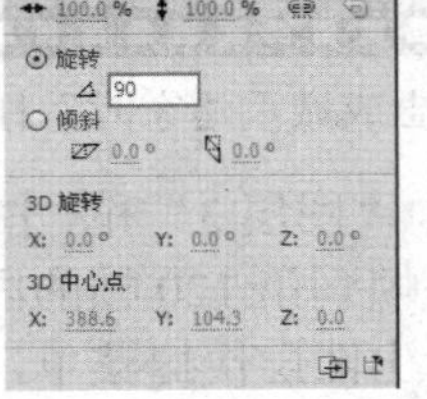
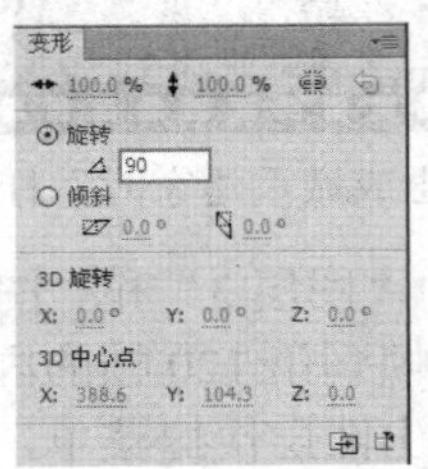

图 4-2-14　“变形”面板

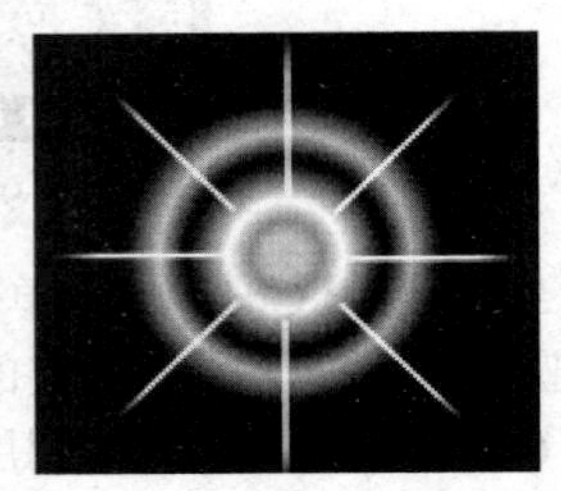
图 4-2-15　8 个细长的矩形

（7）在“图层 4”图层的上边创建一个名为“图层 5”的图层，单击选中“图层 5”图层第 1 帧，将“库”面板内的“光斑”影片剪辑元件多次拖动到舞台工作区内文字的外边，如图 4-2-1 所示。最后，“电影文字”动画的时间轴如图 4-2-16 所示。

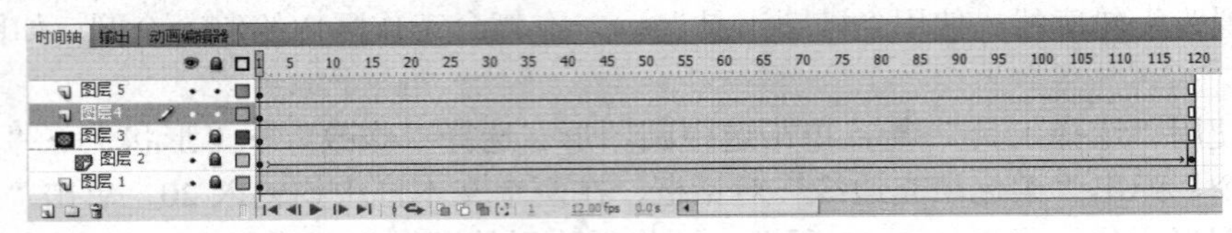

图 4-2-16　时间轴

【相关知识】

1. 文字分离

对于 Flash 中的文字，可通过“修改”→“分离”命令，将它们分解为独立的单个文字。例如，输入文字“文字的分离”，它是一个整体，即一个对象。选中它后，再选择“修改”→“分离”命令，即可将它分解为相互独立的文字，如图 4-2-17 所示。如果选中一个或多个单独的文字，再选择“修改”→“分离”命令，可将它们打碎。例如，将图 4-2-17 所示文字再次分离后如图 4-2-18 所示。可以看出，打碎的文字上面有一些小白点。

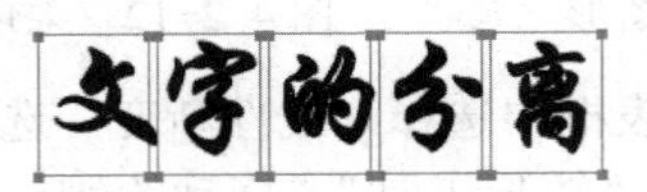

图 4-2-17　文字的分离

图 4-2-18　打碎的文字

2. 文字编辑

（1）对于文字，只可以进行缩放、旋转、倾斜和移动的编辑操作。这可以通过使用“任意变形工具”和“选择工具”来完成，也可以选择“修改”→“变形”菜单的子命令来完成。

（2）对于打碎的文字，可以像编辑操作图形那样来进行各种操作。可以使用“选择工具”对它进行变形和切割等操作，可以使用“套索工具”对它进行选取和切割操作，可以使用“任意变形工具”对它进行扭曲和封套编辑操作，可以使用 “橡皮擦工具”进行擦除。

打碎的文字有时会出现连笔画现象，如图 4-2-18 所示。这时需要对文字进行修复，修复的方法有很多：可以使用工具箱中的“套索工具”选中多余的部分，再按【Del】键，删除选中的多余部分；还可以使用“橡皮擦工具”擦除打碎后多余的部分。

3. 套索工具

使用工具箱内的“套索工具”，可以在舞台中选择不规则区域内的多个对象（对象必须是矢量图形、经过分离的位图、打碎的文字、分离的组合和元件实例等）。

单击按下工具箱中的“套索工具”按钮，其“选项”栏内会显示三个按钮，如图 4-2-19 所示。套索工具的三个按钮用来更换套索工具和设置魔术棒工具属性。它们的作用如下：

（1）不按下“选项”栏内任何按钮：表示使用“套索工具”，在舞台内拖动，会沿鼠标指针移动轨迹产生一条不规则的细黑线，如图 4-2-20 所示。释放鼠标左键后，被围在圈中的打碎图像会被选中，选中图像之上会蒙上一层小白点。拖动选中的图像，可以将它与未被选中的图像分开，成为独立的图像，如图 4-2-21 所示。用套索工具拖动出的线可以不封闭。当线没有封闭时，Flash CS6 会自动以直线连接首尾，使其形成封闭曲线。

（2）“多边形模式”按钮：单击按下该按钮后，切换到“多边形”，在要选取的多边形区域的一个顶点处单击，再依次单击多边形的各个顶点，回到起点处单击，即可画出一个多边形细线框，双击后可以将多边形细线框包围的图形选中。

（3）“魔术棒”按钮：单击按下该按钮后，切换到“魔术棒”，将鼠标指针移到打碎图像某处，当鼠标指针呈魔术棒形状时，单击即可将该颜色和与该颜色相接近的颜色图形选中。如果使用“选择工具”，拖动选中的图形，可以将它们拖动出来。将鼠标指针移到其他地方，当鼠标指针不呈魔术棒形状时，单击，即可取消选取。

（4）“魔术棒设置”按钮：单击该按钮后，会弹出一个“魔术棒设置”对话框，如图 4-2-22 所示。利用它可以设置魔术棒工具的临近色的相似程度属性。各选项的作用如下：

- “阈值”文本框：其内输入选取的阈值，其数值越大，魔术棒选取时的容差范围也越大。
- “平滑”下拉列表框：它有四个选项，用来设置创建选区的平滑度。

如果按住【Shift】键，同时用鼠标创建选区，可以在保留原来选区的情况下，创建新选区。

图 4-2-19　套索工具“选项”栏

图 4-2-20　套索工具创建的选区

图 4-2-21　分离对象

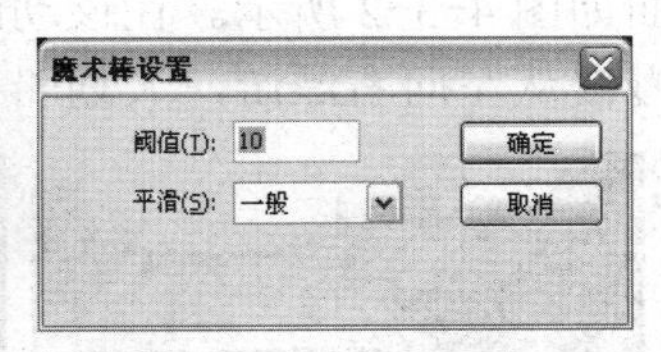

图 4-2-22　“魔术棒设置”对话框

思考与练习4-2

（1）制作一个“水仙花语”动画，该动画播放后的一幅画面如图 4-2-23 所示。多幅水仙花图像不断从右向左移过掏空的“美好时光欣欣向荣”水仙花语文字内部而形成电影文字效果，文字轮廓线是红色，背景为黑色。电影文字周围有几个光芒逐渐由小变大再由大变小并不断旋转的白色光斑。

图 4-2-23　“水仙花语”动画画面

（2）制作一个“投影文字”动画，该动画播放后的一幅画面如图 4-2-24 所示。可以看到，有一个七彩色不断变换的“投影文字”文字，同时阴影也不断由小变大再由大变小。

（3）制作一幅“FLASH”立体文字图形，如图 4-2-25 所示。

图 4-2-24 “投影文字”动画播放后的一幅画面

图 4-2-25 立体文字图形效果

（4）制作一个“荧光文字”动画，该动画播放后的两幅画面如图 4-2-26 所示。可以看到“FLASH”立体文字四周的金黄色光芒逐渐由小变大再由大变小，同时还有光芒四射的光斑。

图 4-2-26 “荧光文字”动画播放后的两幅画面

4.3 【案例 13】湖中游

【案例效果】

“湖中游”动画播放后的两幅画面如图 4-3-1 所示。动画的背景是一个“美景动画.gif”动画，河边的小草屋前有一个不停转动的水车，山上小河流水，湖水荡漾，其中的一幅画面如图 4-3-2 所示。在该动画之上，添加了空中小鸟来回飞翔，一个人划着小船在湖水中慢慢从左向右漂游，人划船在湖水中的倒影也随之移动。

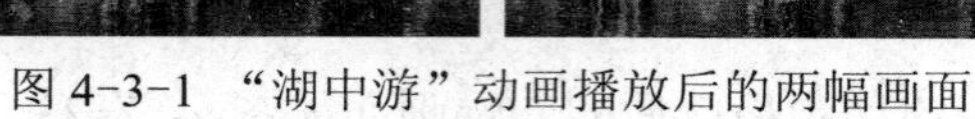

图 4-3-1 “湖中游”动画播放后的两幅画面

图 4-3-2 “美景动画.gif”动画画面

【操作过程】

1. 导入 GIF 格式动画和制作动画背景

（1）新建一个 Flash 文档，设置舞台工作区的宽为 700 px、高为 570 px，背景色为绿色。再以名称“【案例 13】湖中游.fla”保存。

（2）选择“文件”→“导入”→“导入到库”菜单命令，弹出“导入到库”对话框。在该对话框中选中“美景动画.gif”、“飞鸟.gif”和“划船.gif”GIF 格式文件，再单击“打开”按钮，将选中的 3 个 GIF 格式动画导入“库”面板中。“美景动画.gif”GIF 格式动画的一幅画面如图 4-3-2 所示。“飞鸟.gif”GIF 格式动画的 3 幅画面如图 4-3-3 所示。“划船.gif” GIF 格式动画的 3 幅画面如图 4-3-4 所示。

图 4-3-3　“飞鸟.gif” GIF 格式动画 3 幅画面

图 4-3-4　“划船.gif” GIF 格式动画 3 幅画面

（3）打开“库”面板，可以看到，“库”面板除了“美景动画.gif”、“飞鸟.gif”和“划船.gif”元件外，还有 GIF 格式动画的各帧图像，还有名称为“元件 1”、“元件 2”和“元件 2”的影片剪辑元件，“元件 1”元件内有 31 个关键帧，分别加载了“美景动画.gif”动画的各帧图像；“元件 2”元件内有 4 个关键帧，分别加载了“飞鸟.gif”动画的各帧图像；“元件 3”元件内有 4 个关键帧，分别加载了“划船.gif”动画的各帧图像。

（4）双击“元件 1”影片剪辑元件的名称，进入它的编辑状态，重命名为“美景”；再将“元件 2”影片剪辑元件重命名为“飞鸟”；将“元件 3”影片剪辑元件重命名为“划船人”。

（5）双击“划船人”影片剪辑元件图标，进入它的编辑状态，如图 4-3-5 所示。可以看到，“划船人”影片剪辑元件内第 4 个关键帧中的图像不正确，故将第 2 个关键帧内的图像复制粘贴到第 4 个关键帧处，替代第 4 个关键帧内原来的图像。然后，回到主场景。

（6）选中主场景“图层 1”图层第 1 帧，将“库”面板内的“美景”影片剪辑元件拖动到舞台工作区内，形成一个“美景”影片剪辑实例，利用它的“属性”面板，调整“美景”影片剪辑实例的宽为 700 px，高为 570 px，而且刚好将整个舞台工作区完全覆盖。

（7）选中“图层 1”图层第 160 帧，按【F5】键，使该图层第 1～160 帧内容一样。

2. 制作划船动画

（1）在“图层 1”图层之上添加一个“图层 2”图层，选中“图层 2”图层第 1 帧，将“库”面板内的“划船人”影片剪辑元件拖动到舞台工作区的左下边外。

（2）在“图层 2”图层下边添加一个“图层 3”图层，将“图层 2”图层第 1 帧复制粘贴到“图层 3”图层第 1 帧。选中“图层 3”图层第 1 帧内的“划船人”影片剪辑实例，选择“修改”→“变形”→“垂直翻转”命令，将选中的“划船人”影片剪辑实例垂直翻转，再将该实例移到“图层 2”图层第 1 帧“划船人”影片剪辑实例的下边，如图 4-3-6（a）所示。

（3）选中“图层 3”图层第 1 帧内的“划船人”影片剪辑实例，在其“属性”面板内的“混合”下拉列表框中选择“叠加”选项，在“颜色”下拉列表框中选择“Alpha”选项，在其右边的文本框中输入 60%。第 1 帧画面如图 4-3-6（b）所示。

（4）创建“图层 2”图层第 1 帧到第 160 帧的动画，将第 160 帧内的“划船人”影片剪辑实例移到画面的右边。创建“图层 3”图层第 1 帧到第 160 帧的传统补间动画，将第 160 帧内的“划船人”影片剪辑实例移到画面的右边。第 160 帧画面如图 4-3-6（c）所示。

3. 制作飞鸟飞翔动画

（1）在“图层 3”图层之上添加一个“图层 4”图层，选中该图层第 1 帧，将“库”面板内的“飞鸟”影片剪辑元件拖动到舞台工作区外右上角，形成一个“飞鸟”影片剪辑实例，利用它的“属性”面板，调整它的宽为 150 px，高为 127 px，如图 4-3-7（a）所示。

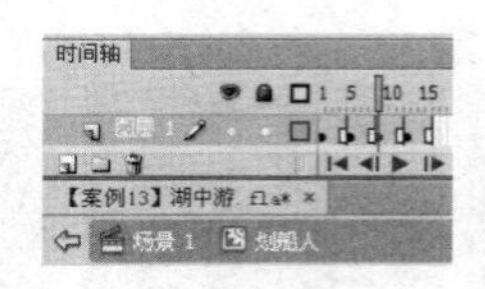

图 4-3-5 “划船人”影片剪辑元件编辑状态

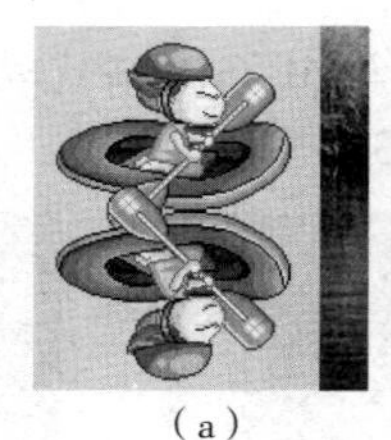
（a）

（b）

（c）

图 4-3-6 复制和垂直翻转图像、第 1 和 160 帧画面

（2）创建“图层 4”图层第 1 帧到第 80 帧的动画，选中“图层 4”图层第 80 帧，将“飞鸟”影片剪辑实例移到舞台工作区的左上角，如图 4-3-7（b）所示。

（3）选中“图层 4”图层第 81 帧，按【F6】键，创建一个关键帧。将“图层 4”图层第 81 帧内的“飞鸟”影片剪辑实例水平翻转，如图 4-3-8（a）所示。

（4）选中“图层 4”图层第 160 帧，按【F6】键，创建第 81 帧到第 160 帧动画。将“图层 4”图层第 160 帧内的“飞鸟”影片剪辑实例移到舞台工作区的右上角，如图 4-3-8（b）所示。

（a）

（b）

图 4-3-7 第 1 帧和第 80 帧飞鸟位置

（a）

（b）

图 4-3-8 第 81 帧和第 160 帧飞鸟位置

至此，整个动画制作完毕。“湖中游”动画的时间轴如图 4-3-9 所示。

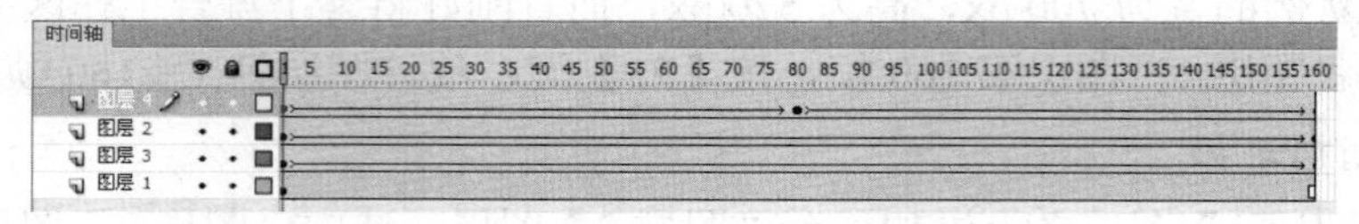

图 4-3-9 “湖中游”动画的时间轴

【相关知识】

1. 导入位图

（1）将图像导入到舞台：选择“文件”→“导入”→“导入到舞台”命令，弹出“导入”对话框。利用该对话框，选择要导入的文件，再单击“打开”按钮，即可导入选定的文件。可以导入的外部素材有矢量图形、位图、视频影片和声音素材等，文件的格式很多，这从“导入”对话框的“文件类型”下拉列表框中可以看出。如果选择的文件名是以数字序号结尾的，则会弹出“Adobe Flash CS6”提示框，如图 4-3-10 所示。单击“否”按钮，则只将选定的文件导入。单击“是”按钮，即可将一系列文件全部导入“库”面板内和舞台工作区中。例如，在文件夹内有“PC1.jpg”、“PC2.jpg”…“PC8.jpg”图像文件，在选中“PC1.jpg”文件后，单击“是”按钮，即可将这些文件都导入“库”面板内和舞台工作区中。如果一个导入的文件有多个图层，Flash CS6 会自动创建新图层以适应导入的图形。

（2）将图像导入到库：选择“文件”→“导入”→“导入到库”命令，弹出“导入到库”对话框，它与“导入”对话框基本一样。利用该对话框选择图像等文件后，单击“打开”按钮，可以将选中图像或一个序列的图像导入“库”面板中，而不导入舞台中。

（3）从剪贴板中粘贴图形、图像和文字等：首先，在应用软件中利用“复制”或“剪切”命令，将图形等复制到剪贴板中。然后，在 Flash CS6 中，选择“编辑”→“粘贴到中心位置”命令，将剪贴板中的内容粘贴到“库”面板与舞台工作区的中心。选择“编辑”→“粘贴到当前位置”命令，可以将剪贴板中的内容粘贴到舞台工作区中该图像的当前位置。

如果选择“编辑”→“选择性粘贴”命令，即可弹出“选择性粘贴”对话框，如图 4-3-11 所示。在“作为”列表框内单击选中一个软件名称，再单击“确定”按钮，即可将选定的内容粘贴到舞台工作区中。同时，还建立了导入对象与选定软件之间的链接。

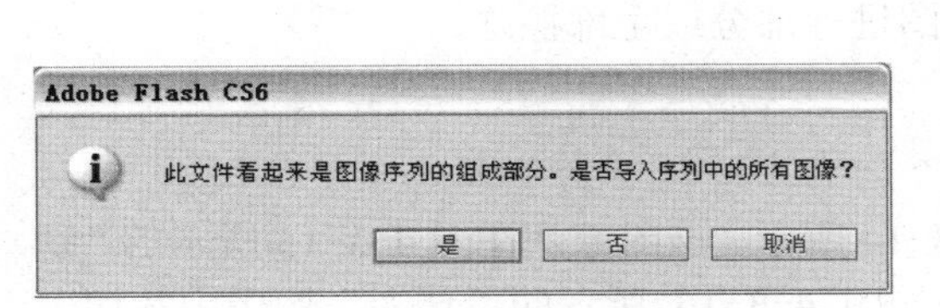

图 4-3-10 “Adobe Flash CS6”提示框

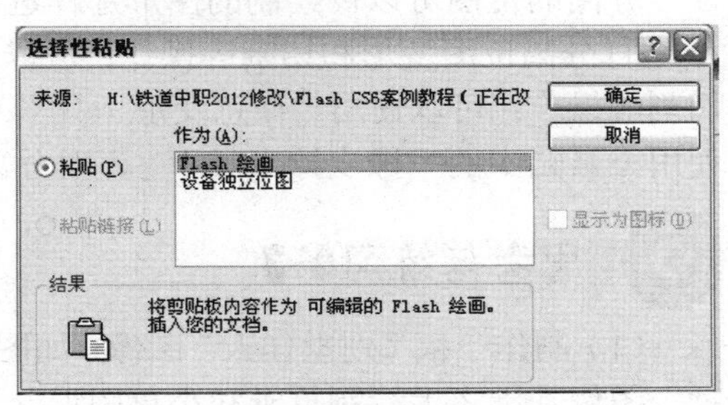

图 4-3-11 “选择性粘贴”对话框

2. 位图属性的设置

按照上面介绍的方法，导入 3 幅位图图像到“库”面板中，如图 4-3-12 所示。双击“库”面板中导入图像的名字或图标，弹出该图像的“位图属性”对话框，再单击该对话框中的“测试”按钮，可在该对话框的下半部显示一些文字信息，如图 4-3-13 所示。利用该对话框，可了解该图像的一些属性，进行位图属性的设置。其中各选项的作用如下：

（1）“允许平滑”复选框：选中它，可以消除位图边界的锯齿。

（2）“压缩”下拉列表框：其中有两个选项，“照片（JPEG）”和“无损（PNG/GIF）”。选择第 1 个选项，可以按照 JPEG 方式压缩；选择第 2 个选项，可以基本保持原图像的质量。

（3）“使用发布设置”单选按钮：选中它后，表示使用文件默认质量。

（4）“自定义”单选按钮：选中它后，则它右边的数字框变为有效，在该数字框内可以输入 1～100 的数值，数值越小，图像的质量越高，但文件字节数也越大。

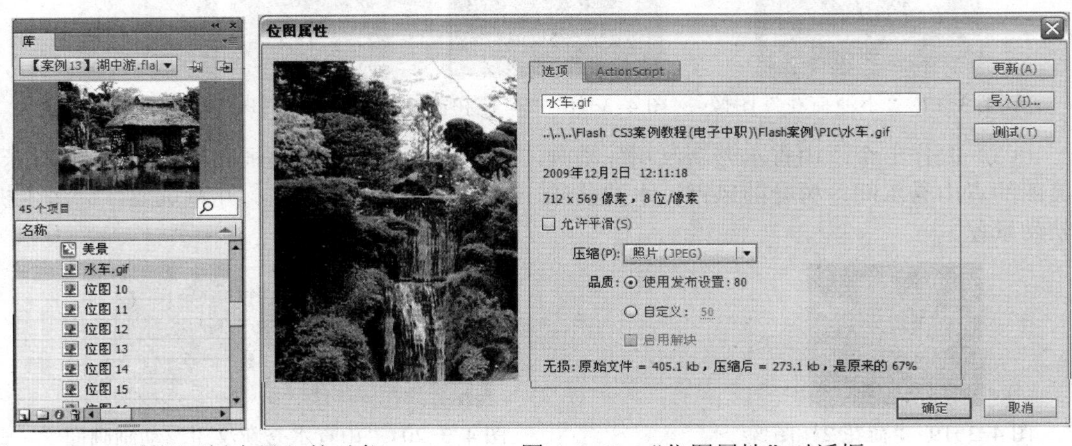

图 4-3-12 “库”面板中导入的对象　　　　图 4-3-13 “位图属性”对话框

（5）“更新”按钮：单击它，可以按设置更新当前图像文件的属性。

（6）“导入”按钮：单击它，弹出“导入位图”对话框，利用该对话框可以更换图像文件。

（7）“测试”按钮：单击它，可以按照新的属性设置，在对话框的下半部显示一些有关压缩比例、容量大小等测试信息，在左上角显示重新设置属性后的部分图像。

3. 分离位图

在 Flash 中，许多操作（如改变位图的局部色彩或形状、进行位图的变形过渡动画制作等）是针对矢量图形进行的，对于导入的位图就不能操作了。位图必须经过分离（又称打碎）才能操作和编辑。单击选中一个位图，选择“修改”→“分离”命令，将位图分离。

分离的位图可以像绘制的图形那样进行编辑和修改：可以使用工具箱中的“选择工具”进行分离位图变形和切割等操作；可以使用“套索工具”对分离位图进行部分选取和切割等操作；可以使用“任意变形工具”对分离位图进行扭曲和封套编辑操作；还可以使用工具箱中的“橡皮擦工具”对分离位图进行部分或全部擦除。

思考与练习4-3

（1）制作一幅“别墅佳人”图像，如图 4-3-14 所示。该图像是在图 4-3-15 所示的“别墅”图像基础之上绘制竹子和小草图形，再添加图 4-3-16 所示的“佳人”图像中裁切出的佳人图像后组合而成的。

图 4-3-14 “别墅佳人”图像

图 4-3-15 “别墅”图像

图 4-3-16 “佳人”图像

（2）制作一幅“小池荷花”图像，如图 4-3-17 所示。它是将图 4-3-18 所示的“荷花和荷叶”、“水波”和“荷叶 1”图像与图 4-3-19 所示的“荷花 2”图像加工合并制作而成的。

图 4-3-17 “小池荷花”图像

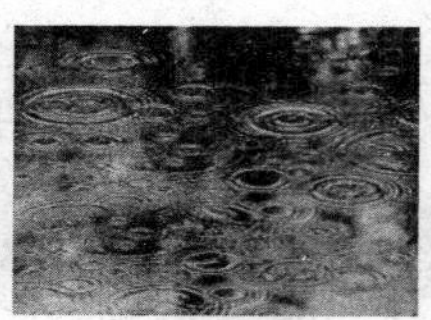
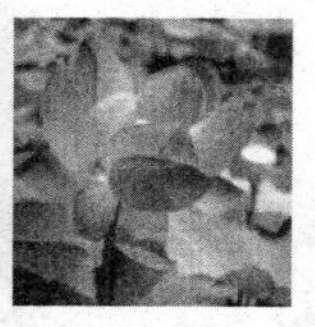
图 4-3-18 “荷花和荷叶”、“水波”和“荷叶 1”图像

（3）制作一个“山青水秀新汶川”动画，该动画播放后的一幅画面如图 4-3-20 所示。美丽的青山秀水间，树叶随风摆、水波荡漾、蝴蝶追逐、飞鸟飞翔、儿童玩耍，一派生机勃勃景象。

图 4-3-19 “荷花 2”图像

图 4-3-20 “山青水秀新汶川”动画画面

4.4 【案例 14】圣诞电影

【案例效果】

“圣诞电影”动画播放后，会出现一幅美丽的星空图像，米老鼠、花仙子、贝蒂、圣

诞老人和圣诞树一起庆祝圣诞。同时，在屏幕右上角有一道光束打在电影幕布上，电影屏幕中播放着动物世界电影。该动画播放中的两幅画面如图 4-4-1 所示。

图 4-4-1 “圣诞电影”动画播放后的两幅画面

这个动画主要是由“星空.jpg”、“米老鼠 1.gif”、“米老鼠 2.gif”、“圣诞老人.gif”、“贝蒂.gif”、“花仙子 1.jpg”、“花仙子 2.jpg”、“花仙子 3.jpg”和“鸽子.flv”等组成。

【操作过程】

1. 制作人物、圣诞树、屏幕和光

（1）新建一个 Flash 文档，设置舞台工作区的宽为 550 px、高为 400 px，背景为黑色，以名称“【案例 14】圣诞电影.fla”保存。

（2）选择“文件”→“导入”→“导入到库”命令，弹出“导入到库”对话框。利用该对话框将“米老鼠 1.gif”“米老鼠 2.gif”“圣诞老人.gif”“圣诞树.gif”“贝蒂.gif” GIF 格式动画，以及“花仙子 1.jpg”、“花仙子 2.jpg”、“花仙子 3.jpg”（见图 4-4-2）和“星空.jpg”（见图 4-4-3）图像导入“库”面板，在“库”面板内会生成 5 个影片剪辑元件，分别将它们的名称改为“米老鼠 1”、“米老鼠 2”、“圣诞树”、“圣诞老人”和“贝蒂”。

（3）创建并进入“花仙子”影片剪辑元件的编辑状态，选中“图层 1”图层第 1 帧，将“库”面板内“花仙子 1.jpg”图像拖动到舞台工作区中心处；选中“图层 1”图层第 5 帧，按【F7】键，创建关键帧，将“库”面板内的“花仙子 2.jpg”图像拖动到舞台工作区的中心处；选中“图层 1”图层第 10 帧，按【F7】键，创建关键帧，将“库”面板内的“花仙子 3.jpg”图像拖动到舞台工作区的中心处；选中“图层 1”图层第 15 帧，按【F5】键。然后，回到主场景。

（4）双击“库”面板内的“米老鼠 1”影片剪辑元件，进入它的编辑状态，将其中一些残缺画面的帧删除，再退出“米老鼠 1”影片剪辑元件的编辑状态，回到主场景。

（5）将“图层 1”图层的名称改为“人物”。选中“人物”图层第 1 帧，将“库”面板中的“米老鼠 1”、“米老鼠 2”、“圣诞树”、“圣诞老人”、“贝蒂”和“花仙子”影片剪辑元件依次拖动到舞台工作区的下边，调整它们的大小和位置，排成一行，如图 4-4-1 所示。

（6）在“人物”图层上边新建一个“屏幕和光”图层，选中该图层第 1 帧，使用工具箱中的“矩形工具”，绘制一个“电影幕布”图形，再将该图形组成组合。再绘制灯和灯光图形，如图 4-4-4 所示。将它们组成组合。

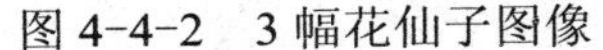

图 4-4-2　3 幅花仙子图像

图 4-4-3 “星空”图像

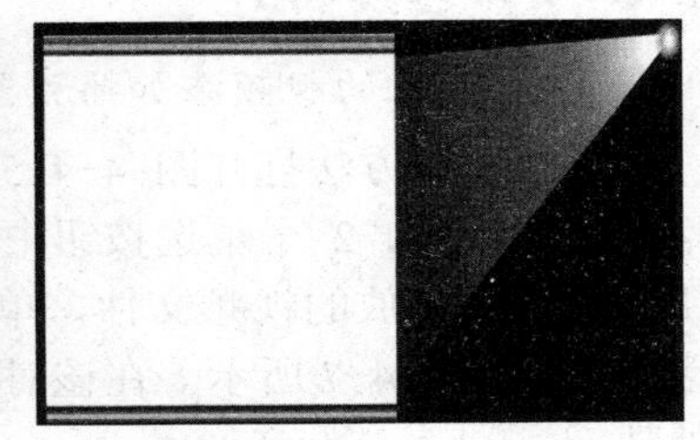

图 4-4-4　幕布、灯和灯光

2. 导入视频和添加背景图像

（1）在“屏幕和光”图层之上创建一个“电影”图层，选中该图层第 1 帧。

（2）选择“文件”→“导入”→“导入视频”命令，弹出“导入视频”（选择视频）对话框。单击“浏览”按钮，弹出“打开”对话框，在该对话框内选择要导入的视频文件“鸽子.flv”，单击“打开”按钮，回到“导入视频”（选择视频）对话框。

（3）选中“在 SWF 中嵌入 FLV 并在时间轴中播放”单选按钮，如图 4-4-5 所示。单击“下一步”按钮，弹出“导入视频”（嵌入）对话框，如图 4-4-6 所示。

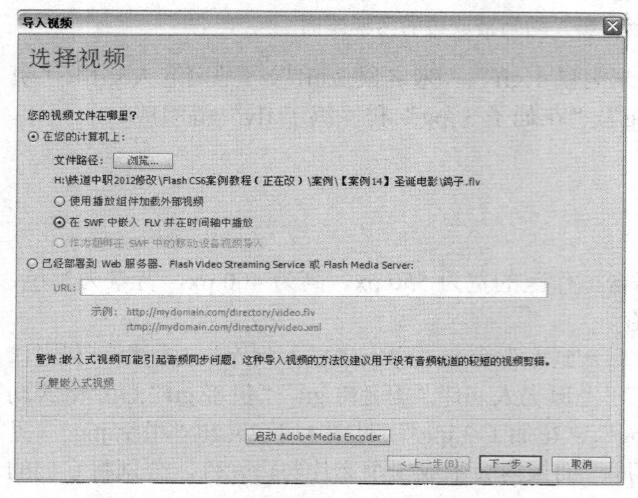

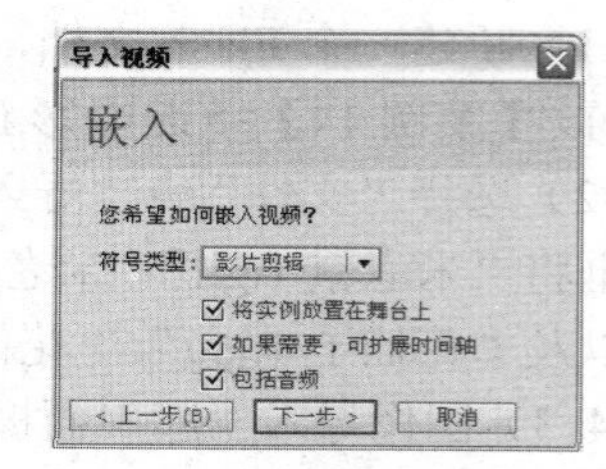

图 4-4-5 “导入视频”（选择视频）对话框　　图 4-4-6 “导入视频”（嵌入）对话框

（4）在该对话框“符号类型”下拉列表框中选择“影片剪辑”选项，选中三个复选框。然后，单击“下一步”按钮，弹出“导入视频”（完成视频导入观）对话框，单击“完成”按钮，即可在“库”面板内生成一个“鸽子”影片剪辑元件，其内是导入视频的所有帧，在舞台工作区有该影片剪辑元件的实例，并在时间轴中占 1 帧。

如果在“符号类型”下拉列表框中选择“嵌入的视频”选项，则会在时间轴内嵌入整个视频的所有帧。如果在“符号类型”下拉列表框中选择“图形”选项，在“库”面板内生成一个一个图形元件，其内是导入视频的所有帧。

（5）调整“鸽子”影片剪辑实例的大小和位置，将它移到“电影幕布”图形之上，使它刚好将电影幕布完全覆盖，如图 4-4-1 所示。

（6）在“人物”图层下边创建一个“背景”图层，选中该图层第 1 帧。将“库”面板中的“星空.jpg”图像拖动到舞台中，调整它的大小和位置，使它刚好将整个舞台工作区覆盖。

【相关知识】

1. 给导入的视频添加播放器

按照上述方法打开图 4-4-5 所示的“导入视频”（选择视频）对话框，可以选择该对话框内的第 1、2 个单选按钮中的一个。如果选择“使用播放组件加载外部视频”单选按钮，确定要播放的视频文件，单击“下一步”按钮，会弹出“导入视频”（设定外观）对话框，如图 4-4-7 所示。在该对话框的“外观”下拉列表框中可以选择一种视频播放器的外观。

接着单击“下一步”按钮，最后单击“完成”按钮，关闭“导入视频”对话框，在舞台工作区内形成的视频画面和它的播放器，如图 4-4-8 所示。在“库”面板内创建一个名称为“FLVPlayback”的组件元件，在时间轴上视频只占 1 帧。

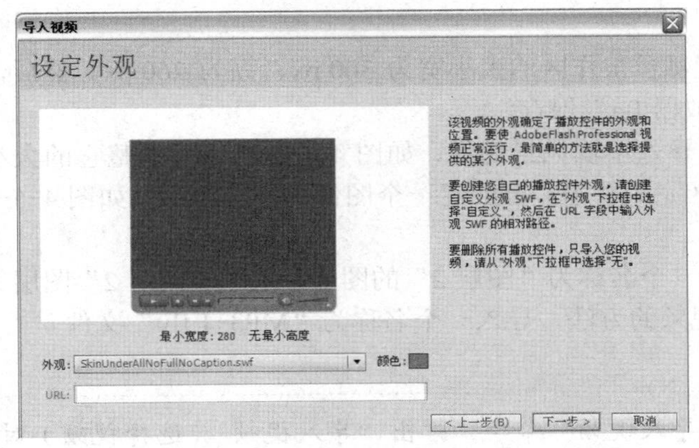

图 4-4-7 “导入视频”（设定外观）对话框

图 4-4-8　视频画面和播放器

2. 视频属性的设置

（1）Flash CS6 可以导入的视频格式如下：如果计算机系统中安装了 QuickTime4 或以上版本，则在导入视频时支持的视频文件格式有 FLV、F4V、MP4、MOV（QuickTime 数字电影）、3GPP（使用预移动设备）等。

（2）双击“库”面板中的视频元件图标（此处是嵌入式视频），弹出“视频属性”对话框，如图 4-4-9 所示。利用该对话框，可以了解视频的一些属性或改变它的属性。

单击“导入”按钮，弹出“打开”对话框，可以导入 FLV 格式的 Flash 视频文件。

单击“导出”按钮，弹出“导出 FLV”对话框，利用该对话框，可以将“库”面板中选中的视频导出为 FLV 格式的 Flash 视频文件。

思考与练习4-4

（1）制作一个“视频播放器”动画，该动画播放后的一幅画面如图 4-4-10 所示。

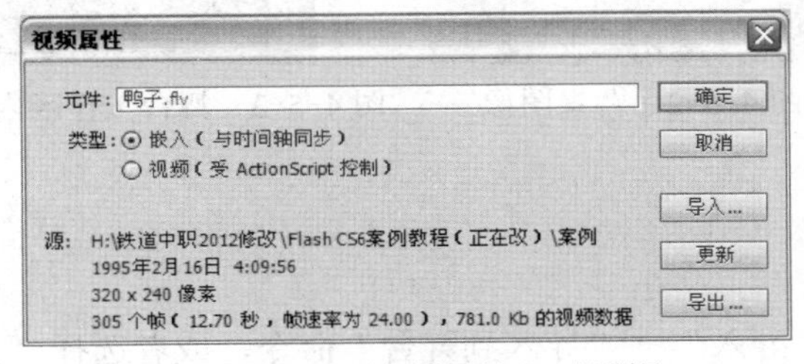

图 4-4-9 “视频属性”对话框

图 4-4-10 “视频播放器”动画画面

（2）制作一个“差速轮的工作方法”动画，在时间轴内导入整个“差速轮的工作方法.flv”视频的所有帧，然后添加一些字幕。或者制作一个“安装主板”动画，在时间轴内导入整个“安装主板.flv”视频的所有帧，然后添加一些字幕。

案例 15 视频

4.5 【案例 15】简单的 MP3 播放器

【案例效果】

“MP3 播放器”动画播放后的画面如图 4-5-1 所示。可以看出，在一幅图像上面有一个 MP3 播放器的控制器，利用该控制器可以控制 MP3 音频的播放和暂停等，拖动滑块，可调整播放的 MP3 音频位置。

【操作过程】

（1）新建一个 Flash 文档，设置舞台工作区的大小宽为 300 px、高为 260 px。然后，以名称“【案例 15】简单的 MP3 播放器.fla”保存。

（2）在“图层 1”图层第 1 帧，导入一幅风景图像，如图 4-5-2 所示。调整它的大小和位置，使它刚好将整个舞台工作区完全覆盖。再创建一个图像的立体框架，如图 4-5-1 所示。

（3）在“图层 1”图层之上添加一个名称为“图层 2”的图层，选中“图层 2”图层第 1 帧，按照【案例 14】介绍的导入视频的方法，导入一个名称为“MP3-1.flv”文件。

注 意

选择“文件”→“导入”→“导入视频”命令，弹出“导入视频”（选择视频）对话框。单击“浏览”按钮，弹出“打开”对话框，需要选择“MP3-1.flv”文件，然后选中“使用播放组件加载外部视频”单选按钮。在“导入视频”（设定外观）对话框内的“外观”下拉列表框中选择一种音频播放器的外观。最后在舞台工作区生成一个播放器和一个黑色矩形。

（4）选中黑色矩形和播放器，在其“属性”面板内调整它的宽度为 1，高度为 1。单击选中“图层 2”图层第 1 帧，同时也选中了播放器，按光标移动键，将播放器移到背景图像内的下边中间处，如图 4-5-3 所示。

图 4-5-1 “MP3 播放器”动画画面

图 4-5-2 背景图像

图 4-5-3 舞台工作区内的播放器

【相关知识】

1. 导入音频

（1）方法一：选择“文件”→“导入”→“导入到舞台”命令，或者选择“文件”→“导入”→“导入到库”命令，弹出“导入”对话框，在“导入”对话框内选择音频文件，单击“打开”按钮，可将选中的音频文件导入“库”面板中。

对于上述方法，如果要播放导入的音乐，还需要单击选中时间轴中的一个关键帧。在其“属性”面板内的“声音”下拉列表框中即可选择该声音文件，时间轴会显示加载了声音的波纹。

（2）方法二：单击选中时间轴中的一个关键帧。选择“文件”→“导入”→“导入视频”命令，弹出“导入视频”（选择视频）对话框。以后的操作与导入视频的方法基本一样。

只是，在单击“导入视频”（选择视频）对话框内的“浏览”按钮弹出“打开”对话框后，需要先在该对话框内的“文件类型”下拉列表框中选择“所有文件”选项，然后再选择要导入的 FLV 等格式的音频文件。

2. 声音属性的设置

在 Flash 作品中，可以给图形、按钮动作和动画等配背景声音。从音效考虑，可以导入 22 kHz、16 位立体声声音格式；从减少文件字节数和提高传输速度考虑，可导入 8 kHz、8 位单声道声音格式。可以导入的声音文件有 WAV、AIFF 和 MP3 格式。

双击“库”面板中的声音元件图标 （此处是 MP3 声音），弹出“声音属性”对话框，如图 4-5-4 所示。利用该对话框，可以了解声音的一些属性、改变它的属性和进行测试等。

（1）最上边的文本框给出了声音文件的名字，其下边是声音文件的有关信息。

（2）“压缩”下拉列表框：有五个选项，分别是“默认值”、“ADPCM（自适应音频脉冲编码）”、“MP3”、“原始”和“语音”。

①“ADPCM（自适应音频脉冲编码）”选项：选择该项后，该对话框下面会增加一些选项，如图 4-5-5 所示。各选项的作用如下：

a.“将立体声转换为单声道”复选框：选择它后，表示以单声道输出，否则以双声道输出（前提是原来就是双声道的音乐）。

b.“采样率”下拉列表框：用来选择声音的采样频率，包括 22 kHz、44 kHz 等选项。

c.“ADPCM 位”下拉列表框：用于声音输出时的位数转换，有 2、3、4、5 位。

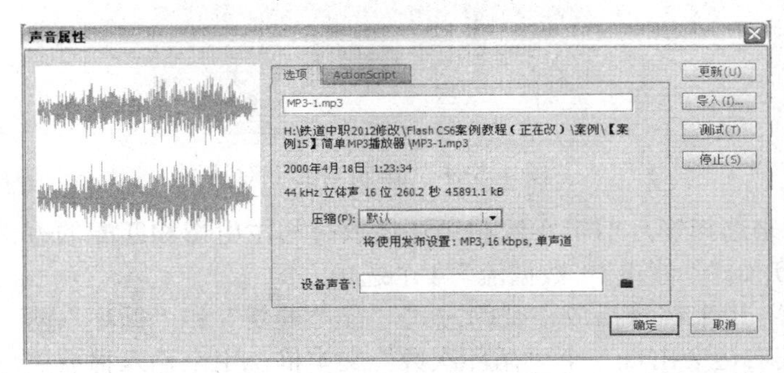

图 4-5-4　“声音属性”对话框

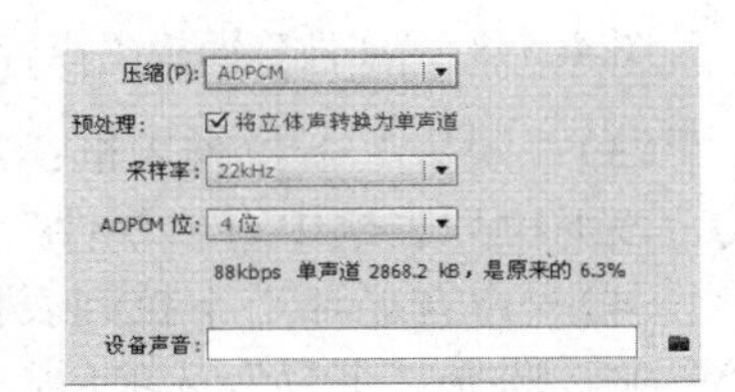

图 4-5-5　选择“ADPCM”选项后新增的选项

②“MP3”（MP3 音乐压缩格式）选项：选择该选项（取消“使用已导入的 MP3 音质”复选框的选取）后，该对话框下面会增加一些选项，如图 4-5-6 所示。这些选项的作用如下：

a.“比特率”下拉列表框：用来选择输出声音文件的数据采集率。其数值越大，声音的容量与质量也越高，但输出文件的字节数越大。

b.“品质”下拉列表框：用来设置声音的质量。它的选项有“快速”、“中”和“最佳”。

③“原始”和“语音”选项：选择它们后，该对话框选项部分均如图 4-5-7 所示。

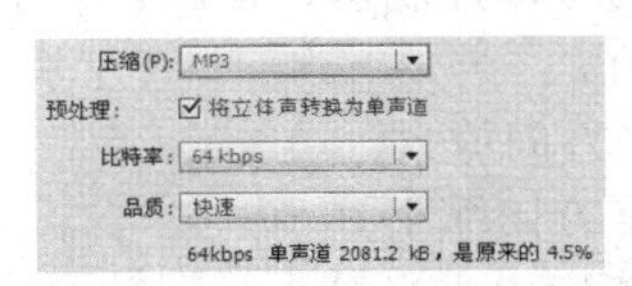

图 4-5-6　选择“MP3”选项后新增的选项

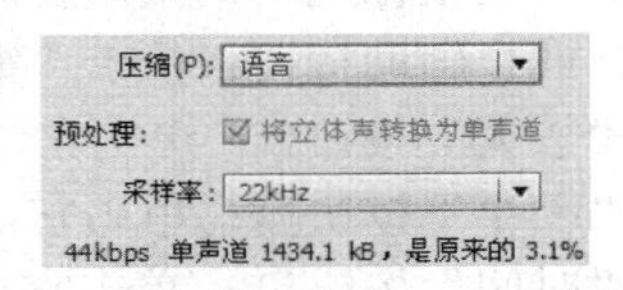

图 4-5-7　选择“语音”选项后新增的选项

（3）“声音属性”对话框中几个按钮的作用如下：

①“导入”按钮：单击它，弹出“导入声音”对话框，利用该对话框可更换声音文件。

②“更新”按钮：单击它，可以按设置更新声音文件的属性。

③“测试”按钮：单击它，可以按照新的属性设置播放声音。

④“停止”按钮：单击它，可以使播放的声音停止播放。

3. 声音的“属性”面板

把“库”面板内的声音元件拖动到舞台工作区后，时间轴的当前帧内会出现声音波形。单击带声音波形的帧，其“属性”面板“声音”栏如图 4-5-8 所示，用来对声音进行编辑。

（1）选择声音：“名称”下拉列表框内提供了“库”面板中的所有声音文件的名字，选择某一个名字后，其下边就会显示该文件的采样频率、声道数、比特位数和播放时间等信息。

（2）选择声音效果：“效果”下拉列表框提供了各种播放声音的效果选项，分别是无、左声道、右声道、从左到右淡出、从右到左淡出、淡入、淡出和自定义。选择“自定义”选项或者单击“编辑声音封套”按钮后，会弹出“编辑封套”对话框，如图 4-5-9 所示。利用该对话框可以自定义声音的效果。

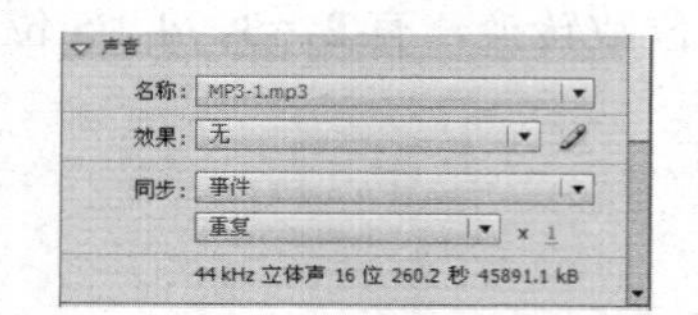

图 4-5-8 “属性”面板“声音”栏

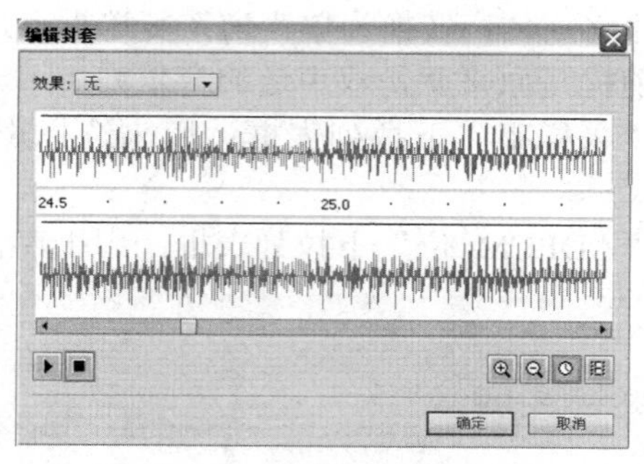

图 4-5-9 “编辑封套”对话框

（3）“同步”下拉列表框：用来选择影片剪辑实例在循环播放时与主电影相匹配的方式。该下拉列表框中有“事件”“开始”“停止”“数据流”4 个选项。

（4）“声音循环”下拉列表框：用来选择播放声音的方式，有“重复”和“循环”两个选项。选择“重复”选项后，其右边会出现一个“循环次数”文本框，用来输入播放声音的循环次数。选择“循环”选项后，声音会不断循环播放。

4. 编辑声音

单击声音“属性”面板中的“编辑”按钮，弹出“编辑封套”对话框，如图 4-5-9 所示。利用它可以编辑声音。单击该对话框左下角的“播放”按钮，可以播放编辑后的声音；单击“停止”按钮，可以使播放的声音停止。编辑好后，可以单击“确定”按钮退出该对话框。

（1）选择声音效果：选择“效果”下拉列表框内的选项，可以设置声音的播放效果。

（2）再用鼠标拖动调整声音波形，显示窗口左上角的方形控制柄，使声音大小合适。

（3）四个辅助按钮：位于“编辑封套”对话框右下角。

①“放大”按钮：单击它，可以使声音波形在水平方向放大。

②“缩小”按钮：单击它，可以使声音波形在水平方向缩小。

③“时间”按钮：单击它，可以使声音波形显示窗口内水平轴为时间轴。

④“帧数”按钮：单击它，可以使声音波形显示窗口内水平轴为帧数轴。从而可以观察到该声音共占多少帧。知道该声音所占的帧数后，可以调整时间轴中声音帧的个数。

（4）“编辑封套”对话框分上下两个声音波形编辑窗口，上边的是左声道声音波形，下边的是右声道声音波形。在声音波形编辑窗口内有一条左边带方形控制柄的直线，它的作用是调整声音的音量。直线越靠上，声音的音量越大。在声音波形编辑窗口内单击，可以增加一个方形控制柄。用鼠标拖动各方形控制柄，可以调整各部分声音段的声音大小。

（5）拖动上下声音波形之间刻度栏内两边的控制条，可以截取声音片段。

5. 声音同步方式

利用声音“属性”面板的“同步”下拉列表框可以选择声音的同步方式。

（1）“事件”：选择它后，即设置了事件方式。可以使声音与某一个事件同步。当动画播放到引入声音的帧时，开始播放声音，而且不受时间轴的限制，直到声音播放完毕。如果在“循环”文本框内输入了播放次数，则将按照给出的次数循环播放声音。

（2）“开始”：选择它后，即设置了开始方式。当动画播放到导入声音的帧时，声音开始播放。如果声音播放中再次遇到导入的同一声音帧时，将继续播放该声音，而不播放再次导入的声音。而选择“事件”选项时，可以同时播放两个声音。

（3）“停止”：选择它后，即设置了停止方式，用于停止声音的播放。

（4）“数据流”：选择它后，设置了流方式。在此方式下，将强制声音与动画同步，动画开始播放时声音也随之播放，动画停止时声音也随之停止。在声音与动画同时在网上播放时，如果选择了它，则强迫动画以声音的下载速度来播放（声音下载速率慢于动画的下载速率时），或强迫动画减少一些帧来匹配声音的速度（声音下载速率快于动画的下载速率时）。

选择“事件”或“开始”选项后，播放的声音与截取声音无关，从声音的开始播放；选择“数据流”选项后，播放的声音与截取声音有关，只播放截取的声音。

思考与练习4-5

（1）修改【案例 11】动画，给该动画配背景音乐。修改【案例 12】动画，给该动画配乐。

（2）修改【案例 15】动画，更换 MP3 播放器中的控制器形状和功能。

第5章　元件和特殊绘图

本章通过3个案例，介绍按钮元件的制作、编辑和测试方法，以及三种元件实例的“属性”面板。并介绍使用喷涂刷工具、Deco工具、3D旋转工具和3D平移工具绘制图形的方法，使用“变形”面板旋转3D对象的方法，调整对象的透视角度和消失点的方法等。

5.1 【案例16】按钮控制动画

【案例效果】

“按钮控制动画”动画播放后的画面，在左边框架内有4个圆形按钮，在右边框架内有一个山水风景动画，如图5-1-1（a）所示。将鼠标指针移到按钮之上，文字会变为红色，右边框架内会展示相应的动画，单击该按钮后，文字会变成紫色。将鼠标指针移到“三原色”按钮之上，右边框架内的“三原色”动画的画面如图5-1-1（b）所示。将鼠标指针移到“四季变化”按钮之上，右边框架内的“四季变化”动画的画面如图5-1-2（a）所示。将鼠标指针移到“水中游鱼”按钮之上，右边框架内的“水中游鱼”动画的画面如图5-1-2（b）所示。将鼠标指针移到“田园风车”按钮之上，右边框架内的“田园风车”动画的画面如图5-1-2（c）所示。

（a）

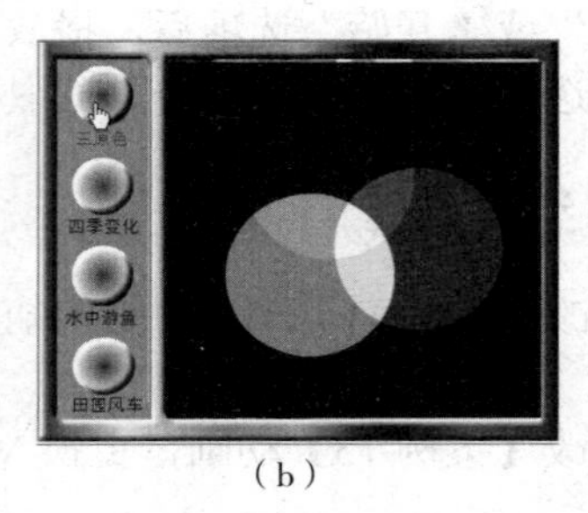

（b）

图5-1-1　“按钮控制动画”动画播放后的两幅画面

（a）

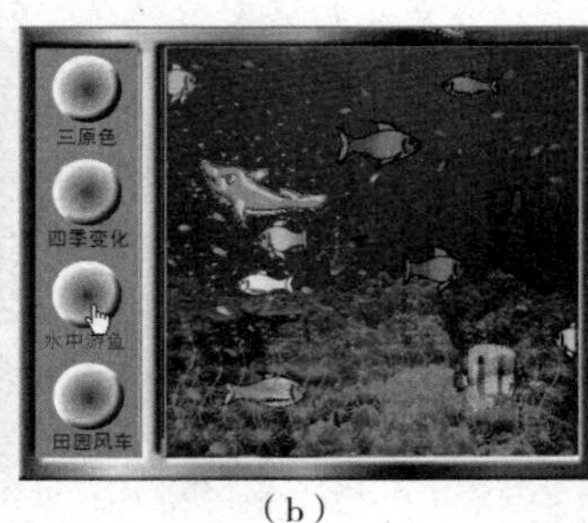

（b）

（c）

图5-1-2　“按钮控制动画”动画播放后的3幅画面

【操作过程】

1. 制作背景画面和“田园风车”影片剪辑元件

（1）新建一个Flash文档，设置舞台工作区的大小宽为400 px、高为300 px，背景色为绿色。以名称“【案例16】按钮控制动画.fla”保存。

（2）创建并进入“框架”影片剪辑元件的编辑状态，使用“矩形工具”，设置填充色为七彩色，笔触为无，绘制一个和舞台工作区大小一样的矩形。

（3）设置笔触为 1 个点，颜色为灰色，在七彩矩形内左边绘制一个灰色矩形图形，再使用工具箱内的“选择工具”，双击选中刚绘制的矩形图形和矩形轮廓线，按【Del】键，删除选中的矩形轮廓线和其内的矩形图形。按照相同方法，再删除右边一部分矩形图形，绘制图 5-1-3 所示的七彩色框架图形。然后，回到主场景。

（4）将“图层 1”图层的名称改为“框架”，选中该图层第 1 帧，将“库”面板内的“框架”影片剪辑元件拖动到舞台内，刚好将整个舞台工作区覆盖。选中“框架”影片剪辑实例，利用“属性”面板设置“斜角”滤镜，参数采用默认值，使框架图形呈立体状。

（5）导入名称为“风景.gif”和“田园风车.gif”的 GIF 格式动画到“库”面板内，将“库”面板中两个新的影片剪辑元件名称分别改为“风景”和“田园风车”。

（6）在“框架”图层下边创建一个“风景”图层，选中该图层第 1 帧，将“库”面板中的“风景”影片剪辑元件拖动到舞台，调整它的大小和位置与框架右框完全一样。

2. 制作“三原色”影片剪辑元件

人们在进行混色实验时发现，只要将红（R）、绿（G）、蓝（B）三种不同颜色（三原色）按一定比例混合就可以得到自然界中绝大多数人类可识别的颜色。将红、绿、蓝三束光投射在白色屏幕的同一位置上，不断改变三束光的强度比，就可以看到各种颜色。进行三原色混色实验可得如下结论：红+绿→黄，蓝+黄→白，绿+蓝→青，红+绿+蓝→白，黄+青+紫→白，如图 5-1-4 所示。通常把黄、青、紫（也叫品红）称为三原色的三个补色。

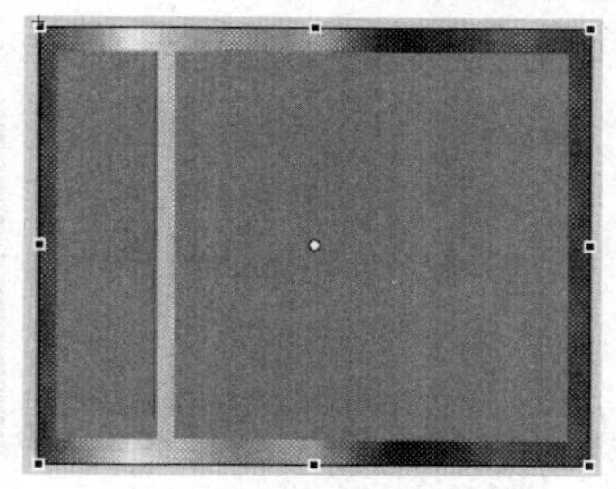

图 5-1-3　框架图形

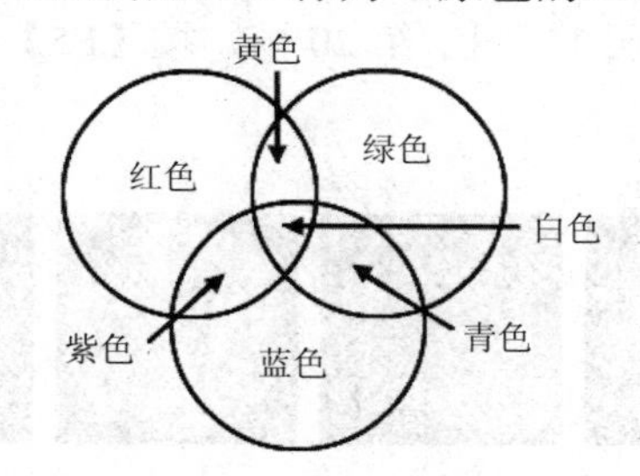

图 5-1-4　三原色混色

在影片剪辑实例重叠且背景色为黑色时，在上边的影片剪辑实例“属性”面板内的“混合”下拉列表框中选择“差异”选项，可以获得颜色相加混合后的效果。

（1）暂时将舞台工作区的背景改为黑色。创建并进入“红”影片剪辑元件的编辑状态，使用工具箱内的“椭圆工具”，单击按下“选项”栏中的“对象绘制”按钮，进入“对象绘制”模式。在其“属性”栏内设置无轮廓线，填充为红色。按住【Shift】键，拖动绘制一个直径为 120 px 的红色圆对象，如图 5-1-5（a）所示。然后，回到主场景。

（2）右击“库”面板中的“红”影片剪辑元件，弹出它的快捷菜单，选择该菜单中的“直接复制”命令，弹出“直接复制元件”对话框，将“名称”文本框中的内容改为“蓝”文字。单击“确定”按钮，关闭“直接复制元件”对话框，并在“库”面板中复制一个“蓝”影片剪辑元件。按照上述方法，再在“库”面板中复制一个“绿”影片剪辑元件。

（3）双击“库”面板中的“蓝”影片剪辑元件，进入它的编辑状态，将红色圆图形的颜色改为蓝色，如图 5-1-5（b）所示。然后，回到主场景。双击“库”面板中的“绿”影片剪辑元件，进入它的编辑状态，使用工具箱内的“颜料桶工具”，将红色圆颜色改为绿色，如图 5-1-5（c）所示。然后，回到主场景。

（4）创建并进入“三原色”影片剪辑元件的编辑状态，选中“图层 1”图层第 1 帧，绘制一幅黑色矩形图形，调整它的宽和高均为 300 px，位置居中。

（5）在“图层 1”图层之上创建“图层 2”图层，选中“图层 2”图层第 1 帧，将“库”面板中的“红”、“绿”和“蓝”三个影片剪辑元件依次拖动到舞台工作区内，形成三个实例。使用“选择工具”，将它们移到舞台中间并使它们相互重叠一部分。而且，“蓝”影片剪辑实例在最下边，“绿”影片剪辑实例在最上边，相对位置如图 5-1-5（d）所示。

（6）单击选中“红”影片剪辑实例，在其“属性”面板的“混合”下拉列表框中选择“差异”选项。选中“绿圆”影片剪辑实例，在其“属性”面板的“混合”下拉列表框中也选择“差异”选项，效果如图 5-1-5（d）所示。选中所有图形，将它们组成组合。

（7）调整组合的宽和高均为 180 px。再制作“图层 1”图层第 1～80 帧的顺时针自转一圈的传统补间动画。然后，回到主场景。

3. 制作“海中游鱼”影片剪辑元件

（1）打开“游鱼.fla”Flash 文档，打开它的“库”面板，将“库”面板内的“Fish Movie Clip”影片剪辑元件复制粘贴到“【案例 16】按钮控制动画.fla”Flash 文档的“库”面板中。“Fish Movie Clip”影片剪辑元件内是一条小鱼来回移动的动画，共有 95 帧。

（2）创建并进入“水草”影片剪辑元件的编辑状态，选中“图层 1”图层第 1 帧，在舞台工作区内绘制一幅水草图形，如图 5-1-6（a）所示。选中“图层 1”图层第 5 帧，按【F6】键，使用“任意变形工具”，单击按下“选项”栏中的“封套”按钮，此时的图形周围出现许多控制柄，拖动调整这些控制柄，来调整图形的形状，效果如图 5-1-6（b）所示。“图层 1”图层第 10 帧和第 15 帧内水草图形的形状分别如图 5-1-6（c）、（d）所示。选中“图层 1”图层第 20 帧，按【F5】键，创建一个普通帧。然后，回到主场景。

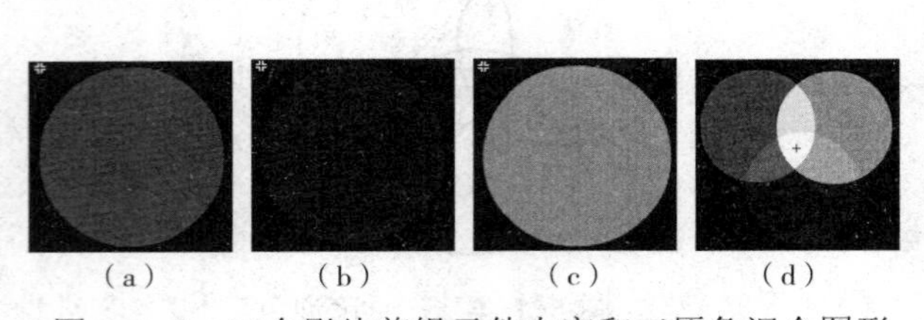

（a）（b）（c）（d）

图 5-1-5　三个影片剪辑元件内容和三原色混合图形

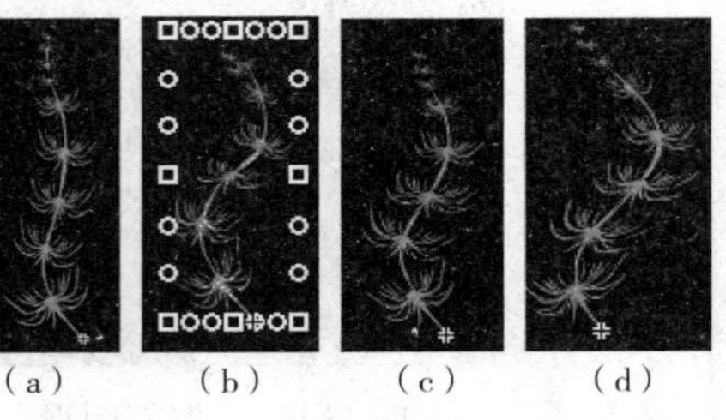

（a）（b）（c）（d）

图 5-1-6　“水草”图形元件内图形

（3）导入“鱼 1.gif”GIF 格式动画到库面板内，将生成的影片剪辑元件名称改为“鱼 1”。再创建并进入“鱼 2”影片剪辑元件编辑状态，选中“图层 1”图层第 1 帧，导入“鱼 2.jpg”图像，将图像打碎，删除鱼的背景图像。然后，回到主场景。

（4）创建并进入“水中游鱼”影片剪辑元件的编辑状态，选中“图层 1”图层第 1 帧，导入一幅“海底.jpg”图像，调整该图像的大小为宽 300 px、高 300 px，位于中间位置。在“图层 1”图层的上边增加一个“图层 2”图层，选中该图层第 1 帧，18 次将“库”面板内的“水草”影片剪辑元件拖动到舞台工作区中。然后，适当调整它们的大小和位置。

（5）在“图层 2”图层的上边增加一个“图层 3”图层，选中该图层第 1 帧，9 次将“库”面板内的“Fish Movie Clip”影片剪辑元件拖动到舞台工作区中，在舞台工作区内形成 10 个小鱼的影片剪辑实例。调整舞台工作区内的这些小鱼的影片剪辑实例的大小与位置，使它们分布在不同的位置。

（6）选中一条小鱼对象，打开“属性”面板，在该面板的“样式”下拉列表框中选择“高级”选项，调整小鱼的颜色、大小和位置。再选择“属性”面板内“实例行为”下拉列表框中的“图形”选项，将选中的小鱼影片剪辑元件实例转换为图形实例。然后，在“选项”下拉列表框中选择“循环”选项，在“第一帧”文本框内输入 10，表示该实例从给定的数字所指示的帧开始播放。“属性”面板设置如图 5-1-7 所示。

（7）按照上述方法，调整其他小鱼的颜色、大小和位置。分别将其他小鱼影片剪辑实例改为图形实例，进行处理，要求“第一帧”文本框内输入 90 以内不一样的数字。

（8）在“图层 3”图层之上创建“图层 4”和“图层 5”图层，分别用来创建“鱼 1”和“鱼 2”影片剪辑实例来回运动的传统补间动画。

（9）在“图层 5”图层之上创建“图层 6”图层，选中“图层 6”图层第 1 帧，绘制一个黑色矩形，将“图层 1”图层第 1 帧内的“海底”图像刚好完全覆盖。右击“图层 6”图层，弹出图层快捷菜单，选择该菜单内的“遮罩层”菜单命令，将“图层 6”图层设置为遮罩图层，“图层 5”图层为被遮罩图层。再将“图层 4”和“图层 3”图层向右上方拖动，使它成为“图层 6”图层的被遮罩图层。

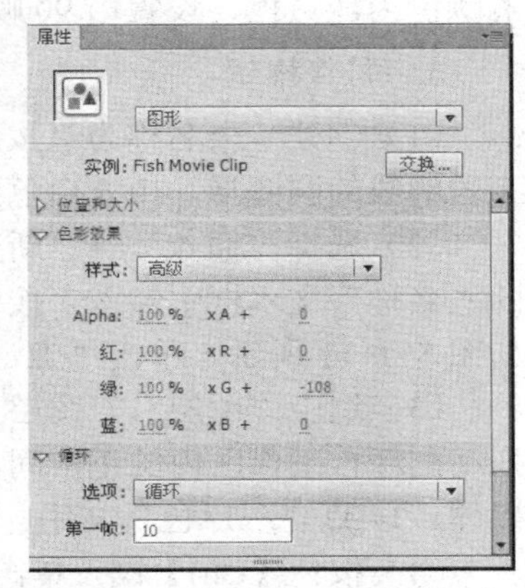

图 5-1-7 “属性”面板设置

（10）按住【Ctrl】键，单击选中“图层 1”、“图层 2”、“图层 3”和“图层 6”图层的第 95 帧，按【F5】键，创建这四个图层第 2 帧到第 95 帧的普通帧。

至此，“海中游鱼”影片剪辑元件制作完毕，它的时间轴如图 5-1-8 所示。

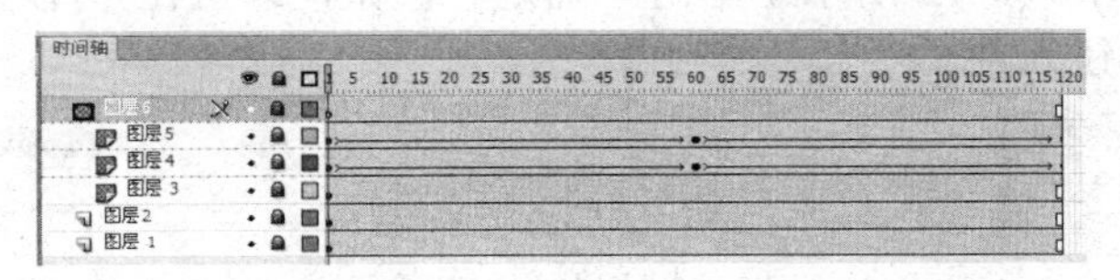

图 5-1-8 “海中游鱼”影片剪辑元件的时间轴

4. 制作“四季变化”影片剪辑元件

（1）创建并进入“四季变化”影片剪辑元件的编辑状态，选中“图层 1”图层第 1 帧，

（2）选择“文件”→“导入”→“导入到舞台”命令，导入一幅“枫叶小路.jpg”图像，如图 5-1-9 所示。调整图像为宽 300 px、高 300 px，位置居中。选择“修改”→“转换为元件”命令，弹出“转换为元件”对话框。单击该对话框内的“确定”按钮，将选中的图像转换为影片剪辑元件的实例。其目的是为了使用滤镜。

（3）创建“图层 1”图层第 1 帧到第 30 帧、第 60 帧、第 90 帧和第 120 帧的传统补间动画。单击选中“图层 1”图层第 1 帧，再单击选中该帧内的影片剪辑实例。

（4）在“属性”面板内，单击“添加滤镜”按钮，弹出滤镜菜单，选择其中的“调整颜色”命令，按照图 5-1-10（a）所示设置，将图像调整为浅绿色。色相可在–180 到 180 之间调整，颜色可在浅蓝色、蓝色、深蓝色、紫色、粉红色、红色、深绿色、绿色之间变化。

（5）单击选中“图层 1”图层第 30 帧内的图像实例对象。在“属性”面板的“滤镜”栏内设置“调整颜色”滤镜，调整色相为–5，饱和度为–15，如图 5-1-10（b）所示。

图 5-1-9 “枫叶小路.jpg”图像

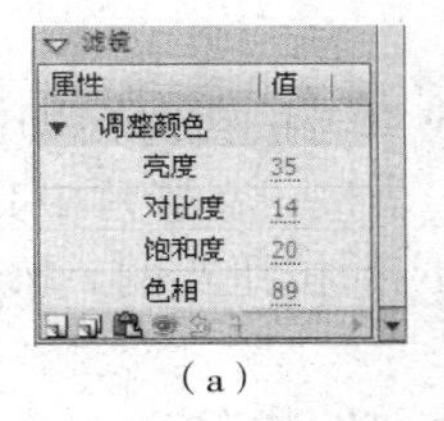

（a）

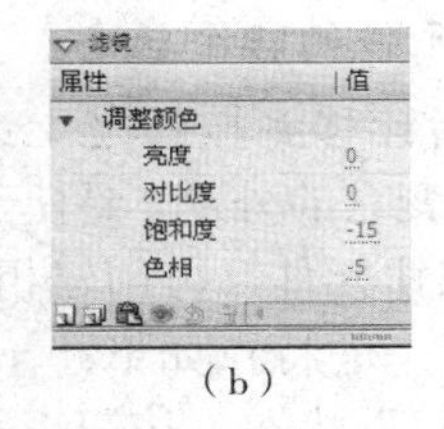

（b）

图 5-1-10 “调整颜色”滤镜设置

（6）调整第 60 帧和第 90 帧内实例对象的“调整颜色”滤镜，设置第 60 帧实例对象的颜色为浅黄色，设置第 90 帧实例对象的颜色为浅灰色。然后，回到主场景。

5. 制作按钮

（1）创建一个名称为“按钮图形”的影片剪辑元件，其内绘制一幅宽和高均为 47 px、无轮廓线的圆图形，填充白色到红色的径向渐变色。然后，回到主场景。

（2）选择“插入”→“新建元件”命令，弹出“创建新元件”对话框。在该对话框内的“名称”文本框中输入“按钮 1”文字，在“类型”下拉列表框中选择“按钮”选项，如图 5-1-11 所示。单击“确定”按钮，切换到“按钮 1”按钮元件的编辑状态。

（3）选中“图层 1”图层“弹起”帧，将“库”面板内的“按钮圆形”影片剪辑元件拖动到舞台工作区内的正中间，再利用“属性”面板添加“斜角”滤镜。然后输入蓝色、黑体、14 点“三原色”文字，使它位于按钮图形的下边，如图 5-1-1 所示。

（4）按住【Ctrl】键，单击选中“指针经过”、“按下”和“点击”帧，按【F6】键，创建 3 个关键帧，如图 5-1-12 所示。选中“按下”帧内文字，将文字颜色改为红色；选中“指针经过”帧，将文字颜色改为紫色；选中“点击”帧，将文字删除。然后，回到主场景。

（5）右击“库”面板内的“按钮 1”按钮元件，弹出它的快捷菜单，选择该菜单内的“直接复制”命令，弹出“直接复制元件”对话框。在该对话框内“名称”文本框中输入“按钮 2”文字，如图 5-1-13 所示。单击“确定”按钮，即可在“库”面板内复制一个名称为“按钮 2”的按钮元件。

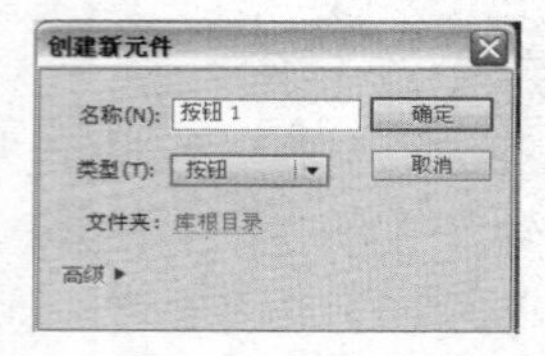

图 5-1-11 “创建新元件”对话框

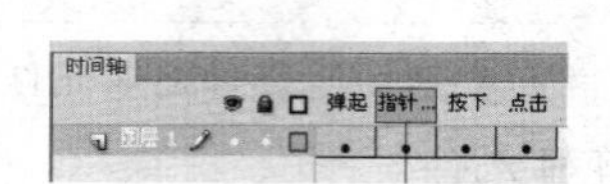

图 5-1-12 时间轴

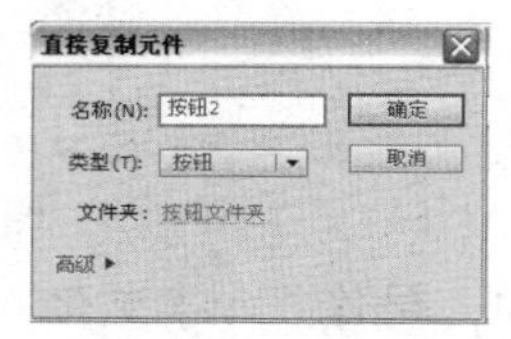

图 5-1-13 “直接复制元件”对话框

（6）按照上述方法，复制“按钮 3”和“按钮 4”按钮元件。再将复制的按钮元件中各帧内的按钮图形下边的文字改写。然后，回到主场景。在主场景内创建“按钮”图层。

（7）选中“按钮”图层第 1 帧，将“库”面板中的“按钮 1”～“按钮 4”按钮元件拖动到舞台工作区中左边框架内相应的位置。将 4 个按钮居中对齐，垂直等间距分布。

（8）双击“按钮 1”按钮实例，进入它的编辑状态，选中“指针经过”帧，将“库”面板内的“三原色”影片剪辑元件拖动到框架内，调整它的位置和大小，如图 5-1-14 所示。

（9）回到主场景。按照上述方法，在“按钮 2”～“按钮 4”按钮元件中添加相应的影片剪辑实例，调整其位置和大小。

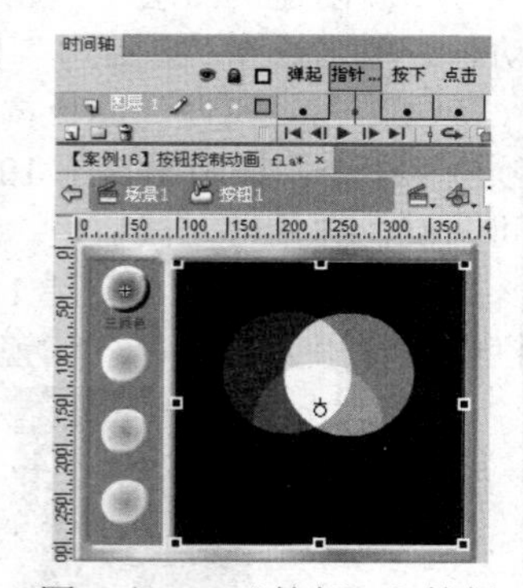

图 5-1-14 “按钮 1”按钮元件编辑状态

【相关知识】

1. 按钮元件的四个状态

当鼠标指针移到按钮之上或单击按钮时，即产生交互事件，按钮会改变它的外观。要使一个按钮在影片中具有交互性，需要先制作按钮元件，再创建相应的按钮实例。按钮有 4 个状态，这 4 个状态的特点如下：

（1）“弹起”状态：按钮正常时的状态。

（2）“指针经过”状态：鼠标指针移到按钮上面，但还没有单击时的按钮状态。

（3）“按下”状态：单击按下按钮时的按钮状态。

（4）“点击”状态：用来定义鼠标事件的响应范围，其内的图形不会显示。如果没有设置“点击”状态的区域，则鼠标事件的响应范围由“弹起”状态的按钮外观区域决定。

2. 创建按钮

选择“插入”→“新建元件”命令，弹出“创建新元件”对话框。在该对话框内，选择“类型”下拉列表框中的“按钮”选项，在“名称”文本框中输入元件的名字（如“按钮 1”），如图 5-1-11 所示。单击该对话框内的“确定”按钮，切换到按钮元件的编辑状态，此时时间轴的“图层 1”图层中显示 4 个连续的帧，如图 5-1-12 所示。

用户需要在这 4 个帧中分别创建相应的按钮外观，可以导入图形、图像、文字，影片剪辑和图形元件实例等对象，还可以在按钮中插入声音，但不能在一个按钮中再使用按钮实例。最好将按钮图形精确定位，使图形的中心与十字标记对齐。要制作动画按钮，可以使用动画的影片剪辑元件。按钮的每一帧可以有多个图层。创建好按钮元件后，回到主场景。从“库”面板中将它拖动到舞台中，即可创建按钮实例。

3. 测试按钮

测试按钮就是将鼠标指针移到按钮之上并单击，观察它的动作效果（应该像播放影片时一样按照指定的方式响应鼠标事件）。测试按钮之前要进行下述操作中的一种：

- 选择“控制”→“测试影片”→“测试”命令，运行整个动画（包括测试按钮）。
- 选择“控制”→“测试场景”命令，运行当前场景的动画（包括测试按钮）。
- 选择“控制”→“启用简单按钮”命令，可以在舞台工作区内测试按钮。

4. 三种实例的“属性”面板

图形实例“属性”面板如图 5-1-15 所示。影片剪辑实例“属性”面板如图 5-1-16 所示。按钮实例“属性”面板与图 5-1-16 所示基本一样，只是没有“3D 定位和查看”栏，增加了“音轨”栏、“实例名称”文本框、“3D 定位和查看”栏、“显示”栏和“滤镜”栏，减少了“循环”栏。三个面板主要选项简介如下：

（1）“实例名称”文本框：用来输入影片剪辑或按钮实例的名称。

（2）“实例行为”下拉列表框：该下拉列表框中有三个选项，影片剪辑、图形和按钮，可以实现实例行为的转换。

（3）“交换”按钮：单击“交换”按钮，弹出“交换元件”对话框，如图 5-1-17 所示。在其内的列表框内会显示动画所有元件的名称和图标，其左边有一个小黑点的元件是当前选中的元件实例。单击元件的名称或图标，即可在对话框的左上角显示相应元件。

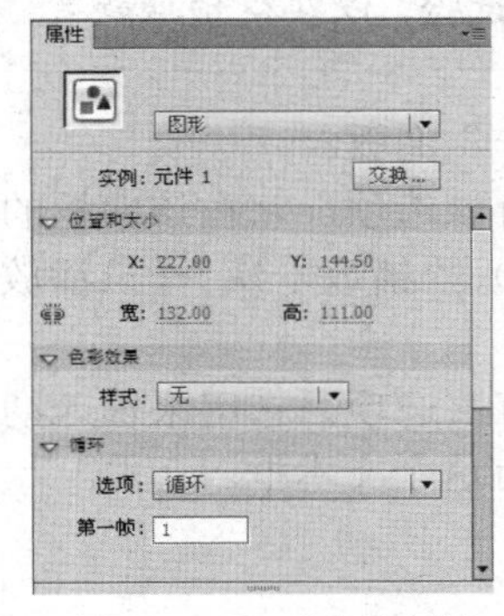

图 5-1-15　图形实例“属性”面板

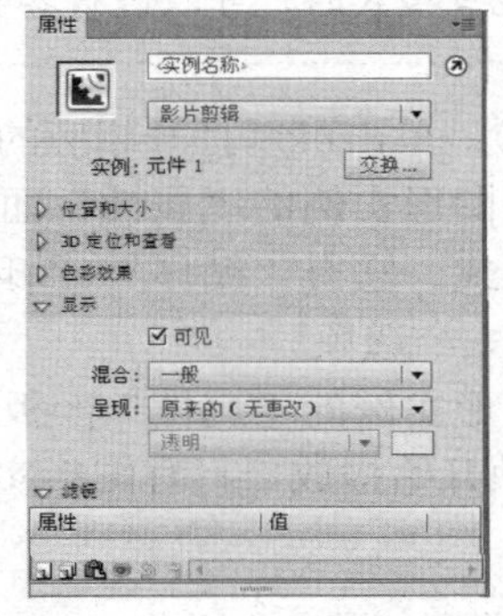

图 5-1-16　影片剪辑实例“属性”面板

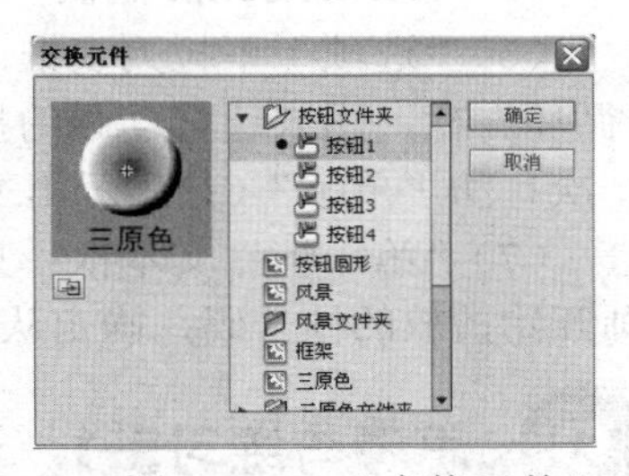

图 5-1-17　“交换元件”对话框

选中元件的名称后单击“确定”按钮，或者双击元件的名称，都可以用这些元件改变选中的实例。单击该面板中的“直接复制元件”按钮，弹出“直接复制元件”对话框，在该对话框内的文本框中输入名称，再单击“确定”按钮，即可复制一个新元件。

（4）“混合”下拉列表框：其内有一些选项，用来设置混合模式。选择不同的混合模式，可以更改舞台上一个影片剪辑实例对象与位于它下方对象的组合方式，混合重叠影片剪辑中的颜色。影片剪辑元件实例的混合模式如表 5-1-1 所示。

表 5-1-1　Flash CS6 影片剪辑元件实例的混合模式

混合模式	作用
一般	正常应用颜色，不与基准颜色有相互关系
图层	可以层叠各个影片剪辑，而不影响其颜色
变暗	只替换比混合颜色亮的区域。比混合颜色暗的区域不变
正片叠底	将基准颜色复合以混合颜色，从而产生较暗的颜色
变亮	只替换比混合颜色暗的像素。比混合颜色亮的区域不变
滤色	将混合颜色的反色与基准颜色混合，产生漂白效果
叠加	进行色彩增值或滤色，具体情况取决于基准颜色
强光	进行色彩增值或滤色，具体情况取决于混合模式颜色，效果类似于点光源照射
增加	与其下边影片剪辑实例对象的基准颜色相加
减去	与其下边影片剪辑实例对象的基准颜色相减
差值	系统会比较影片剪辑实例对象的颜色和基准颜色，用它们中较亮颜色的亮度减去较暗颜色的亮度值，作为混合色的亮度。效果类似于彩色底片
反相	获取基准颜色的反色
Alpha	Alpha 设置不透明度。注意：该模式要求将混合模式应用于父级影片剪辑实例，不能将背景影片剪辑实例的混合模式设置为该模式，这样会使该对象不可见
擦除	删除所有基准颜色像素，包括背景图像中的基准颜色像素。该混合模式要求将图层混合模式应用于父级影片剪辑。不能将背景影片剪辑实例的混合模式设置为“擦除”混合模式，这样会使该对象不可见

说 明

表中的“混合颜色”是指应用于混合模式的颜色，“不透明度”是指应用于混合模式的透明度，“基准颜色”是指混合颜色下的像素颜色，“结果颜色”是基准颜色和混合颜色的混合效果。由于混合模式取决于将混合应用于对象的颜色和基础颜色，因此必须试验不同的颜色，以查看结果。建议在采用混合模式时，可以进行各种混合试验，以获得预期效果。

（5）“ActionScript 面板”按钮：单击可以打开相应的“动作”面板。

（6）“选项”下拉列表框：只有图形实例的“属性”面板才有该选项，它在该面板的“循环”栏，用来选择动画的播放模式。它有“循环”（循环播放）、“播放一次”（只播放一次）和“单帧”（只显示第 1 帧）三个选项。

（7）“第一帧”文本框：只有图形实例的“属性”面板中才有该选项。它用来输入动画开始播放的帧号码，确定从第几帧开始播放。只有图形实例才有这个文本框。

思考与练习5-1

（1）制作一个“名花浏览”动画，该动画运行后的两幅画面如图 5-1-18 所示。

可以看到，框架内显示6个文字按钮和一个图像框。当鼠标指针经过红色文字“桂花图像”按钮时，文字颜色变为蓝色，同时在右边显示一幅桂花图像；单击“桂花图像”按钮时，文字颜色变为绿色，如图5-1-18（a）所示。当鼠标指针经过或单击其他文字按钮时，文字颜色都会发生变化，同时在文字按钮右边会显示相应的名花图像，如图5-1-8（b）所示。

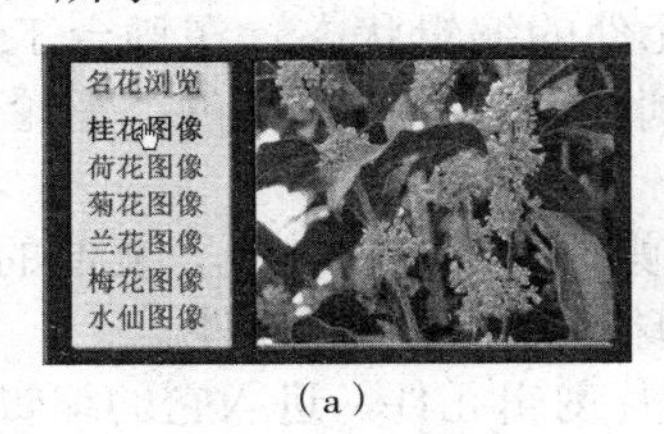

（a）

（b）

图5-1-18 “名花浏览”动画运行后的两幅画面

（2）制作一个“电风扇按钮”动画，该动画运行后，屏幕上显示一个不转动的电风扇图像，如图5-1-19（a）所示。将鼠标指针移到电风扇图像之后，电风扇开始转动，如图5-1-19（b）所示。单击电风扇（不松开鼠标左键），电风扇会逐渐消失，同时逐渐显示“转动的电风扇”文字，如图5-1-19（c）所示。

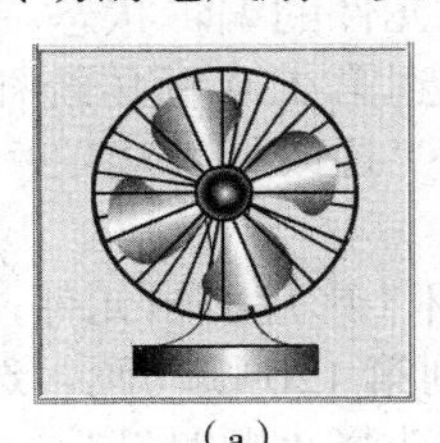
（a）

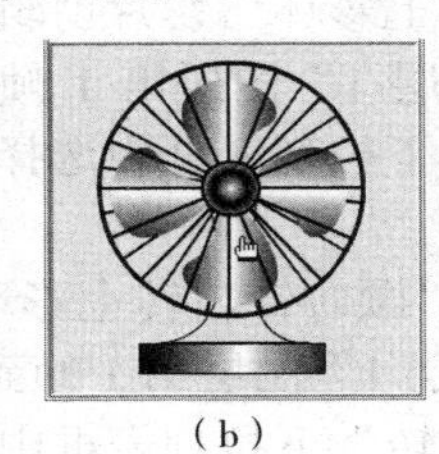
（b）

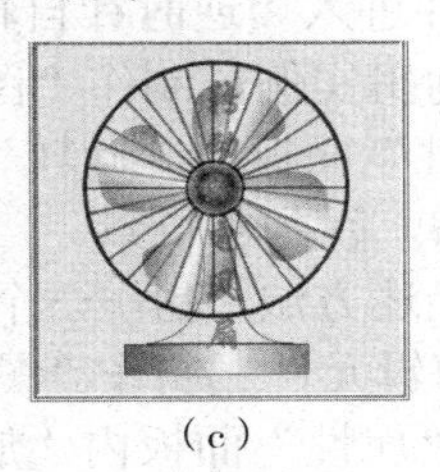
（c）

图5-1-19 “电风扇按钮”动画运行后的3幅画面

5.2 【案例17】摆动指针表

【案例效果】

“摆动指针表”动画运行后的两幅画面如图5-2-1所示。可以看到模拟指针表表盘由自转的5个半径和颜色都不同的彩珠环、一个顺时针自转的七彩光环、一个逆时针自转的七彩光环组成，两个指针像表的时针和分针一样旋转。最左边指针表摆起后回原处，撞击中间的指针表，右边指针表摆起，当指针表回原处后又撞击中间的指针表，左边指针表再摆起。周而复始，不断运动。制作该动画使用了装饰性绘画工具，有喷涂刷工具和Deco绘画工具。使用装饰性绘画工具后，可以利用图形或影片剪辑元件创建复杂的几何图案。将一个或多个元件与Deco对称工具一起使用，以创建万花筒效果。

图5-2-1 “摆动指针表”动画播放后的两幅画面

【操作过程】

1. 制作几个影片剪辑元件

（1）新建一个 Flash 文档。设置舞台工作区的宽为 600 px，高为 300 px，背景为白色。然后以名称“【案例 17】摆动指针表.fla”保存。

（2）创建并进入“彩珠 1”影片剪辑元件的编辑状态，在舞台工作区的中心绘制一幅宽和高均为 15 px 的圆，圆内填充白色到红色的径向渐变色，无轮廓线。然后，回到主场景。

（3）将“库”面板内的“彩珠 1”影片剪辑元件复制 4 个，复制的影片剪辑元件的名称分别是“彩珠 2”“彩珠 3”“彩珠 4”“彩珠 5”影片剪辑元件。

（4）双击“库”面板内的“彩珠 2”影片剪辑元件，进入它的编辑状态。将彩球的填充改为白色到绿色。再分别将其他 3 个影片剪辑元件内的彩球颜色更换。

（5）按照【案例 7】“模拟指针表”动画中介绍的方法，制作“七彩环 1”影片剪辑元件，其内圆环宽度为 10 个点，颜色为七彩色，无填充，宽和高均为 100 px，如图 5-2-2 所示。然后，将“七彩环 1”影片剪辑元件复制一个名称为“七彩环 2”的影片剪辑元件，将其内的七彩圆环宽度改为 3 个点。

（6）创建并进入“逆时针自转七彩环”影片剪辑元件的编辑状态。其内第 1 帧是“七彩环 1”影片剪辑实例，制作“图层 1”图层第 1 帧到第 120 帧传统补间动画。选中第 1 帧，在其“属性”面板的“旋转”下拉列表框中选择“逆时针”选项，在其右边的文本框中输入 1。然后，回到主场景。

（7）按照上述方法，制作一个“顺时针自转七彩环”影片剪辑元件，其内放置的是“七彩环 2”影片剪辑元件。制作“图层 1”图层第 1 帧到第 120 帧动画。选中“图层 1”图层第 1 帧，在其“属性”面板内“旋转”下拉列表框中选择“顺时针”。然后，回到主场景。

（8）创建并进入“横杆”影片剪辑元件的编辑状态，绘制一个无轮廓线、填充七彩渐变色、宽 586 px、高 11 px 的水平条状矩形。然后，回到主场景。

2. 制作“表盘”影片剪辑元件

（1）创建并进入“表盘”影片剪辑元件的编辑状态，单击工具箱内的“Deco 工具”按钮，在“属性”面板的“绘图效果”下拉列表框中选择“对称刷子”选项。在“高级选项”下拉列表框内选择“旋转”选项，选中“测试冲突”复选框。

（2）单击“编辑”按钮，弹出“选择元件”对话框，选择“彩珠 1”影片剪辑元件，如图 5-2-3 所示。单击“确定”按钮，用“彩珠 1”影片剪辑元件替换默认元件。

（3）在中心点外单击，创建一个由“彩珠 1”影片剪辑实例（红色彩珠）组成的圆图形，移动鼠标指针调整圆的大小，它的中心点始终在十字中心线处。逆时针或顺时针拖动数量手柄，调整圆中的“彩珠 1”影片剪辑实例的个数，如图 5-2-4 所示。

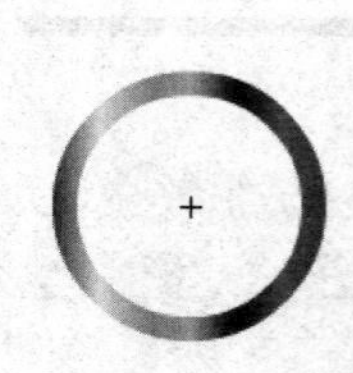

图 5-2-2　七彩环

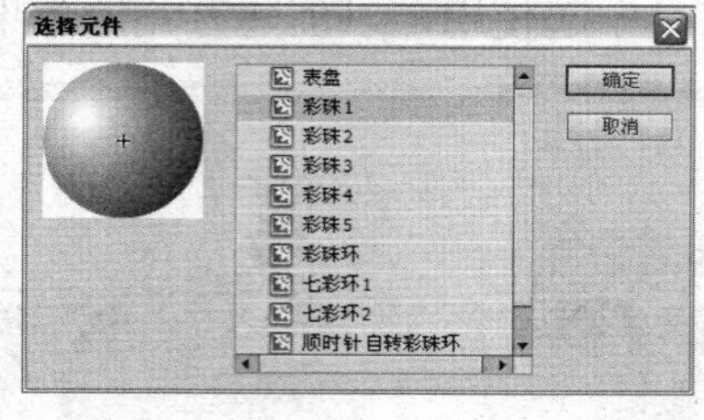

图 5-2-3　“选择元件”对话框

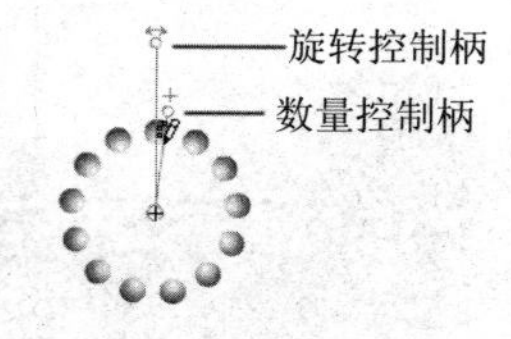

图 5-2-4　红色彩珠圆

（4）再单击“编辑”按钮，弹出“选择元件”对话框，选择“彩珠 2”影片剪辑元件，单击“确定”按钮，用“彩珠 2”影片剪辑元件替换默认元件。在红色彩珠圆外单击，创建一个由绿色彩珠组成的圆图形，如图 5-2-5 所示。

（5）按照上述方法，再用不同的影片剪辑元件创建 5 个彩珠圆，如图 5-2-6 所示。

（6）制作“图层 1”图层第 1 帧到第 80 帧的动作动画。选中第 1 帧，在其“属性”面板的“旋转”下拉列表框中选择“顺时针”选项，在其右边的文本框中输入 1。

然后，回到主场景，完成“表盘”影片剪辑元件的制作。

3. 制作“模拟指针表”影片剪辑元件

（1）创建并进入“模拟指针表”影片剪辑元件的编辑状态。选中“图层 1”图层第 1 帧，将“库”面板中的“表盘”影片剪辑元件拖动到舞台工作区中，形成一个“表盘”影片剪辑实例。在“属性”面板内设置它的宽和高均为 300 px，“X”和“Y”均为 0。

（2）将“库”面板中的“逆时针自转七彩环”影片剪辑元件拖动到舞台工作区中，形成一个影片剪辑实例。调整它的宽和高均为 60 px，使该实例位于舞台工作区的正中心处。

（3）再将“库”面板中的“顺时针自转七彩环”影片剪辑元件拖动到舞台工作区中，形成一个实例，利用“属性”面板调整它的宽和高均为 310 px，“X”和“Y”均为 0。

（4）在“图层 1”图层之上添加“图层 2”图层，选中该图层第 1 帧。使用“线条工具”，在其“属性”面板内设置笔触高为 3 pts，笔触颜色为红色。按住【Shift】键，从中心处垂直向上拖动出一条垂直直线。在其“属性”面板的“高”文本框中输入 110。

（5）使用“椭圆工具”按钮，在直线下端处绘制一个直径 10 px 的圆图形，表示时针，在其“属性”面板内，设置 X 和 Y 的值均为–5。使用“任意变形工具”，选中绘制的垂直线条和小圆，拖动它们的中心点，移到小圆的中心处，如图 5-2-7 所示。

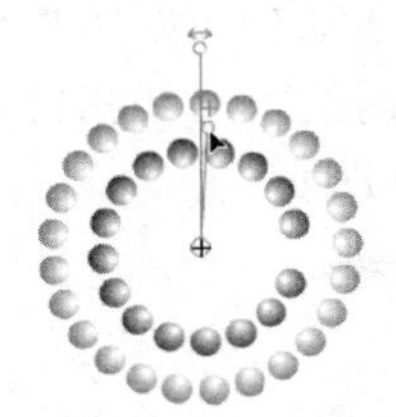

图 5-2-5　绿色彩珠圆

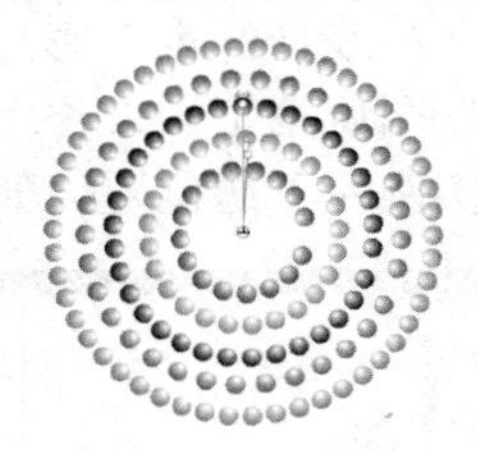

图 5-2-6　5 个彩珠圆

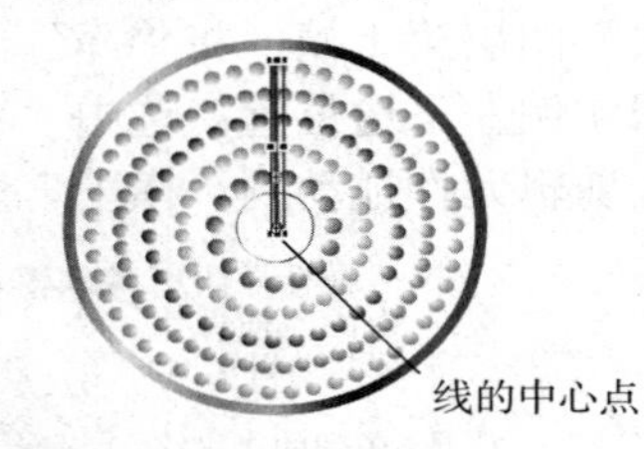

图 5-2-7　调整线的中心点

（6）制作“图层 2”图层第 1 帧到第 120 帧的动作动画。选中第 1 帧，再在其“属性”面板的“旋转”下拉列表框中选择“顺时针”选项，在其右边的文本框中输入 1。

注 意

在制作完动画后，必须保证第 1 帧和第 120 帧内垂直线条的中心点不变。

（7）在“图层 2”图层之上新建“图层 3”图层，选中该图层第 1 帧。按照上述方法绘制一条线宽为 2 pts 的蓝色垂直线条，再在直线下端绘制一个小圆，表示时针。再使用工具箱“任意变形”，选中垂直线条和小圆，拖动中心点到小圆中心处。在其“属性”面板内设置“宽”为 2，“高”为 160，X 和 Y 的值均为 0。

（8）制作“图层 3”图层第 1 帧到第 120 帧的传统补间动画。选中第 1 帧，再在其“属性”面板的“旋转”下拉列表框中选择“顺时针”选项，在其右边的文本框中输入 12。

（9）选中“图层 1”图层第 120 帧，按【F5】键，创建一个第 2～120 帧的普通帧，再回到主场景。至此，“模拟指针表”影片剪辑元件制作完毕，时间轴如图 5-2-8 所示。

（10）创建并进入“吊线指针表”影片剪辑元件的编辑状态。选中“图层 1”图层第 1 帧，将“库”面板中的“模拟指针表”影片剪辑元件拖动到舞台工作区中，形成一个影片剪辑实例。在“属性”面板内设置它的宽和高均为 300 px，“X”和“Y”均为 0。

（11）使用“线条工具” ，绘制一条红色、2 px 宽的垂直直线，如图 5-2-9 所示。然后，回到主场景。

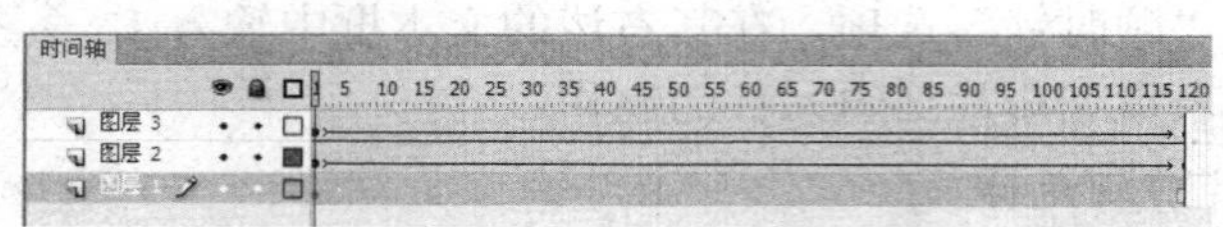

图 5-2-8 “模拟指针表”影片剪辑元件的时间轴

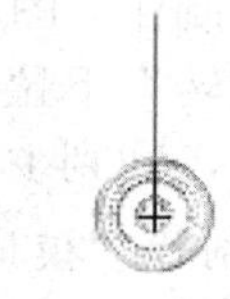

图 5-2-9 绘制垂直直线

4. 制作主场景动画

（1）将“图层 1”图层名称改为“背景图像”，选中该图层第 1 帧，导入“风景.jpg”图像，拖动到舞台工作区内中间位置，调整它的宽为 575 px、高为 288 px。

（2）在“背景图像”图层之上添加“横干”图层，选中该图层第 1 帧，将“库”面板内的“横干”影片剪辑元件拖动到图像上边位置，形成“横干”影片剪辑实例，利用它的“属性”面板添加斜角滤镜，使“横干”影片剪辑实例呈立体状，如图 5-2-10 所示。

（3）在“横干”图层之上添加“中指针表”图层，选中该图层第 1 帧，将“库”面板内的“吊线指针表”影片剪辑元件拖动到“横干”影片剪辑实例下边的中间位置，如图 5-2-10 所示。然后，按住【Ctrl】键，单击选中“中指针表”和“背景图像”图层第 100 帧，按【F5】键，使这两个图层第 1 帧到第 100 帧内容一样。

（4）在“中指针表”图层之上添加“左指针表”和“右指针表”图层，选中“左指针表”图层第 1 帧，将“库”面板内的“吊线指针表”影片剪辑元件拖动到“横干”影片剪辑实例左下边位置；选中“右指针表”图层第 1 帧，将“库”面板内的“吊线指针表”影片剪辑元件拖动到“横干”影片剪辑实例左下边位置，如图 5-2-10 所示。

图 5-2-10 第 1 帧各图层内不同的影片剪辑元件实例和图像

（5）使用“任意变形工具” ，单击选中“左指针表”图层第 1 帧的“吊线指针表”影片剪辑实例，拖动该影片剪辑实例的中心点标记 ，使它移到摆线的顶端，确定单摆的旋转中心，如图 5-2-11 所示。创建“左指针表”图层第 1 帧到第 50 帧的传统补间动画。此时，第 1 帧与第 50 帧的画面均如图 5-2-10 所示。选中“左指针表”图层第 25 帧，按【F6】键，创建一个关键帧。保证第 25 帧“吊线指针表”影片剪辑实例的圆中心点标记移到摆线的顶端。再旋转调整“吊线指针表”影片剪辑实例到图 5-2-12 所示的位置。

（6）右击“左指针表”图层的第 50 帧，弹出帧快捷菜单，选择该菜单中的“删除补间”命令，使该帧不具有动画属性，“左指针表”图层第 51～100 帧内的虚线取消。

（7）选中“右指针表”图层第 51 帧，按【F6】键，创建一个关键帧。再使第 51 帧具有传统补间动画的属性。拖动该关键帧内“吊线指针表”影片剪辑实例的中心点标记 ，使它移到摆线的顶端。选中“右指针表”图层的第 100 帧和第 75 帧，按【F6】键，创建

“右指针表”图层中第 51 帧到第 75 帧再到第 100 帧的传统补间动画。此时，第 51 帧与第 100 帧的画面均如图 5-2-10 所示。

（8）使用“任意变形工具” ，单击选中“右指针表”图层第 75 帧，保证该帧的“吊线指针表”影片剪辑实例的圆中心点标记移到单摆线的顶端，旋转调整“右指针表”图层第 75 帧内的“吊线指针表”影片剪辑实例，效果如图 5-2-13 所示。

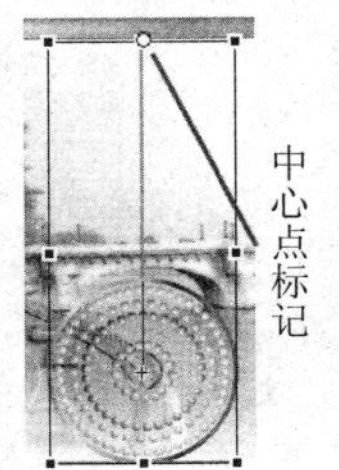

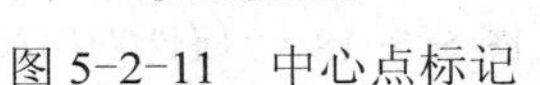
图 5-2-11　中心点标记

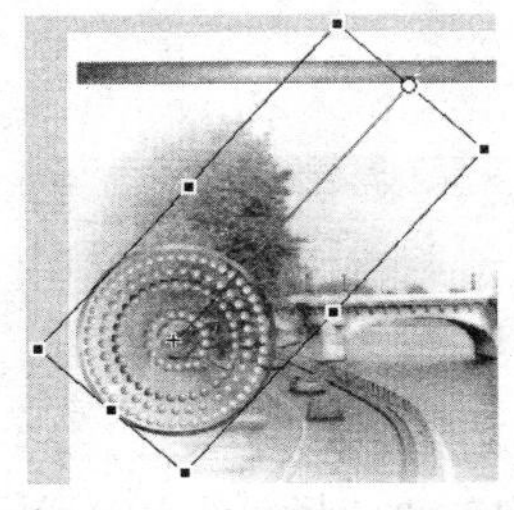
图 5-2-12　第 25 帧画面

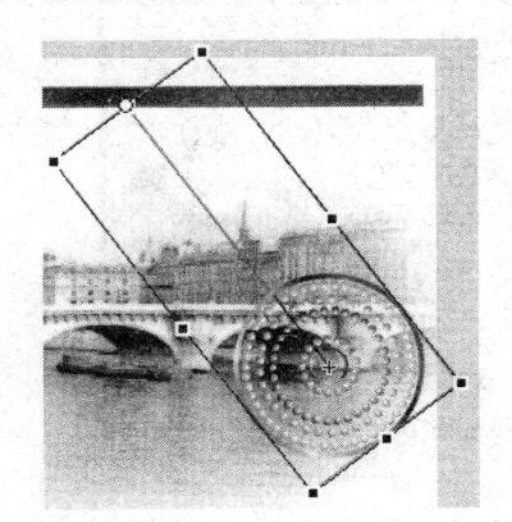
图 5-2-13　第 75 帧画面

至此，“摆动指针表”动画制作完毕，它的时间轴如图 5-2-14 所示。

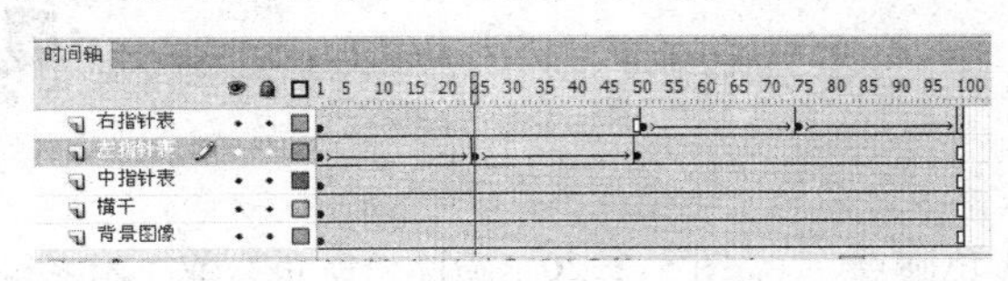

图 5-2-14　“摆动指针表”动画的时间轴

【相关知识】

1. 使用喷涂刷工具创建图案

在默认情况下，使用“喷涂刷工具” 可以使用当前设置的填充颜色喷射粒子点。在设置的图形或影片剪辑元件内的图形、图像或动画等未喷涂前，使用喷涂刷工具可以将设置的图形或影片剪辑元件内的图形、图像或动画等喷涂到舞台工作区内。基本方法如下：

（1）制作影片剪辑元件或图形元件，其内可以绘制各种图形、导入图像、制作动画等。例如，创建一个名称为“米老鼠”的影片剪辑元件，其内是一个名称为“米老鼠.gif”的 GIF 格式动画的各帧图像，其中的一帧图像如图 5-2-15（a）所示。再制作了一个名称为“鲸鱼”的影片剪辑元件，其中的一帧图像如图 5-2-15（b）所示。

（2）单击按下工具箱内的“喷涂刷工具”按钮 ，决定使用“喷涂刷工具”。同时，打开“喷涂刷工具”的“属性”面板，这是采用默认喷涂粒子（小圆点）的喷涂刷工具的“属性”面板，如图 5-2-16 所示。

（a）　　（b）

图 5-2-15　“米老鼠”和“鲸鱼”影片剪辑元件一帧的图像

（3）单击“编辑”按钮，即可弹出“选择元件”对话框，如图 5-2-17 所示。其内的列表框中列出了本影片所有的元件名称和相应的图标，单击选中其中的元件后（如选中“鲸鱼”影片剪辑元件），如图 5-2-17 所示。单击该对话框内的“确定”按钮，即可设置喷涂形状是“鲸鱼”影片剪辑元件内的动画。此时的“属性”面板如图 5-2-18 所示。

（4）需要在喷涂刷工具的“属性”面板内设置喷涂点填充色（采用默认喷涂粒子黑色圆点时）、大小、随机特点、画笔宽度和高度等。

（5）在舞台工作区内要显示图案的位置单击或拖动，即可创建动画或图像。

按照图 5-2-16 所示进行设置（颜色为黑色）后，几次单击舞台工作区后的效果如

图 5-2-19 所示。按照图 5-2-18 所示设置后，喷涂效果如图 5-2-20（a）所示。如果在“选择元件”对话框内选择“米老鼠”影片剪辑元件后的喷涂效果如图 5-2-20（b）所示。

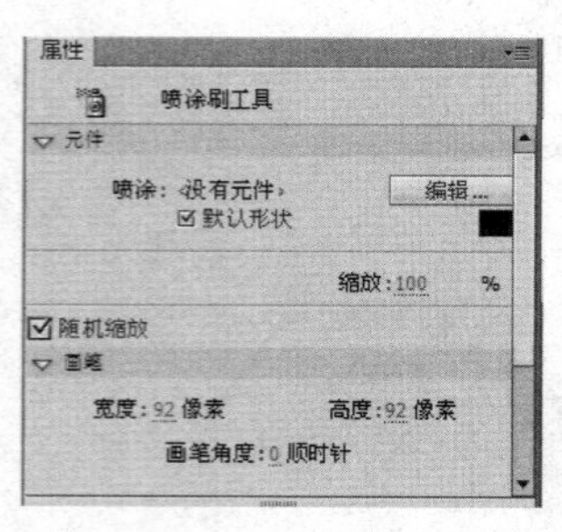

图 5-2-16 “属性”面板

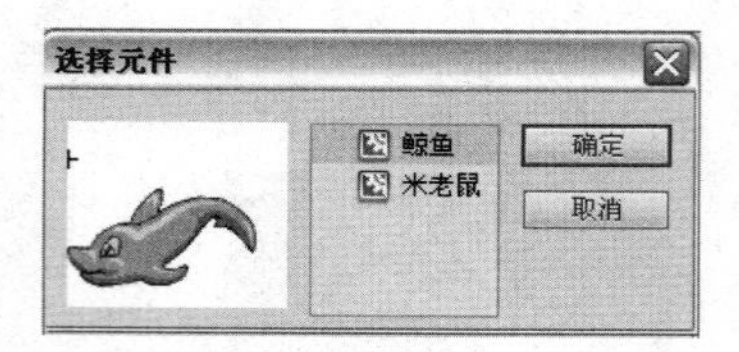

图 5-2-17 “选择元件”对话框

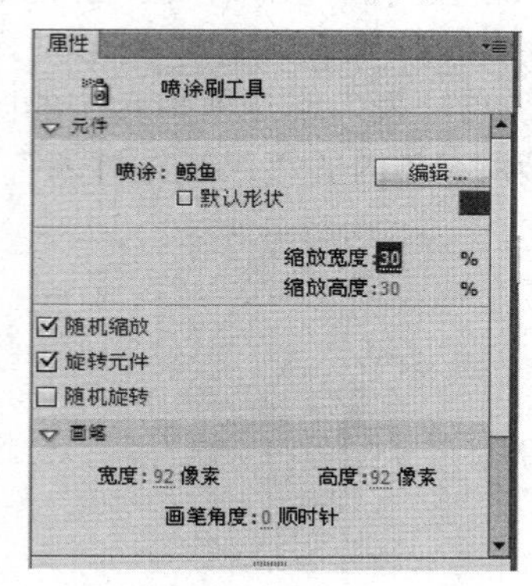

图 5-2-18 “属性”面板

图 5-2-19 喷涂黑色圆点

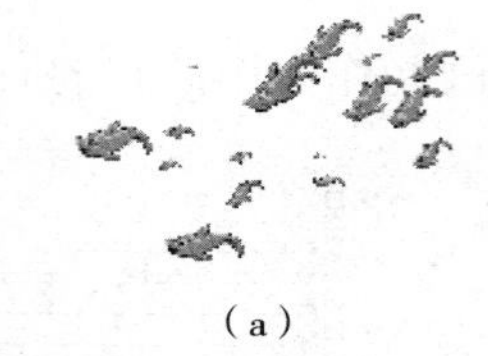
（a）

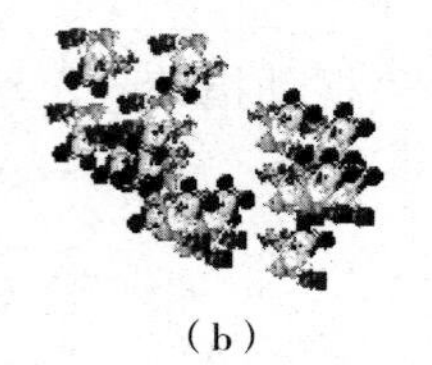
（b）

图 5-2-20 喷涂“鲸鱼”或“米老鼠”影片剪辑元件实例

2. 喷涂刷工具参数设置

喷涂刷工具的“属性”面板中“元件”和“画笔”栏内各选项的作用如下：

（1）颜色选取器：在选中“默认形状”复选框（采用默认喷涂）后，单击它可以打开一个颜色面板，用来设置默认粒子的填充色。使用元件作为喷涂粒子时，禁用它。

（2）“缩放”文本框：在选中“默认形状”复选框后，该文本框会出现，它用来缩放用作喷涂粒子的圆点的直径。

（3）“缩放宽度”文本框：用来缩放用作喷涂粒子的元件实例宽度为原宽度的百分比。

（4）“缩放高度”文本框：用来缩放用作喷涂粒子的元件实例高度为原高度的百分比。

（5）“随机缩放”复选框：用来指定按随机缩放比例将每个喷涂粒子放置在舞台上。

（6）“旋转元件”复选框：确定围绕中心点旋转基于元件的喷涂粒子。

（7）“随机旋转”复选框：用来指定按随机旋转角度喷涂基于元件的喷涂粒子。

（8）“宽度”和“高度”文本框：用来确定画笔的宽度和高度。

（9）“画笔角度”文本框：用来确定画笔顺时针旋转的角度。

3. Deco 工具藤蔓式效果

在选择“Deco 工具”后，可以从“属性”面板中选择效果，对舞台工作区内的选定对象应用效果。Deco 工具的“属性”面板如图 5-2-21 所示。在“绘制效果”栏的下拉列表框中可以选择“藤蔓式填充”“网格填充”“对称刷子”“3D 刷子”等选项。选择不同选项时，“属性”面板内的参数会不一样，如图 5-2-21 所示。

利用藤蔓式填充效果，可以用藤蔓式图案填充舞台工作区、元件实例或封闭区域内。藤蔓式图案由叶子、花朵和花茎三部分组成，叶子和花朵可以用元件替代，花茎可以更换颜色；在采用默认形状（默认叶子和花朵）时，叶子和花朵的颜色可以更换。单击工具箱的“Deco 工具”按钮，在“属性”面板的“绘图效果”下拉列表框中选择“藤蔓式填充”选项（见图 5-2-22），此时的“属性”面板如图 5-2-21（a）所示。其内各选项的作用如下：

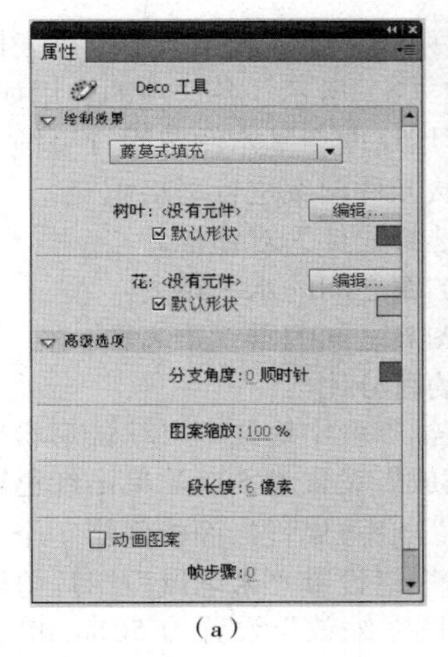

（a）

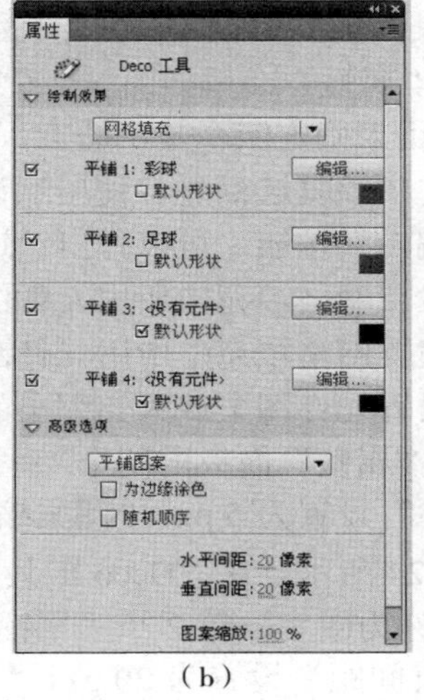

（b）

（c）

图 5-2-21　Deco 工具的“属性”面板

（1）“默认形状”复选框：选中“树叶”和“花”栏内的“默认形状”复选框后，藤蔓式图案中的叶子和花采用默认的叶子和默认的花。此时可以更换叶子和花的颜色。

（2）“编辑”按钮：单击“编辑”按钮，弹出“选择元件”对话框，选择一个自定义元件，单击“确定”按钮，用选定的元件替换默认花朵元件和叶子元件。

（3）“分支角度”文本框：用来设置花茎的角度。

（4）“分支颜色”图标■：设置花茎的颜色。

（5）“图案缩放”文本框：设置藤蔓式图案的缩放比例。

（6）“段长度”文本框：设置叶子结点和花朵结点之间的段长度。

（7）“动画图案”复选框：选中它后，按一定的时间间隔，将绘制的图案保存在新关键帧内。在绘制图案时，可以创建花朵图案的逐帧动画。

（8）“帧步骤”文本框：设置绘制图案时每秒新产生关键帧的数。

单击工具箱内的“Deco 工具”按钮，在“属性”面板内设置花的颜色为红色后，单击舞台工作区，绘制效果如图 5-2-23 所示。

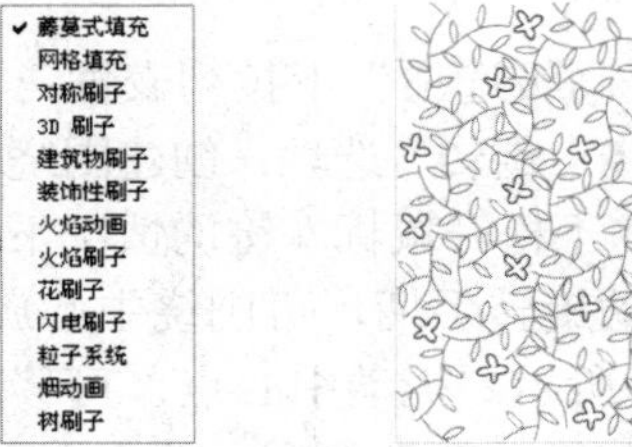

图 5-2-22　下拉列表　　图 5-2-23　图形效果

创建“叶”和“花”影片剪辑元件，其内分别绘制一幅叶子和一幅花图案，宽和高均在 20 px。在 Deco 工具的“属性”面板内用“叶”和“花”影片剪辑元件分别替代默认的叶子和花，设置有关参数，如“分支角度”值为 6，“图案缩放”值为 50%，“段长度”值为 0.5。多次单击舞台工作区内的空白处，可以利用绘制的叶子和花绘制图案。当元件内的图案大小和内容变化时，选择的参数不同，单击舞台工作区后形成的图案会不一样。

4. Deco 工具网格效果

可以使用默认元件图案（宽度和高度均为 25 px、无笔触的黑色正方形图形）给舞台工作区、元件实例或封闭区域进行网格填充，创建棋盘图案。也可以使用“库”面板中的元件图案替代默认的元件图案进行网格填充。移动填充的元件图案或调整元件图案大小，则网格填充也会随之进行相应的调整。可以设置填充形状的水平间距、垂直间距和缩放比例。应用网格填充效果后，将无法更改“属性”面板中的高级选项以改变填充图案。

使用工具箱内的“Deco 工具”，在“属性”面板中的“绘图效果”下拉列表框中选择“网格填充”选项。此时的“属性”面板如图 5-2-21（b）所示。各选项的作用如下：

（1）四个“平铺”栏：可以用来确定四个基本图案，用这四个基本图案进行平铺。

（2）“默认形状”复选框：选中该复选框后，使用默认元件图案进行网格填充。

（3）“编辑”按钮：单击“编辑”按钮，可以弹出“选择元件”对话框。

（4）“水平间距”文本框：设置网格填充中所用元件图案之间的水平距离。

（5）“垂直间距”文本框：设置网格填充中所用元件图案之间的垂直距离。

（6）“图案缩放”文本框：设置元件图案放大和缩小的百分比。

例如，在“Deco 工具”“属性”面板内四个“平铺”栏中均选中“默认形状”复选框，“水平间距”和“垂直间距”设置为 5 px，“图案缩放”设置为 50%，单击红色矩形内左上角，创建的图形如图 5-2-24 所示。在“Deco 工具”“属性”面板内第 1 个“平铺”栏设置“鲸鱼”影片剪辑元件为图案，第 2 个“平铺”栏设置“米老鼠”影片剪辑元件为图案，“水平间距”和“垂直间距”设置为 20 px，“图案缩放”设置为 50%，单击舞台工作区内左上角，创建的图形如图 5-2-25 所示。

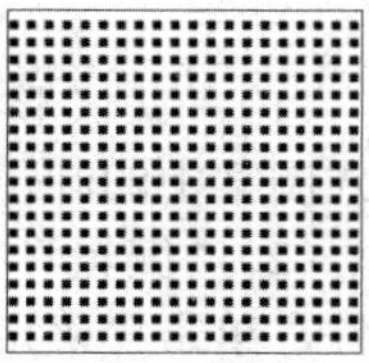

图 5-2-24　图形效果 1

图 5-2-25　图形效果 2

5. Deco 工具对称刷子效果

使用对称刷子效果，可以围绕中心点对称排列元件。单击工具箱内的“Deco 工具”按钮后，在其“属性”面板“绘图效果”下拉列表框中选择“对称刷子”选项，再进行设置，然后单击舞台工作区，即可创建由元件图案组成的对称图案。同时会显示两个手柄。拖动调整手柄可调整元件图案大小和个数等。图 5-2-21（c）所示的“属性”面板内各选项的作用如下：

（1）“默认形状”复选框：选中该复选框后，对称效果的默认元件是宽和高均为 25 px、无笔触的黑色正方形图形。此时可以更换颜色。

（2）“编辑”按钮：单击“编辑”按钮，可以弹出“选择元件”对话框，选择一个自定义元件，单击“确定”按钮，用选定的元件替换默认元件（正方形图形）。

（3）“高级选项”下拉列表框：其内有 4 个选项。各选项的作用如下：

①“绕点旋转”选项：创建围绕中心点对称旋转的图形。单击中心点外即可产生一圈元件图案，在不松开鼠标左键的情况下，按圆轨迹拖动，可围绕中心点旋转图形，如图 5-2-26 所示。拖动旋转手柄，可围绕中心旋转图形；拖动数量手柄，可调整一圈中图案个数，如图 5-2-27 所示。拖动中心点，可移动中心点，平移整个图形。

②“跨线反射”选项：单击中心点外即可创建按照不可见线条等距离镜像元件实例的图形，如图 5-2-28 所示。不松开鼠标左键拖动，可以调整两个元件图案的间距；拖动旋转手柄，可围绕中心旋转图形；拖动移动中心点，可平移整个图形。

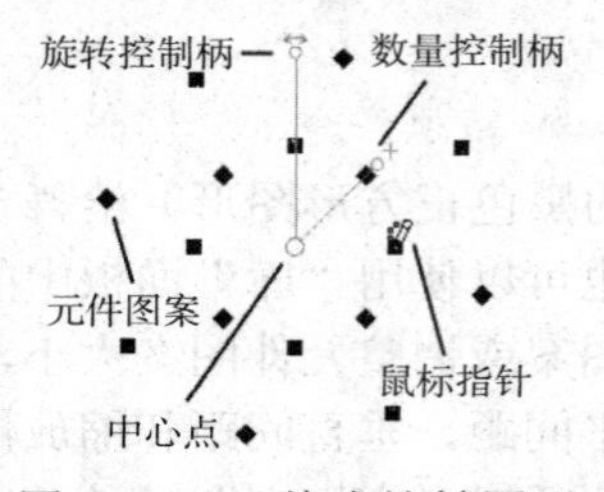

图 5-2-26　绕点旋转图形

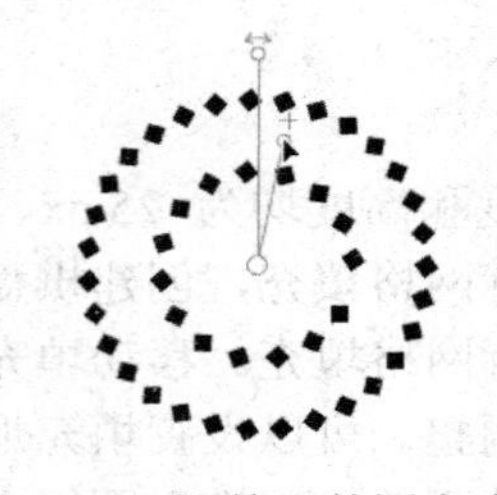

图 5-2-27　调整元件图案个数

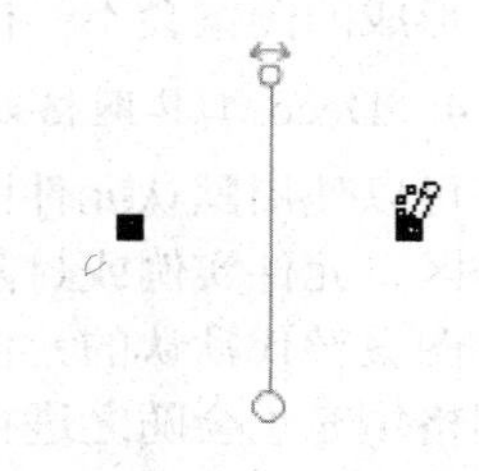

图 5-2-28　跨线反射图形

③“跨点反射”选项：创建围绕固定点等距离镜像元件图案的图形。单击中心点外即可产生对称图形，如图 5-2-29 所示。调整特点与“跨线反射”基本相同。

④“网格平移”选项：创建按对称效果绘制的网格图形，如图 5-2-30 所示。单击后即可创建形状网格。拖动控制手柄，可以旋转 *X* 和 *Y* 坐标，旋转图形；可以改变组成图形的元件图案的个数，调整图形的高度和宽度。

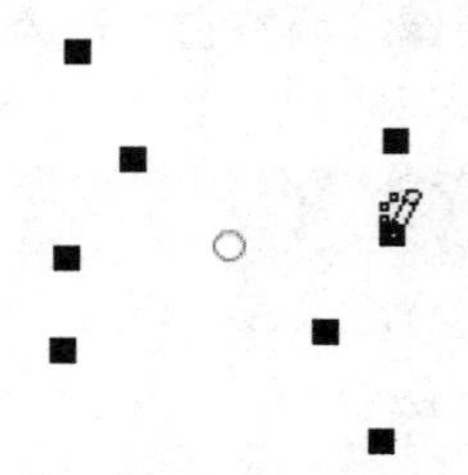

图 5-2-29　跨点反射图形

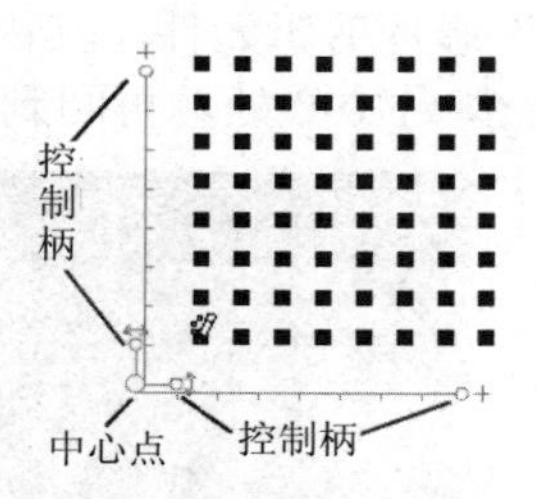

图 5-2-30　网格平移图形

（4）“测试冲突”复选框：选中该复选框后，不管增加多少元件图案，都可以防止元件图案重叠。不选中该复选框，则允许元件图案重叠。

思考与练习5-2

（1）使用喷涂刷工具，制作一个星空图形。

（2）使用喷涂刷工具，制作一个火焰动画。

（3）使用 Deco 工具，制作一个棋盘图形。

（4）使用 Deco 工具，选择“建筑物刷子”绘制效果，制作一个图 5-2-31 所示图形。

（5）选择“花刷子”和“树刷子”等绘制效果，绘制一幅有鲜花、绿树、小草的花园。

（6）使用 Deco 工具，选择“闪电刷子”绘制效果制作一个深夜闪电图形。

图 5-2-31　建筑物图形

案例 18 视频

5.3 【案例 18】世界名画展厅

【案例效果】

“世界名画展厅”图像如图 5-3-1 所示。它与【案例 8】“世界摄影展厅和跳跃彩球”动画中的展厅相似，没有彩球跳跃，两边图像和黑白相间的地面更具有透视效果。

图 5-3-1　“世界名画展厅”图像

【操作过程】

1. 制作影片剪辑实例

（1）参看【案例 8】动画的制作方法，新建一个 Flash 文档，设置舞台工作区宽为 900 px、高为 300 px，背景为黄色。在该动画时间轴内，将“图层 1”图层的名称改为“正面和顶部”，再在该图层之上依次创建“地面”、“左图”和“右图”3 个图层。然后，以名称“【案例 18】世界名画展厅.fla”保存。

（2）在舞台工作区内显示网格。创建一个“左图”影片剪辑元件，其内导入图 5-3-2 所示的图像，调整它的宽为 205 px，高为 300 px，位于舞台中心处。再回到主场景。创建一个“右图”影片剪辑元件，其内导入图 5-3-3 所示的图像，调整它的宽为 205 px，高为 300 px，位于舞台中心处。再回到主场景。

图 5-3-2 “左图”影片剪辑元件内容

图 5-3-3 “右图”影片剪辑元件内容

（3）创建并进入“大理石”影片剪辑元件编辑状态，使用“矩形工具”，绘制一个高和宽均为 20px，X 和 Y 的值均为 0 的黑色正方形。再在该图形右边绘制一个同样大小的白正方形，X 值为 20，Y 值为 0。将它们组成组合，如图 5-3-4（a）所示。

（4）将正方形组合复制一份，移到原来正方形组合的下边，如图 5-3-4（b）所示。选中复制的正方形组合，在其“属性”面板内设置 X 值为 0，Y 值为 20，再将复制的两个正方形组合水平翻转，如图 5-3-4（c）所示。然后，回到主场景。

（5）创建并进入“大理石 2”影片剪辑元件编辑状态，使用“Deco 工具”，在“属性”面板“绘图效果”下拉列表框中选择“网格填充”选项。只选中“平铺 1”复选框，在“水平间距”和“垂直间距”文本框内输入 0。单击“编辑”按钮，弹出“选择元件”对话框，选择“大理石”影片剪辑元件，单击“确定”按钮，用选中元件替换默认元件。

（6）设置舞台工作区的背景色为白色。单击舞台中心处，生成黑白大理石画面。使用“选择工具”，拖动黑白大理石画面，使它的左上角与舞台中心点对齐，如图 5-3-5 所示。然后，回到主场景。

图 5-3-4 “大理石”影片剪辑元件制作过程　　图 5-3-5 “大理石 2”影片剪辑元件内容

2. 制作透视图像

（1）选中“正面和顶部图”图层之上“左图”图层的第 1 帧，将“库”面板内的“左图”影片剪辑元件拖动到舞台工作区内左边的梯形轮廓线处，调整它的大小和位置；选中“左图”图层之上“右图”图层的第 1 帧，将“库”面板内的“右图”影片剪辑元件拖动到舞台工作区内右边的梯形轮廓线处，调整它的大小和位置。

将“地面”图层暂时移到“右图”图层的上边，选中“地面”图层第 1 帧，将“库”面板内的“大理石 2”影片剪辑元件拖动到舞台内，调整它的大小和位置，效果如图 5-3-6 所示。

图 5-3-6　添加三个影片剪辑实例

（2）使用“选择工具”，单击选中“左图”图层第 1 帧内的“左图”影片剪辑实例，单击工具箱内的“3D 旋转工具”，使“左图”影片剪辑实例成为 3D 对象，在“左图”影片剪辑实例之上会叠加显示一个彩轴指示符，即有红色垂直线的 X 控件、绿色水平线的 Y 控件、蓝色圆轮廓线的 Z 控件，如图 5-3-7 所示。

（3）将鼠标指针移到绿线之上时，鼠标指针右下方会显示一个“Y”字，上下拖动 Y 轴控件，可以使“左图”影片剪辑实例围绕 Y 轴旋转；在“3D 旋转工具”的“属性”面板内，拖动调整“透视角度”栏内文本框中的数据，可以改变“左图”影片剪辑实例的透视角度；使用工具箱内的“任意变形工具”，可以调整“左图”影片剪辑实例的大小和倾斜角度。如果在操作中有误，可以按【Ctrl+Z】组合键，撤销刚刚完成的一步操作。以调整透视角度为主，辅助进行其他调整，最后调整结果如图 5-3-8 所示（暂时隐藏“地面”图层）。

（4）选中“右图”图层第 1 帧内的“右图”影片剪辑实例，单击工具箱内的“3D 旋转工具”，使“右图”影片剪辑实例成为 3D 对象，在该 3D 对象之上叠加一个彩轴指示符。将鼠标指针移到绿线之上时，当鼠标指针右下方显示一个“Y”字时，上下拖动 Y 轴控件，使该 3D 对象围绕 Y 轴旋转。使用工具箱内的“任意变形工具”，调整“右图”影片剪辑实例的大小和倾斜角度。反复调整，使其结果与图 5-3-9 所示相似（暂时隐藏“地面”图层）。

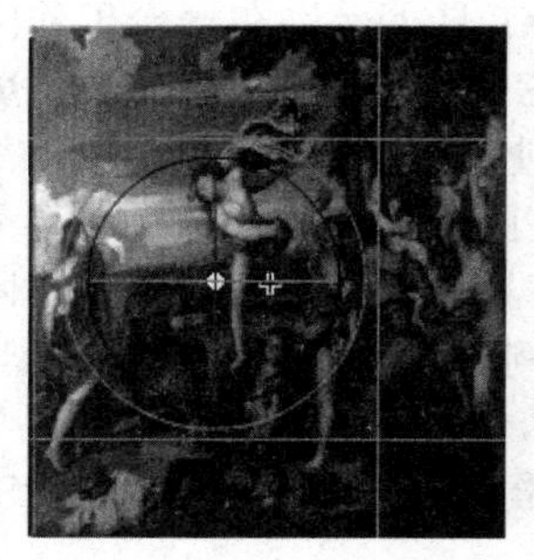

图 5-3-7　左边图形调整

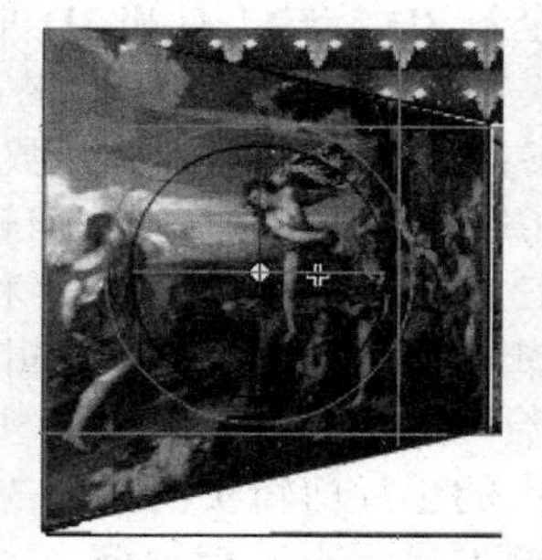

图 5-3-8　斜切调整

图 5-3-9　右边图形调整

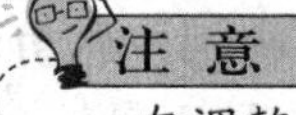

在调整“右图”影片剪辑实例时，只可以微调“透视角度”，因为这种调整会对“右图”影片剪辑实例的透视角度有影响。

（5）选中“地面”图层第 1 帧内的“大理石 2”影片剪辑实例，单击工具箱内“3D 旋转工具”，使“大理石 2”影片剪辑实例成为 3D 对象，在其上叠加一个彩轴指示符。

（6）将鼠标指针移到红线之上时，鼠标指针右下方会显示一个“X”字，表示可以围绕 X 轴旋转 3D 对象，左右拖动 X 轴控件可以围绕 X 轴旋转“大理石 2”影片剪辑实例。调整到与图 5-3-10 所示相似时，单击工具箱内的“任意变形工具”按钮，调整“大理石 2”影片剪辑实例的倾斜角度和大小，最后效果如图 5-3-11 所示（显示“地面”图层）。

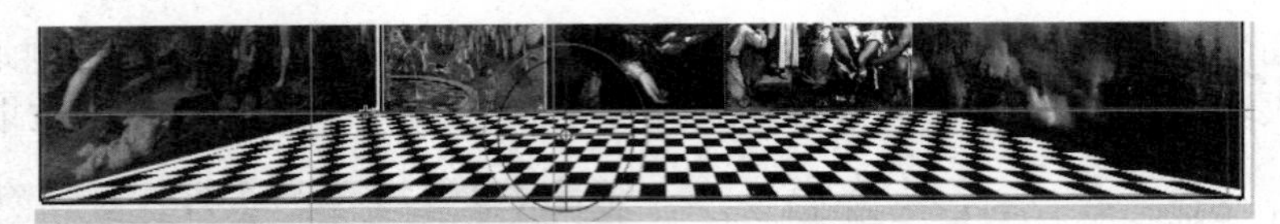

图 5-3-10 “大理石 2”影片剪辑实例 3D 旋转调整

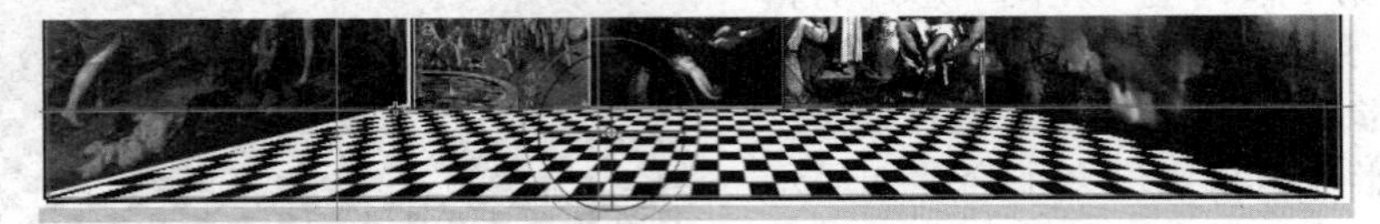

图 5-3-11 倾斜和移动调整“大理石 2”影片剪辑实例

（7）将“地面”图层移到“左图”图层下边。该动画的时间轴如图 5-3-12 所示。

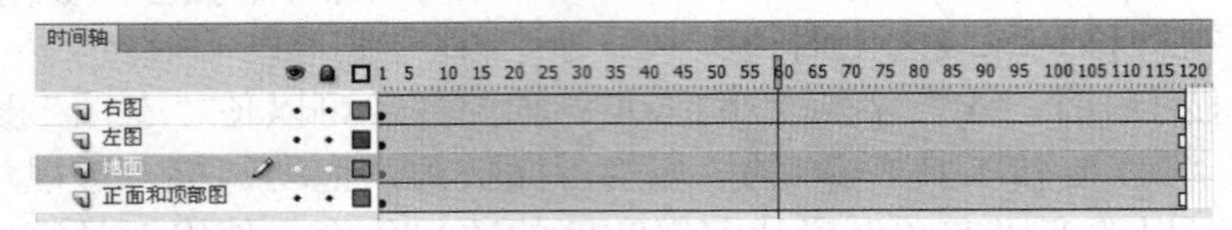

图 5-3-12 “世界名画展厅”动画时间轴

【相关知识】

1. 3D 空间概述

要使用 3D 功能，必须设置为 Flash Player 10 或以上版本和 ActionScript 3.0。使用 ActionScript 3.0 时，除了影片剪辑之外，还可以向其他对象（如文本、FLVPlayback 组件和按钮）应用 3D 属性。在 3D 术语中，在 3D 空间中移动一个对象称为平移，在 3D 空间中旋转一个对象称为变形。将这两种效果中的任意一种应用于影片剪辑实例后都会将其视为一个 3D 影片剪辑实例，每当选择它时就会显示一个重叠在其上面的彩轴指示符。

Flash CS6 借助简单易用的全新 3D 旋转工具和 3D 平移工具，允许在舞台工作区内的 3D 空间中旋转和平移影片剪辑实例，从而创建 3D 效果。在 3D 空间中，每个影片剪辑实例的属性中不但有 X 轴和 Y 轴参数，而且还有 Z 轴参数。使用 3D 旋转工具和 3D 平移工具可以使影片剪辑实例沿着 Z 轴旋转和平移，给影片剪辑实例添加 3D 透视效果。

单击工具箱内的“3D 旋转工具”按钮或“3D 平移工具”，单击舞台工作区内的影片剪辑实例，即可使该影片剪辑实例成为 3D 影片剪辑实例，即 3D 对象。使用工具箱内的“选择工具”，单击选中舞台工作区内的影片剪辑实例，再单击“3D 旋转工具”或“3D 平移工具”，也可以使选中的影片剪辑实例成为 3D 影片剪辑实例。使用 3D 工具选中的对象后，则 3D 对象之上会叠加显示彩轴指示符。

单击按下工具箱“选项”栏中的“全局转换”按钮，则 3D 平移和 3D 旋转工具是在全局 3D 空间模式；如果工具箱“选项”栏中的“全局转换”按钮呈抬起状态，则 3D 平移和 3D 旋转工具是在局部 3D 空间模式。处于全局 3D 空间模式下，“3D 平移工具”控制器叠加在选中的 3D 对象之上情况如图 5-3-13（a）所示；“3D 旋转工具”控制器叠加在选中的 3D 对象之上情况如图 5-3-13（b）所示。处于局部 3D 空间模式下，“3D 平移工具”控制器叠加在选中的 3D 对象之上情况如图 5-3-14（a）所示；“3D 旋转工具”控制器叠加在选中的 3D 对象之上情况如图 5-3-14（b）所示。

每个 Flash 文档只有一个“透视角度”和“消失点”。另外，不能对遮罩层上的对象使用 3D 工具，包含 3D 对象的图层也不能用作遮罩层。

（a）

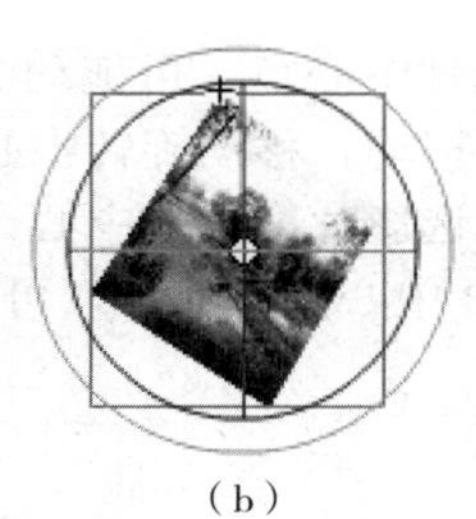
（b）

图 5-3-13　全局 3D 平移和 3D 旋转工具叠加

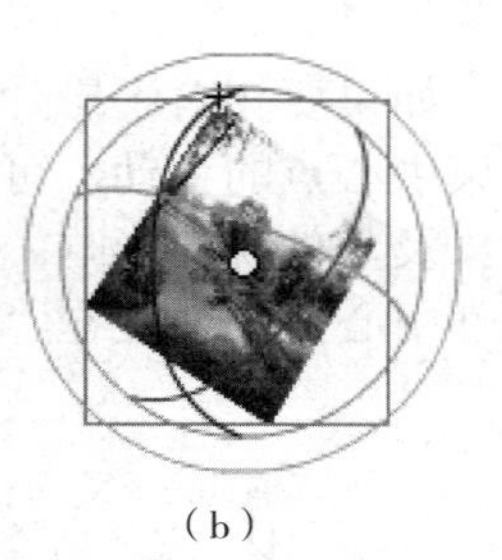
（a）　（b）

图 5-3-14　局部 3D 平移和 3D 旋转工具叠加

2. 3D 平移调整

在使用工具箱内的“3D 平移工具”后，单击选中影片剪辑实例，可以在 3D 空间中移动影片剪辑实例。该影片剪辑实例之上会叠加显示一个彩轴指示符，即显示 X、Y 和 Z（表示垂直于画面的箭头）三个轴。X 轴为红色箭头、Y 轴为绿色箭头，而 Z 轴为黑色点或蓝色箭头。将鼠标指针移到红箭头之上时，可以沿 X 轴移动 3D 对象；将鼠标指针移到绿箭头之上时，可以沿 Y 轴移动 3D 对象；将鼠标指针移到黑点或蓝色箭头之上时，可以沿 Z 轴（通过中心点垂直于画面的轴）移动 3D 对象，即使 3D 对象变大或变小。

如果要使用“属性”面板移动 3D 对象，可在“属性”面板的“3D 定位和查看”栏内输入 X、Y 或 Z 的值。在 Z 轴上移动 3D 对象时，对象的外观尺寸将发生变化。外观尺寸在“属性”面板中显示为“3D 位置和查看”栏内的“宽度”和“高度”值。这些值是只读的。

在选中多个 3D 对象时，可以使用“3D 平移工具”移动其中一个选定对象，其他对象将以相同的方式移动。按住【Shift】键并两次单击其中一个选中对象，可将轴控件移动到该对象。双击 Z 轴控件，也可以将轴控件移动到多个所选对象的中间。

注 意

如果更改了 3D 影片剪辑的 Z 轴位置，则该影片剪辑实例在显示时也会改变其 X 和 Y 位置。因为 Z 轴上的移动是沿着从 3D 消失点（在 3D 对象“属性”面板中设置）辐射到舞台工作区边缘的不可见透视线执行的。

3. 3D 旋转调整

使用“3D 旋转工具”，可以在 3D 空间中旋转影片剪辑实例。3D 旋转控件出现在舞台工作区上的选定对象之上。使用橙色的自由旋转控件可同时绕 X 和 Y 轴旋转。

单击工具箱内的“3D 旋转工具”，单击选中影片剪辑实例，可以在 3D 空间中旋转影片剪辑实例。在使用该工具选择影片剪辑实例后，影片剪辑实例之上会叠加显示一个彩轴指示符，即显示 X、Y 和 Z 三个控件。X 控件为红色线、Y 控件绿色线、Z 控件蓝色圆。

在使用工具箱内的“3D 旋转工具”后，将鼠标指针移到红线之上时，鼠标指针右下方会显示一个“X”字，表示可围绕 X 轴旋转 3D 对象，左右拖动 X 轴控件可以围绕 X 轴旋转 3D 对象，如图 5-3-15 所示。将鼠标指针移到绿线之上时，鼠标指针右下方会显示一个“Y”字，表示可围绕 Y 轴旋转 3D 对象，上下拖动 Y 轴控件可以围绕 Y 轴旋转 3D 对象，如图 5-3-16 所示。将鼠标指针移到蓝色圆线之上时，鼠标指针右下方会显示一个“Z”字，表示可以围绕 Z 轴（通过中心点垂直于画面的轴）旋转 3D 对象，拖动 Z 轴控件进行圆周运动，可以绕 Z 轴旋转，如图 5-3-17 所示。拖动自由旋转控件（外侧橙色圈）同时绕 X 和 Y 轴旋转。

如果要相对于影片剪辑实例重新定位旋转控件中心点，可拖动中心点。如果要按 45°约束中心点的移动，可在按住【Shift】键的同时拖动。移动旋转中心点可以控制旋转对于对象及其外观的影响。双击中心点可将其移回所选影片剪辑的中心。所选 3D 对象的旋转控件中心点的位置在“变形”面板中显示为“3D 中心点”属性，可以在该面板中修改。

图 5-3-15　沿着 X 轴旋转

图 5-3-16　沿着 Y 轴旋转

图 5-3-17　沿着 Z 轴旋转

选中多个 3D 对象，3D 旋转控件（彩轴指示符）将显示为叠加在最近所选的对象上。所有选中的影片剪辑都将绕 3D 中心点旋转，该中心点显示在旋转控件的中心。通过更改 3D 旋转中心点位置可以控制旋转对于对象的影响。如果要将中心点移到任意位置，可拖动中心点。如果要将中心点移动到一个选定的影片剪辑中心处，可以按住【Shift】键并两次单击该影片剪辑实例。如果要将中心点移到选中影片剪辑实例组的中心，可以双击该中心点。

4. 使用“变形”面板旋转 3D 对象

调出“变形”面板，在舞台工作区上选择一个或多个 3D 对象。在该面板中的“3D 旋转”栏中的 X、Y 和 Z 文本框中输入所需的值，或拖动该数值，即可旋转选中的 3D 对象。

若要移动 3D 旋转点，可以在“变形”面板内的“3D 中心点”栏中的 X、Y 和 Z 文本框中输入所需的值，或者拖动这些值以进行更改。

5. 透视和调整透视角度

（1）透视：离我们近的物体看起来大（即宽又高）和实（即清晰），而离我们远的物体看起来小（即窄又矮）和虚（即模糊），这种现象就是透视现象。我们站在马路或铁路的中心，沿着路线去看路面和两旁的栏杆、树木、楼房都渐渐集中到眼睛前方的一个点上，如图 5-3-18 所示。这个点在透视图中称为消失点。

图 5-3-18　透视现象

（2）调整透视角度：透视角度属性可以用来控制 3D 影片剪辑实例在舞台工作区上的外观视角。减小透视角度可以使 3D 影片剪辑实例看起来更远离观察者。增大透视角度可以使 3D 影片剪辑实例看起来更接近观察者。透视角度的调整与通过镜头更改视角的照相机镜头缩放类似。如果要在“属性”面板中查看或设置透视角度，必须在舞台工作区上选择一个 3D 影片剪辑实例（即 3D 对象）。在“属性”面板中的“透视角度”文本框内输入一个新值，或拖动该热文本来改变其数值，如图 5-3-19 所示。对透视角度所做的更改在舞台工作区内立即可见效果。透视角度值改为 100，消失点的 X=14、Y=43，则 3D 影片剪辑实例如图 5-3-20 所示；透视角度值改为 140，消失点不变，则 3D 影片剪辑实例如图 5-3-21 所示。

调整透视角度数值，会影响应用了 3D 平移和 3D 旋转的所有 3D 影片剪辑实例。透视角度不会影响其他影片剪辑实例。默认透视角度为 55°视角，类似于普通照相机的镜头。透视角度的数值范围为 1°～180°。

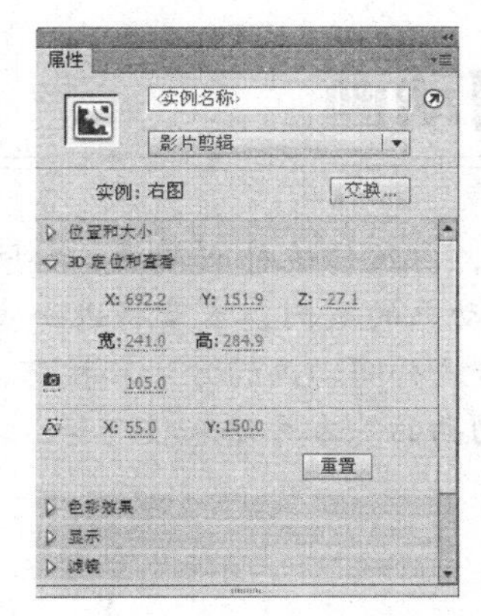

图 5-3-19　3D 对象“属性”面板

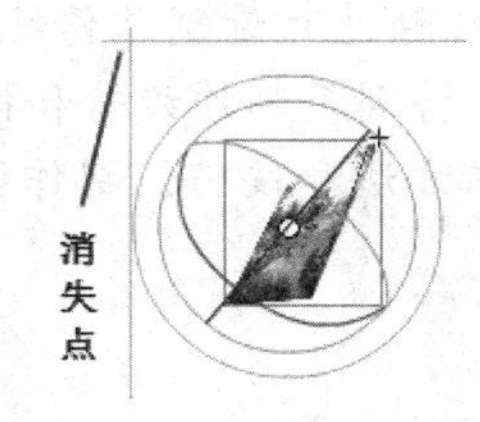

图 5-3-20　透视角度为 100

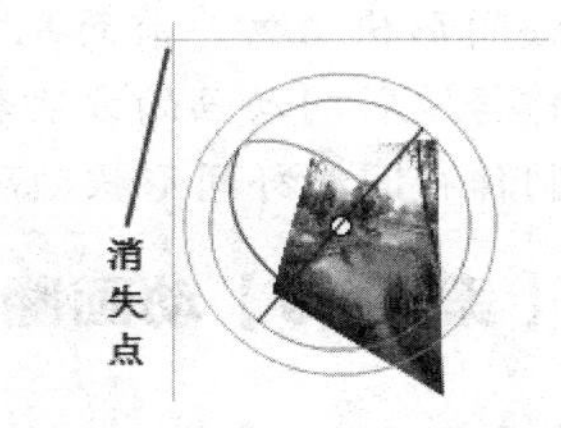

图 5-3-21　透视角度为 140

6. 调整消失点

调整消失点属性值，可以控制舞台工作区上 3D 影片剪辑实例的 Z 轴方向，改变 3D 影片剪辑实例透视的消失点位置。在调整消失点属性值时，所有 3D 影片剪辑实例的 Z 轴都朝着消失点后退。通过重新定位消失点，可以更改沿 Z 轴平移 3D 影片剪辑实例时 3D 影片剪辑实例的移动方向。通过调整消失点的位置，可以精确控制 3D 影片剪辑实例的外观和动画。

消失点属性会影响应用了 Z 轴平移或旋转的所有影片剪辑。消失点不会影响其他影片剪辑。消失点的默认位置是舞台工作区中心。若要将消失点移回舞台工作区中心，可单击“属性”面板中的“重置”按钮。对消失点进行的更改在舞台工作区上立即可见。拖动消失点的热文本时，指示消失点位置的辅助线会显示在舞台工作区上。

如果要在“属性”面板中查看或设置消失点，必须在舞台工作区上选择一个 3D 影片剪辑实例（即 3D 对象）。可以在“属性”面板中的“消失点”栏的“X”或“Y”文本框内输入一个新值，或者拖动这两个热文本来改变其数值，对消失点所做的更改在舞台工作区上立即可见。消失点的 X 值减小时，垂直辅助线水平向左移动，3D 影片剪辑实例水平拉长；消失点的 Y 值减小时，水平辅助线水平向上移动，则 3D 影片剪辑实例左边缘向上倾斜。消失点的 X 值增加时，垂直辅助线水平向右移动，3D 影片剪辑实例水平压缩；消失点的 Y 值增加时，水平辅助线水平向下移动，3D 影片剪辑实例左边缘向下倾斜。

思考与练习 5-3

（1）使用工具箱内的“3D 旋转工具”和“3D 平移工具”，以及“任意变形工具”，分别加工两幅动物图像，效果如图 5-3-22 所示。

（2）制作一个“美丽家园”动画，该动画播放后的一幅画面如图 5-3-23 所示。可以看到，蓝天白云中有飞鸟自由向左飞翔，绿地之上有高楼耸立，绿树成荫，鲜花遍地，还有 6 个彩球旋转落下，花丛中还有一簇火焰。

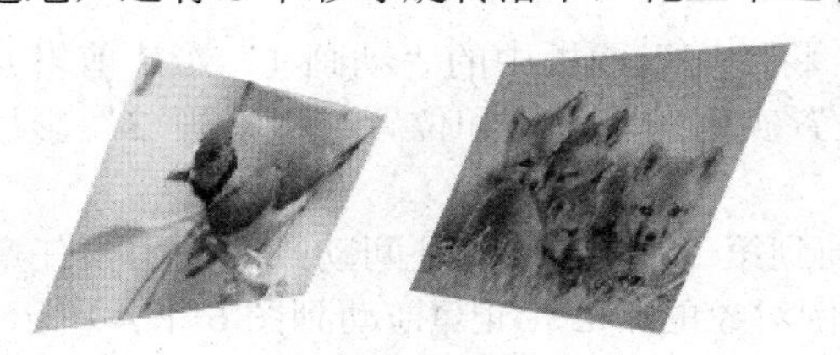

图 5-3-22　旋转变形图像

图 5-3-23　“美丽家园”动画画面

第6章　传统补间动画和补间动画

本章通过完成 7 个案例，介绍 Flash 动画的种类、特点，以及传统补间动画、补间动画和补间形状动画。前面几章已经接触过大量制作传统补间动画的案例，本章将进一步介绍制作传统补间动画的方法和技巧，特别是制作旋转和摆动传统补间动画的方法和技巧，还介绍制作补间和补间形状动画的基本方法和技巧，制作引导动画的基本方法和技巧等。

6.1 【案例 19】动画翻页

【案例效果】

“动画翻页”动画播放后，第 1 个动画画面慢慢从右向左翻开，接着第 2 个动画画面慢慢从右向左翻开。其中的 3 幅画面如图 6-1-1 所示。当翻页翻到背面后，背面动画画面与正面动画画面不一样。在翻页中动画画面内的动画一直变化。

图 6-1-1　“动画翻页”动画播放后的 3 幅画面

【操作过程】

1. 制作第 1 页翻页动画

（1）新建一个 Flash 文档，设置舞台工作区宽为 300 px，高为 300 px。显示标尺，创建 3 条垂直辅助线和两条水平辅助线，如图 6-1-2 所示。在时间轴内，从下到上创建“动画 5”、“动画 3”、“动画 1 翻页”、“动画 2 翻页”、“动画 3 翻页”和“动画 4 翻页”图层。然后，以名称“【案例 19】动画翻页.fla”保存。

（2）导入 5 个 GIF 格式动画到“库”面板中。同时在“库”面板内自动生成 5 个加载有相应的 GIF 格式动画的影片剪辑元件。将这 5 个影片剪辑元件的名称分别改为“动画 1”、“动画 2”、“动画 3”、“动画 4”和“动画 5”。依次进入它们的编辑状态，将损坏图像的帧删除。

（3）选中“动画 3”图层第 1 帧，将“库”面板中的“动画 3”影片剪辑元件拖动到舞台工作区内，形成一个“动画 3”影片剪辑实例。调整该实例宽为 122 px，高为 160 px，X 为 160 px，Y 为 125 px，如图 6-1-3 所示。

（4）选中“动画 1 翻页”图层第 1 帧，将“库”面板中的“动画 1”影片剪辑元件拖动到舞台工作区内。在其“属性”面板内设置实例的宽大小和位置与“动画 3”影片剪辑实例的大小和位置一样，如图 6-1-4 所示。

（5）创建“动画 1 翻页”图层的第 1 帧到第 50 帧的传统补间动画。使用“任意变形工具”，选中第 50 帧的实例，将该帧实例对象的中心标记拖动到图 6-1-4 所示位置。然后将第 50 帧复制粘贴到第 1 帧，第 1 帧实例的中心标记位置也如图 6-1-4 所示。

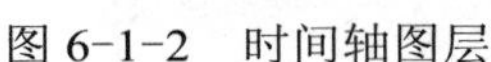

图 6-1-2　时间轴图层

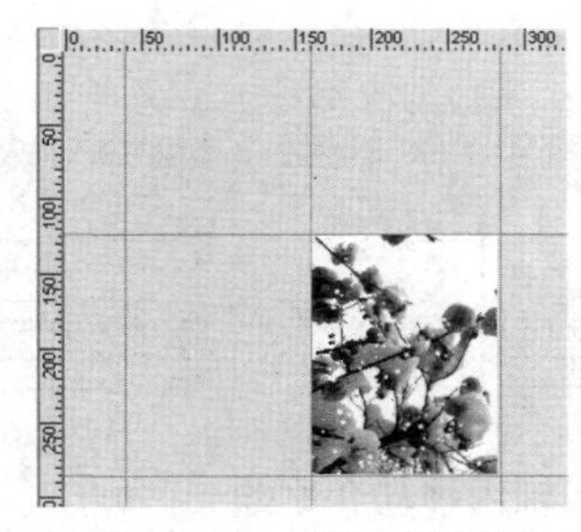

图 6-1-3　第 1 帧画面

图 6-1-4　“动画 3”图层第 1 帧画面

（6）选中“动画 1 翻页”图层第 50 帧“动画 1”影片剪辑实例。使用“任意变形工具”，向左拖动该实例右侧的控制柄，将它水平反转过来（宽度不变）。然后，将鼠标指针移到该实例左边缘处，当鼠标指针呈两条垂直箭头状时，垂直向上微微拖动鼠标，使“动画 1”影片剪辑实例左边微微向上倾斜，如图 6-1-5 所示。

（7）拖动时间轴中的红色播放头，可以看到“动画 1 翻页”图层中的“动画 1”影片剪辑实例从上边进行翻页。如果前面没有将“动画 1”影片剪辑实例左边微微向上倾斜，则很可能是“动画 1”影片剪辑实例从下边进行翻页。当拖动时间轴中的红色播放头移到第 25 帧处时，可以看到舞台工作区内“动画 1”影片剪辑实例已经翻到垂直位置，如图 6-1-6 所示。

图 6-1-5　第 1 帧画面

图 6-1-6　第 25 帧画面

（8）按照上述方法创建“动画 2 翻页”图层第 1 帧到第 50 帧的“动画 2”影片剪辑实例翻页动作动画。按住【Ctrl】键，单击选中“动画 1 翻页”图层第 25 帧和“动画 2 翻页”图层第 26 帧，按【F6】键，创建两个关键帧。

（9）选中“动画 3”图层第 50 帧，按【F5】键，使该图层第 1 帧到第 50 帧内容一样。

（10）按住【Shift】键，单击“动画 2 翻页”图层第 1 帧和第 25 帧，选中第 1～25 帧，如图 6-1-7（a）所示。右击选中的帧，弹出帧快捷菜单，再选择该菜单中的“删除帧”命令，将选中的帧删除，效果如图 6-1-7（b）所示。

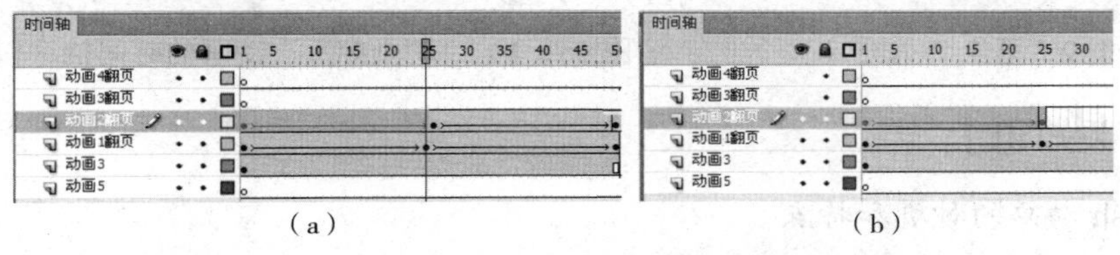

图 6-1-7　时间轴内删除一些帧

（11）水平向右拖动选中第 1 帧到第 25 帧的动画帧，移到第 26 帧到第 50 帧处，如图 6-1-8（a）所示。

（12）按住【Shift】键，单击“动画 1 翻页”图层的第 26 帧和第 50 帧，选中第 26 帧到第 50 帧。右击选中的帧，弹出帧快捷菜单，再选择该菜单中的“删除帧”命令，将选中的帧删除，效果如图 6-1-8（b）所示。

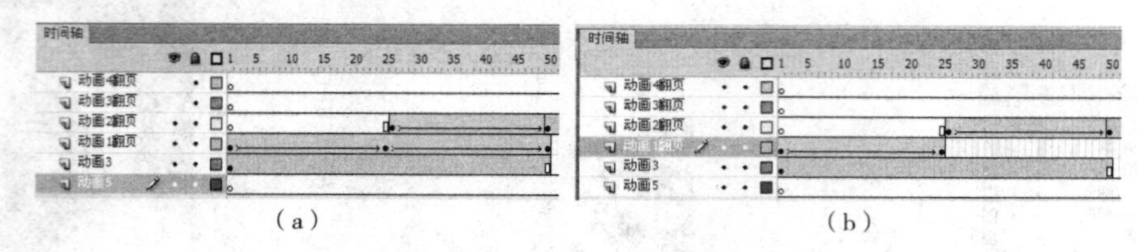

（a）　　　　　　　　（b）

图 6-1-8　时间轴内移动和删除一些帧

2. 制作第 2 页翻页动画

（1）右击“动画 3”图层第 1 帧，弹出帧快捷菜单，再选择该菜单中的“复制帧”命令，将该帧内容（“动画 3”影片剪辑实例）复制到剪贴板中。

（2）右击“动画 3 翻页”图层第 51 帧，弹出帧快捷菜单，再选择该菜单中的“粘贴帧”命令，将剪贴板中的“动画 3”图层第 1 帧的内容粘贴到“动画 3 翻页”图层第 51 帧内。

（3）按照前面介绍的方法，创建“动画 3 翻页”图层第 51～100 帧“动画 3”影片剪辑实例翻页动画。再创建“动画 4 翻页”图层第 51～100 帧“动画 4”影片剪辑实例的翻页动画。

（4）按照上述方法，将“动画 4 翻页”图层的第 51 帧到第 75 帧动画删除，将原来的第 76 帧到第 100 帧动画移回到原来位置。将“动画 3 翻页”图层的第 76 帧到第 100 帧动画删除。

（5）将“动画 2 翻页”和“动画 3 翻页”图层隐藏，选中“动画 2 翻页”图层第 100 帧，按【F5】键，使该图层第 50～100 帧内容一样。右击“动画 2 翻页”图层第 50 帧，弹出帧快捷菜单，选择该菜单中的“删除补间”命令。

（6）选中“动画 5”图层的第 51 帧，按【F7】键，创建一个空关键帧。将“库”面板内的“动画 5”影片剪辑元件拖动到舞台内，调整它的宽 122 px，高 160 px，X 为 160 px，Y 为 125 px，如图 6-1-9 所示。选中该图层第 100 帧，按【F5】键，使该图层第 51～100 帧内容一样。将“动画 2 翻页”和“动画 3 翻页”图层显示。

至此，整个“动画翻页”动画制作完毕，该动画的时间轴如图 6-1-10 所示。

图 6-1-9　第 5 个实例

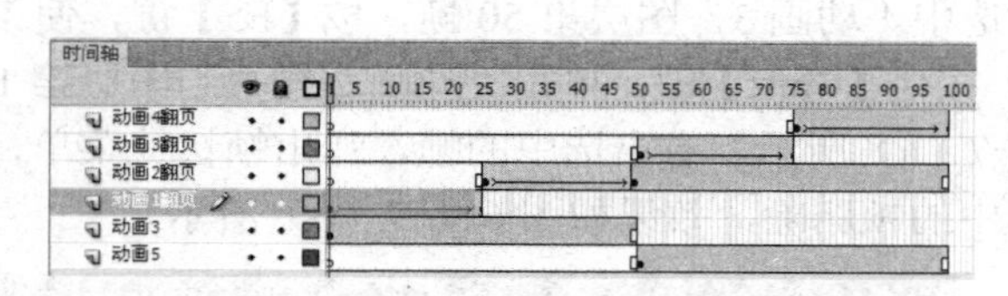

图 6-1-10　“动画翻页”动画的时间轴

【相关知识】

1. Flash 动画的种类和特点

（1）逐帧动画：逐帧动画的每一帧都由制作者确定，制作不同的且相差不大的画面，而不是通过 Flash 计算得到，然后连续依次播放这些画面，即可生成动画效果。逐帧动画适于制作非常复杂的动画，GIF 格式的动画就是属于这种动画。为了使一帧的画面显示的时间长一些，可以在关键帧后边添加几个普通帧。对于每帧的图形必须不同的复杂动画而言，可采用它。

（2）传统补间动画：制作若干关键帧画面，由 Flash 计算生成各关键帧之间各帧的画面，使画面从一个关键帧过渡到另一个关键帧。传统补间动画在时间轴中显示为深蓝色背景。前面章节案例中制作的动画大多是传统补间动画。传统补间所具有的一些功能是补间动画所不具有的。

（3）补间动画：是由若干属性关键帧和补间范围组成的动画，参看【案例 1】。补间范围在时间轴中为单个图层中浅蓝色背景的一组帧，属性关键帧保存了目标对象多个属性值。Flash 可以根据各属性关键帧提供的补间目标对象的属性值，计算生成各属性关键帧之间的各个帧中补间目标对象的大小和位置等属性值，使对象从一个属性关键帧过渡到另一个属性关键帧。

补间动画在时间轴中显示为连续的帧范围（补间范围），默认情况下可以作为单个对象进行选择。补间动画功能强大，易于创建，最大程度地减小文件大小。与传统补间动画相比较，在某种程度上，补间动画创建起来更简单灵活。

（4）补间形状动画：在形状补间中，可以在时间轴中的关键帧绘制一个图形，再在另一个关键帧内更改该图形形状或绘制另一个图形。然后，Flash 将计算出两个关键帧之间各帧的画面，创建一个图形形状变形为另一个图形形状的动画。

（5）IK（反向运动）动画：IK 动画可以伸展和弯曲形状对象以及链接元件实例组，使它们以自然方式一起移动，使用骨骼的有关节结构对一个对象或彼此相关的一组对象进行复杂而自然的移动。例如，通过 IK 可以轻松地创建人物的胳膊和腿等动作动画。可以在不同帧中以不同方式放置形状对象或链接的实例，Flash 将计算出两个关键帧之间各帧的画面。

在 Flash 中可以创建出丰富多彩的动画效果，可以制作围绕对象中心点顺时针或逆时针转圈或者来回摆动的动画，可以制作沿着引导线移动的动画，可以制作变换对象大小、形状、颜色、亮度和透明度的动画。各种变化可以独立进行，也可合成复杂的动画。例如，一个对象不断自转的同时还水平移动。另外，各种动画都可以借助遮罩层的作用，产生千奇百态的动画效果。

Flash 可以使实例、图形、图像、文本和组合等对象创建传统补间动画和补间动画。创建传统补间动画后，自动将对象转换成补间的实例，“库”面板中会增加名为“补间 1”等元件。创建补间动画后，自动将对象转换成影片剪辑实例，“库”面板中会增加名为“元件 1”等元件。

2. 传统补间动画的制作方法

（1）制作传统补间动画方法 1。

① 选中起始关键帧，创建传统补间动画起始关键帧内的对象。右击起始关键帧，弹出帧快捷菜单，选择该菜单中的“创建传统补间”命令，使该关键帧具有传统补间动画的属性。另外，选择“插入”→“传统补间”命令，也可以使该关键帧具有传统补间动画的属性。

② 单击动画的终止关键帧，按【F6】键。修改终止关键帧内对象的位置、大小、旋转或倾斜角度，改变颜色、亮度、色调或 Alpha 透明度等。

（2）制作传统补间动画方法 2。

① 创建动画起始关键内的对象。选中动画的终止帧，按【F6】键，创建动画终止关键帧。

② 选中动画终止帧，修改该帧内的对象。右击起始关键帧到终止关键帧内的任何帧，弹出帧快捷菜单，选择“创建传统补间”命令或者选择“插入”→“传统补间”命令。

动画创建成功后，在关键帧之间有一条水平指向右边的带箭头直线，帧为浅蓝色背景。如果动画创建不成功，则该直线会变为虚线•••••。

3. 传统补间动画关键帧的“属性”面板

选中传统补间动画关键帧，弹出它的“属性”面板，如图 6-1-11 所示。该对话框内有关选项的作用如下（其中关于声音的选项参看第 4.5 节）：

（1）“名称”文本框：它在“标签”栏，用来输入关键帧的标签名称。

（2）“旋转”下拉列表框：选择“无”选项是不旋转；选择“自动”选项是按照尽可能少运动的情况旋转；选择“顺时针”选项是围绕对象中心点顺时针旋转；选择“逆时针”选项是围绕对象中心点逆时针旋转。在其右边文本框内输入旋转圈数。

（3）“调整到路径”复选框：在制作引导动画后，选中它可以将运动对象的基线调整到运动路径，即运动对象在运行时将自动调整它的倾斜角度，使它总与引导线切线平行。

（4）“同步”复选框：选中它可以使图形元件实例的动画与时间轴同步。如果元件中动画序列的帧数不是主场景中图形实例占用帧数的偶数倍，需要选中“同步”复选框。

（5）“贴紧”复选框：选中它可使运动对象的中心点标记与引导线路径对齐。

（6）“缩放”复选框：在对象的大小属性发生变化时，应该选中它。

（7）“缓动”文本框：可输入数据或调整“缓动”数字（数值范围是-100～100），来调整动画补间帧之间的变化速率。其值为负数时表示动画在结束时加速，其值为正数时表示为动画在结束时减速。对传统补间动画应用缓动，可以产生更逼真的动画效果。

（8）“编辑缓动”按钮：单击该按钮，可以弹出“自定义缓入/缓出”对话框，如图 6-1-12（曲线还没有调整，是一条斜线）所示。使用“自定义缓入/缓出”对话框可以更精确地控制传统补间动画的速度。选中“为所有属性使用一种设置”复选框后，缓动设置适用于所有属性，如图 6-1-12 所示。不选中“为所有属性使用一种设置”复选框，则“属性”下拉列表框变为有效，可以选择“位置”、“旋转”、“缩放”、“颜色”和“滤镜”选项，缓动设置适用于“属性”下拉列表框内选中的属性选项。也可以拖动斜线调整动画速率的变化。

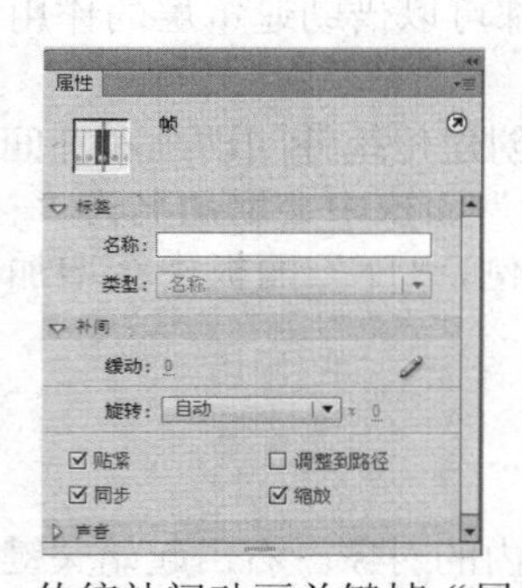

图 6-1-11　传统补间动画关键帧“属性”面板

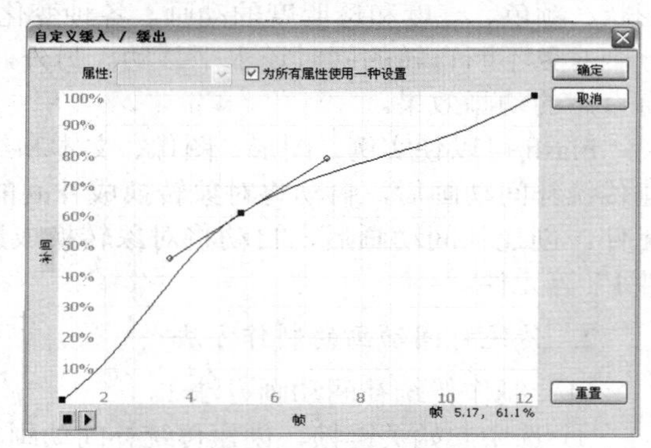

图 6-1-12　“自定义缓入/缓出”对话框

思考与练习6-1

（1）制作一个“摆动彩球”动画，该动画播放后的一幅画面如图 6-1-13 所示。动画特点与【案例 17】“摆动指针表”动画一样。在彩球摆动中，彩球还会改变颜色。

（2）制作一个“翻页”动画，该动画运行后的一幅画面如图 6-1-14 所示。画册第 1 页孔雀图像从右向左翻开，接着第 2 页、第 3 页图像依次从右向左翻开，共 5 幅孔雀图像。

图 6-1-13　“摆动彩球”动画画面

（3）制作一个“双翻页”动画，该动画运行后的一幅画面如图 6-1-15 所示。左边和右边两页图像分别向两边翻开，中间一页不动，背面的图像与正面的图像不一样。

（4）制作一个“彩球和彩环”动画，该动画播放后的一幅画面如图 6-1-16 所示。3 个自转彩环围绕一个彩球转圈，彩环之间的夹角为 120°。

（5）制作一个“五彩风车”动画，该动画运行后的一幅画面如图 6-1-17 所示。在一幅美丽的卡通风景背景中，一排五颜六色的大风车随风转动。

图 6-1-14 “翻页”动画画面

图 6-1-15 “双翻页”动画画面

图 6-1-16 “彩球和彩环”动画画面

图 6-1-17 “五彩风车”

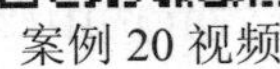

案例 20 视频

6.2 【案例 20】我也要环保

【案例效果】

“我也要环保”动画播放后的 3 幅画面如图 6-2-1 所示。可以看到，在一幅儿童图像之上“我”、“也”、“要”、“环”和“保”五个文字沿着 5 条不同的曲线轨迹旋转，依次从上向下移动，排成倾斜的一排。

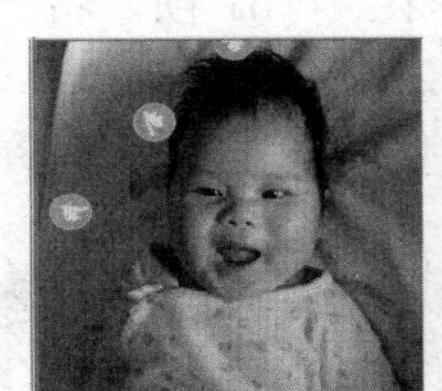
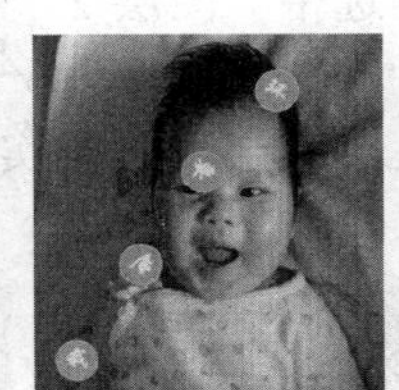
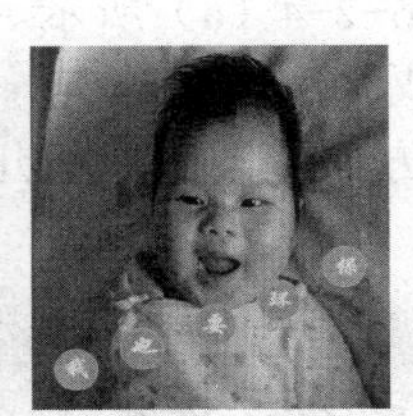

图 6-2-1 “我也要环保”动画播放后 3 幅画面

【操作过程】

1. 制作 5 个图形元件

（1）新建一个 Flash 文档，设置舞台工作区宽 280 px、高 300 px。然后，以名称“【案例 20】我也要环保.fla”保存。

（2）创建并进入“我”图形元件的编辑状态，选中“图层 1”图层第 1 帧。绘制一个黄色轮廓线、金黄色填充的圆图形，调整它的高和宽均为 150px，位于舞台工作区的正中间。再输入黄色、华文行楷、96 磅文字“我”。然后，回到主场景。

（3）按照上述方法，创建“也”、“要”、“环”和“保”4 个图形元件。各图形元件的图形如图 6-2-2 所示。

（4）将“图层 1”图层的名称改为“背景图像”。选中该图层第 1 帧，导入一幅儿童图像，调整该图像大小和位置，使它刚好将舞台工作区完全覆盖。

2. 制作图形实例沿引导线移动动画

图 6-2-2　5 个图形元件内的图形

（1）在“背景图像”图层之上添加“图层 2”。选中“图层 2”图层第 1 帧，将“库”面板内的“我”、“也”、“要”、“环”和“保”5 个图形元件依次拖动到舞台工作区上边，再分别调整它们的宽和高均为 60 px，一字形水平等间距排列，如图 6-2-2 所示。

（2）选中“图层 2”图层第 1 帧，选择“修改”→“时间轴”→“分散到图层”命令，将“图层 2”图层第 1 帧内的“我”、“也”、“要”、“环”和“保”5 个图形实例分散到“我”、“也”、“要”、“环”和“保”5 个图层内的第 1 帧，原来“图层 2”图层第 1 帧内的 5 个图形实例消失。这些新图层是自动生成的。删除“图层 2”图层。

（3）将“也”图层第 1 帧移到第 11 帧处，将“要”图层第 1 帧移到第 22 帧处，将“环”图层第 1 帧移到第 33 帧处，将“保”图层第 1 帧移到第 44 帧处。

（4）创建“我”图层第 1 帧到第 50 帧的动作动画，创建“也”图层第 11 帧到第 61 帧的动作动画，创建“要”图层第 22 帧到第 72 帧的动作动画，创建“环”图层第 33 帧到第 83 帧的动作动画，创建“保”图层第 44 帧到第 94 帧的动作动画。各动画内对象起点的位置都在舞台工作区的上边，各动画内对象终点的位置在舞台工作区的下边。

（5）右击“保”图层，弹出图层快捷菜单，选择该菜单内的“添加传统运动引导层”命令，即可在选中的“保”图层的上边增加一个运动引导层。将该图层的名称改为“引导图层”。

（6）选中“引导图层”第 1 帧，使用工具箱内的“铅笔工具”，在舞台工作区内从上到下绘制 5 条细曲线，如图 6-2-3 所示。

（7）选中“我”图层第 1 帧，使用“选择工具”将“我”字移到左边引导线的起点处或起点附近的引导线之上，如图 6-2-3（a）所示。选中“我”图层第 50 帧，将“我”字移到左边引导线的终点处或终点附近的引导线之上，如图 6-2-3（b）所示。

（8）选中“也”图层第 11 帧，将“也”字移到左边第 2 条引导线的起点或起点附近的引导线之上，如图 6-2-4（a）所示。选中“图层 2”图层第 61 帧，将“也”字移到左边第 2 条引导线的终点或终点附近的引导线之上，如图 6-2-4（b）所示。

（9）按照上述方法，调整其他几个图层动画中实例对象的起点位置和终点位置。

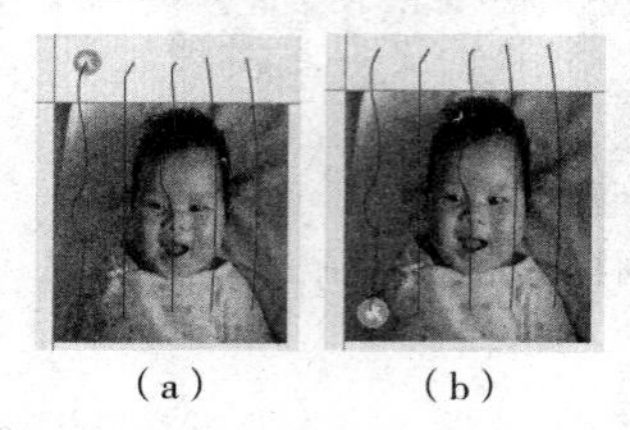

（a）　（b）

图 6-2-3　第 1 帧和第 50 帧画面

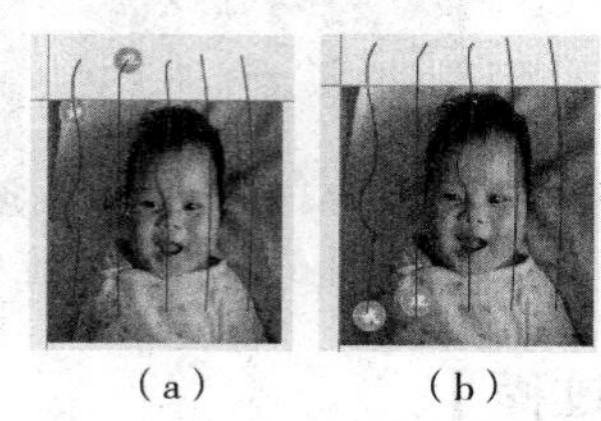

（a）　（b）

图 6-2-4　第 11 和第 61 帧画面

至此整个动画制作完毕，“我也要环保”动画的时间轴如图 6-2-5 所示。

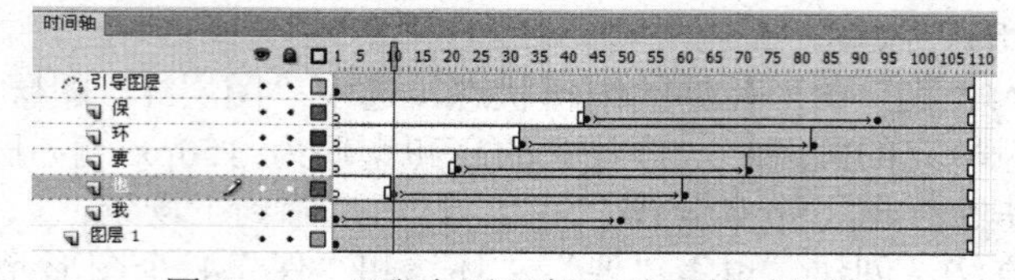

图 6-2-5　“我也要环保”动画的时间轴

【相关知识】

1. 两种引导层

在引导层内创建图形等的目的是可以在绘制图形时起到辅助作用，以及起到运动路径的引导作用。引导层中的图形只能在舞台工作区内看到，在输出的影片中不会显示。另外，还可以把多个普通图层关联到一个引导层上。在时间轴窗口中，引导层名字的左边有图标（传统运动引导层）或图标（普通引导层）。它们代表了不同的引导层，有着不同的作用。

（1）普通引导层：它只起到辅助绘图的作用。创建普通引导层的方法是：创建一个普通图层。右击该图层名称，弹出图层快捷菜单，如图 6-2-6 所示。再选择该菜单中的“引导层”命令，即可将右击的图层转换为普通引导层，其结果如图 6-2-7 所示。

（2）传统运动引导层：它可以引导对象沿辅助线移动，创建引导动画。创建一个普通图层（如“图层 1”图层），右击图层名称，弹出图层快捷菜单，选择该菜单内的“添加传统运动引导层”命令，即可在右击的图层（如“图层 1”图层）之上生成一个传统运动引导层，使右击的图层成为被引导图层，其结果如图 6-2-8 所示。

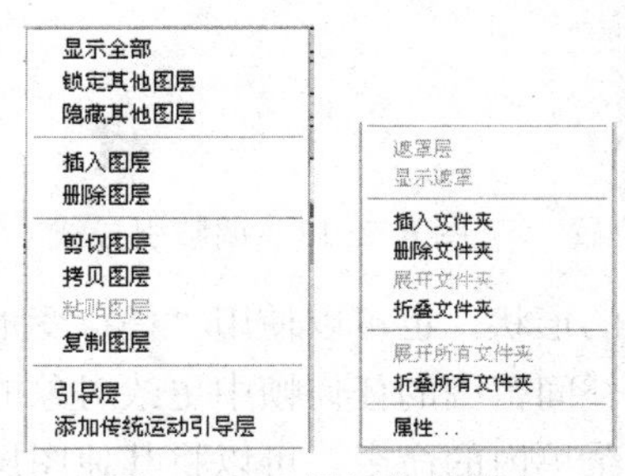

图 6-2-6　图层快捷菜单

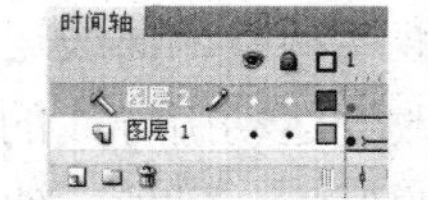

图 6-2-7　普通引导层

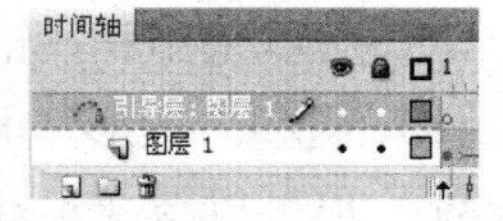

图 6-2-8　传统运动引导层

如果将图 6-2-7 所示普通图层“图层 1”图层向右上方的普通引导层拖动，可以使普通引导层转换为传统运动引导层，被拖动的图层成为被引导图层，如图 6-2-9 所示。

2. 传统补间的引导动画

（1）按照上述方法，在“图层 1”图层第 1 帧到第 20 帧创建一个沿直线移动的传统补间动画，如一个七彩五角星图形从右向左移动的动画。

（2）右击“图层 1”图层的名称，弹出图层快捷菜单，选择该菜单内的“添加传统运动引导层”命令，即可在“图层 1”图层之上生成一个传统运动引导层“引导层：图层 1”图层，使右击的“图层 1”图层成为“引导层：图层 1”图层的被引导图层，被引导图层的名字向右缩进，表示它是被引导图层，如图 6-2-10 所示。

（3）选中传统运动引导层“引导层：图层 1”图层，在舞台工作区内绘制路径曲线（辅助线），如图 6-2-10 所示。

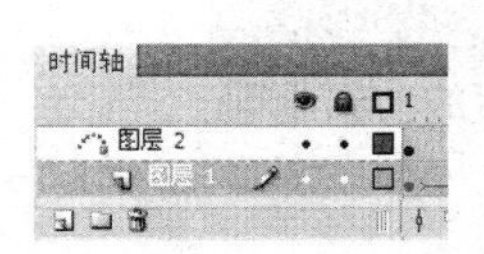

图 6-2-9　转换为传统运动引导层

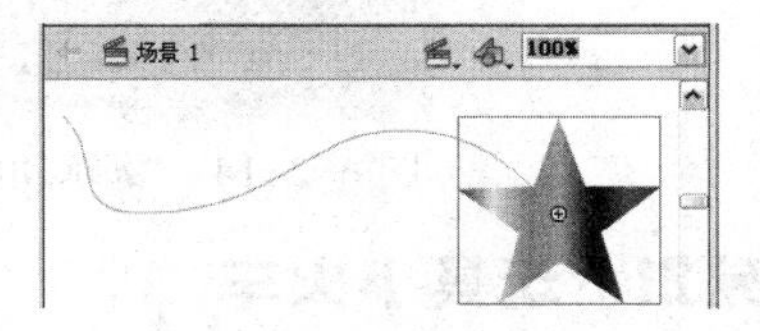

图 6-2-10　传统运动引导动画的舞台工作区

（4）选中“图层 1”图层第 1 帧，选中“属性”面板内的“贴紧”复选框，拖动对象（圆球）到辅助线起始端或线上，使对象的中心与辅助线重合。再选中终止帧，拖动圆球到辅助线终止端或线上，使对象的中心与辅助线重合。

（5）按【Enter】键，播放动画，可以看到七彩五角星图形沿辅助线移动。按【Ctrl+Enter】组合键，播放动画，此时辅助线不会显示。

3. 补间的引导动画

（1）选中“图层 1”图层第 1 帧，创建要移动的对象，如一个七彩五角星图形。

（2）右击“图层 1”图层第 1 帧（也可以右击对象），弹出帧快捷菜单，选择该菜单内的“创建补间动画”命令，即可创建补间动画。“图层 1”图层第 1 帧成为属性关键帧，在第 1 帧到第 12 帧形成一个补间范围，它显示为蓝色背景，如图 6-2-11 所示。

（3）使用“选择工具”，拖动第 12 帧到第 18 帧，使补间范围增加。选中第 18 帧（即播放指针移到第 18 帧），拖动彩球到终点位置，此时会出现一条从起点到终点的辅助线，即运动引导线，如图 6-2-12 所示。

（4）将鼠标指针移到运动引导线之上，当鼠标指针右下方出现一个小弧线时，拖动鼠标，可以调整直线运动引导线成为曲线运动引导线，如图 6-2-13 所示。

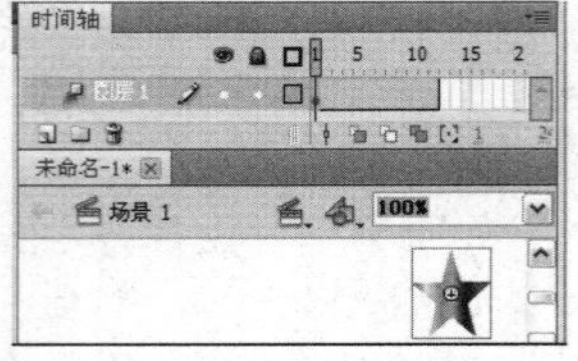

图 6-2-11　创建补间动画

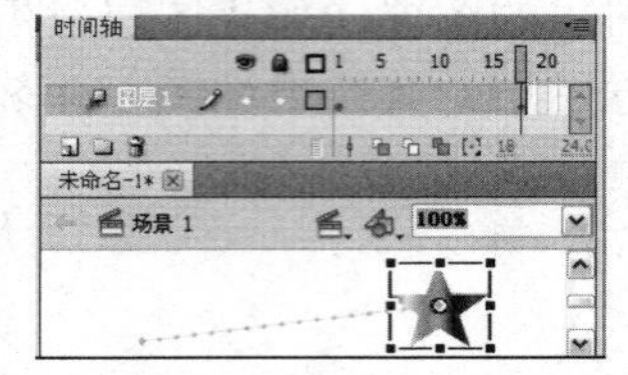

图 6-2-12　调整对象终止位置

图 6-2-13　调整引导线

还可以采用相同的方法，继续调整该曲线运动引导线的形状。也可以使用“任意变形工具”和“变形”面板等来改变运动引导线的形状。在补间范围的任何帧中更改对象的位置，也可以改变运动引导线的形状。另外，使用帧快捷菜单内的命令，可以将其他图层内的曲线（不封闭曲线），复制粘贴到补间范围，替换原来的运动引导线。

思考与练习6-2

（1）制作一个“枫叶”动画，该动画运行后，在一幅图像之上，一些枫叶不断飘落下来。

（2）“海底世界”动画运行后的一幅画面如图 6-2-14 所示。在海底，一些颜色和大小不同的小鱼在游动，有浮动的水草，一些透明气泡沿不同路径，从下向上飘移。

图 6-2-14　“海底世界”动画运行后的一幅画面

6.3 【案例 21】玩具小火车

【案例效果】

“玩具小火车”动画播放后的两幅画面如图 6-3-1 所示。可以看到，一列精致的玩具小火车，沿着蓝色地板上的 8 字形轨道行驶。

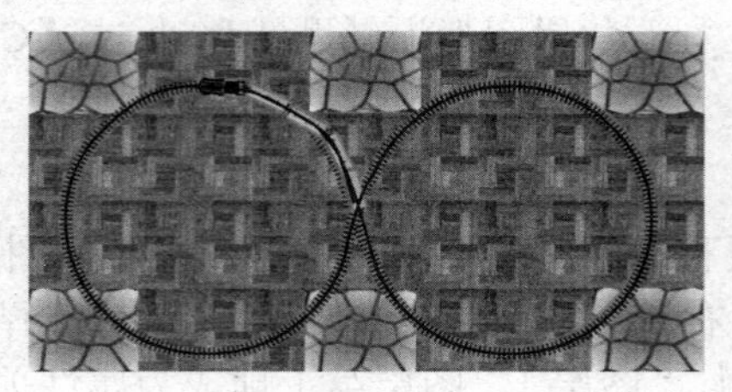

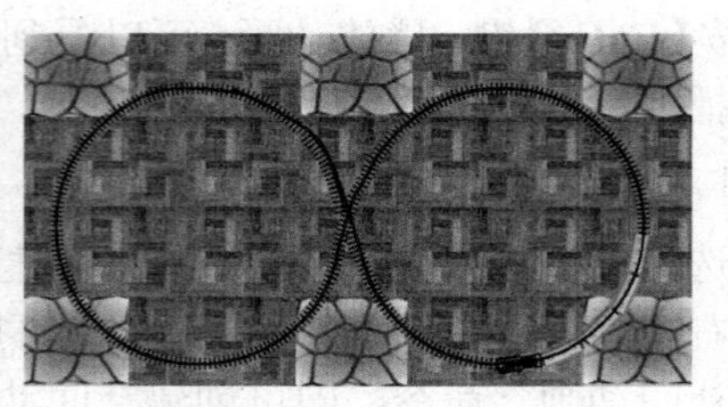

图 6-3-1　“玩具小火车”动画播放后两幅画面

【操作过程】

1．制作轨迹和轨道

（1）新建一个 Flash 文档，设置舞台工作区宽 550 px、高 300 px，背景色为浅蓝色。然后，以名称“【案例 21】玩具小火车.fla”保存。

（2）将“图层 1”图层的名称改为“轨基”，选中“轨基”图层第 1 帧。使用“椭圆工具”，在舞台工作区中绘制一个黑色、无填充的圆。然后再复制一个圆，如图 6-3-2 所示。使用“橡皮擦工具”，擦除两个圆形邻近的边缘，如图 6-3-3 所示。

（3）使用“选择工具”，单击舞台空白处，拖动图 6-3-3 所示左边圆线头部与右边圆线头部连接，形成 8 字形，如图 6-3-4 所示。选中“轨基”图层第 200 帧，按【F5】键。在调整线条形状时，可以将舞台工作区的显示比例放大，这样有利于线的调整。

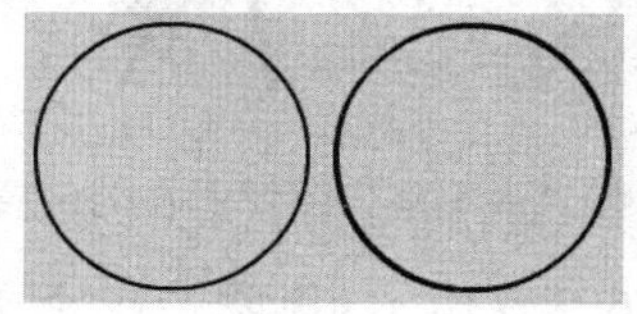

图 6-3-2　两个圆

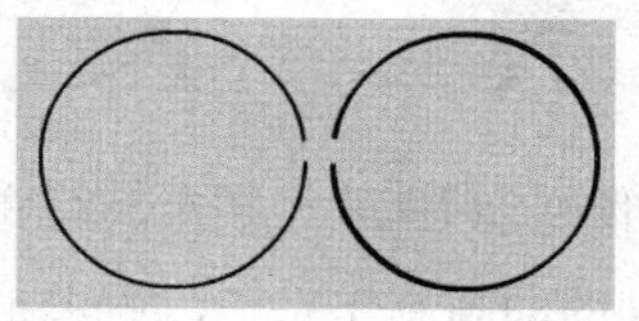

图 6-3-3　圆的两个缺口

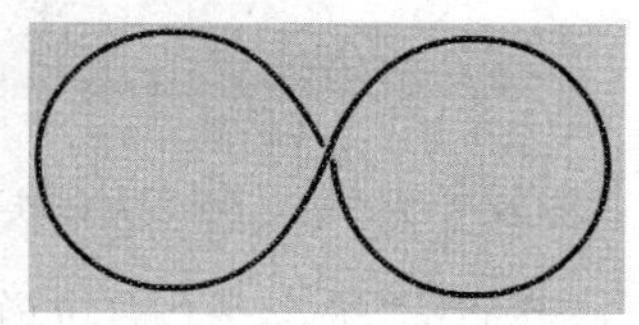

图 6-3-4　线条连接两个圆

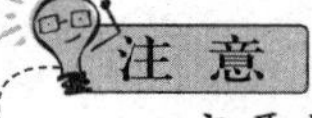

注意

一定要将两条线对象连接成为一条线对象，单击两条线对象中的任何一条线对象，都可以将另外一条线对象选中，选中的线对象上会蒙上一层白点。

（4）在“轨基”图层之上新建一个名称改为“轨道”的图层。将“轨基”图层第 1 帧中的 8 字线复制粘贴到“轨道”图层第 1 帧。选中“轨道”图层第 200 帧，按【F5】键。

（5）在“轨道”图层之上新建一个名称为“火车头”的图层。右击“火车头”图层，弹出图层快捷菜单，选择该菜单内的“添加传统运动引导层”命令，在选中的“火车头”图层的上边增加一个运动引导层，将该图层的名称改为“引导图层”。选中该图层第 200 帧，按【F5】键。

（6）将“轨基”图层第 1 帧中的 8 字线复制粘贴到“引导图层”图层的第 1 帧。

（7）选中“轨基”图层第 1 帧，选中该图层中的 8 字形线条。将线条加粗为 10 个点，颜色调整为灰色，如图 6-3-5（a）所示。

（8）选中“轨道”图层第 1 帧，选中该图层中的 8 字形线条，将线条改为 10 个点，颜色为黑色，笔触样式为“斑马线”，如图 6-3-5（b）所示。

2．制作火车头动画

（1）将“火车头”和“车厢”两幅图像（见图 6-3-6）导入到“库”面板内。使用工具箱内的“选择工具”，单击选中导入的图像，将图像打碎，再删除背景色。

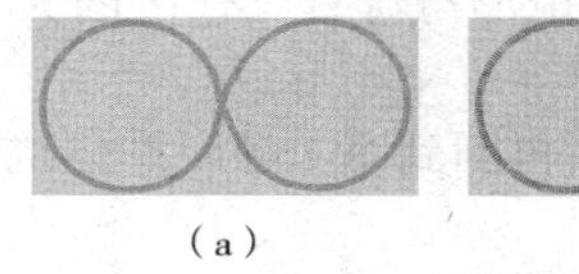

（a）

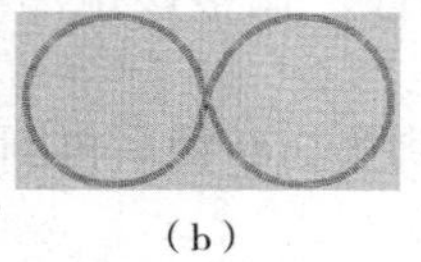

（b）

图 6-3-5　“轨基”和“轨道”图层图形

图 6-3-6　“火车头”和“车厢”图像

（2）将“轨基”和“轨道”图层隐藏。选中“火车头”图层第 1 帧，将“库”面板中的火车头拖动到舞台中，调整它的大小和位置，再旋转一定的角度，与轨道的弧度一致，如图 6-3-7（a）所示。移动火车头与引导线重合，图像的中心点标记应在引导线上，如图 6-3-7（b）所示。

（3）创建“火车头”图层中的第 1～200 帧的传统补间动画。选中“火车头”图层第 1 帧，选中其“属性”面板中的“贴紧”、“同步”和“调整到路径”复选框。选中“调整到路径”复选框后，可以使玩具小火车在行驶中，沿着轨道自动旋转，调整方向。

（4）选中“火车头”图层第 200 帧，使用“选择工具”，移动火车头与引导线重合，再将它们旋转一定角度，使之与引导线曲线适应，如图 6-3-8（a）所示。“火车头”图像的中心点标记应在引导线上，如图 6-3-8（b）所示。

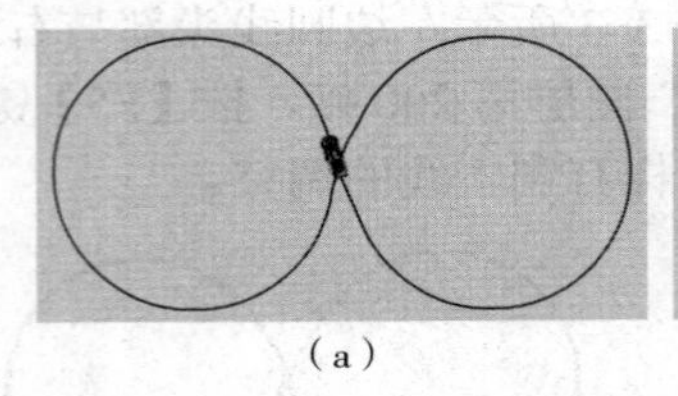
（a）

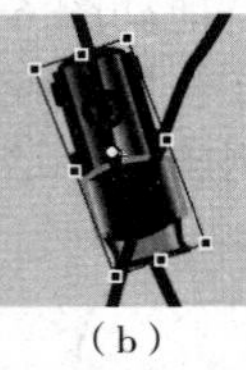
（b）

图 6-3-7　第 1 帧“火车头”图像所在的位置

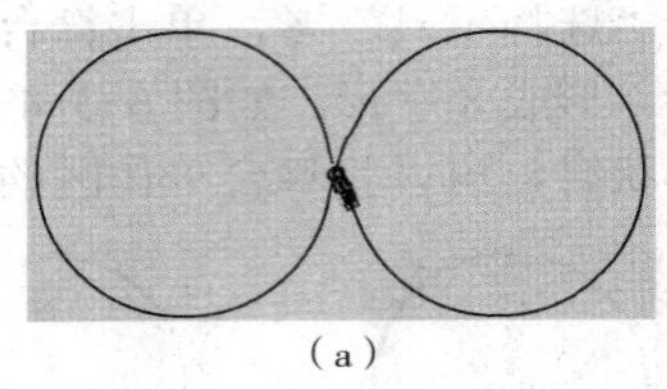
（a）

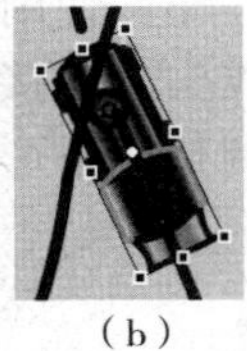
（b）

图 6-3-8　第 200 帧“火车头”图像所在的位置

至此，“火车头”沿轨道运动的动画制作完毕，时间轴如图 6-3-9 所示（删除一些帧）。

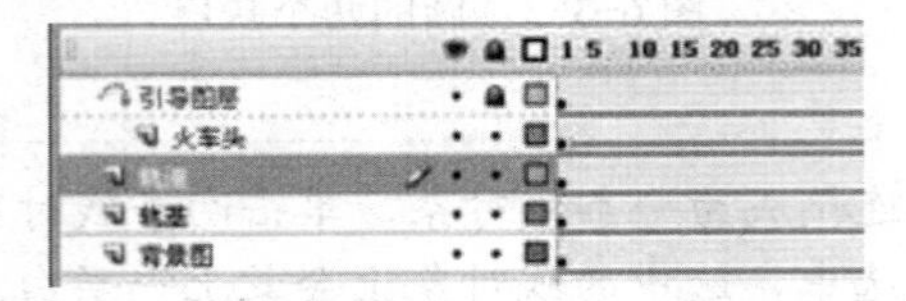

图 6-3-9　“火车头”动画的时间轴

3．制作车厢动画

（1）使用“选择工具”，选中“火车头”图层第 1 帧，移动火车头的位置如图 6-3-10 所示。其目的是为了添加车厢动画。

（2）选中“火车头”图层，在该图层的下边添加一个名称为“车厢 1”的图层，在该图层制作“车厢 1”图像沿引导线移动的动画。

（3）按照上述方法，添加“车厢 2”“车厢 3”“车厢 4”图层，分别创建它们沿引导线移动的动画。第 1 帧和第 200 帧内火车头和各车厢的位置分别如图 6-3-11 和图 6-3-12 所示。

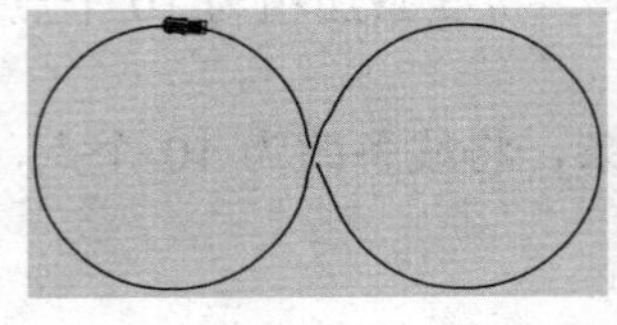

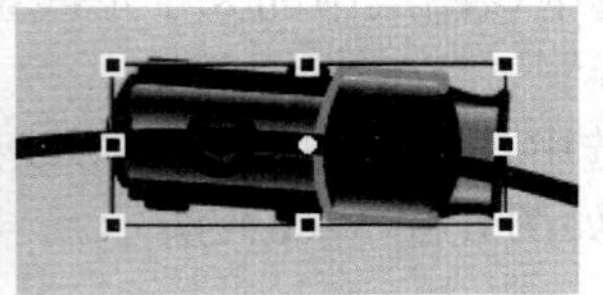

图 6-3-10　第 1 帧火车头图像所在的位置

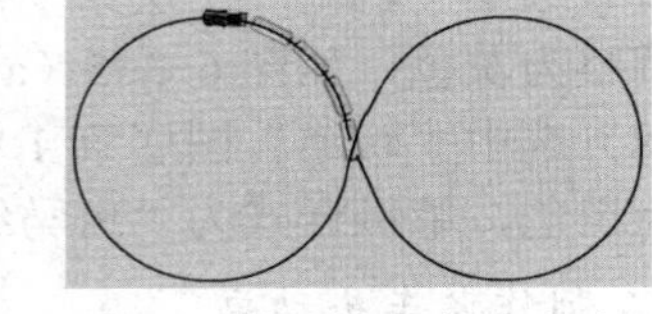

图 6-3-11　第 1 帧火车头和车厢位置

（4）在“轨基”图层的下边添加一个新图层，名称为“背景图”。导入一幅地板砖图像。绘制一个矩形，填充位图就是地板砖图像。调整该矩形与舞台工作区的大小和位置一样。

运行该动画，会看到小火车沿轨道移动到第 200 帧后再回到第 1 帧时产生跳跃，这是因为第 1 帧和第 200 帧不连续造成的。

（5）使用“选择工具”，在不选中引导线的情况下，拖动引导线终点端点，到火车头起始位置处，如图 6-3-13 所示。重新调整火车头和各节车厢的终止位置，使它们比起点位置稍稍退后一点，从而保证循环播放时的连续性。

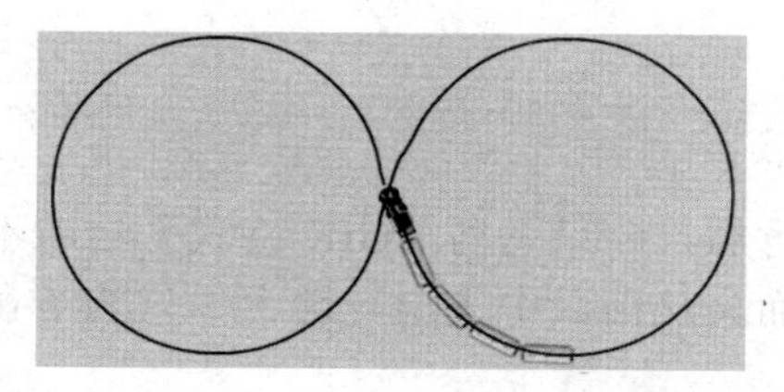

图 6-3-12　第 200 帧火车头和车厢位置

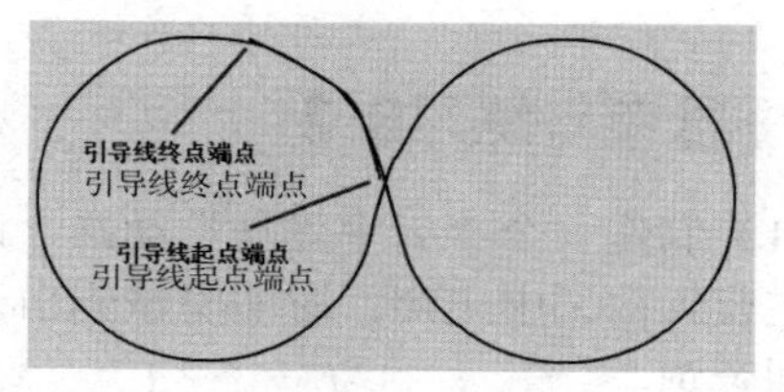

图 6-3-13　调整引导线终点端点的位置

（6）为了获得火车一开始速度慢，以后逐渐加快速度的效果，可以同时选中“火车头”图层和所有车厢图层第 1 帧，在其“属性”面板中的“缓动”文本框中输入-50。为了获得火车行驶结束时速度放慢的效果，可以同时选中“火车头”图层和所有车厢图层第 200 帧，在其“属性”面板中的“缓动”文本框中输入 50。

至此，“玩具小火车”动画制作完毕。它的时间轴如图 6-3-14 所示。

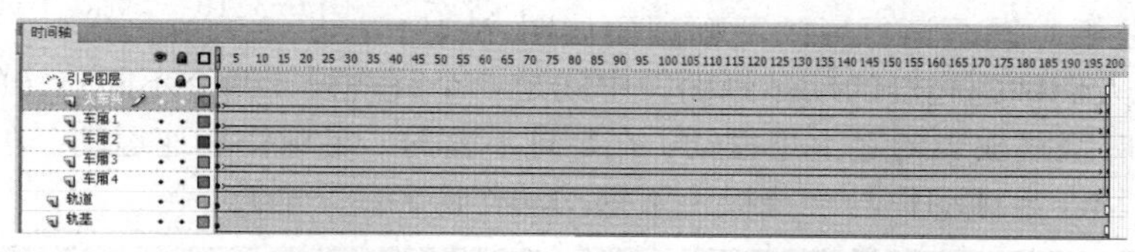

图 6-3-14　“玩具小火车”动画的时间轴

【相关知识】

1. 引导层与普通图层的关联

（1）引导层转换为普通图层：右击引导层，再选择图层快捷菜单中的“引导层”命令，使它左边的对勾消失，这时它就转换为普通图层了。

（2）引导层与普通图层的关联：把一个普通图层拖动到引导层（传统运动引导层或普通引导层）的右下边，如果原来的引导层是普通引导层，则与普通图层关联后会自动变为传统运动引导层。一个引导层可以与多个普通图层关联。把图层控制区域内的已关联的图层拖动到引导层的左下边，可以断开它与引导层的关联。如果传统运动引导层没有与它相关联的图层，则该运动引导层会自动变为普通引导层。

2. 设置图层的属性

选中一个图层，右击选择图层快捷菜单中的“属性”命令或选择“修改”→“时间轴”→“图层属性”命令，弹出“图层属性”对话框，如图 6-3-15 所示。选项作用如下：

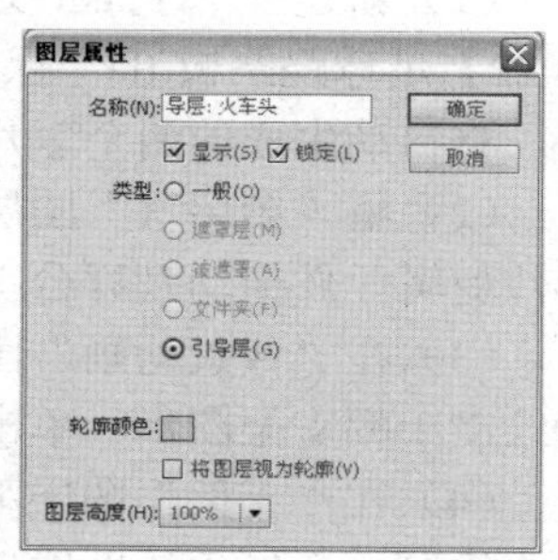

图 6-3-15　“图层属性”对话框

（1）“名称”文本框：给选定的图层命名。

（2）“显示”复选框：选中它后，表示该层处于显示状态，否则处于隐藏状态。

（3）“锁定”复选框：选中它后，表示该层处于锁定状态，否则处于解锁状态。

（4）“类型”栏：用来确定选定图层的类型。

（5）“轮廓颜色”按钮：单击它可打开颜色板，用该颜色板可以设置在以轮廓线显示图层对象时，轮廓线的颜色。它仅在“轮廓线方式查看图层”复选框被选中时有效。

（6）“将图层视为轮廓”复选框：选中它后，将以轮廓线方式显示该图层内的对象。

（7）“图层高度”下拉列表框：用来选择一种百分数，在时间轴窗口中可以改变图层帧的高度，它在观察声波图形时非常有用。

思考与练习6-3

（1）制作一个“云中飞鸟”动画，该动画运行后，6 只飞鸟（GIF 格式）沿着不同的曲线在蓝天白云中飞翔，时而隐藏到白云中，时而又从白云中飞出。地上一只豹子在草地上来回奔跑。

（2）修改本案例动画中小火车的轨道为椭圆形，更换地板，如图 6-3-16 所示。然后，以“玩具小火车”名称保存。

图 6-3-16 “玩具小火车”动画画面

6.4 【案例 22】足球跷跷板

案例 22 视频

【案例效果】

“足球跷跷板”动画运行后的两幅画面如图 6-4-1 所示。背景是人们翩翩起舞的动画画面，中间是一个跷跷板，两个不断自转的足球不断弹起和落下，同时跷跷板也随之上下摆动。在足球下落时，足球作加速运动；在足球上弹时，足球作减速运动。足球动作与跷跷板上下摆动动作协调统一有序。

图 6-4-1 “足球跷跷板”动画运行后的两幅画面

【操作过程】

1. 制作跷跷板运动

（1）新建一个 Flash 文档，设置舞台工作区宽 560px、高 260px。然后，以名称“【案例 22】足球跷跷板.fla”保存。导入“风景.gif”和“足球.gif”GIF 格式动画到“库”面板内，将自动生成的两个影片剪辑元件名称分别改为“背景动画”和“足球”。

（2）将“图层 1”图层名称改为“背景动画”图层，将“库”面板内的“背景动画”影片剪辑元件拖动到舞台工作区内，调整实例的宽 560px、高为 267px，X 和 Y 值均为 0。

（3）在“背景动画”图层之上新增“支架”图层，选中该图层第 1 帧，在舞台工作区内绘制一幅支架图形。单击选中“支架”图层第 140 帧，按【F5】键。

（4）在“支架”图层下边创建一个“跷跷板”图层，选中该图层第 1 帧，在舞台工作区内绘制一个红色轮廓线、棕色填充的矩形图形，作为跷跷板图形。

（5）将绘制的支架和跷跷板图形分别转换为影片剪辑实例，再分别应用“斜角”滤镜，使图形呈立体状。创建 4 条辅助线，如图 6-4-2 所示。

（6）使用“任意变形工具”，单击选中跷跷板图形，将中心点标记移到跷跷板图形的中心处。然后，顺时针旋转跷跷板图形一定的角度，如图 6-4-2 所示（还没有足球）。

（7）右击“跷跷板”图层第 1 帧，弹出帧菜单，选择该菜单内的“创建补间动画”命令，使该属性关键帧具有补间动画属性，同时，该图层第 1 帧到第 12 帧变为补间动画帧，颜色为浅蓝色，如图 6-4-3 所示。

图 6-4-2　第 1、140 帧跷跷板图形中心点标记的位置

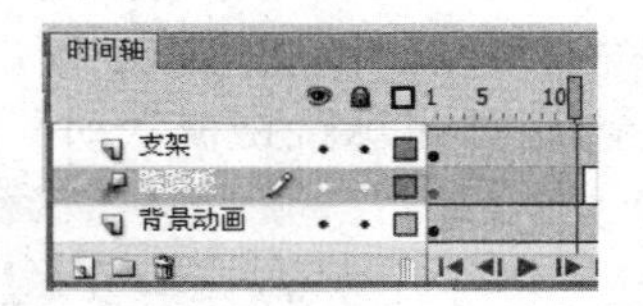

图 6-4-3　创建补间动画帧

（8）将鼠标指针移到补间动画帧的第 12 帧，当鼠标指针呈水平双箭头状时，水平拖动到第 140 帧，创建第 1～140 帧的补间动画帧。单击第 30 帧，按【F6】键，创建一个补间动画属性关键帧，接着依次创建第 40、100、110 帧为补间动画属性关键帧。

（9）“跷跷板”图层第 30、100 帧画面如图 6-4-4 所示（还没有足球），不调整跷跷板图形。选中“跷跷板”图层第 40 帧，逆时针拖动旋转跷跷板图形，效果如图 6-4-5 所示（还没有足球）。选中“跷跷板”图层第 110 帧，拖动旋转跷跷板图形，效果也如图 6-4-5 所示。

图 6-4-4　第 30 帧和第 110 帧的画面

图 6-4-5　第 40 帧和第 100 帧的画面

2. 制作足球跳跃

（1）在“跷跷板”图层之上添加“左边球”和“右边球”两个图层。单击选中“左边球”图层第 1 帧，将“库”面板内的“足球”影片剪辑元件拖动到舞台工作区的左上角辅助线交点处，如图 6-4-2 所示。单击选中“右边球”图层第 1 帧，将“库”面板内的“彩球”影片剪辑元件拖动到舞台工作区的右下角辅助线交点处，如图 6-4-2 所示。

（2）按住【Ctrl】键，单击选中“左边球”图层和“右边球”图层第 1 帧，右击选中的帧，弹出帧菜单，选择该菜单内的“创建补间动画”命令，使这两个关键帧具有补间动画属性。接着创建“左边球”图层和“右边球”图层第 1 帧到第 140 帧的补间动画。

（3）在这两个图层的第 30、40、100、110 帧创建补间动画属性关键帧，在“右边球”图层第 70 帧创建补间动画属性关键帧，在“左边球”图层第 140 帧创建补间动画属性关键帧。调整各关键帧的两个“足球”影片剪辑实例的位置。第 1、140 帧画面如图 6-4-2 所示；第 30、110 帧画面如图 6-4-4 所示；第 40、100 帧画面如图 6-4-5 所示；第 70 帧画面如图 6-4-6 所示。

（4）按住【Ctrl】键，同时单击选中“左边球”图层第 1 帧，在它的“属性”面板内的“缓动”文本框中输入 0，如图 6-4-7 所示。同样，按住【Ctrl】键，同时单击选中“左边球”图层第 110 帧，在它的“属性”面板的“缓动”文本框内输入 0。

图 6-4-6　第 70 帧的画面

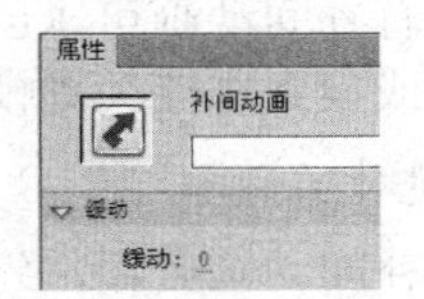

图 6-4-7　“属性”面板设置

（5）选中“右边球”图层第 70 帧，在它的“属性”面板的“缓动”文本框内输入 0；选中“右边球”图层第 100 帧，在它的“属性”面板的“缓动”文本框内输入 0。

至此，“足球跷跷板”动画制作完毕，它的时间轴如图 6-4-8 所示。

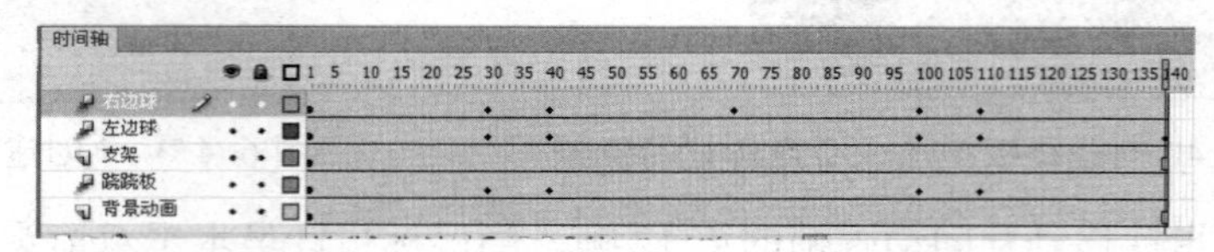

图 6-4-8 “足球跷跷板”动画的时间轴

【相关知识】

1. 补间动画的有关名词解释

（1）补间：Flash 根据两个关键帧或属性关键帧给出的画面或对象属性计算这两个帧之间各帧的画面或对象属性值，即补充两个关键帧或属性关键帧之间的所有帧。

（2）补间动画：它是通过为一个帧（属性关键帧）中的对象一个或多个属性指定一个值，并为另一个帧（属性关键帧）中的相同属性指定另一个值，Flash 计算这两个帧之间各帧的属性值，创建属性关键帧之间所有帧的每个属性内插属性值，使对象从一个属性关键帧过渡到另一个属性关键帧。如果补间对象在补间过程中更改了位置，则会自动产生运动引导线。

（3）补间范围：它是时间轴中的一组帧，目标对象的一个或多个属性可以随着时间而改变。补间范围在时间轴中显示为具有蓝色背景的单个图层中的一组帧。可以将一个补间范围作为单个对象进行选择，并从时间轴中的一个位置拖动到另一个位置。在每个补间范围中，只能对舞台上的一个对象进行动画处理，此对象称为补间范围的目标对象。

（4）属性关键帧：它是在补间范围中为补间目标对象设置一个或多个定义了属性值的帧。

2. 补间动画和传统补间动画之间的差异

（1）传统补间动画是针对画面变化而产生的，是在创建传统补间时将关键帧画面中的所有对象转换为图形元件实例。补间动画是针对对象属性变化而产生的，在创建补间时将所有不允许的对象（类型不允许）自动转换为影片剪辑元件实例。

（2）传统补间动画使用关键帧，补间动画使用属性关键帧。“属性关键帧”和“关键帧”的概念有所不同：“关键帧”是指传统补间动画中的起始、终止和各转折画面对应的帧；“属性关键帧”是指在补间动画中对象属性值初始定义和发生变化的帧。

（3）传统补间动画会将文本对象转换为图形元件实例。补间动画会将文本视为可补间的类型，而不会将文本对象转换为影片剪辑元件实例。

（4）传统补间动画的关键帧可以添加帧脚本。属性关键帧不允许添加帧脚本。

（5）传统补间动画由关键帧和关键帧之间的过渡帧组成，过度帧是可以分别选择的独立帧。补间动画由属性关键帧和补间范围组成，可以视为单个对象。如果要在补间动画范围中选择单个帧，必须按住【Ctrl】键，同时单击要选择的帧。

（6）只有补间动画可以创建 3D 对象动画，才能保存为动画预设。但是，补间动画无法交换元件或设置属性关键帧中显示的图形元件的帧数。

3. 创建补间动画

在创建补间动画时，常先在时间轴中创建属性关键帧和补间范围，对各图层帧中的对象进行初始排列，再在“属性”或“动画编辑器”面板中编辑各属性关键帧的属性。具体方法如下：

（1）选中图层（可以是普通图层、引导层、被引导层、遮罩层或被遮罩层）的一个空关键帧或关键帧，创建一个或多个对象。

（2）如果要将关键帧内多个对象（图形和位图）作为一个对象来创建补间动画，可以右击关键帧，或选中该关键帧内的所有对象再右击选中的对象，弹出它的快捷菜单，选择该菜单内的“创建补间动画”命令，会弹出一个提示对话框。单击该提示对话框内的“确定”按钮，即可将对象转换为影片剪辑元件的实例，再以该实例为对象创建补间动画。原来的关键帧转换为补间属性关键帧。如果关键帧内的对象是元件的实例或文本块，则在创建补间动画后，不会将对象再转换为元件的实例。

（3）如果要为关键帧内多个对象中的一个对象创建补间动画，则右击该对象，弹出它的快捷菜单，选择该菜单内的“创建补间动画”命令，即可创建一个新补间图层，其内第 1 帧是右击的对象，同时在该图层创建补间动画，其他对象会保留在原图层或新生图层的第 1 帧内。

读者可以在“图层 1”图层第 1 帧内的舞台工作区中创建各种不同类型的对象，然后逐一进行操作实验，观察时间轴的变化和各关键帧内对象变化情况。

（4）如果原对象只在第 1 帧（关键帧）内存在，则补间范围的长度等于一秒的持续时间。如果帧速率是 12 帧/秒，则范围包含 12 帧。如果原对象在多个连续帧内存在，则补间范围将包含该原始对象占用的帧数。拖动补间范围的任一端，可以调整补间范围所占的帧数。

（5）如果原图层是普通图层，则创建补间动画后，该图层将转换为补间图层。如果原图层是引导层、遮罩层或被遮罩层，则它将转换为补间引导层、补间遮罩层或补间被遮罩层。

（6）将播放头放在补间范围内的某个帧上，再利用“属性”或“动画编辑器”面板修改对象属性。可以修改的属性有宽度、高度、水平坐标 X、垂直坐标 Y、Z（仅限影片剪辑，3D 空间）、旋转角度、倾斜角度、Alpha、亮度、色调、滤镜属性值（不包括应用于图形元件的滤镜）等。

注 意

要一次创建多个补间动画，需在多个图层第 1 帧中分别创建可以直接创建补间动画的对象（元件的实例和文本块），选择所有图层第 1 帧，再右击选中的帧，弹出帧快捷菜单，选择该菜单内的“创建补间动画”命令或选择“插入”→“补间动画”命令。

4. 补间基本操作

补间基本操作有：

（1）选中整个补间范围：单击该补间范围。

（2）选中多个不连续的补间范围：按住【Shift】键，同时单击每个补间范围。

（3）选中补间范围内的单个帧：按住【Ctrl】键，同时单击该补间范围内的帧。

（4）选中补间范围中的单个属性关键帧：按【Ctrl】键，同时单击该属性关键帧。

（5）选中范围内的多个连续帧：按住【Ctrl】键，同时在补间范围内拖动。

（6）选中不同图层上多个补间范围中的帧：按【Ctrl】键，同时跨多个图层拖动。

（7）移动补间范围：将补间范围拖动到其他图层，或剪切粘贴补间范围到其他图层。如果将某个补间范围移到另一个补间范围之上，会占用第 2 个补间范围的重叠帧。

（8）复制补间范围：按住【Alt】键，并将补间范围拖动到新位置，或复制粘贴到新位置。

（9）删除补间范围，右击要删除的补间范围，弹出它的快捷菜单，选择该菜单内的“删除帧”或“清除帧”命令。

（10）删除帧：按住【Ctrl】键并拖动，选择多个连续的帧，然后右击，弹出其快捷菜单，选择该菜单内的“删除帧”命令。

5．编辑相邻的补间范围

（1）移动两个连续补间范围之间的分隔线：拖动该分隔线，Flash 将重新计算每个补间。

（2）按住【Alt】键，同时拖动第 2 个补间范围的起始帧，可以在两个补间范围之间添加一些空白帧，用来分隔两个连续补间范围。

（3）拆分补间范围：按住【Ctrl】键，同时单击选中补间范围中的单个帧，然后右击选中的帧，弹出帧快捷菜单，选择该菜单内的“拆分动画”命令。

如果拆分的补间已应用了缓动，则拆分后的补间可能与原补间具有不完全相同的动画。

（4）合并两个连续的补间范围：选择这两个补间范围，右击选中的帧，弹出帧快捷菜单，选择该菜单内的“合并动画”命令。

（5）更改补间范围的长度：拖动补间范围的右边缘或左边缘。也可以选择位于同一图层中的补间范围之后的某个帧，然后按【F6】键。Flash 扩展补间范围并向选定帧添加一个适用于所有属性的属性关键帧。如果按【F5】键，则 Flash 添加帧，但不会将属性关键帧添加到选定帧。

思考与练习6-4

（1）采用补间动画的制作方法，制作一个“昼夜轮回”动画，该动画运行后一开始的画面如图 6-4-9（a）所示，然后画面逐渐变暗，月亮和星星逐渐显现，还有倒影，如图 6-4-9（b）所示。接着月亮和它的倒影从右向左缓慢移动。

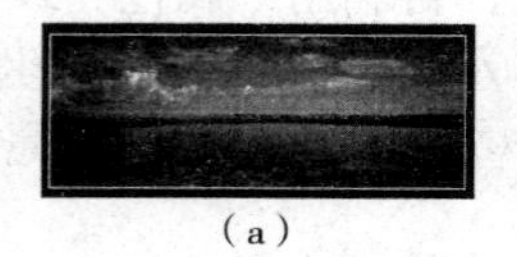
（a）

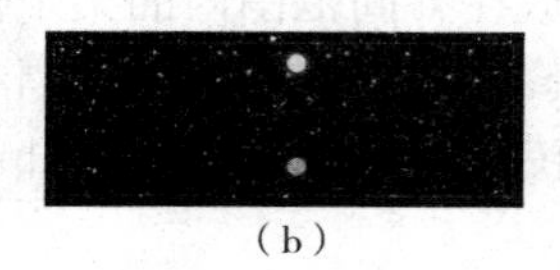
（b）

图 6-4-9 “昼夜轮回”动画运行后的两幅画面

（2）采用补间动画的制作方法，制作【案例 20】动画。

（3）采用补间动画的制作方法，制作【案例 21】动画。

6.5 【案例 23】图像漂浮切换

【案例效果】

“图像漂浮切换”动画运行后的 3 幅画面如图 6-5-1 所示。可以看到，第 1 幅风景图像和绿色“纯美中国风景”文字显示一会后，倾斜漂浮地向右上角移出，将下面的第 2 幅风景图像显示出来；接着第 2 幅图像也像第 1 幅图像一样移出。如此不断，一共有 7 幅风景图像。它们都第 1 幅图像一样显示、移出。最后又显示第 1 幅图像。

图 6-5-1 “图像漂浮切换”动画运行后的 3 幅画面

【操作过程】

1. 制作第 1 幅图像的漂浮切换

（1）新建一个 Flash 文档。设置舞台工作区的宽为 400 px、高为 300 px，背景色为白色。以名称为“【案例 23】图像漂浮切换.fla”保存。

（2）将 7 幅风景图像导入“库”面板内，将“库”面板内的 7 个图像元件的名称分别更改为“风景 11”～“风景 17”。创建“元件 1”～“元件 7”影片剪辑元件，其内分别导入“风景 11”～“风景 17”图像，调整这些图像宽为 400 px、高为 300 px，X 和 Y 的值均为 0。

（3）选中“图层 1”图层第 1 帧，选中“库”面板内的“元件 1”～“元件 7”影片剪辑元件并拖动到舞台内。调整它们的 X 和 Y 的值均为 0。7 幅图像均将整个舞台工作区完全覆盖。

（4）选中“图层 1”图层第 1 帧，选择“修改”→“时间轴”→“分散到图层”命令，将 7 幅图像分别移到不同图层第 1 帧，原来的“图层 1”图层第 1 帧成为空关键帧，将它移到最下边，名称改为“背景”，其他图层名称分别是“库”面板内元件的名称，将名称分别改为“风景 11”～“风景 17”，如图 6-5-2 所示。

（5）输入绿色、隶书、大小 60 点的“纯美中国风景”文字，置于图像中间位置，添加滤镜，使文字立体化。将“风景 11”图层第 1 帧复制粘贴到“背景”图层第 1 帧。

（6）选中“风景 11”图层第 21 帧，按【F6】键，创建一个关键帧，使该图层第 1 帧～第 21 帧内容一样。右击“风景 11”图层第 21 帧，弹出它的快捷菜单，选择该菜单内的“创建补间动画”命令，使该帧具有补间动画属性。单击选中“风景 11”图层第 40 帧，按【F6】键，创建“风景 11”图层第 21 帧～第 40 帧的补间动画，第 40 帧是属性关键帧。

（7）使用“3D 旋转工具”，单击“风景 11”图层第 40 帧内图像，调整该图像围绕各轴旋转一定角度，再使用“任意变形工具”将图像移到舞台工作区外右上角，适当调整它的大小，如图 6-5-3 所示。还可以使用“3D 平移工具”调整“风景 11”图层第 40 帧内的图像。“风景 11”图像显示一段时间后向右上角漂浮移出的动画制作完毕。

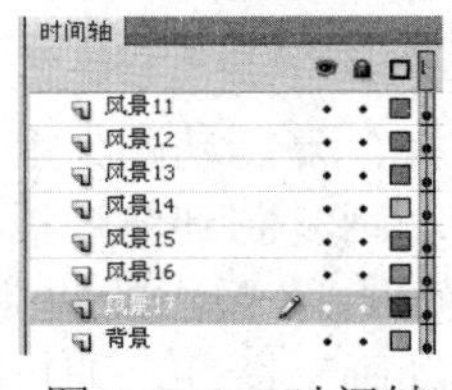

图 6-5-2　时间轴

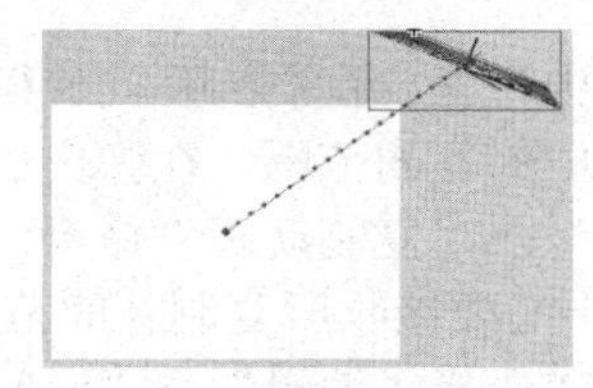
图 6-5-3　“风景 11”图层第 40 帧画面

2. 制作其他图像的漂浮切换

（1）按住【Shift】键，单击“风景 12”和“风景 17”图层第 21 帧，选中它们之间的 6 个图层的第 21 帧，按【F6】键，创建 6 个关键帧。再选中除了“背景”图层之外所有图层的第 40 帧，以及“背景”图层第 20 帧，按【F5】键，效果如图 6-5-4 所示。

（2）右击“风景 11”图层内补间动画的补间范围，弹出它的快捷菜单，选择该菜单内的“复制动画”命令，将“风景 11”图层内的补间动画帧复制到剪贴板内。

（3）右击“风景 12”图层第 21 帧，弹出它的快捷菜单，选择该菜单内的“粘贴动画”命令，将“风景 11”图层内补间动画的属性粘贴到“风景 12”图层第 21 帧～第 40 帧，“风景 12”图层第 21 帧～第 40 帧已经具有和“风景 11”图层第 21 帧～第 40 帧一样的补间动画。

（4）按照上述方法，将其他图层（除了“背景”图层）第 21 帧～第 40 帧均制作成具有相同特点的补间动画，只需更换图像。此时的时间轴如图 6-5-5 所示。

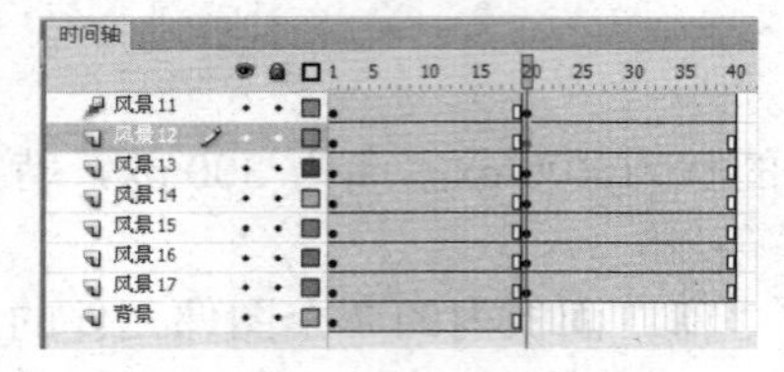
图 6-5-4　时间轴 1

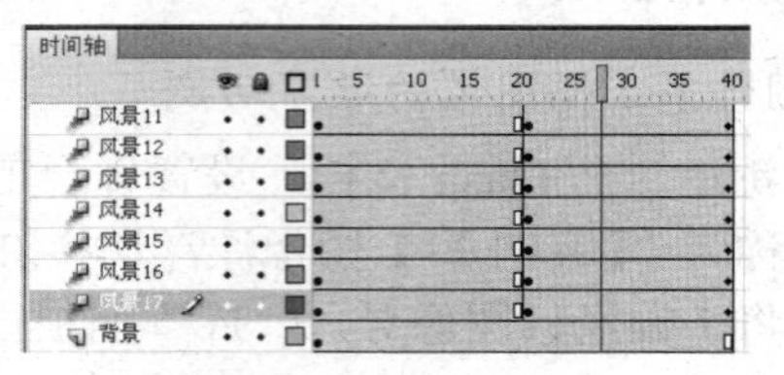
图 6-5-5　时间轴 2

（5）按住【Shift】键，单击“风景 12”图层第 1 帧和第 20 帧，再单击该图层的补间范围内的任何一帧，选中该图层第 1 帧到第 40 帧，水平向右拖动到第 21 帧和第 60 帧。按照相同的方法和移动规律，调整其他图层（不含“背景”图层）的第 1 到第 40 帧，时间轴如图 6-5-6 所示。

（6）按住【Shift】键，单击“背景”图层第 1 帧和第 20 帧，选中“背景”图层第 1 帧到第 20 帧，水平向右拖动到第 141 帧到第 160 帧，时间轴如图 6-5-6 所示。

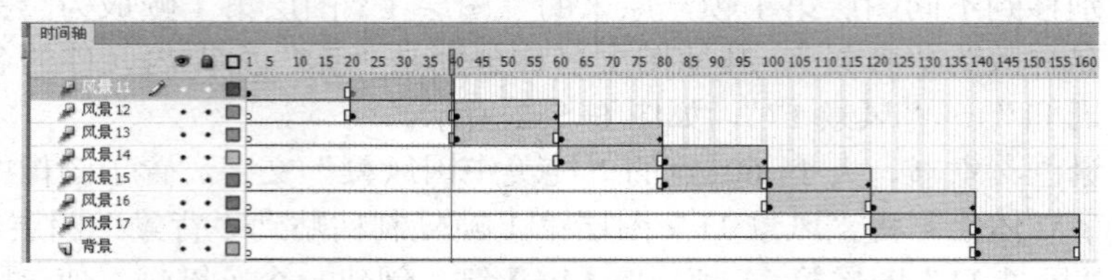
图 6-5-6　“图像漂浮切换”动画的时间轴

【相关知识】

1. 复制和粘贴补间动画

可以将补间属性从一个补间范围复制到另一个补间范围，原补间范围的补间属性应用于目标补间范围内的目标对象，但目标对象的位置不会发生变化。这样，可以将舞台上某个补间范围内的补间属性应用于另一个补间范围内的目标对象，无须重新定位目标对象。操作方法如下：

（1）单击选中包含要复制的补间属性的补间范围。

（2）右击选中的补间范围，在弹出的快捷菜单中选择“复制动画”命令，或选择“编辑”→“时间轴”→“复制动画”命令，将选中的补间动画复制到剪贴板内。

（3）右击选中的要接收所复制补间范围的目标补间范围，在弹出的快捷菜单中选择“粘贴动画”命令，或选择“编辑”→“时间轴”→“粘贴动画”命令，即可对目标补间范围应用剪贴板内的属性并调整补间范围的长度，使它与所复制的补间范围一致。

2. 复制和粘贴补间帧属性

可以将选中帧的属性（色彩效果、滤镜或 3D 等）复制粘贴到同一补间范围或其他补间范围内的另一个帧。粘贴属性时，仅将属性值添加到目标帧。2D 位置属性不能粘贴到 3D 补间范围内的帧中。操作方法如下：

（1）按住【Ctrl】键，同时单击选中补间范围中的一个帧。右击选中的帧，弹出帧快捷菜单，选择该菜单内的“复制属性”命令。

（2）按住【Ctrl】键，同时单击选中补间范围内的目标帧。右击目标补间范围内的选定帧，弹出帧快捷菜单，选择该菜单内的“粘贴属性”命令。如果仅粘贴已复制的某些属性，可以右击目标补间范围内的选定帧，然后选择帧菜单内的“选择性粘贴属性”命令，弹出“选择特定属性”对话框，选择要粘贴的属性，单击“确定”按钮。

3. 编辑补间动画

（1）右击补间范围，弹出它的快捷菜单，选择该菜单内的“查看关键帧”→“×××× ”（属性类型名称）命令，可以显示或隐藏相关的属性类型的属性关键帧。

（2）如果补间动画中修改了对象位置（X 和 Y 属性值），则会显示一条从起点到终点的引导线。如果要改变对象的位置，可使用工具箱内的“选择工具”，将播放头移到补间范围内的一个帧处，拖动对象到其他位置，即可在补间范围内创建一个新的属性关键帧。

（3）可以使用“属性”面板和“动画编辑器”面板来编辑各属性关键帧内的对象属性。

（4）将其他图层帧内的曲线（不封闭曲线），复制粘贴到补间范围，可以替换原引导线。

（5）将其他元件从“库”面板拖动到时间轴中的补间范围上，或者将其他元件实例复制粘贴到补间范围上，都可以替换补间的目标对象（即补间范围的目标实例）。

另外，选择“库”面板中的新元件或者舞台工作区内的补间的目标实例，然后选择“修改”→“元件”→“交换元件”命令，弹出“交换元件”对话框，利用该对话框可以选择替换元件，用新元件实例替换补间的目标实例。

如果要删除补间范围的目标实例而不删除补间，可以选择该补间范围，再按【Del】键。

（6）右击补间范围，弹出帧快捷菜单，选择该菜单内的“运动路径”→“翻转路径”命令，可以使对象沿路径移动的方向翻转。

（7）可以将静态帧从其他图层拖动到补间图层，在补间图层内添加静态帧中的对象。还可以将其他图层上的补间动画拖动到补间图层，添加补间动画。

（8）如果要创建对象的 3D 旋转或 3D 平移动画，可以将播放头放置在要先添加 3D 属性关键帧的帧位置，再使用工具箱内的“3D 旋转工具”按钮或“3D 平移工具”进行调整。

（9）右击补间范围，弹出它的快捷菜单，选择该菜单内的“3D 补间”命令，如果补间范围未包含任何 3D 的属性关键帧，则将 3D 属性添加到已有的属性关键帧；如果补间范围已包含 3D 属性关键帧，则 Flash 会将这些 3D 属性关键帧删除。

4. 了解“动画编辑器”面板

选中时间轴中的补间范围或者舞台工作区内的补间对象或运动路径，选择“窗口”→“动画编辑器”命令，打开“动画编辑器”面板，如图 6-5-7 所示。

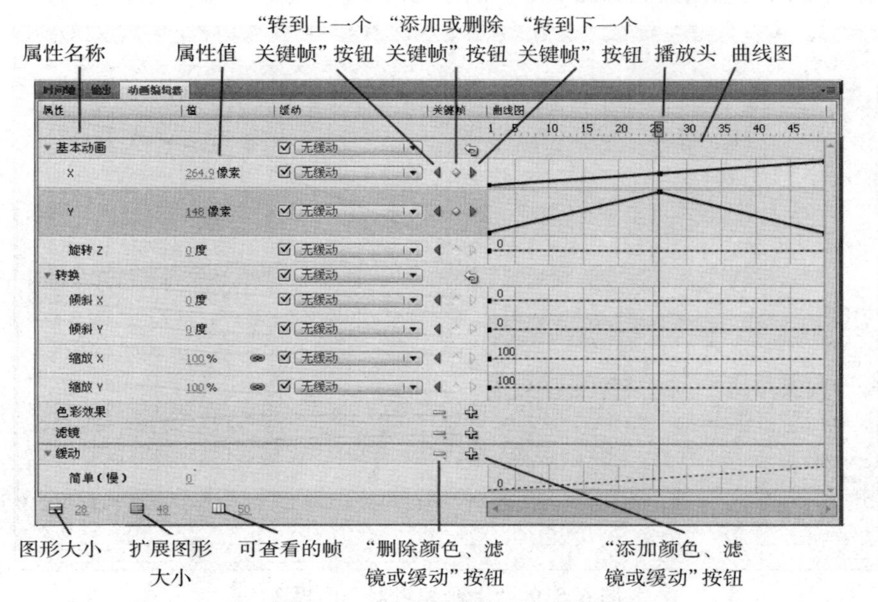

图 6-5-7 “动画编辑器”面板 1

在该面板内可以看到选中的补间动画的各个帧，所有属性关键帧的属性设置，所有补间特点，播放头与时间轴内的播放头完全同步（指向相同的帧编号）；还可以以多种不同的方式来调整补间，调整属性关键帧的属性，增加和删除属性关键帧，将属性关键帧移动到补间内的其他帧，调整对单个属性的补间曲线形状，创建自定义缓动曲线，将属性曲线从一个属性复制粘贴到另一个属性，翻转各属性的关键帧，向各个属性和属性类别添加不同的预设缓动和自定义缓动等。

（1）单击属性类别按钮▼，可以收缩该类别内的各属性行，如图 6-5-8 所示。单击属性类别按钮▶，可以展开该类别内的各属性行，如图 6-5-7 所示。

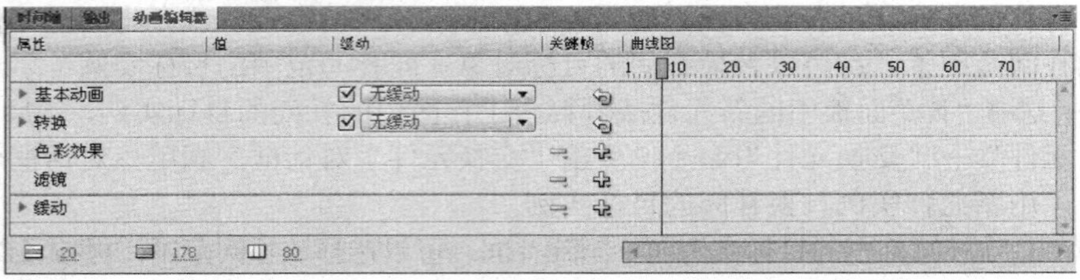

图 6-5-8 “动画编辑器”面板 2

（2）单击“转到上一个关键帧”按钮◀，可以切换到上一个属性关键帧，显示上一个属性关键帧的相关属性；单击“转到下一个关键帧”按钮▶，可以切换到下一个属性关键帧，显示下一个属性关键帧的相关属性。拖动播放头移到要添加属性关键帧的帧编号处，再单击“添加或删除关键帧”按钮，可以在播放头指示的帧编号处添加一个属性关键帧控制点（即一个黑色小正方形）；拖动播放头移到要删除的属性关键帧处，单击“添加或删除关键帧”按钮◇，可以删除播放头指示的属性关键帧。单击“重置值”按钮，可以将该属性类中的所有属性恢复为默认值。

（3）调整“图形大小”文本框内的数值，可以调整所有属性行的高度（即曲线图高度）；调整“扩展图形大小”文本框内的数值，可以调整选中属性（即当前属性）的属性行高度；调整“可查看的帧”文本框内的数值，可以调整曲线图内可以查看的帧数，最大不可以超过选中的补间范围的总帧数，如图 6-5-9 所示。

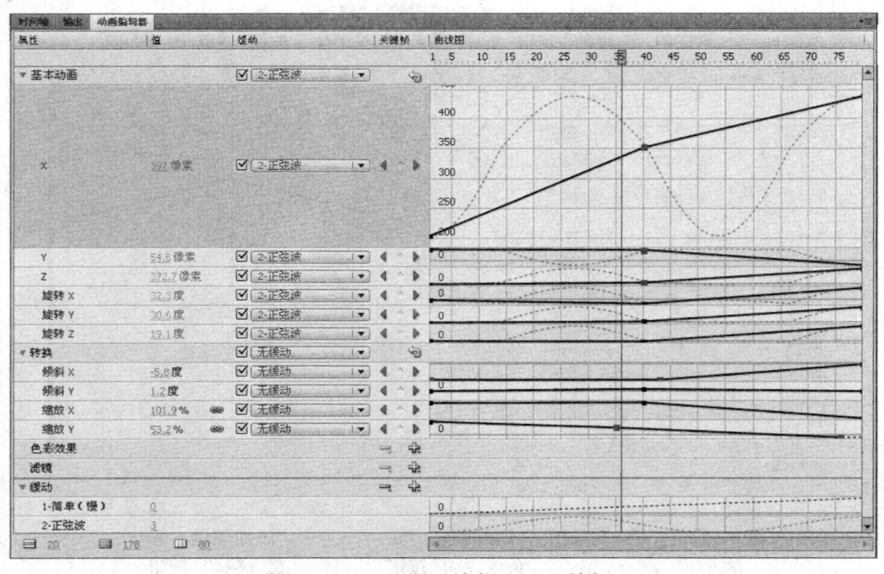

图 6-5-9 “动画编辑器”面板 3

（4）曲线图使用二维图形表示属性关键帧和补间帧的每个属性的值，每个图形的水平方向表示帧（从左到右时间增加），垂直方向表示属性值。属性曲线上的控制点对应一个属性关键帧。有些属性（如“渐变斜角”滤镜的“品质”属性）不能进行补间，它们只能有一个值。这些属性可以在“动画编辑器”面板中进行设置，但它们没有图形。

5. 曲线调整

（1）使用工具箱内的“选择工具”或“钢笔工具”等工具，向上移动曲线段或属性关键帧控制点，可以增加属性值，向下移动可以减小属性值；向左或向右移动曲线段或属性关键帧控制点，可以移动属性关键帧的位置。拖动曲线，可以精确调整补间的每条属性曲线的形状，在更改某一属性曲线形状的同时，舞台工作区内的对象显示也会随之改变。

（2）按住【Ctrl】键，单击曲线，可以增加一个属性关键帧控制点；按住【Ctrl】键，单击属性关键帧控制点，可以删除该属性关键帧。右击属性曲线，弹出它的快捷菜单，选择该菜单内的“添加关键帧”命令，即可在单击处添加一个属性关键帧控制点；右击属性关键帧的控制点，弹出它的快捷菜单，选择该菜单内的“删除关键帧”命令，即可删除该属性关键帧。

（3）按住【Alt】键，同时单击属性关键帧控制点，可以切换控制点的转角点模式（控制点处无切线）和平滑点模式（控制点处有切线）。当属性关键帧控制点是平滑点模式时，在该控制点处会出现一条切线，拖动切线的控制柄，可以调整曲线的形状，如图 6-5-10 所示。对于基本动画的 X、Y 和 Z 属性曲线上的控制点不会在控制点处出现一条切线。

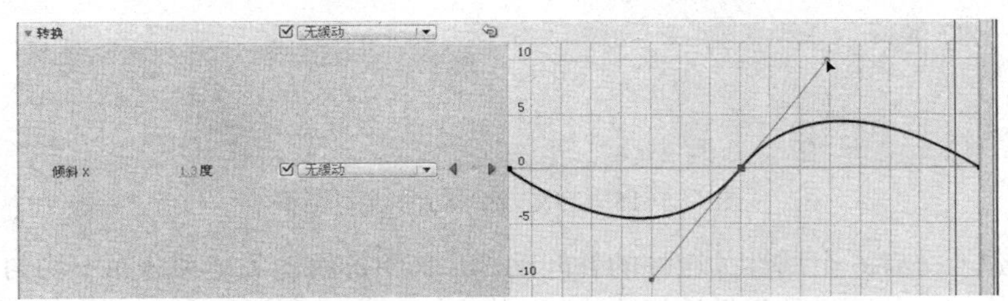

图 6-5-10 “动画编辑器”面板内曲线形状的调整

（4）在曲线图形区域内右击，弹出它的快捷菜单，选择该菜单内的“显示工具提示”命令，可以启用或禁用工具提示，如图 6-5-11 所示。在启用工具提示后，将鼠标指针移到曲线之上或拖动属性关键帧控制点时，会显示相应的图示信息，如图 6-5-12 所示。

（5）选择曲线图形区域内快捷菜单中的“复制曲线”命令，可以将曲线复制到剪贴板内；选择“重置属性”命令，可以使属性曲线恢复到原始状态；选择“翻转关键帧”命令，可以使曲线垂直翻转。

（6）右击属性曲线上的属性关键帧的控制点，弹出它的快捷菜单，如图 6-5-13 所示。

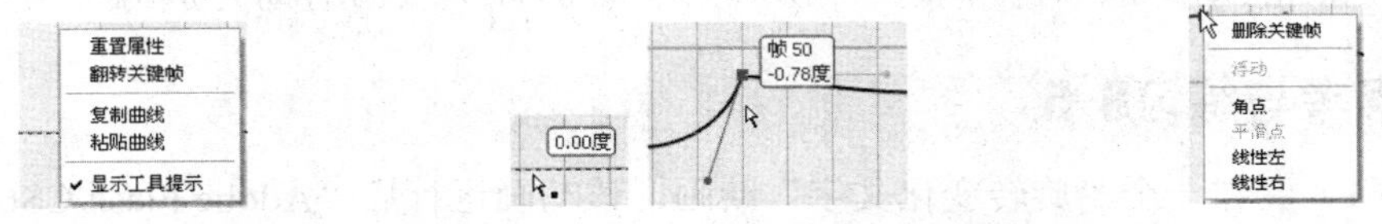

图 6-5-11　曲线区域快捷菜单　图 6-5-12　曲线图形区域提示信息　图 6-5-13　控制点快捷菜单

选择该菜单内的“删除关键帧”命令，可以删除有关的属性关键帧；选择“角点”命令，可以将平滑点转换为角点；选择“平滑点”命令，可以将角点转换为平滑点；选择“线性左”命令，可以使角点左边为线性不可调；选择“线性右”命令，可以使角点右边为线性不可调。

6. 应用缓动和浮动

缓动是用于修改 Flash 计算补间中属性关键帧之间属性值的一种技术。如果不使用缓动，Flash 在计算这些值时，会使值的更改在每一帧中都一样。如果使用缓动，则可以调整每个值的更改程度，从而实现更自然、更复杂的动画。使用“动画编辑器”面板可以对任何属性曲线应用缓动，轻松地创建复杂动画效果，而无须创建复杂的运动路径。缓动曲线是显示在一段时间内如何内插补间属性值的曲线。

（1）单击“增加缓动”按钮，弹出缓动菜单，该菜单内列出了许多已经设置好的缓动，单击菜单内的缓动名称（如正弦波），即可调入该缓动。以后，单击属性栏内“缓动”列的下拉列表框中的选项，会自动添加前面调入的缓动名称（如正弦波），单击该缓动名称，即可给该属性添加选中的缓动（如正弦波），如图 6-5-14 所示。

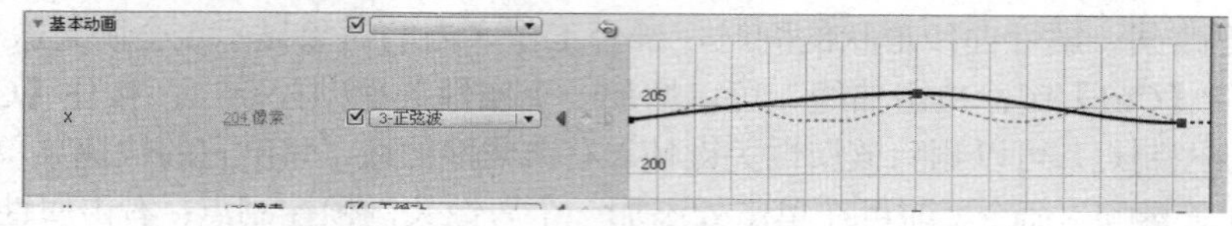

图 6-5-14　缓动曲线和属性曲线

（2）如果选中缓动菜单内的“自定义”选项，则可以进行自定义缓动曲线的调整，如图 6-5-15 所示。如果向一条属性曲线应用了缓动，则在属性曲线区域中会增加一条虚线，表示缓动对属性值的影响。缓动曲线是应用于补间属性值的数学曲线。补间的最终效果是属性曲线和缓动曲线中属性值范围组合的结果。

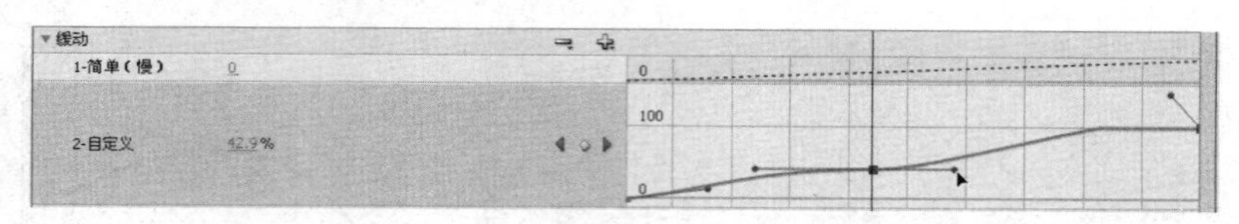

图 6-5-15　自定义缓动曲线的调整

（3）创建一个有 6 个属性关键帧的补间动画，其中各属性关键帧分布不均匀，因此各个帧分布也不均匀，从而导致运动速度不一样，如图 6-5-16 所示。右击“动画编辑器”面板内属性曲线上的属性关键帧的控制点，弹出它的快捷菜单（见图 6-5-13），选择该菜单内的“浮动”命令，启用浮动关键帧。同样将补间范围内的其他属性关键帧也启用浮动关键帧，即可看到同一运动路径中，各个帧沿路径均匀分布，如图 6-5-17 所示。从而使运动速度相同。

图 6-5-16　禁用浮动关键帧且各个帧分布不均匀　　图 6-5-17　启用浮动关键帧后各帧分布均匀

思考与练习6-5

（1）制作一个“旋转变化文字”动画，该动画运行后“Adobe Flash CS6”文字旋转变换并由小变大地展现出来，同时颜色由蓝色变为绿色，再变为红色。

（2）制作另一个“图像漂浮切换”动画。该动画运行后，可以切换的图像有 10 幅，奇数和偶数图像的切换方式不一样。

（3）制作另外一个“漂浮图像切换”动画。该动画运行后，第 1 幅图像旋转扭曲地从外边向舞台工作区内移入，并刚好将整个舞台工作区完全覆盖。接着第 1 幅图像又从外部另外一处旋转扭曲地移入，并刚好将整个舞台工作区完全覆盖。如此不断移入 10 幅图像。

（4）使用“动画编辑器”面板，调整【案例 23】“图像漂浮切换”动画中各幅图像移出画面所采用的方法。

6.6 【案例 24】冲浪和文字变形

【案例效果】

“冲浪和文字变形”动画播放后的两幅画面如图 6-6-1 所示。可以看到，一个小孩脚踏滑板在波浪起伏的海中滑行，同时红色“冲浪”文字变形为蓝色“运动”文字。

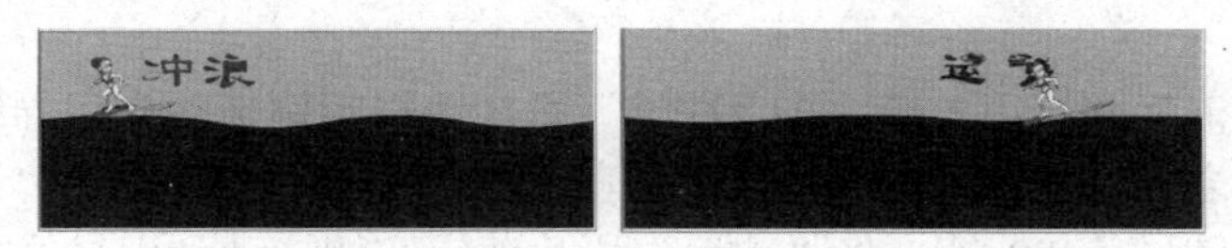

图 6-6-1　“冲浪和文字变形”动画的两幅画面

【操作过程】

1. 制作“海浪”动画

（1）新建一个 Flash 文档。设置舞台工作区宽 550 px、高 200 px，背景为白色。将“图层 1”图层名称改为“海浪”。选中该图层第 1 帧，绘制一个宽 550 px、高 90 px 的蓝色矩形。再绘制 3 条垂直线，如图 6-6-2 所示。以名称“【案例 24】冲浪和文字变形.fla”保存。

（2）使用“选择工具”，在不选中矩形的情况下，向上拖动矩形第 1、3 段上边缘，使矩形上边缘凸起；向下拖动矩形第 2、4 段上边缘，使矩形上边缘凹下，如图 6-6-3 所示。

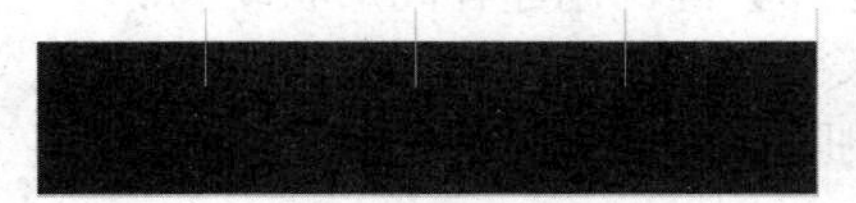

图 6-6-2　蓝色矩形和 3 条垂直线

图 6-6-3　调整矩形

（3）同时选中“海浪”图层第 40 帧和第 80 帧，按【F6】键，创建两个关键帧。选中“海浪”图层第 40 帧，在不选中图 6-6-3 所示图形的情况下，向下拖动矩形第 1 段和第 3 段上边缘，使矩形上边缘凹下；向上拖动矩形第 2 段和第 4 段上边缘，使矩形上边缘凸起，如图 6-6-4 所示。

（4）选中“海浪”图层第 1 帧，按住【Shift】键，双击 3 条线，选中这 3 条线，按【Del】键，删除这 3 条线，形成蓝色海浪图形，如图 6-6-5 所示。采用相同方法，将“海浪”图层第 40 帧和第 80 帧内的线条删除。

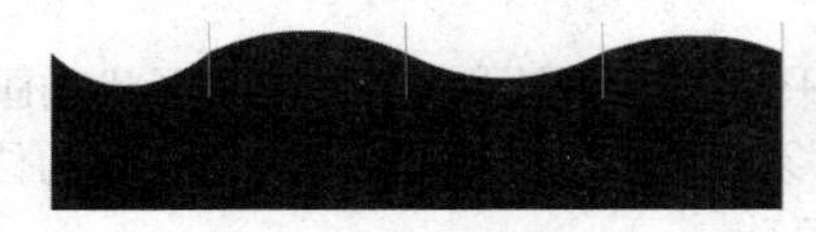

图 6-6-4　“海浪”图层第 40 帧画面

图 6-6-5　删除线的“海浪”图层第 1 帧画面

（5）按住【Shift】键，单击“海浪”图层第 80 帧和第 1 帧，选中第 1 帧到第 80 帧，右击选中的帧，弹出帧快捷菜单，选择该菜单内的“创建补间形状”命令，即可创建“海浪”图层第 1 帧到第 80 帧的形状动画。

2. 制作“冲浪”动画

（1）导入一个“冲浪.gif”动画到“库”面板内，“库”面板内会自动生成一个影片剪辑元件，其内是“冲浪.gif”GIF 格式动画的各幅画面。将该影片剪辑元件改名为“冲浪”。双击该元件，进入它的编辑状态，修改各关键帧画面，只留下冲浪小孩和滑板图像。回到主场景。

（2）在“海浪”图层之上增加一个“冲浪”图层，选中该图层第 1 帧，将“库”面板内的“冲浪”影片剪辑元件拖动到画面左边海浪之上，微微调整它的旋转角度。

（3）创建“冲浪”图层第 1 帧到第 80 帧的动作动画，选中“冲浪”图层第 80 帧，将该帧内的实例移到画面右边海浪之上，微微调整它的旋转角度。

（4）右击“冲浪”图层，弹出它的快捷菜单，选择该菜单内的“添加传统运动引导层”命令，在“冲浪”图层上边增加一个“引导层：冲浪”的传统运动引导层。选中该图层第 1 帧，使用“铅笔工具”，绘制一条水平波浪线，调整它的形状，形成引导线，如图 6-6-6 所示。

（5）选中“冲浪”图层第 1 帧，将“冲浪”影片剪辑实例拖动到引导线左端之上，使它的中心点在引导线之上，如图 6-6-6 所示。在其“属性”面板内，选中“调整到路径”复选框。选中“冲浪”图层第 80 帧，将“冲浪”影片剪辑实例拖动到引导线右端之上，使“冲浪”影片剪辑实例的中心点在引导线之上，如图 6-6-7 所示。然后，设置舞台工作区的背景色为浅蓝色。

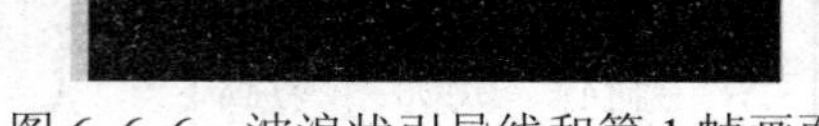

图 6-6-6　波浪状引导线和第 1 帧画面

图 6-6-7　第 40 帧画面

3. 制作“文字变形”动画

（1）在“海浪”图层之上增加一个“文字变化”图层，选中该图层第 1 帧，输入字体为隶书、大小为 60 点、红色文字“冲浪”，再将文字打碎。

（2）右击“文字变化”图层第 1 帧，弹出帧快捷菜单，选择该菜单内的“创建补间形状”命令，使该帧具有补间形状动画属性。选中第 80 帧，按【F6】键，创建补间形状动画。

（3）选中“文字变化”图层第 80 帧，输入字体为隶书、大小为 60 点、蓝色文字“运动”，再将它打碎，再将打碎的文字“冲浪”删除。

【相关知识】

1. 补间形状动画的基本制作方法

补间形状动画是由一种形状对象逐渐变为另外一种形状对象的动画。Flash CS6 可以将图形、打碎的文字、分离后的位图和由位图转换的矢量图形对象进行变形，制作补间形状动画。Flash CS6 不能将实例、未打碎的文字、位图图像、群组对象制作补间形状动画。

在补间形状动画中，对象位置和颜色的变换是在两个对象之间发生的，而在动作动画中，变化的是同一个对象的位置和颜色属性。下面通过制作一个彩球变化为六边形的补间形状动画来介绍补间形状动画的制作方法。

（1）选中在时间轴内一个空白关键帧（如“图层 1”图层）作为补间形状动画的开始帧。然后，在舞台工作区内创建一个符合要求的对象（图形、打碎的文字、分离后的位图等），作为补间形状动画的初始对象。此处绘制一个绿色球。

（2）右击关键帧（如“图层 1”图层），弹出帧快捷菜单，选择该菜单内的“创建补间形状”命令，使该帧具有补间形状动画属性，此时“属性”面板有关设置如图 6-6-8 所示。

图 6-6-8　“属性”面板设置

（3）单击补间形状动画的终止帧，按【F6】键，创建动画的终止帧为关键帧。此时，在时间轴上，从第 1 帧到终止帧之间会出现一个指向右边的箭头，帧的背景为浅绿色。

（4）在舞台工作区内绘制一个红色六边形图形，再将该帧内原有的绿色球删除。也可以先删除原对象，再创建新对象；或者修改原对象，使原对象形状改变。

2. 补间形状动画关键帧的“属性”面板

补间形状动画关键帧“属性”面板内有关的选项如图 6-6-8 所示。其中各选项的作用如下：

（1）“缓动”文本框：用来设置补间形状动画的加速度。

（2）“混合”下拉列表框：该下拉列标框内各选项的作用。

①“角形”选项：选择它后，创建的过渡帧中的图形更多地保留了原来图形的尖角或直线的特征。如果关键帧中图形没有尖角，则与选择“分布式”的效果一样。

②“分布式”选项：选择它后，可使补间形状动画过程中创建的中间过渡帧的图形较平滑。

思考与练习6-6

（1）制作一个“字母变换”动画，该动画播放后，一个红字母“X”逐渐变形为蓝字母“Y”，接着蓝字母“Y”再逐渐变形为红字母“Z”。

（2）制作一个“文字变化”补间形状动画，该动画播放后，绿色文字“Flash CS6 文字变化”逐渐变为红色，同时文字还逐渐由小变大。

（3）制作一个“浪遏飞舟”动画，该动画播放后，一个人划着划艇在波浪起伏的海中航行，两只飞鸟在空中来回飞翔，其中的一幅画面如图 6-6-9 所示。

（4）制作一个“弹跳彩球”动画，播放后的 3 幅画面如图 6-6-10 所示。可以看到，背景是 4 幅不断切换的动画，一个彩球上下跳跃，当彩球落到弹性地面时，弹性地面会随之下凹。然后，弹性地面弹起，将彩球也弹起。彩球的弹跳与弹性地面的起伏动作连贯协调。

图 6-6-9 “浪遏飞舟”动画的一幅画面

图 6-6-10 “弹跳彩球”动画的 3 幅画面

6.7 【案例 25】开门式动画切换

案例 25 视频

【案例效果】

“开门式动画切换”动画播放后的两幅画面如图 6-7-1 所示。可以看到，一个 GIF 格式的动画画面像向内推开门似的退出，同时另一个 GIF 格式的动画画面随之显示出来。

图 6-7-1 “开门式动画切换”动画播放后的两幅画面

【操作过程】

1. 方法一

（1）新建一个 Flash 文档。设置舞台工作区宽 700 px、高 300 px，背景为白色。以名称“【案例 25】开门式动画切换.fla”保存。

（2）将两个 GIF 格式的动画导入“库”面板内，将“库”面板内自动生成的两个影片剪辑元件的名称分别改为“动画 1”和“动画 2”。两个 GIF 格式动画的一幅画面如图 6-7-2 所示。

（a）　　　　　　（b）

图 6-7-2　两个 GIF 格式动画的一幅画面

（3）选中“图层 1”图层第 1 帧，将“库”面板内的“动画 1”影片剪辑元件拖动到舞台工作区内，如图 6-7-2（a）所示。将该图像调整得刚好将舞台工作区完全覆盖。选中“图层 1”图层第 80 帧，按【F5】键。使该图层第 1 帧到第 80 帧的内容都一样。

（4）在“图层 1”图层之上增加一个“图层 2”图层。选中该图层第 1 帧，将“库”面板内的“动画 2”影片剪辑元件拖动到舞台工作区内，如图 6-7-2（b）所示。将该图像调整得刚好将舞台工作区完全覆盖。选中“图层 1”图层第 80 帧，按【F5】键。

（5）在“图层 2”图层之上创建一个“图层 3”图层，选中该图层第 1 帧，再在动画画面之上绘制一幅黑色、无轮廓线的矩形，将整个动画画面遮罩住，如图 6-7-3 所示。

（6）右击“图层 3”图层第 1 帧，弹出帧快捷菜单，选择该菜单内的“创建补间形状”命令，使该帧具有补间形状动画属性。选中“图层 3”图层的第 80 帧，再按【F6】键，在第 1 帧到第 80 帧之间创建补间形状动画。

（7）选中“图层 3”图层第 80 帧，将矩形缩小为一条位于动画画面左边的细长矩形。

（8）选中“图层 3”图层第 1 帧，选择“修改”→“形状”→“添加形状提示”命令，再按【Ctrl+Shift+H】组合键，产生两个形状指示标记。移动这些形状指示标记到黑色矩形的两个顶点，如图 6-7-3 所示。选中“图层 3”图层第 80 帧，调整形状指示标记的位置，如图 6-7-4 所示。

图 6-7-3　第 1 帧黑色矩形和形状指示标记

图 6-7-4　第 80 帧黑色矩形和形状指示标记

（9）将“图层 3”图层设置成遮罩图层，使“图层 2”图层成为被遮罩图层。此时的时间轴如图 6-7-5 所示。

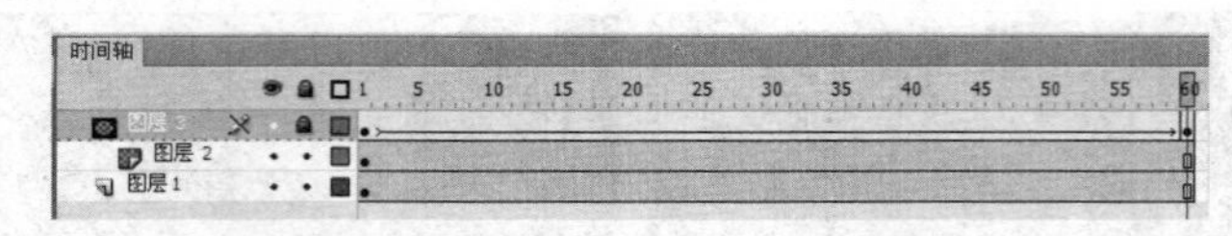

图 6-7-5　“开门式动画切换”动画的时间轴

2. *方法二*

（1）前 7 步操作与方法一一样。但是不用添加形状指示标记。

（2）使用“选择工具”，选中“图层 1”图层第 80 帧，单击舞台工作区外部，不选中黑色矩形，将鼠标指针移到矩形的右上角，当鼠标指针右下方出现一个小直角形后，垂直向下拖动，使右上角下移。

（3）再将鼠标指针移到矩形的右下角，当鼠标指针右下方出现一个小直角形后，垂直向上拖动，使右下角上移。形成一个梯形形状，如图 6-7-6 所示。

（4）将“图层 3”图层设置成遮罩图层，使“图层 2”图层成为被遮罩图层。

图 6-7-6 “图层 1”图层第 80 帧黑色矩形

【相关知识】

1. 添加形状提示的基本方法

形状提示就是在形状的初始图形与结束图形上分别指定一些形状的关键点，并一一对应，Flash 会根据这些关键点的对应关系来计算形状变化的过程，并赋给各个补间帧。

（1）选中第 1 帧，再选择“修改”→“形状”→“添加形状提示”命令，或按【Ctrl+Shift+H】组合键，可在第 1 帧圆球中加入形状提示标记“a”。再重复上述过程，可继续增加“b”～“z”25 个形状提示标记。如果没有形状提示标记显示，可选择“视图”→“显示形状提示”命令。

（2）添加“a”～“c”3 个形状提示标记，用鼠标拖动这些形状提示标记，分别放置在第 1 帧图形的适当位置处，如图 6-7-7 所示。

（3）选中终止帧，会看到终止帧七彩五边形中也有“a”～“c”形状提示标记（几个形状提示标记重叠）。拖动这些形状提示标记到五边形的适当位置，如图 6-7-8 所示。

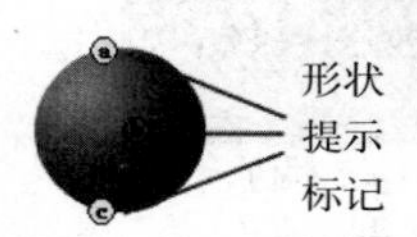

图 6-7-7　第 1 帧圆球形状提示标记

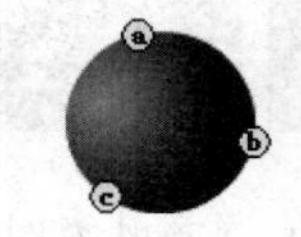

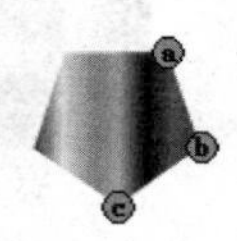

图 6-7-8　起始帧和终止帧的形状提示标记

（4）最多可添加 26 个形状提示标记。起始帧的形状提示标记用黄色圆圈表示，终止帧的形状提示标记用绿色圆圈表示。如果形状提示标记的位置不在曲线上，会显示红色。

2. 添加形状提示的原则

（1）如果过渡比较复杂，可以在中间增加一个或多个关键帧。

（2）起始关键帧与终止关键帧中形状提示标记的顺序最好一致。

（3）最好使各形状关键点沿逆时针方向排列，并且从图形的左上角开始。

（4）形状提示标记不一定越多越好，重要的是放置的位置合适。这可以通过实验来决定。

思考与练习6-7

（1）在本案例基础之上，增加一个关门式动画切换。

（2）制作一个“双关门式图像切换”动画。该动画播放后的一幅画面如图 6-7-9 所示。

（3）制作一个“开关门式图像切换”动画，可以看到，第 1 幅图像以开门方式逐渐消失，同时将第 2 幅图像显示出来。接着，第 3 幅图像以关门方式逐渐显示，逐渐将第 2 幅图像遮挡住。

图 6-7-9 “双关门图像切换”动画画面

第7章　遮罩层应用和反向运动动画

本章通过完成4个案例，介绍应用遮罩层的方法和技巧以及使用“骨骼工具”和“绑定工具”制作反向运动动画的方法。

反向运动（IK）动画是一种使用骨骼的关节结构对一个对象或彼此相关的一组对象进行一致的复杂且自然的动作。使用反向运动进行动画处理时，只需指定对象的开始位置和结束位置，就可以轻松地创建自然的运动。使用骨骼工具可以向元件实例和形状添加骨骼，使用绑定工具可以调整图形或形状对象的各个骨骼和控制点之间的关系。

案例26视频

7.1 【案例26】百叶窗切换图像

【案例效果】

“百叶窗切换图像”动画播放后的4幅画面如图7-1-1所示。可以看到第1幅风景图像，接着以百叶窗方式从上到下切换为第2幅风景图像，又以百叶窗方式从右到左切换为第3幅风景图像，最后显示第3幅图像。

（a）

（b）

（c）

（d）

图7-1-1 “百叶窗切换图像”动画播放后的4幅画面

【操作过程】

1. 制作“百叶窗”影片剪辑元件

（1）新建一个Flash文档。设置舞台工作区的宽为400 px、高为300 px，背景色为白色。以名称为“【案例26】百叶窗切换图像.fla”保存。

（2）选中“图层1”图层第1帧。选择“视图”→“网格”→“编辑网格”命令，弹出“网格”对话框，选中“显示网格”和“贴紧至网格”复选框，在↔和↕文本框内均输入30。单击“确定”按钮，在舞台工作区内显示水平和垂直间距为30 px的网格。

（3）创建并进入“百叶”影片剪辑元件的编辑状态，单击选中“图层1”图层第1帧，绘制一幅蓝色矩形图形，在其“属性”面板内，调整图形的宽为500、高为1、X坐标值为0、Y坐标值为–15。蓝色矩形图形如图7-1-2所示。

（4）创建“图层1”图层第1帧到第40帧的传统补间动画，选中“图层1”图层第40帧，单击选中第40帧内的图形，在其“属性”面板内，调整宽为500、高为30、X坐标值为0、Y坐标值为0。在垂直方向将矩形向下调大，如图7-1-3所示。然后，回到主场景。

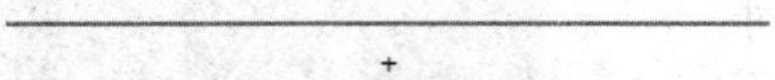

图7-1-2　蓝色矩形图形1

图7-1-3　蓝色矩形图形2

（5）创建并进入“百叶窗”影片剪辑元件的编辑状态，14次将“库”面板内的“百叶”影片剪辑元件拖动到舞台工作区内，垂直均匀分布，间距为30 px，如图7-1-4所示。

（6）将14个“百叶”影片剪辑元件实例全部选中，在其“属性”面板内，调整其宽为

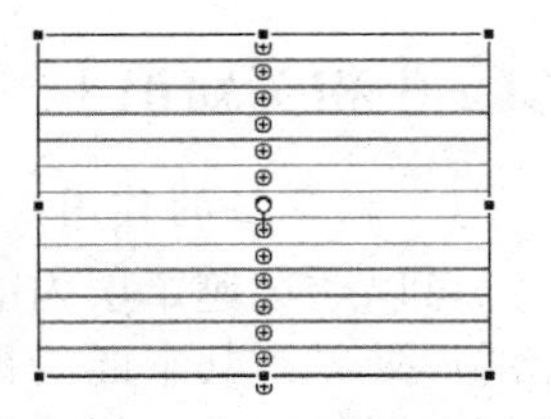

图 7-1-4　蓝色矩形图形

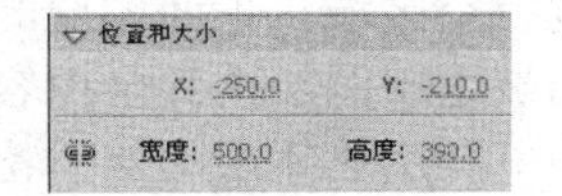

图 7-1-5　“属性”面板设置

500、高为 390、X 坐标值为–250、Y 坐标值为–210，如图 7-1-5 所示。然后，回到主场景。

2. 制作图像切换动画

（1）将“图层 1”图层的名称改为“图像 1”，选中该图层第 1 帧，导入“TU1.jpg”～“TU3.jpg”3 幅图像到“库”面板内，将其内的“TU1.jpg”图像拖动到舞台工作区内，调整它刚好将整个舞台工作区覆盖，如图 7-1-1（a）所示。选中第 40 帧（注意：应与“百叶”影片剪辑元件内动画的帧数一样），按【F5】键，使第 1 帧到第 40 帧的内容一样。

（2）在“图像 1”图层之上增加一个“图像 2-1”图层。选中该图层第 1 帧，将“库”面板内的“TU2.jpg”图像拖动到舞台工作区内，调整它的大小与位置与“TU1.jpg”图像完全一样，如图 7-1-6 所示。选中第 40 帧，按【F5】键，使第 1 帧到第 40 帧的内容一样。

（3）在“图像 2-1”图层之上增加一个“遮罩 1”图层。选中该图层第 1 帧，将“库”面板内的“百叶窗”影片剪辑元件拖动到舞台工作区内，使“百叶窗”影片剪辑实例的上边缘与“TU2.jpg”图像的上边缘对齐，调整“百叶窗”影片剪辑实例的宽度和高度与“TU2.jpg”图像一致，如图 7-1-7 所示。选中第 40 帧，按【F5】键，使第 1 帧到第 40 帧的内容一样。

（4）在“遮罩 1”图层之上增加一个“图像 2-2”图层。选中该图层的第 41 帧，按【F7】键，创建一个空白关键帧。将“图像 2-1”图层第 1 帧（其内是“TU2.jpg”图像）复制粘贴到“图像 2-2”图层第 1 帧。单击选中第 80 帧，按【F5】键，使第 41 帧到第 80 帧内容一样。

（5）在“图像 2-2”图层之上增加一个“图像 3”图层。单击选中该图层第 41 帧，按【F7】键，创建一个空白关键帧，选中该帧。将“库”面板内的“TU3.jpg”图像拖动到舞台工作区内，调整它与“TU2.jpg”图像完全一样，如图 7-1-1（d）所示。选中第 80 帧，按【F5】键。

（6）在“图像 3”图层之上增加一个“遮罩 2”图层。选中该图层第 41 帧，按【F7】键，创建一个空白关键帧。选中“遮罩 2”图层第 41 帧，将“库”面板内的“百叶窗”影片剪辑元件拖动到舞台工作区内，旋转 90°，使它的右边缘与舞台工作区的右边缘对齐，调整它的宽和高，如图 7-1-8 所示。选中第 80 帧，按【F5】键，使第 41～80 帧的内容一样。

图 7-1-6　“TU2.jpg”图像

图 7-1-7　“百叶窗”影片剪辑实例

图 7-1-8　“遮罩 2”图层第 41 帧

（7）将“遮罩 1”和“遮罩 2”图层设置成遮罩层，使“图像 3”和“图像 2-2”图层成为被遮罩图层。“百叶窗切换图像”动画的时间轴如图 7-1-9 所示。

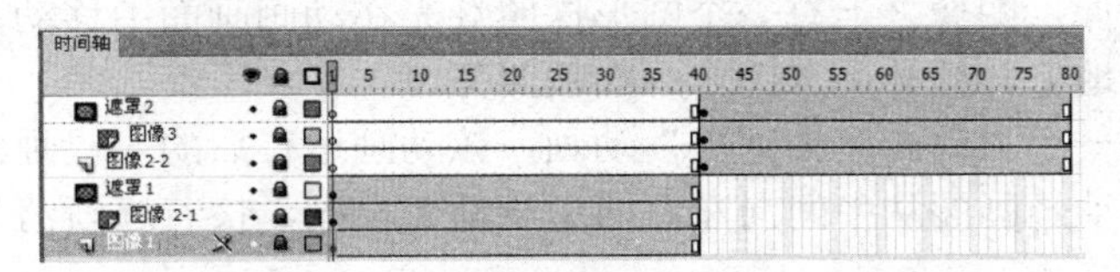

图 7-1-9　“百叶窗切换图像”动画的时间轴

【相关知识】

1. 遮罩层的作用

可以透过遮罩层内的图形看到其下面的被遮罩图层的内容，而不可以透过遮罩层内的无图形处看到其下面的被遮罩图层的内容。在遮罩层上创建对象，相当于在遮罩层上挖掉了相应形状的洞，形成挖空区域，挖空区域将完全透明，其他区域都是完全不透明的。通过挖空区域，下面图层的内容就可以被显示出来，而没有对象的部分成了遮挡物，把下面的被遮罩图层的其余内容遮挡起来。

利用遮罩层的这一特性，可以制作很多特殊效果。通常可以采用如下三种类型的方法：

（1）在遮罩层内制作对象移动、大小改变、旋转或变形等动画。

（2）在被遮罩层内制作对象移动、大小改变、旋转或变形等动画。

（3）在遮罩层和被罩罩层内制作对象移动、大小改变、旋转或变形等动画。

2. 创建遮罩层

（1）在“图层 1”图层第 1 帧创建一个对象，此处导入一幅图像，如图 7-1-10 所示。

（2）在“图层 1”图层上边创建一个“图层 2”图层。选中该图层第 1 帧，绘制图形或输入一些文字，打碎文字，作为遮罩层中挖空区域，如图 7-1-11 所示。

（3）将鼠标指针移到遮罩层的名字处，右击弹出图层快捷菜单，选择该快捷菜单中的“遮罩层”命令。此时，选中的普通图层的名字会向右缩进，表示已经被它上面的遮罩层所关联，成为被遮罩图层。效果如图 7-1-12 所示。

图 7-1-10　导入一幅图像

图 7-1-11　绘制图形与输入文字

图 7-1-12　创建遮罩图层

在建立遮罩层后，Flash 会自动锁定遮罩层和被它遮盖的图层，如果需要编辑遮罩层，应先解锁，解锁后就不会显示遮罩效果了。如果需要显示遮罩效果，需要再锁定图层。

思考与练习7-1

（1）制作一个“滚动字幕”动画，该动画运行后，一些竖排的文字从右向左移动。

（2）制作一个“错位切换”动画，该动画运行后的一幅画面如图 7-1-13 所示。先显示一幅风景图像，接着该图像分成左右两部分，左半边图像从下向上移动，右半边图像从上向下移动，逐渐地将下边小河流水动画画面显示出来。

（3）制作一个“照亮图像”动画，该动画运行后的一幅画面如图 7-1-14 所示。一幅很暗的图像，图像之上有一个圆形探照灯光在动画画面中移动，并逐渐变大，探照灯所经过的地方，桂林山水图像画面被照亮。

（4）制作一个“动画模糊消失”动画，该动画运行后的一幅画面如图 7-1-15 所示。小河流水动画画面从中间向左右两边逐渐变模糊，接着逐渐消失并显示出其下边的风景图像。

图 7-1-13 “错位切换”动画画面

图 7-1-14 “照亮图像”动画画面

图 7-1-15 “动画模糊消失”动画画面

7.2 【案例 27】文字绕自转地球

【案例效果】

“文字绕自转地球”动画播放后的两幅画面如图 7-2-1 所示。可以看到，在蓝色背景之上，一个绿色地球不断自转，同时一个发黄光的红色“世界人民必须全心保护地球保护我们自然环境”文字环围绕自转地球不断转圈运动，地球四周还有一些闪烁发黄光的星星。

图 7-2-1 “文字绕自转地球”动画播放后的两幅画面

【操作过程】

1. 制作“地球展开图”影片剪辑元件

（1）新建一个 Flash 文档，设置舞台工作区宽为 440 px、高为 300 px，背景为浅蓝色，以名称“【案例 27】文字绕自转地球.fla”保存。导入“地球图.jpg”图像到“库”面板内。

（2）创建并进入“地球展开图”影片剪辑元件的编辑状态。将“库”面板内的“地球图.jpg”图像拖动到舞台工作区内，如图 7-2-2 所示。选择“修改”→“分离”命令，将导入的图像分离。将图像放大，再使用“橡皮擦工具”擦除背景白色。

（3）使用“选择工具”选中整个“地球图”图像，再复制一份，水平移到原图像的右边，拼接在一起，水平排成一排，如图 7-2-3 所示。然后，回到主场景。

图 7-2-2 导入的地球展开图

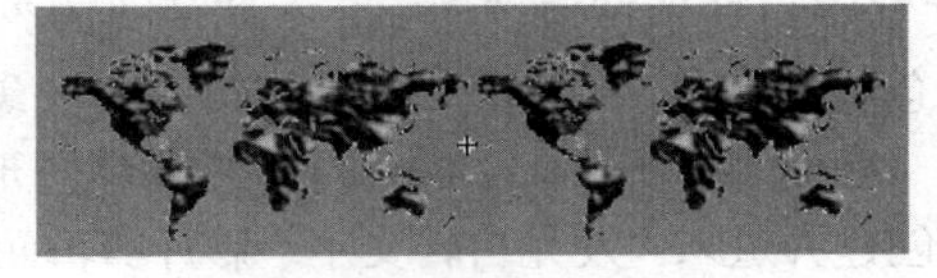

图 7-2-3 修整后的地球展开图

2. 制作“自转地球”影片剪辑元件

（1）创建并进入“自转地球”影片剪辑元件的编辑窗口。在“图层 1”图层第 1 帧舞台工作区内绘制一个宽和高均为 190 px 的蓝色圆，设置它的 X 和 Y 均为–95 px。这个圆将作为遮罩图形。选中“图层 1”图层第 200 帧，按【F5】键，使第 1 帧～200 帧的内容一样。

（2）在“图层 1”图层下边添加一个“图层 2”图层。将“图层 1”图层第 1 帧复制粘贴到“图层 2”图层第 1 帧。将该帧内圆填充由白色到绿色放射状渐变色，绘制一个绿色球，如图 7-2-4 所示。选中“图层 1”图层第 200 帧，按【F5】键，使第 1 帧到第 200 帧的内容一样。

（3）在“图层 2”图层之上添加“图层 3”图层。然后，将“库”面板中的“地球展开图”影片剪辑元件拖动到舞台工作区中，形成一个实例，调整该实例的位置，如图 7-2-5 所示。

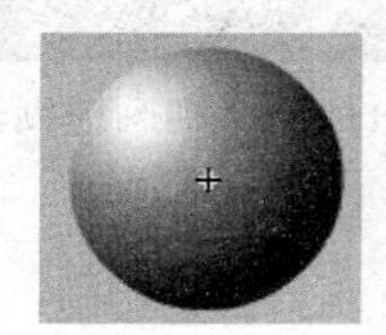

图 7-2-4　绿色球

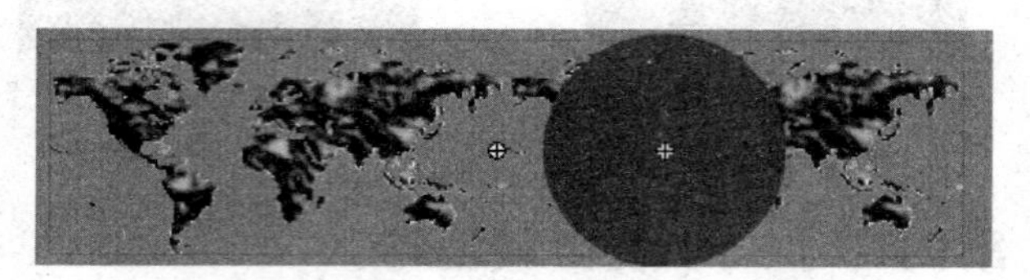

图 7-2-5　“图层 3”图层第 1 帧地球展开图的位置

（4）创建“图层 3”图层第 1 帧～200 帧的传统补间动画。选中“图层 3”图层第 200 帧内的地球展开图，按住【Shift】键，水平向右拖动地球展开图到图 7-2-6 所示位置。

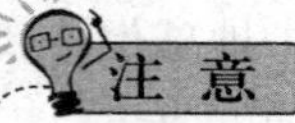

播放完了第 200 帧，就又从第 1 帧开始播放，因此第 1 帧的画面应该是第 200 帧的下一个画面，否则会出现地球自转时抖动的现象。

（5）将“图层 1”图层设置为遮罩层，“图层 3”图层成为被遮罩图层。然后向右上方拖动“图层 2”图层，使该图层也成为“图层 1”图层的被遮罩图层。

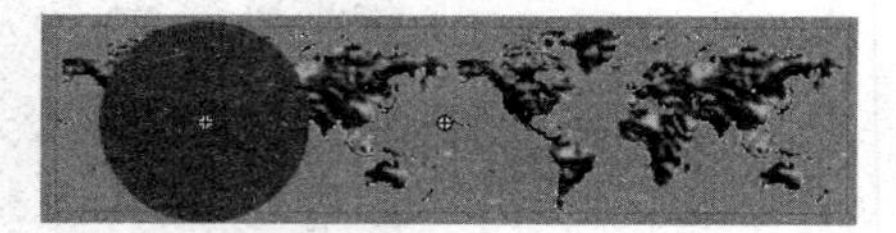

图 7-2-6　“图层 3”图层第 200 帧地球展开图的位置

（6）“自转地球”影片剪辑元件制作完毕，时间轴如图 7-2-7 所示。然后，回到主场景。

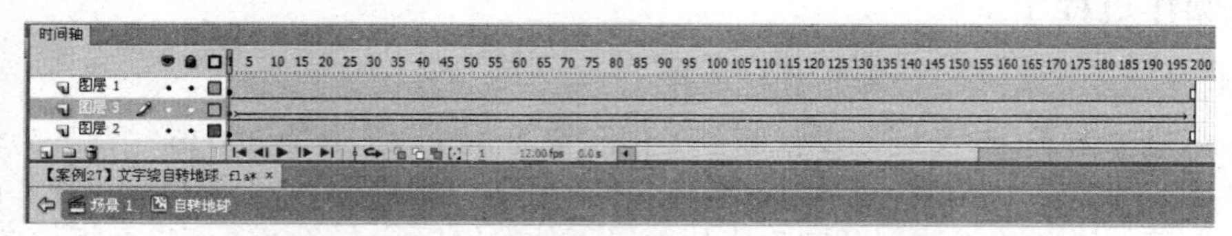

图 7-2-7　“自转地球”影片剪辑元件的时间轴

3. 制作“发光自转文字”影片剪辑元件

（1）将“库”面板内的“补间 1”元件名称分别改为“补间 11”。打开“【案例 11】保护家园.fla”动画，将该动画“库”面板内的“转圈文字”影片剪辑元件复制粘贴到“【案例 27】文字绕自转地球.fla”Flash 文档的“库”面板内。

（2）创建并进入“圆形”影片剪辑元件的编辑状态，设置无填充，黄色线，笔触 20 点，绘制一个宽和高均为 228 px 的黄色圆环图形，如图 7-2-8 所示。然后，回到主场景。

（3）创建并进入“发光自转文字”影片剪辑元件的编辑状态，选中“图层 1”图层第 1 帧，将“库”面板内的“转圈文字”影片剪辑元件拖动到舞台工作区内的正中间，形成一个实例。

（4）在“图层 1”图层下边添加一个“图层 2”图层，选中该图层第 1 帧，将“库”面板内“圆形”影片剪辑元件拖动到舞台工作区内中间位置。单击“属性”面板内的“添加滤镜”按钮，打开滤镜菜单，选择该菜单中的“模糊”命令，设置“模糊 X”和“模糊 Y”值为 23，其他设置如图 7-2-9 所示，使黄色圆环模糊，制作出圆环光芒图形，如图 7-2-10 所示。

（5）在“图层 2”图层下边添加一个“图层 3”图层，将“图层 2”图层第 1 帧复制粘贴到“图层 3”图层第 1 帧。选中“图层 3”图层第 1 帧内的圆环图形，设置“模糊 X”和“模糊 Y”值为 52，使复制的黄色圆环更模糊，形成圆环光芒，如图 7-2-11 所示。

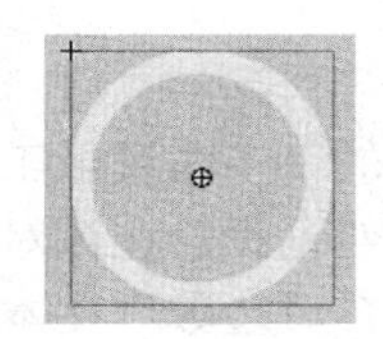

图 7-2-8 圆环图形

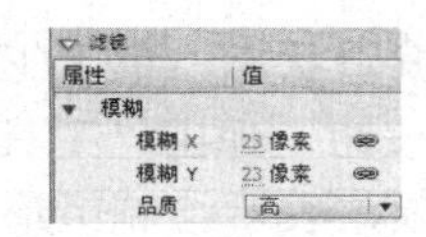

图 7-2-9 “滤镜”栏设置

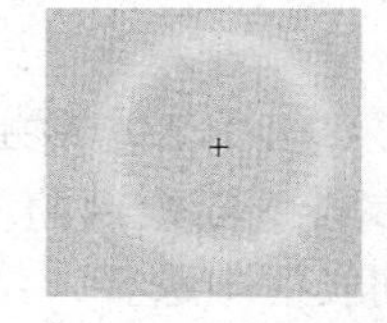

图 7-2-10 圆环光芒

图 7-2-11 圆环光芒

（6）移动两个圆环光芒图形到“转圈文字”影片剪辑实例之上，形成发光的转圈文字，如图 7-2-12 所示。然后，回到主场景。

4. 制作主场景动画

（1）选中“图层 1”图层第 1 帧，将“库”面板中的“自转地球”影片剪辑元件拖动到舞台工作区内。选中“图层 1”图第 200 帧，按【F5】键。

（2）在“图层 1”图层上边添加一个“图层 2”图层，选中该图层第 1 帧，将“库”面板中的“发光自转文字”影片剪辑元件拖动到舞台工作区中。使用工具栏中的“任意变形工具”，拖动调整“发光自转文字”影片剪辑实例，使它在垂直方向变小。

（3）单击按下“选项”栏中的“旋转与倾斜”按钮，拖动控制柄，调整它的倾斜角度，如图 7-2-13 所示。再创建第 1 帧到第 100 帧，再到第 200 帧的动画。第 200 帧与第 1 帧画面一样。调整第 100 帧“发光自转文字”影片剪辑实例，如图 7-2-14 所示。

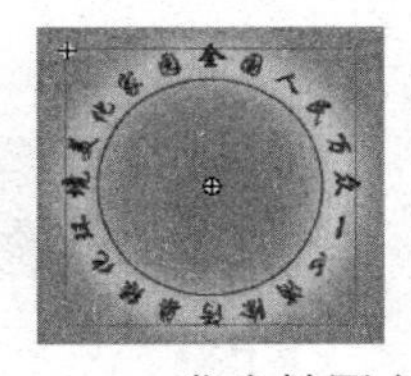

图 7-2-12 发光转圈文字

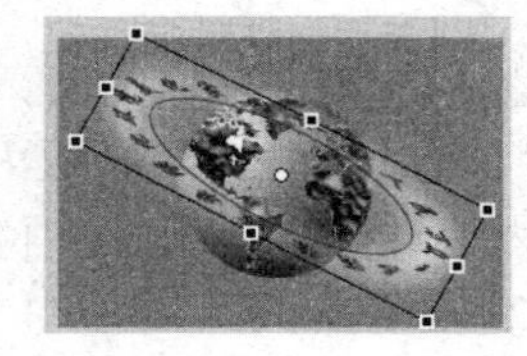

图 7-2-13 第 1、200 帧画面

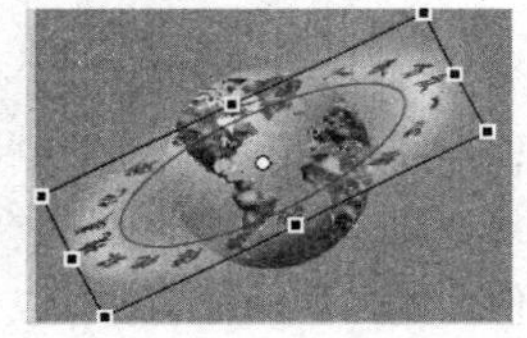

图 7-2-14 第 100 帧画面

（4）在“图层 2”图层上边增加“图层 3”和“图层 4”图层。将“图层 1”图层第 1 帧复制粘贴到“图层 3”图层第 1 帧。

（5）选中“图层 4”图层第 1 帧，绘制一幅黑色矩形，再将该矩形旋转一定角度，如图 7-2-15 所示。然后，制作“图层 4”图层第 1 帧到第 200 帧的传统补间动画。第 1 帧和第 200 帧的画面一样，如图 7-2-15 所示。选中“图层 4”图层第 100 帧，按【F6】键，创建关键帧。旋转第 100 帧内黑色矩形，如图 7-2-16 所示。

（6）将“图层 4”图层设置成遮罩图层，“图层 3”图层成为“图层 4”图层的被遮罩图层。再将舞台工作区的背景色设置为蓝色。

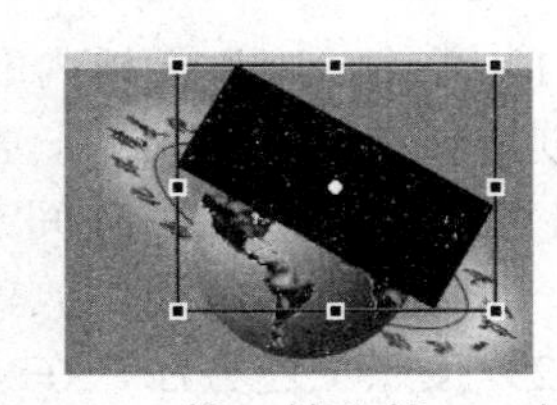

图 7-2-15 第 1 帧和第 200 帧画面

图 7-2-16 第 100 帧画面

至此，动画的时间轴如图 7-2-17 所示（还没有“星星”图层和图层文件夹）。

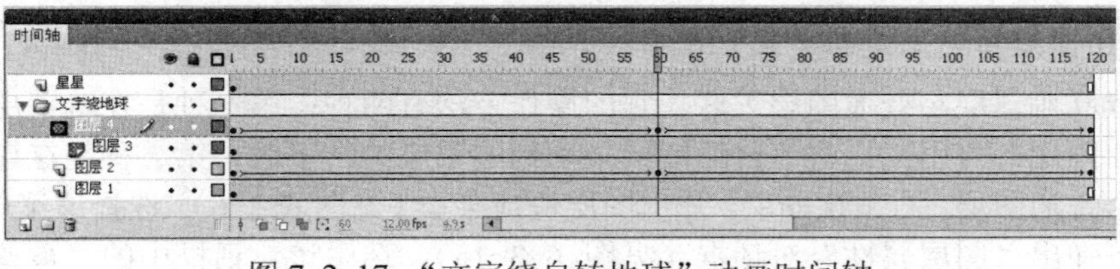

图 7-2-17 “文字绕自转地球”动画时间轴

5. 制作星星动画

（1）创建并进入“星星 1”影片剪辑元件的编辑状态，单击工具箱内的“多角星形工具”按钮，单击其“属性”面板内的“选项”按钮，弹出“工具设置”对话框。在该对话框内的“样式”下拉列表框中选择“星形”选项，表示绘制星形图形；在“边数”文本框内输入 5，表示绘制五角星形；在“星形顶点大小”文本框中输入 0.2。然后，单击“确定”按钮。

（2）设置填充色为黄色，无轮廓线。在舞台中心拖动绘制一幅五角星。再回到主场景。

（3）创建并进入“星星”影片剪辑元件的编辑状态，将“库”面板内的“星星 1”影片剪辑元件拖动到舞台工作区内的正中间。在“图层 1”图层下添加“图层 2”图层，将“图层 1”图层第 1 帧复制粘贴到“图层 2”图层第 1 帧。选中该图层第 100 帧，按【F5】键。

（4）选中“图层 1”图层第 1 帧内“星星 1”影片剪辑实例，在其“属性”面板“滤镜”栏设置模糊滤镜的“模糊 X”和“模糊 Y”均为 5 px，“品质”下拉列表框内选择“高”选项。

（5）创建“图层 1”图层第 1 帧到第 50 帧再到第 100 帧的传统补间动画。选中第 50 帧内的“星星 1”影片剪辑实例，在其“属性”面板内的“滤镜”栏设置模糊滤镜参数，“模糊 X”和“模糊 Y”均为 8 px，“品质”下拉列表框内选择“高”选项。然后，回到主场景。

（6）在主场景的“图层 4”图层之上添加一个新图层，将该图层的名称改为“星星”。选中该图层第 1 帧，将“库”面板内的“星星”影片剪辑元件拖动到舞台工作区内，调整它的大小和位置，再复制多份，移到不同的位置，如图 7-2-1 所示。

6. 整理“库”面板内的元件和时间轴图层

（1）单击“库”面板内的“新建文件夹”按钮，在“库”面板内创建一个新的文件夹，将该文件夹的名称改为“补间”。按住【Ctrl】键，单击选中各补间元件，再将它们拖动到“补间”文件夹之上，即可将选中的元件放置到“补间”文件夹内。

（2）按照上述方法，在“库”面板内创建“发光自转文字 1”、“星星动画”和“自转地球 1”文件夹，将相关的元件移到相应的文件夹内，如图 7-2-18 所示。

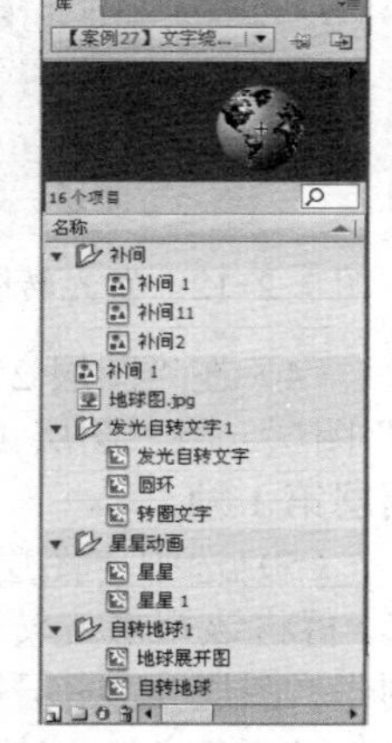

图 7-2-18 “库”面板

（3）选中“图层 4”图层，单击时间轴内的“新建文件夹”按钮，在“图层 4”图层之上创建一个图层文件夹，将该图层文件夹的名称改为“文字绕自转地球”。

（4）按住【Ctrl】键，单击选中“图层 1”～“图层 4”图层，拖动它们到“文字绕自转地球”图层文件夹之上。

【相关知识】

1. 普通图层与遮罩层的关联

（1）建立遮罩层与普通图层关联。它的操作方法有两种：第一种是在遮罩层的下面创建一个普通图层，再用鼠标将该普通图层拖动到遮罩层的右下边；第二种是在遮罩层的下面创建一个普通图层，右击该图层，弹出图层快捷菜单（见图 6-2-6）。选择该菜单中的“属性”命令，弹出“图层属性”对话框（见图 6-3-15），选中该对话框中的“被遮罩”单选按钮。

（2）取消被遮盖的图层与遮罩层关联的操作方法有两种：第一种是在时间轴中，用鼠标将被遮罩层拖动到遮罩层的左下边或上面；第二种是选中被遮罩的图层，再选中“图层属性”对话框中的“一般”单选按钮。

2. 图层文件夹

当一个 Flash 动画的图层较多时，会给阅读、调整、修改 Flash 动画等带来不便。图层文件夹就是用来解决该问题。可以将同一类型的图层放置到一个图层文件夹中，形成图层文件夹结构。例如，有一个 Flash 动画的时间轴如图 7-2-19 所示，插入图层文件夹的操作方法是：单击选中“图层 3”图层，单击时间轴的“插入图层文件夹”按钮，即可在“图层 3”图层之上插入一个名字为“文件夹 1”的图层文件夹，如图 7-2-20 所示。双击图层文件夹的名称，进入编辑状态，即可输入新的图层文件夹的名字。

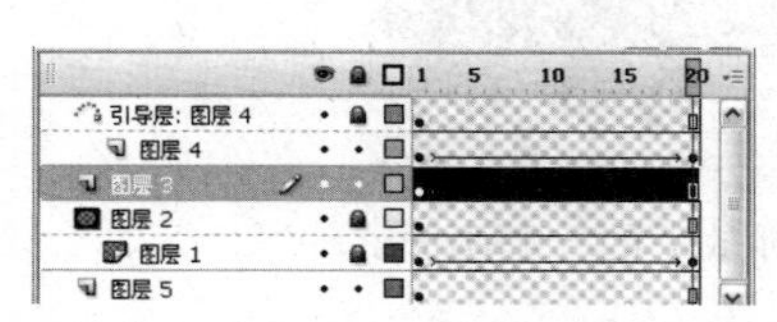

图 7-2-19　某个 Flash 动画的时间轴

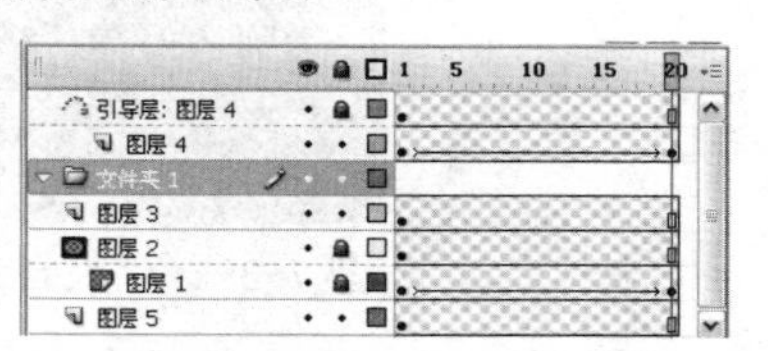

图 7-2-20　插入一个图层文件夹

编辑图层文件夹的方法如下：

（1）按住【Ctrl】键，单击选中要放入图层文件夹的各个图层，如图 7-2-21 所示。

（2）拖动选中的所有图层，移到“文件夹 1”图层文件夹中，选中的所有图层会自动向右缩进，表示被拖动的图层已经放置到“文件夹 1”图层文件夹中，如图 7-2-22 所示。

（3）单击“文件夹 1”图层文件夹左边的箭头按钮，可以将“文件夹 1”图层文件夹收缩，不显示该图层文件夹内的图层，如图 7-2-23 所示。单击“文件夹 1”图层文件夹左边的箭头按钮，可以将“文件夹 1”图层文件夹展开，如图 7-2-22 所示。

图 7-2-21　选中多个图层

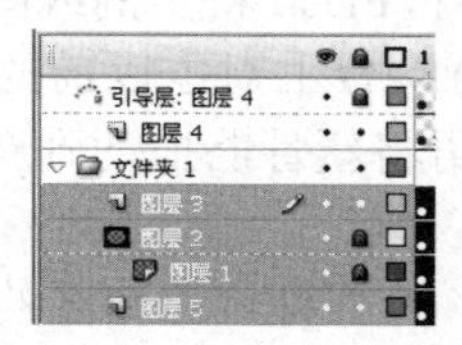
图 7-2-22　图层文件夹展开

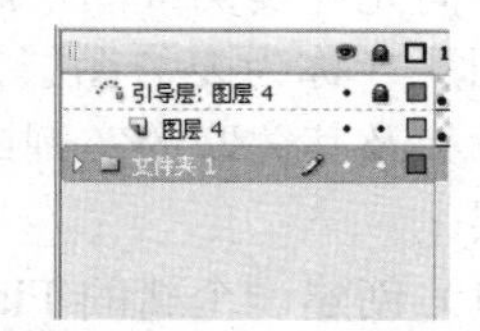
图 7-2-23　图层文件夹收缩

思考与练习7-2

（1）制作一个“放大镜”动画，该动画运行后的一幅画面如图 7-2-24 所示。可以看到，一个放大镜从左向右缓慢移动，将蓝色文字和背景风景图像放大显示。

（2）制作一个“星球光环”动画，它将本案例中的文字换为七彩光环，如图 7-2-25 所示。

图 7-2-24　“放大镜”动画画面

图 7-2-25　“星球光环”动画画面

7.3 【案例 28】大自然的和谐

【案例效果】

“大自然的和谐”动画播放后的一幅画面如图 7-3-1 所示。可以看到，一个运动员在草地从左向右奔跑，追逐一个滚动的足球，三个小孩在跳绳，一个小学生在跑步、还有小鸟、蝴蝶和豹子。制作“运动员”影片剪辑元件使用了工具箱内的“骨骼工具”。注意：必须在“脚本”下拉列表框中选择“ActionScript 3.0”选项，才可以使用反向运动。

图 7-3-1 “大自然的和谐”动画播放后的一幅画面

【操作过程】

1. 制作“运动员”影片剪辑元件

在制作“运动员”影片剪辑元件时，用“右小腿”、“左小腿”、“右大腿”、“左大腿”、“左胳臂”、“右胳臂”、“头”和“上身”等一组影片剪辑实例，分别表示人体的不同部分，通过使用“骨骼工具”，用骨骼将右大腿和右小腿，左大腿和左小腿，右胳臂和右肩，左胳臂和左肩等分别链接在一起，创建包括两个胳膊、两条腿和头等的分支骨架，创建逼真的跑步动画。

在向元件实例或图形添加骨骼时，Flash 将实例或图形以及关联的骨架移动到时间轴中的新图层（称为姿势图层），会保持舞台上对象以前的堆叠顺序。每个姿势图层只能包含一个骨架及其关联的实例或形状。再将新骨骼拖动到新实例后，会将该实例移到骨架的姿势图层。

（1）创建一个新的 Flash 文档，设置舞台工作区的宽为 830 px，高为 300 px，背景色为白色。然后，以名称“【案例 28】大自然的和谐.fla”保存。

（2）创建“头”影片剪辑元件，其内绘制一个运动员头像，如图 7-3-2（a）所示。创建“上身”影片剪辑元件，其内绘制一个运动员上身图形，如图 7-3-2（b）所示。接着创建“右肩”、“右胳臂”、“左肩”、“左胳臂”、“臀”、“右大腿”、“右小腿”、“右脚”、“左大腿”、“左小腿”和“左脚”影片剪辑元件，其内分别绘制运动员各部分的图形，其中几个图形如图 7-3-2 所示。

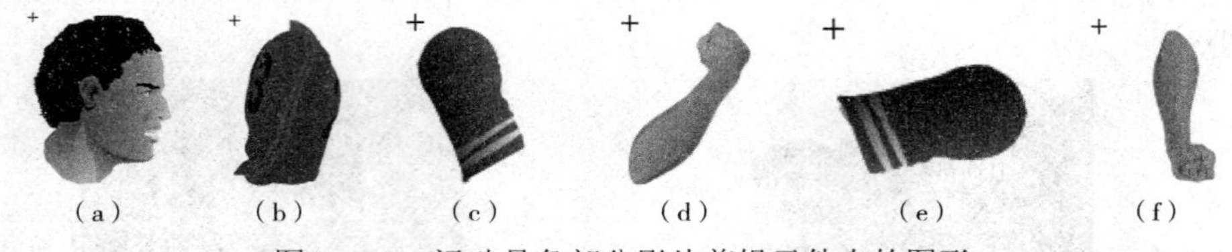

图 7-3-2 运动员各部分影片剪辑元件内的图形

（3）创建并进入“运动员”影片剪辑元件的编辑状态，依次将“库”面板内的“头”“上身”等影片剪辑元件拖动到舞台工作区的中间，组合成运动员图像。如果影片剪辑实例的上下叠放次序不正确，可以通过选择“修改”→“排列”菜单内的命令进行调整。这时舞台工作区内运动员图像如图 7-3-3 所示。

（4）单击选中“图层 1”图层第 1 帧，选择“修改”→“时间轴”→“分散到图层”命令，将该帧的对象分配到不同图层的第 1 帧中，图层的名称分别是个影片剪辑元件的名称。删除“图层 1”图层，此时的时间轴如图 7-3-4 所示。

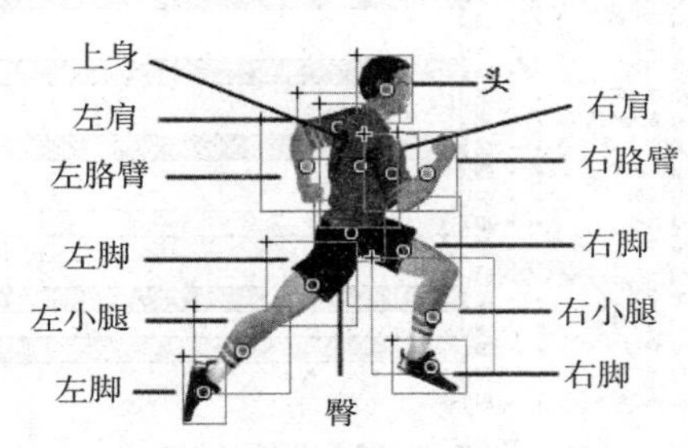

图 7-3-3　组成运动员的影片剪辑实例

图 7-3-4　时间轴

（5）将“头”、“上身”和“臀”图层隐藏，舞台工作区如图 7-3-5 所示。选择“视图”→“贴紧”→“贴紧至对象”命令，启用“贴紧至对象”功能。单击工具箱内的“骨骼工具”按钮，单击“左肩”影片剪辑实例的顶部，拖动到“左胳臂”影片剪辑实例，如图 7-3-6 所示。单击“右肩”影片剪辑实例的顶部，拖动到“右胳臂”影片剪辑实例，如图 7-3-7 所示。

图 7-3-5　隐藏部分图层

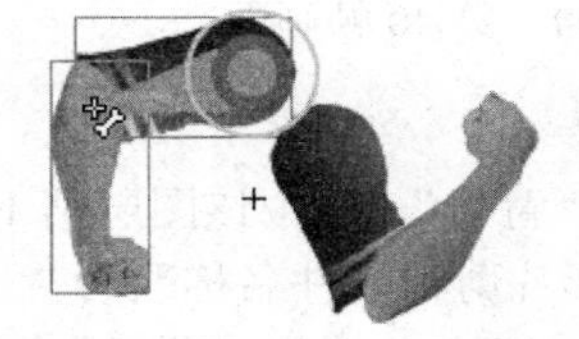

图 7-3-6　第 1 个骨骼

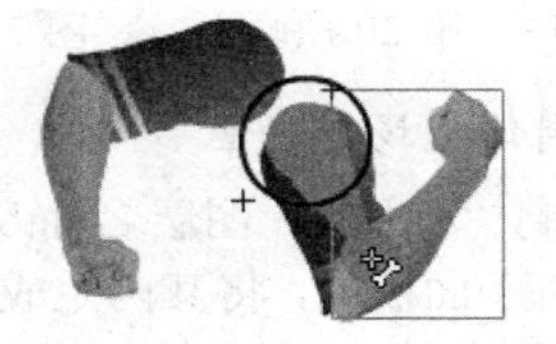

图 7-3-7　第 2 个骨骼

（6）单击“左大腿”影片剪辑实例的顶部，拖动到“左小腿”影片剪辑实例，再拖动到“左脚”影片剪辑实例，如图 7-3-8 所示。单击“右大腿”影片剪辑实例的顶部，拖动到“右小腿”影片剪辑实例，再拖动到“右脚”影片剪辑实例，如图 7-3-9 所示。创建的 4 个骨骼，如图 7-3-10 所示。可以使用“选择工具”拖动骨骼，观察骨骼旋转情况。

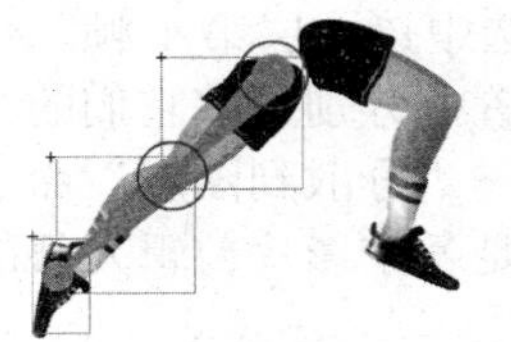

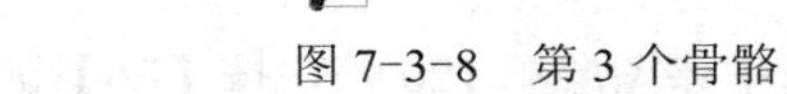

图 7-3-8　第 3 个骨骼

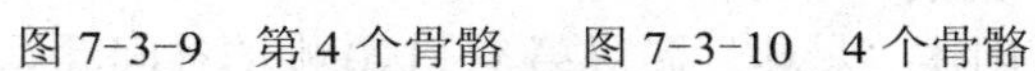

图 7-3-9　第 4 个骨骼　图 7-3-10　4 个骨骼

（7）此时的时间轴如图 7-3-11 所示。单击选中“骨架_1”图层第 60 帧，按【F6】键，创建一个姿势帧；按住【Ctrl】键，同时单击选中该图层第 20 帧，按【F6】键，按住【Ctrl】键，同时单击选中该图层第 40 帧，按【F6】键，创建两个姿势帧。按照上述方法，创建其他姿势帧。

（8）将“头”、“上身”和“臀”图层显示，按住【Ctrl】键，同时单击选中这些图层的第 60 帧，按【F5】键，创建普通帧，使这些图层的内容一样。此时的时间轴如图 7-3-12 所示。

（9）使用“选择工具”，将播放头移到第 20 帧，调整各影片剪辑实例，运动员姿势如图 7-3-13 所示。将播放头移到第 40 帧，调整各影片剪辑实例，运动员姿势如图 7-3-14 所示。

（10）将时间轴内的空白图层删除，水平向左拖动“骨架_1”图层第 60 帧到第 30 帧，按照相同方法调整其他姿势图层第 60 帧到第 30 帧，时间轴如图 7-3-15 所示。然后，回到主场景。

图 7-3-11　时间轴 1

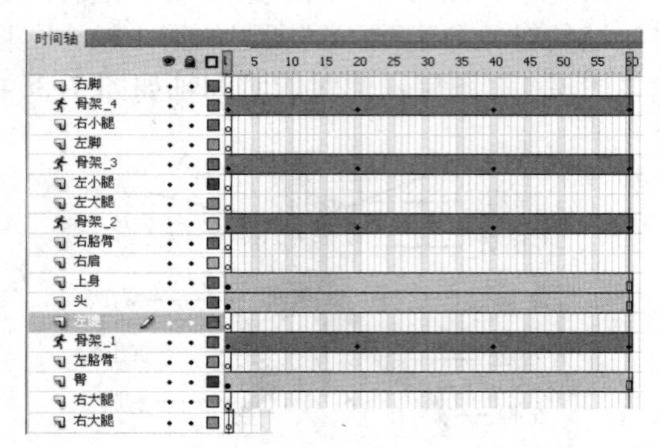

图 7-3-12　时间轴 2

图 7-3-13　第 20 帧画面

图 7-3-14　第 40 帧画面

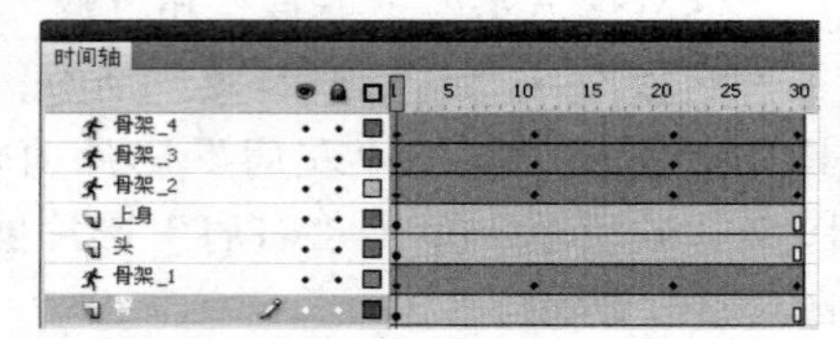

图 7-3-15　时间轴 3

2. 制作主场景动画

（1）将“图层 1”图层名称改为“背景”，选中该图层第 1 帧，导入“风景.gif”GIF 格式动画到“库”面板内，将其内生成的影片剪辑元件名称改为“背景动画”，将它拖动到舞台内，将该实例调整到刚好将舞台工作区完全覆盖。选中“背景”图层第 120 帧，按【F5】键。

（2）在“背景”图层之上添加一个“运动员”图层，选中该图层第 1 帧，将“库”面板内的“运动员”影片剪辑元件拖动到舞台工作区内的左边。创建“运动员”图层第 1～100 帧的传统补间动画，选中该图层第 120 帧，将“运动员”影片剪辑实例水平移到右边。

（3）导入一个“足球.gif”等 GIF 格式动画到“库”面板内，将生成的影片剪辑元件的名称分别改为“足球”“飞鸟”“跳绳”“学生”“豹子”“蝴蝶 1”“蝴蝶 2”。

（4）在“运动员”图层上边添加“图层 1”图层，选中该图层第 1 帧，依次将“库”面板内的这些影片剪辑元件拖动到舞台工作区内不同位置，分别调整它们的大小。单击选中“图层 1”图层第 1 帧，选择“修改”→“时间轴”→“分散到图层”命令，将该帧的实例对象分配到不同图层的第 1 帧中，图层的名称分别是各个影片剪辑元件的名称。删除“图层 1”图层。

（5）创建“足球”图层第 1～120 帧的补间动画，选中该图层第 120 帧，按【F6】键，创建一个属性关键帧，将“足球”影片剪辑实例水平移到“运动员”影片剪辑实例的右边。

（6）按照上述方法，分别制作其他图层第 1～100 帧影片剪辑实例补间动画。

至此，“大自然的和谐”动画制作完毕，该动画的时间轴如图 7-3-16 所示。

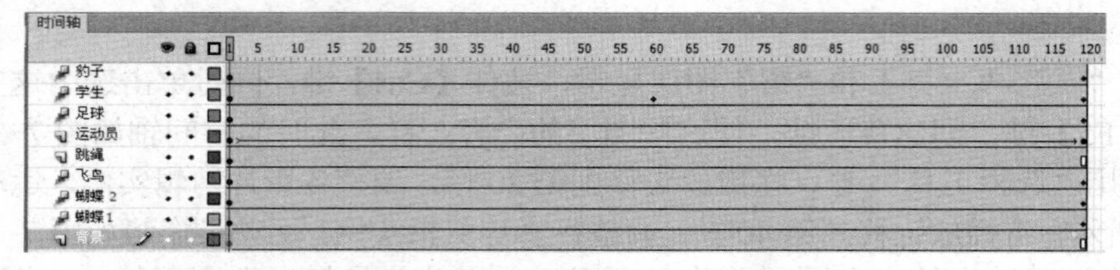

图 7-3-16　“大自然的和谐”动画时间轴

【相关知识】

1. 向元件实例添加骨骼

使用“骨骼工具”可以向单个元件实例或图形的内部添加骨骼，当一个骨骼移动时，与启动运动的骨骼相关的其他连接骨骼也会移动，构成骨骼链，形成 IK 运动（即反向运动）。骨骼链又称为骨架（即 IK 骨架）。在父子层次结构中，骨架中的骨骼彼此相连。骨架可以是线性的或分支的。源于同一骨骼的骨架分支称为同级。骨骼之间的连接点称为关节（又称控制点或变形点）。下面以一个简单的实例，介绍为元件实例添加骨骼的具体操作方法。

（1）创建排列好的元件实例：在“库”面板内创建“彩球”和“水晶球”两个影片剪辑元件，将“库”面板内的“彩球”和“水晶球”两个影片剪辑元件分别拖动到舞台工作区内，再分别复制多个，将其中三个“水晶球”影片剪辑实例的颜色调整为蓝色，如图 7-3-17 所示。在添加骨骼之前，元件实例可以在不同的图层上。添加骨骼时，Flash 将它们移动到新图层，该图层又称姿势图层，每个姿势图层只能包含一个骨架。

（2）使用骨骼工具：单击工具箱内的“骨骼工具”按钮。为便于将新骨骼的尾部拖动到所需位置，可以选择“视图”→“贴紧”→“贴紧至对象”命令，启用“贴紧至对象”功能。

（3）给中间一行彩球添加一个骨骼：单击中间一行左边的“彩球”影片剪辑实例（它是骨架的头部元件实例）的中间部位，拖动到第 2 个“彩球”影片剪辑实例的中间部位，创建了第 1 个骨骼，这是根骨骼，它显示为一个圆围绕骨骼头部，如图 7-3-18（a）所示。

（4）给中间一行彩球创建骨架：单击第 2 个“彩球”影片剪辑实例中间的骨骼根部，拖动到第 3 个“彩球”影片剪辑实例的中间部位，创建连接到第 3 个“彩球”影片剪辑实例的骨骼，如图 7-3-18（b）所示。

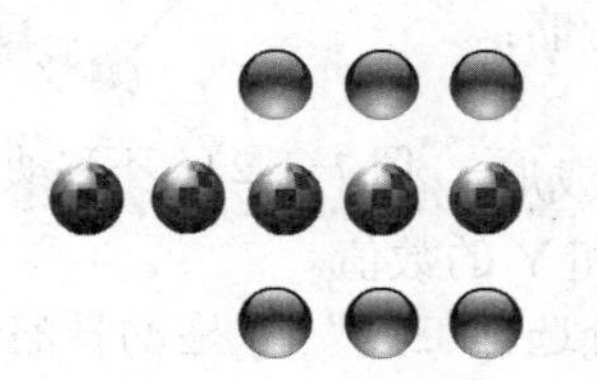

图 7-3-17　创建影片剪辑实例

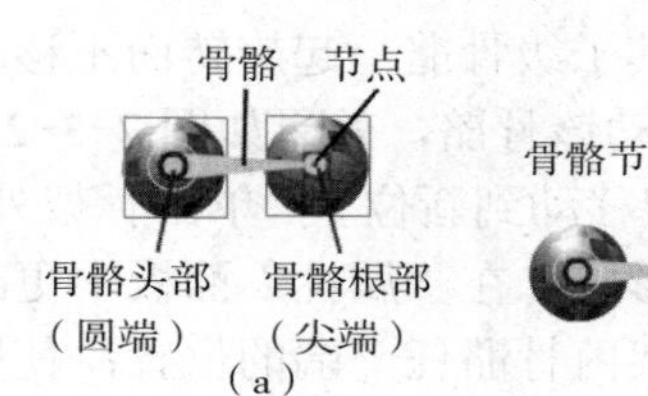

图 7-3-18　创建骨骼

按照上述方法，继续创建第 3 个“彩球”影片剪辑实例到第 4 个“彩球”影片剪辑实例、第 4 个“彩球”影片剪辑实例到第 5 个“彩球”影片剪辑实例的骨骼，即创建了中间一行彩球的骨架，如图 7-3-19 所示。每个元件实例只能有一个结点，骨架中的第 1 个骨骼是根骨骼，它显示为一个圆围绕骨骼头部。每个骨骼都具有头部（圆端）和根部（尖端）。

（5）使用“选择工具”，单击空白处，不选中实例，中间一行彩球的骨架消失，将鼠标指针移到现有骨骼的头部或尾部时，会变为状。拖动彩球或骨骼，可使彩球和骨骼围绕相关的结点旋转，彩球也会围绕骨骼结点（控制点）转圈，同时与其关联的实例也会随之移动，但不会相对于其骨骼旋转。在拖动时，会显示骨架。

默认情况下，将每个元件实例的变形点移动到由每个骨骼连接构成的连接位置。对于根骨骼，变形点移动到骨骼头部。对于分支中的最后一个骨骼，变形点移动到骨骼的尾部。选择“编辑”→“首选参数”命令，弹出“首选参数”对话框，在“绘画”选项卡中，不选中“自动设置变形点”复选框，可禁用变形点的自动移动。

（6）添加分支骨骼：从第 1 个骨骼的尾部结点（即第 2 个“彩球”影片剪辑实例的中心点）拖动到要添加到骨架的元件实例（上边一行“水晶球”影片剪辑实例），再创建第 1

个“水晶球”影片剪辑实例到第 2 个，再到第 3 个“水晶球”影片剪辑实例的骨骼，创建了一个骨架分支。

按照上述方法，再创建下边一行“水晶球”影片剪辑实例的骨架分支，如图 7-3-20 所示。注意：分支不能连接到其他分支，其根部除外。

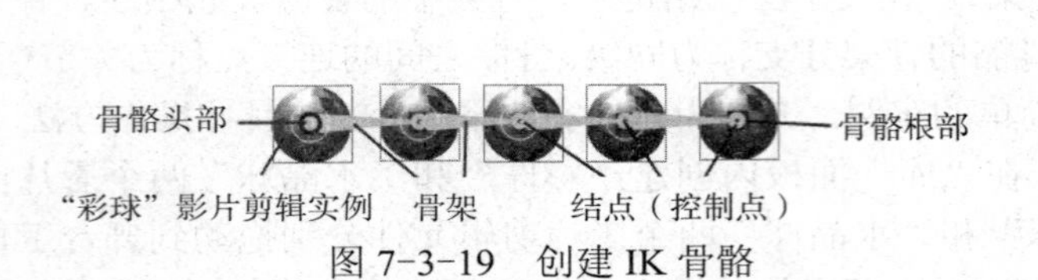

图 7-3-19　创建 IK 骨骼

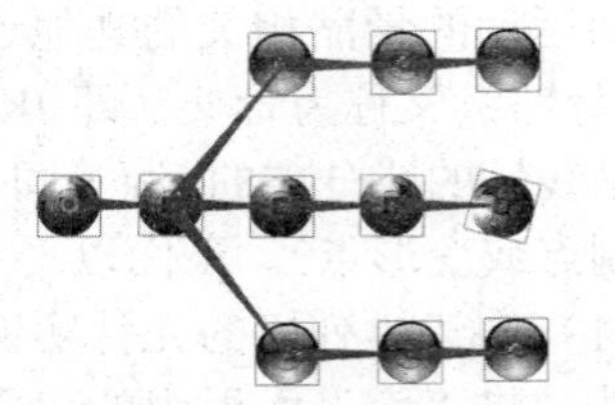
图 7-3-20　具有分支的骨架

创建 IK 骨架后，可以在骨架中拖动骨骼或元件实例以重新定位实例。拖动骨骼会拖动实例，允许它移动以及相对于其骨骼旋转。拖动分支中间的实例可导致父级骨骼通过连接旋转而相连。子级骨骼在移动时没有连接旋转。

2. 重新定位

（1）重新定位线性骨架：拖动骨架中的任何骨骼，可以重新定位骨骼和关联的元件实例对象，如图 7-3-21 所示。如果骨架已连接到实例，拖动实例，还可以相对于其结点旋转实例。

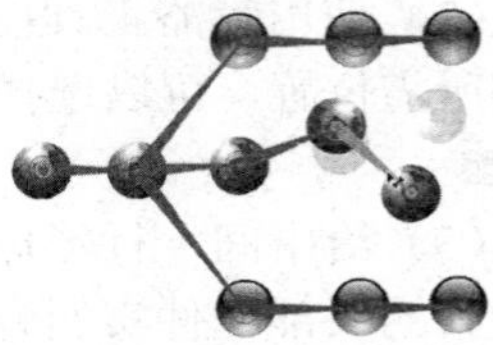

图 7-3-21　重新定位线性骨架

（2）重新定位骨架的某个分支：拖动该分支中的任何骨骼或实例。该分支中的所有骨骼和实例都会随之移动。骨架的其他分支中的骨骼和实例不会移动，如图 7-3-21 所示。

（3）某个骨骼与其子级骨骼一起旋转而不移动父级骨骼：按住【Shift】键并拖动该骨骼，效果如图 7-3-22 所示。

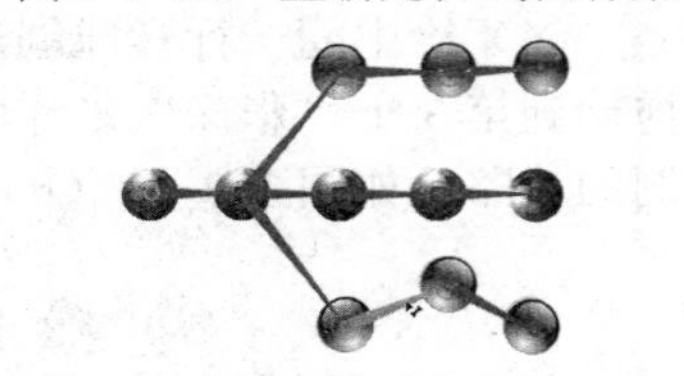
图 7-3-22　不移动父级骨骼

（4）某个 IK 骨架移动到新位置：单击骨架外的图形或形状，选择 IK 图形或形状，在“属性”面板中更改其 X 和 Y 的数值。

（5）移动 IK 骨架内骨骼任一端的位置：使用“部分选择工具”拖动骨骼的一端。

（6）移动元件实例内变形点的位置：修改“变形”面板内“X”和“Y”文本框中的数值来移动实例的变形点，同时元件实例内骨骼连接、头部或尾部的位置也随变形点移动。

（7）移动单个元件实例而不移动其他链接的实例：按住【Alt】键或【Ctrl】键，同时拖动该实例，或者使用任意变形工具拖动单个元件实例。相应的骨骼将变化，以适应实例的新位置。

3. 将骨骼绑定到控制点

在默认情况下，形状的控制点连接到离它们最近的骨骼。因此，移动 IK 骨架的骨架时，IK 骨架的轮廓变化并不令人满意。使用“绑定工具”，可以编辑骨骼和 IK 骨架控制点之间的连接。这样，就可以控制当每个骨骼移动时，IK 骨架轮廓扭曲的效果。

使用“绑定工具”，单击控制点和连接的骨骼，会建立骨骼和控制点之间的连接。可以将多个控制点绑定到一个骨骼，以及将多个骨骼绑定到一个控制点。可按下述方法更改连接。

（1）加亮显示已连接到骨骼的控制点，显示连接关系：使用“绑定工具”单击该骨骼，可以以黄色加亮显示已连接到骨骼的控制点，而选定的骨骼以红色加亮显示。仅连接到一个骨骼的控制点显示为黄色方形。连接到多个骨骼的控制点显示为黄色三角形。

（2）加亮显示已连接到控制点的骨骼：使用“绑定工具”，单击该控制点。已连接的骨骼以黄色加亮显示，而选定的控制点以红色加亮显示。

（3）给选定骨骼添加控制点：按住【Shift】键，单击未加亮显示的控制点。

（4）从骨骼中删除控制点：按住【Ctrl】键，同时单击黄色加亮显示的控制点。

（5）向选定的控制点添加其他骨骼：按住【Shift】键，并单击要添加的未加亮显示的骨骼。

（6）从选定的控制点中删除骨骼：按住【Ctrl】键，同时单击以黄色加亮显示的骨骼。

4. *向 IK 动画添加缓动*

使用姿势向 IK 骨架添加动画时，可以调整帧中围绕每个姿势的动画速度。通过调整速度，可以创建更为逼真的运动。控制姿势帧附近运动的加速度称为缓动。可以在每个姿势帧前后使骨架加速或减速。向姿势图层中的帧添加缓动的方法如下：

（1）单击姿势图层中两个姿势帧之间的帧，选中所有动画帧，应用缓动时，它会影响选定帧左侧和右侧的姿势帧之间的帧。按住【Ctrl】键，单击某个姿势帧，选中该姿势帧，则缓动将影响选定的姿势帧和下一个姿势帧之间的帧。

（2）在“属性”面板内的“缓动”下拉列框中选择一种缓动类型。缓动类型包括 4 个简单缓动和 4 个停止并启动缓动。简单缓动将降低紧邻上一个姿势帧之后帧中运动加速度或紧邻下一个姿势帧之前帧的运动加速度。缓动的“强度”属性可以控制哪些帧将进行缓动以及缓动的影响程度。停止并启动缓动可以减缓紧邻之前姿势帧后面的帧以及紧邻的下一个姿势帧之前帧中的运动。这两种类型的缓动都具有“慢”、“中”、“快”和“最快”类型。“慢”类型效果最不明显，而“最快”类型效果最明显。在选定补间动画后，这些相同的缓动类型在“动画编辑器”面板中是可用的，可以在“动画编辑器”面板中查看每种类型的缓动曲线。

（3）在“属性”面板内，为缓动强度输入一个值。默认强度是 0，即表示无缓动。最大值是 100，表示对下一个姿势帧之前的帧应用最明显的缓动效果。最小值是–100，表示对上一个姿势帧之后的帧应用最明显的缓动效果。

在完成后，在已应用缓动的两个姿势帧之间拖动时间轴的播放头，预览已缓动的动画。

思考与练习7-3

（1）修改【案例 28】动画中的“运动员”影片剪辑元件，使运动员的跑步动作更自然。

（2）制作一个“学生走”动画，该动画播放后，一个学生原地走步。

7.4 【案例 29】变形变色文字

【案例效果】

案例 29 视频

“变形变色文字”动画播放后，一个蓝色文字“ADOBE FLASH CS6”扭曲变化，同时颜色由蓝色变为红色再变为蓝色，其中的两幅画面如图 7-4-1 所示。

可以采用两种方式使用 IK 运动：第一种方式是，在几个实例之间建立连接各实例的骨骼，骨骼允许各实例连在一起移动；第二种方式是，向单独图形或形状对象的内部添加骨架，图形变为骨骼的容器，通过骨骼可以移动图形的各部分并对其进行动画处理。

图 7-4-1　“变形变色文字”动画播放后的两幅画面

【操作过程】

1. 制作变形动画

（1）创建一个新的 Flash 文档，设置舞台工作区的宽为 600 px，高为 200 px，背景色为绿色。然后，以名称“【案例 29】变形变色文字.fla”保存。

（2）输入蓝色文字“ADOBE FLASH CS6”，将文字打碎，如图 7-4-2 所示。调整它们的大小，使用“选择工具”，拖动调整，再使用“刷子工具”，补画一些线条，将各打碎的文字连接成一个对象，如图 7-4-3 所示。此时，只要单击一个字母，即可选中所有字母。

图 7-4-2　变形文字

图 7-4-3　调整文字大小连接成一个对象

（3）单击工具箱内的“骨骼工具”按钮。选择“视图”→“贴紧”→“贴紧至对象”命令，启用“贴紧至对象”功能。

（4）单击图形内“A”字母处，拖动到“D”字母位置松开鼠标，创建第 1 个骨骼。接着依次创建字母“O”“B”“E”“F”“L”等字母和数字“6”之间的骨骼，如图 7-4-4 所示。同时，Flash 将图形转换为 IK 骨架对象，并将其移到时间轴的“骨架_1”姿势图层。

（5）使用“选择工具”，单击选中“骨架_1”图层第 80 帧，按【F6】键；单击选中“骨架_1”图层第 40 帧，按【F6】键。调整“骨架_1”图层第 40 帧内 IK 骨架对象的骨骼旋转情况，如图 7-4-5 所示。

图 7-4-4　第 1 帧和第 80 帧的骨骼形状

图 7-4-5　第 40 帧的骨骼形状

2. 制作变色动画

（1）单击选中“骨架_1”图层第 1 帧内的对象，选择“修改”→“转换为元件”命令，弹出“转换为元件”对话框，利用该对话框将选中的对象转换为影片剪辑元件的实例。此时，时间轴“骨架_1”图层变为只有第 1 帧是普通关键帧。

（2）右击“骨架_1”图层第 1 帧，弹出帧快捷菜单，选择该菜单内的“创建补间动画”命令，使该帧具有补间动画属性。

（3）单击“骨架_1”图层第 80 帧，按【F6】键，创建一个属性关键帧；单击“骨架_1”图层第 40 帧，按【F6】键，再创建一个属性关键帧。

（4）单击选中“骨架_1”图层第 40 帧内的影片剪辑实例对象，在其“属性”面板内“色彩效果”栏内的“样式”下拉列表框中选择“色调”选项，设置颜色为红色，在“色调”文本框中输入 100%，即可完成文字由蓝色变为红色再变为蓝色的动画。

【相关知识】

1. 对骨架进行动画处理的特点

对骨架进行动画处理的方式与 Flash 中的其他对象不同。对于骨架，只需向姿势图层添加帧并在舞台上重新定位骨架即可创建关键帧。姿势图层中的关键帧称为姿势。骨架在姿势图层中只能具有一个姿势，且该姿势必须位于姿势图层中显示该骨架的第 1 个帧中。

由于 IK 骨架通常用于动画，因此每个姿势图层都自动充当补间图层。但是，IK 姿势图层不同于补间图层，因为无法在姿势图层中对除骨骼位置以外的属性进行补间。若要对 IK 对象的其他属性（如位置、变形、色彩效果或滤镜）进行补间，可以将骨架及其关联的对象包含在影片剪辑或图形元件中。然后可以使用“插入”→“补间动画”命令，再利用“属性”面板和“动画编辑器”面板，对元件的属性进行动画处理。

2. 向图形添加骨骼

可以向合并绘制模式或对象绘制模式中绘制的图形和形状内部添加多个骨骼（元件实例只能具有一个骨骼）。在将骨骼添加到所选内容后，Flash 将所有的图形和骨骼转换为 IK 骨架对象，并将该对象移动到新的姿势图层。在某图形转换为 IK 骨架后，它无法再与 IK 骨架外的其他图形与形状合并。下面以一个简单的实例，介绍向图形或形状添加骨骼的具体操作方法。

（1）在舞台工作区内绘制一个七彩矩形图形或形状，使它尽可能接近其最终形式。向形状添加骨骼后，用于编辑 IK 骨架的选项变得更加有限。

（2）选择整个图形或形状：在添加第 1 个骨骼之前，使用工具箱内的“选择工具”，拖动一个矩形选择区域，选择全部图形或形状。

（3）使用骨骼工具：单击“骨骼工具”按钮，启用“贴紧至对象”功能。

（4）单击图形或形状内第 1 个骨骼的头部位置，拖动到图形或形状内第 2 个骨骼的头部位置松开鼠标，创建第 1 个骨骼。同时，Flash 将图形或形状转换为 IK 骨架对象，并将其移到时间轴的姿势图层。IK 骨架具有自己的注册点、变形点和边框。

（5）按照上述方法，继续创建其他骨骼，形成图形的骨架，如图 7-4-6 所示。

（6）如果要创建分支骨架，可以单击希望开始分支的现有骨骼的头部，然后拖动以创建新分支的第 1 个骨骼。骨架可以具有多个分支，如图 7-4-7 所示。

图 7-4-6　创建图形的骨架

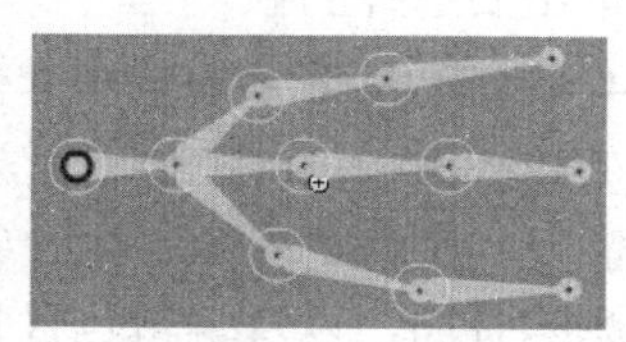

图 7-4-7　创建图形有分支的骨架

3. 选择骨骼和关联的对象

（1）选择单个骨骼：使用“选择工具”，单击要选择的骨骼，如图 7-4-8 所示。

（2）选择多个骨骼：按住【Shift】键，依次单击选中多个骨骼，如图 7-4-9 所示。

（3）选择骨架中的所有骨骼：双击骨架中的某一个骨骼，如图 7-4-10 所示。

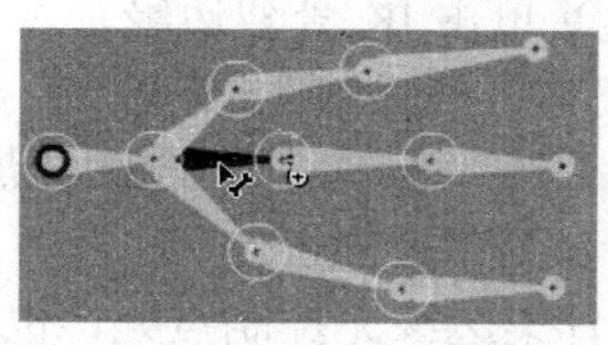

图 7-4-8　选中一个骨骼

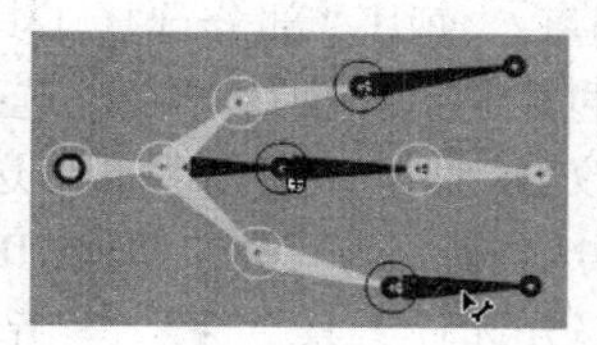

图 7-4-9　选中多个骨骼

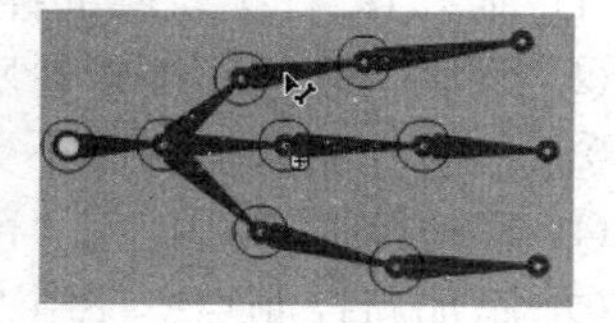

图 7-4-10　选中所有骨骼

（4）移到相邻骨骼：选中单个骨骼，如图 7-4-8 所示。此时的“属性”面板会显示骨骼属性，如图 7-4-11 所示。单击“属性”面板内的“父级”按钮，选中当前骨骼的父级骨骼，如图 7-4-12 所示。单击“子级”按钮，效果如图 7-4-8 所示。单击“下一个同级”按钮，效果如图 7-4-13 所示。单击“上一个同级”按钮，效果如图 7-4-8 所示。

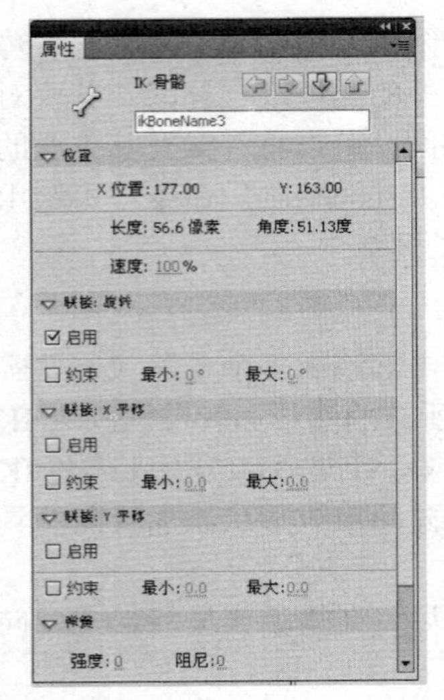

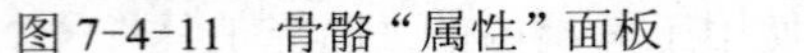

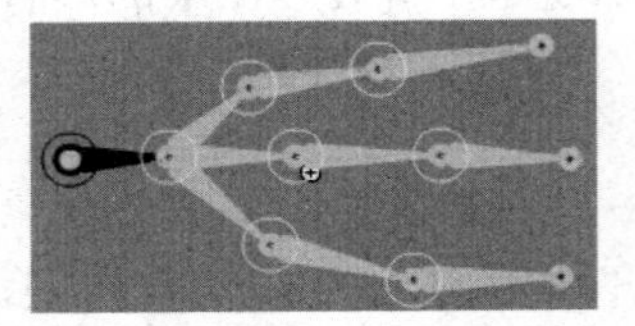

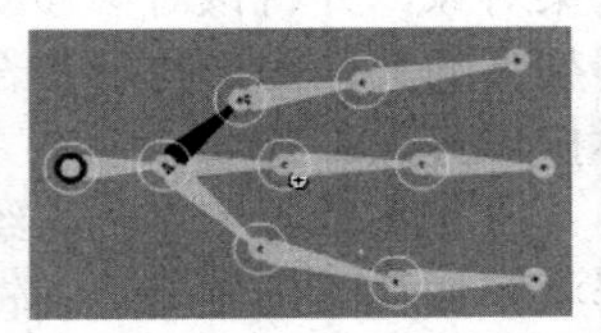

图 7-4-11　骨骼“属性”面板　　图 7-4-12　选中父级骨骼　　图 7-4-13　选中下一个同级骨骼

（5）选中整个骨架并显示骨架的属性及其姿势图层：单击姿势图层中包含骨架的帧。此时的“属性”面板如图 7-4-14 所示。

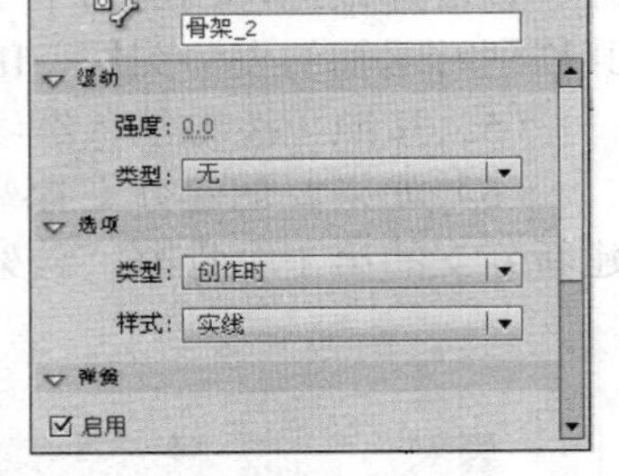

图 7-4-14　骨架“属性”面板

（6）选择 IK 图形或形状：单击骨架外的图形或形状，“属性”面板显示 IK 骨架属性。

（7）选择连接到骨骼的元件实例：单击该实例，“属性”面板显示实例属性。

（8）选择姿势图层的帧：使用“选择工具”，按住【Ctrl】键，单击要选择的帧。

4. 编辑 IK 骨架和删除骨骼

创建骨骼后，可以使用多种方法编辑它们。可以重新定位骨骼及其关联的对象、在对象内移动骨骼、更改骨骼的长度、删除骨骼，以及编辑包含骨骼的对象。只能在第 1 个帧中仅包含初始姿势的姿势图层中编辑 IK 骨架。在姿势图层的后续帧中重新定位骨架后，无法对骨骼结构进行更改。如果要编辑骨架，需要删除位于骨架第 1 个帧之后的任何附加姿势。

如果只是重新定位骨架以达到动画处理目的，则可以在姿势图层的任何帧中进行位置更改。Flash 会将该帧转换为姿势帧。

（1）编辑 IK 骨架。编辑 IK 骨架有以下几种方法：

① 显示 IK 骨架轮廓的控制点：使用“部分选择工具”单击 IK 骨架边缘。

② 添加、删除和编辑轮廓的控制点：使用“部分选择工具”调整控制点。

③ 移动骨骼的位置而不更改 IK 骨架：使用“部分选择工具”拖动骨骼的端点。

④ 移动控制点：使用“部分选择工具”，拖动 IK 骨架边缘上的控制点。

⑤ 添加新控制点：使用“部分选择工具”，单击 IK 骨架边缘无控制点处，也可以使用工具箱内的“添加锚点工具”，单击 IK 骨架边缘无控制点处。

⑥ 删除控制点：使用“部分选择工具”，单击选中 IK 骨架边缘的控制点，再按【Del】键。也可以使用“删除锚点工具”，单击 IK 骨架边缘的控制点。

（2）删除骨骼。删除骨骼有以下几种方法：

① 删除单个骨骼及其所有子级：单击选中该骨骼，再按【Del】键。

② 删除多个骨骼及其所有子级：按住【Shift】键并单击选中多个骨骼，再按【Del】键。

③ 删除骨架：选中该骨架中的任何一个骨骼或元件实例，再选择“修改”→“分离”命令，即可删除骨架和所有骨骼。同时，IK 骨架将还原为正常图形或形状。

5. 在时间轴中对骨架进行动画处理

IK 骨架存在于时间轴中的姿势图层上。若要在时间轴中对骨架进行动画处理，可以右击姿势图层中的帧，弹出它的快捷菜单，再选择“插入姿势”命令，来插入姿势。使用选择工具更改骨架的配置。Flash 将在姿势之间的帧中自动内插骨骼的位置。

（1）向姿势图层添加帧，以便为要创建的动画留足够的帧数。方法有以下几种：

① 右击姿势图层中任何帧，弹出帧快捷菜单，选择该菜单内的“插入帧”命令，可以添加帧，如图 7-4-15 所示。

② 单击要增加的最大编号帧，将播放头移到该帧上，按【F5】键。

③ 将姿势图层的最后一个帧水平向右拖动到最大编号帧处。

（2）向姿势图层添加姿势帧，插入姿势的帧中有菱形标记。方法有以下几种：

① 右击姿势图层中任何帧，弹出帧快捷菜单，选择该菜单内的“插入姿势”命令，可以插入姿势帧，如图 7-4-16 所示。

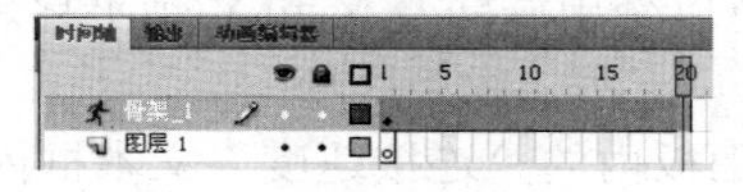

图 7-4-15　插入帧

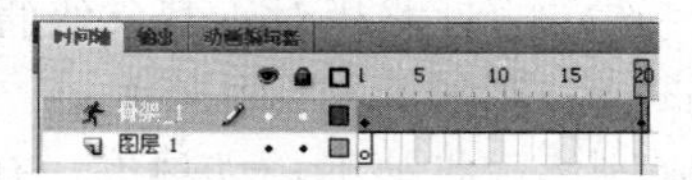

图 7-4-16　插入姿势帧

② 将播放头放在要添加姿势的帧上，然后重新定位骨架。

③ 将播放头放在要添加姿势的帧上，然后按【F6】键。

④ 复制粘贴姿势帧：按住【Ctrl】键，单击选中姿势帧，右击选中的姿势帧，弹出帧快捷菜单，选择该菜单内的“复制姿势”命令；按住【Ctrl】键，单击选中要粘贴的帧，右击选中的帧，弹出帧快捷菜单，选择该菜单内的“粘贴姿势”命令。

（3）更改动画的长度：将姿势图层的最后一个帧向右或向左拖动，以添加或删除帧。Flash 将依照图层持续时间更改的比例重新定位姿势帧，并在中间重新内插帧。

完成后，在时间轴中拖动播放头，预览动画效果。还可以随时重新定位骨架或添加姿势帧。

6. 将骨架转换为影片剪辑或图形元件

将骨架转换为影片剪辑或图形元件后，可以实现动画的其他属性的补间效果，将补间效果应用于除骨骼位置之外的 IK 对象属性。该对象必须包含在影片剪辑或图形元件中。

（1）选择 IK 骨架及其所有的关联对象。对于 IK 骨架，只需单击该形状即可。对于链接的元件实例集，可以单击姿势图层，或者使用“选择工具”，拖动选中所有的链接元件。

（2）右击所选内容，弹出它的快捷菜单，再选择“转换为元件”命令，弹出“转换为元件”对话框，在该对话框内输入元件的名称，在“类型”下拉列表框中选择元件类型，然后单击“确定”按钮。Flash 将创建一个元件，其内时间轴包含骨架的姿势图层。

（3）可以向舞台工作区内的新元件实例添加补间动画效果。

7. 调整 IK 运动约束

如果要创建 IK 骨架更逼真的运动，可以约束特定骨骼的运动自由度。例如，可以约束作为胳膊一部分的两个骨骼，以便肘部无法按错误的方向弯曲。

默认情况下，创建骨骼时会为每个 IK 骨骼分配固定的长度。骨骼可以围绕其父连接及沿 X 和 Y 轴旋转，但是无法更改其父级骨骼长度。可以启用、禁用和约束骨骼的旋转及其沿 X 或 Y 轴的运动。默认情况下，只启用骨骼旋转，而禁用 X 和 Y 轴运动。启用 X 或

Y 轴运动时，骨骼可以不限度数地沿 X 或 Y 轴移动，而且父级骨骼的长度会随之改变，以适应运动。也可以限制骨骼的运动速度，在骨骼中创建粗细效果。

选中一个或多个骨骼时，可以在“属性”面板内设置这些属性。

（1）使骨骼沿 X 或 Y 轴移动并更改其父级骨骼的长度：选中骨骼，在“属性”面板内，选中“连接：X 平移”或“连接：Y 平移”栏中的“启用”复选框。以后，会显示一个垂直于连接上骨骼的双向箭头，指示已启用了 X 轴运动；会显示一个平行于连接上骨骼的双向箭头，指示已启用了 Y 轴运动。如果同时启用 X 平移和 Y 平移，则对骨骼禁用旋转时定位更容易。

（2）限制沿 X 或 Y 轴的运动量：选中骨骼，在“属性”面板内，选中“连接：X 平移”或“连接：Y 平移”栏中的“约束”复选框，然后，输入骨骼可以运动的最小和最大距离。

（3）禁用骨骼绕连接旋转：选中骨骼，在“属性”面板内的“连接：旋转”栏中，取消选中“启用”复选框。默认情况下是选中“启用”复选框。

（4）约束骨骼的旋转：选中骨骼，在“属性”面板“连接：旋转”栏中输入旋转的最小和最大度数。旋转度数相对于父级骨骼。在骨骼连接的顶部会显示一个指示旋转自由度的弧形。

（5）使选定的骨骼相对于其父级骨骼固定：可以禁用旋转及 X 和 Y 轴平移。骨骼将变得不能弯曲，并跟随其父级运动。

（6）限制选定骨骼的运动速度：在“属性”面板内的“连接速度”文本框内输入一个值。连接速度为骨骼提供了粗细效果，最大值 100%表示对速度没有限制。

思考与练习7-4

（1）修改【案例 29】“变形变色文字”动画，使文字变化效果更具有特色。

（2）制作一个三节棍的摆动动画。

第 8 章 “动作”面板和 ActionScript 程序设计

本章通过完成 7 个案例介绍“动作”面板的基本使用方法，ActionScript 程序设计的基本语法、部分变量、条件语句、循环语句、运算符和表达式、部分全局函数、Math（数学）函数等对象的使用方法等。

8.1 【案例 30】按钮控制动画翻页

案例 30 视频

【案例效果】

“按钮控制动画翻页”动画播放后的 3 幅画面如图 8-1-1 所示。单击“播放”按钮，动画从暂停处继续播放，如图 8-1-1（a）所示。单击“暂停”按钮，动画暂停，如图 8-1-1（b）所示。单击“停止”按钮，动画停止在开始画面，如图 8-1-1（c）所示。单击“开始播放”按钮，动画从开始处播放。

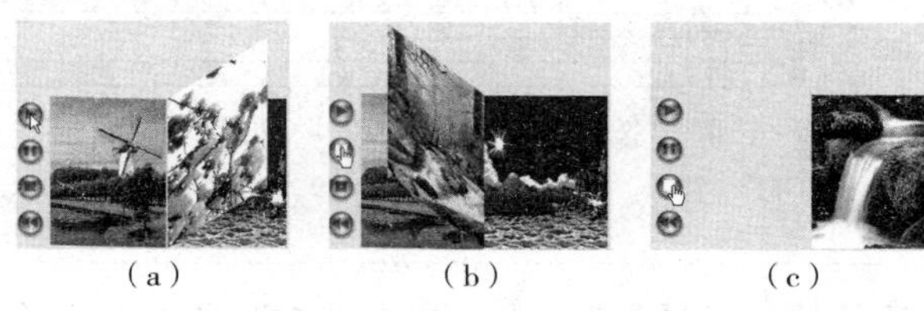

（a）（b）（c）

图 8-1-1 “按钮控制动画翻页”动画播放后的 3 幅画面

【操作过程】

1. 界面设计

（1）打开【案例 19】“动画翻页.fla”文档。再以名称“【案例 30】按钮控制动画翻页.fla”保存。

（2）在“动画 4 翻页”图层之上添加一个“按钮”图层，选中该图层第 1 帧。将按钮公用库“外部库”面板（见图 8-1-2）中的 4 个按钮元件、、和拖动到舞台工作区内，形成 4 个按钮实例，如图 8-1-1 所示。选中“按钮”图层第 100 帧，按【F5】键，使该图层的第 1 帧到第 100 帧内容一样。

（3）选中“按钮”图层第 1 帧，选择“窗口”→“动作”命令，打开“动作-帧”面板，此时的 ActionScript 版本自动切换到 ActionScript 1.0 & ActionScript 2.0 版本。

（4）选择“动作-帧”面板内左边的命令列表区内“全局函数”→“时间轴控制”文件夹下的“stop”命令，可在“动作-帧”面板内右边的程序设计区内加入“stop();”语句，如图 8-1-3 所示。

另外，拖动“stop”命令到“动作-帧”面板内右边的程序设计区内，也可以加入“stop();”语句。“stop();”语句可以使动画时间轴内的播放头暂停，使动画暂停播放。

（5）单击选中“按钮”图层第 101 帧，按【F6】键，创建一个关键帧，选中该帧，在“动作-帧”面板内右边的程序设计区内加入“gotoAndPlay(2);”语句，表示将播放头移到第 2 帧开始播放。

（6）选中除了“按钮”图层外所有图层第 1～100 帧，水平向右拖动到第 2～101 帧。选中“动画 1 翻页”图层第 1 帧，按【F6】键，创建一个关键帧。删除在移动动画帧中产生的多余帧，结果如图 8-1-4 所示。

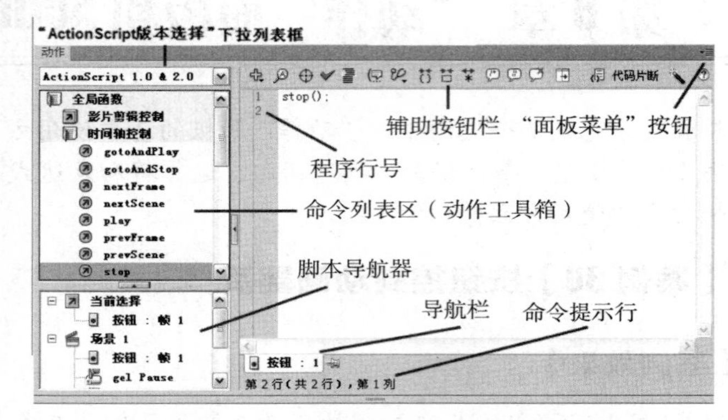

图 8-1-2 “外部库”面板　　　　图 8-1-3 “动作-帧”面板

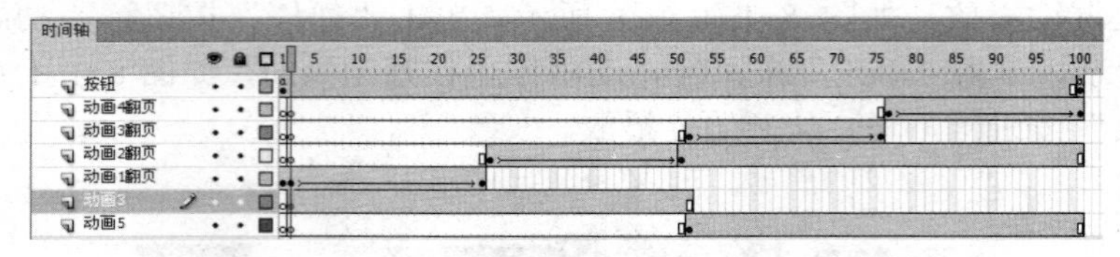

图 8-1-4 “按钮控制动画翻页”动画时间轴

添加了语句或程序的帧，其帧显示为▯，即在“●”之上添加了一个字母“α”。

2. 按钮程序设计方法 1

在按钮实例的“动作-按钮”面板内的“on”语句大括弧中输入程序，方法如下：

（1）单击选中“播放”按钮实例▶，打开“动作-按钮”面板，单击按下“脚本助手”按钮。在该面板内左边的命令列表区内，双击“影片剪辑控制”栏下的“on”命令，即可在程序设计区内添加“on(release){}”程序，如图 8-1-5 所示。默认选中“释放”复选框，即选中“释放”（release）事件。

（2）如果不按下“脚本助手”按钮，则可以在“动作-按钮”面板内左边的命令列表区内选中“全局函数”→“时间轴控制”下的“on”命令，将该命令拖动到程序设计区内，会显示“on(){}”程序和一个事件列表，双击列表内的“release”命令（见图 8-1-6），即可获得“on(release){}”程序。

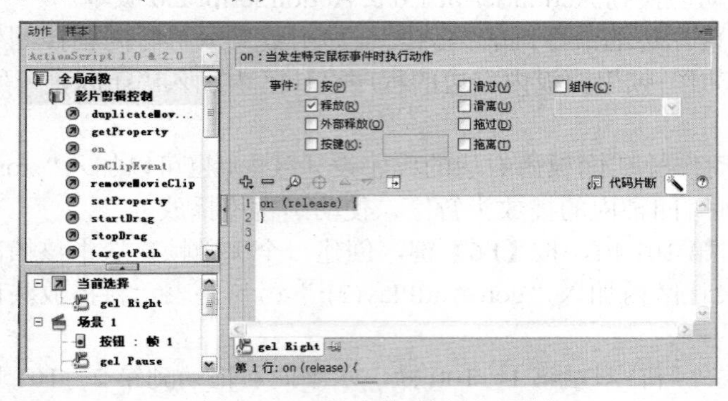

图 8-1-5 “动作-按钮”面板

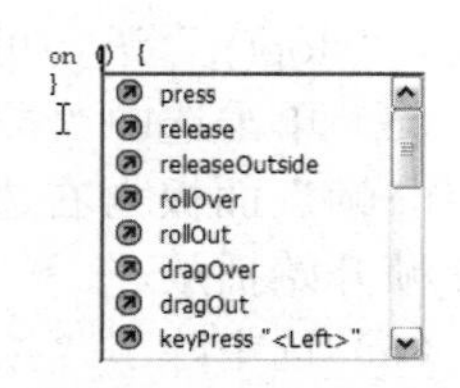

图 8-1-6 事件列表

（3）在“动作-按钮”面板内左上角的“ActionScript 版本选择”下拉列表框中必须选择“ActionScript 1.0 & ActionScript 2.0”选项。在“动作-按钮”面板内，将光标定位在程序设计区内第 2 行左边，双击命令列表区内“全局函数”→“时间轴控制”下的“play”命令，将该命令“play();”添加到程序设计区内。此时程序设计区内的程序如下：

```
on (release) {
  play();  //继续从暂停处播放，播放指针继续从暂停处移动
}
```

也可以在“动作-按钮”面板右边的程序设计区内直接输入上边的程序。

（4）选中“暂停”按钮实例，在“动作-按钮”面板程序设计区内输入如下程序：

```
on (release) {
    stop();//暂停播放，播放指针暂停移动
}
```

（5）选中“播放”按钮实例，在“动作-按钮”面板程序设计区内输入如下程序：

```
on (release) {
    gotoAndStop(1);//停止播放，播放指针回到第 1 帧
}
```

（6）选中“开始播放”按钮实例，在程序设计区内输入如下程序：

```
on (release) {
    gotoAndPlay(2);//播放指针回到第 2 帧，并开始播放
}
```

在“动作-按钮”面板程序设计区内，拖动选中一段程序，右击选中的程序，弹出它的快捷菜单，选择该菜单内的“复制”命令，将选中的程序复制到剪贴板内；再切换到其他按钮的“动作-按钮”面板，在程序设计区内右击，弹出快捷菜单，选择“粘贴”命令，将剪贴板内的程序粘贴到程序设计区内，然后进行程序的修改。

3. 按钮程序设计方法 2

在给舞台工作区中的一个按钮元件编写事件代码的时候，可以将所有的语句都集中到一个关键帧中，此时应给按钮实例命名（如“PLAYAN”）。按钮实例事件的书写格式如下：

STOPAN.onPress=function(){//响应事件的语句体}。

（1）单击选中“停止”按钮实例，在其“属性”面板的“实例名称”文本框中输入按钮实例的名称“STOPAN1”。采用相同的方法，给“播放”“暂停”“开始播放”按钮实例分别命名为“PLAYAN1”“STOPAN2”“PLAYAN2”。

（2）选中“按钮”图层第 1 帧，在“动作-帧”面板内和程序设计区内输入程序。

```
stop();
PLAYAN1.onPress=function(){
  play();               //播放头继续播放
}
STOPAN1.onPress=function(){
  gotoAndStop(1);       //播放头转移到第 1 帧停止
}
STOPAN2.onPress=function(){
  stop();               //播放头暂停
}
PLAYAN2.onPress=function(){
    gotoAndStop(2);     //播放头转移到第 2 帧继续开始
}
```

【相关知识】

1. “动作”面板特点

对于交互式的动画，用户可以通过单击或按键等操作参与控制动画的走向，去执行其他一些动作脚本程序或使动画画面产生跳转变化。动作脚本程序是可以在影片运行中起计算和控制作用的程序代码，这些代码是在“动作”面板中使用 ActionScript 编程语言编写的。

如果 ActionScript 版本选择了 1.0 或 2.0 版本，则“动作”面板有 3 种：“动作-帧”面板、“动作-按钮”面板和“动作-影片剪辑”面板。可以统称为“动作”面板。选中关键帧或空白关键帧后的“动作”面板为“动作-帧”面板，如图 8-1-3 所示。下面以该面板为例，介绍“动作”面板中一些选项的作用。

（1）“ActionScript 版本选择”下拉列表框：用来选择 ActionScript 的版本。

（2）脚本窗口：又称程序设计区，是用来编写 ActionScript 程序的区域。拖动选中部分或全部脚本代码，右击选中的脚本代码或右击脚本窗口内部，都会弹出它的快捷菜单，利用快捷命令可以编辑（复制、粘贴、删除等）脚本代码等。

（3）命令列表区：其内有 12 个文件夹和一个索引文件夹，单击或可以展开相应的文件夹。文件夹内有下一级的文件夹或命令，双击命令或用鼠标拖动命令到脚本窗口内，都可以在程序区内导入相应的命令。这里所说的命令是指程序中的运算符号、函数、语句、属性等的统称。将鼠标指针移到命令之上，会显示相应的简单的帮助信息。通过单击面板中间的、（或）按钮，可以控制是否显示命令列表区。也可以拖动面板中间的竖条来调整命令列表区的大小。

（4）脚本导航器：它给出当前选择的关键帧、按钮或影片剪辑实例的有关信息（如影片剪辑元件和实例名称等）。单击选中该列表区中的帧、按钮或实例对象，即可在脚本窗口内显示相应的脚本程序。

（5）命令行提示栏：显示脚本窗口内光标所在的行号和列号。

2. 辅助按钮栏部分按钮的作用

（1）“将新项目添加到脚本中”按钮：单击它，可以弹出图 8-1-7 所示的菜单，再选择命令，即可将相应的命令添加到脚本窗口内。

（2）“查找”按钮：单击它，可以弹出“查找和替换”对话框，如图 8-1-8 所示。在“查找内容”文本框内输入要查找的字符串，再单击“查找下一个”按钮，即可选中程序中要查找的字符串。单击选中“区分大小写”复选框，则在查找时区分大小写。如果在“替换为”文本框内输入要替换的字符串，再单击“替换”按钮，可以替换刚刚找到的字符串，单击“全部替换”按钮，即可进行所有查找到的字符串的替换。

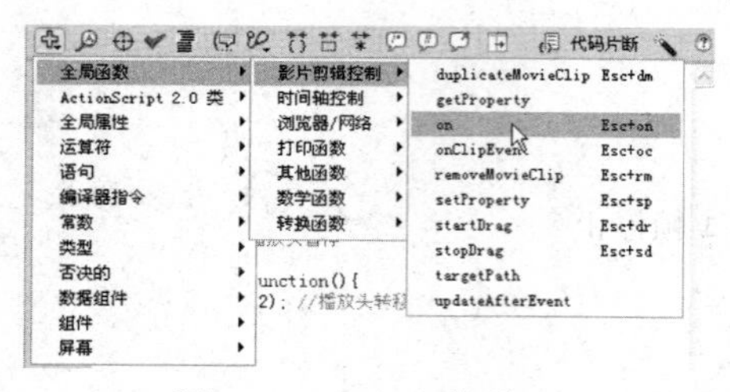

图 8-1-7　命令菜单

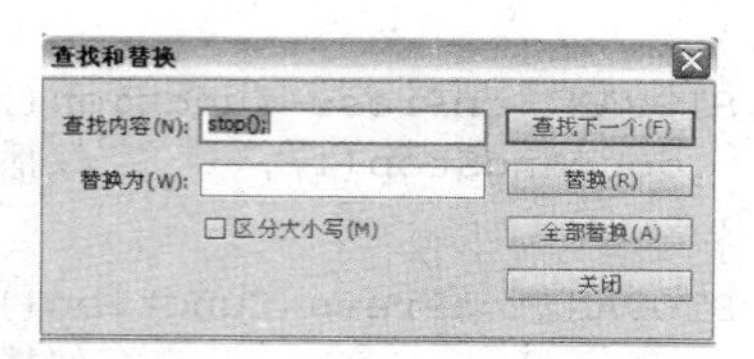

图 8-1-8　“查找和替换”对话框

（3）“插入目标路径”按钮：单击它，弹出“插入目标路径”对话框，如图 8-1-9 所示。在该对话框中可选择路径方式、路径符号和对象的路径。

（4）“语法检查”按钮：单击它，可以检查程序是否有语法错误，显示相应提示。

（5）“自动套用格式”按钮：单击它，可以使程序中的命令按设置的格式重新调整。

（6）“显示代码提示”按钮：在当前命令没有设置好参数时，单击它会弹出一个参数（代码）提示列表框，供用户选择参数，如图 8-1-6 所示。

（7）“调试选项”按钮：单击该按钮，可以弹出一个用于调试程序的菜单，如图 8-1-10 所示。单击命令行，可以设置该行为断点（该行左边会显示一个红点），运行程序后会在该行暂停；再单击断点行，可以删除断点。选择“切换断点”命令，可以切换到下一个断点行；选择“删除所有断点”命令，可以将设置的所有断点删除。

（8）“代码片段”按钮：单击该按钮，可以打开“代码片段”面板，如图 8-1-11 所示。双击其内的中文命令说明，可以将相应的命令和注释语句添加到脚本窗口内。

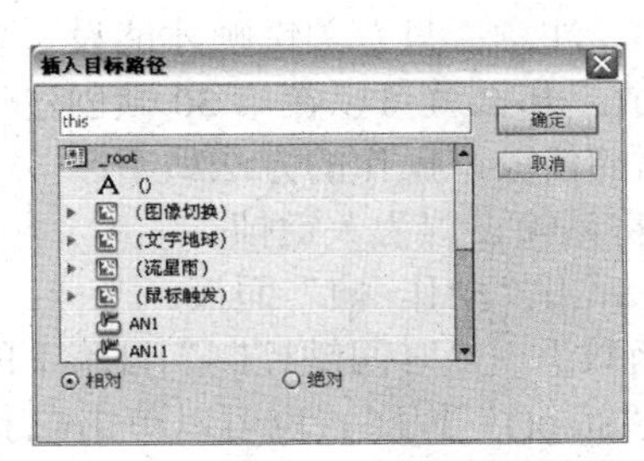

图 8-1-9 “插入目标路径”对话框

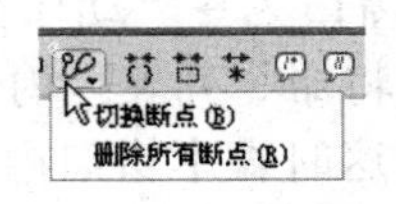

图 8-1-10 调试程序菜单

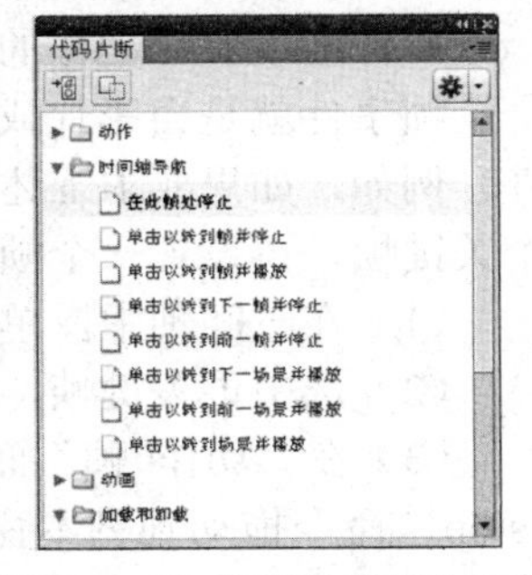

图 8-1-11 “代码片段”面板

（9）“折叠成对大括号”按钮：对在当前包含插入点的成对大括号或小括号间的代码进行折叠。

（10）“折叠所选”按钮：折叠当前所选的代码块。

（11）“展开全部”按钮：展开当前脚本中所有折叠的代码。

（12）“应用块注释”按钮：将注释标记添加到所选代码块的开头和结尾。

（13）“应用行注释”按钮：在插入点处或所选代码每行开头处添加单行注释标记。

（14）“删除注释”按钮：从当前行或当前选择内容的所有行中删除注释标记。

（15）“显示/隐藏工具箱”按钮：显示或隐藏“动作”工具箱。

（16）“脚本助手”按钮：单击按下该按钮，可以使脚本窗口进入具有脚本帮助的程序输入状态，如图 8-1-5 所示。在具有脚本帮助的脚本窗口内，增加了一个参数设置区，用来设置语句的参数。选中一条语句后，参数设置区内会显示出相关的参数选项。对于初学者来说，采用这种设置参数的方法非常方便。

（17）“帮助”按钮：选中程序中的关键字，单击该按钮，可以弹出帮助信息。

3. “动作”面板菜单

单击“面板菜单”按钮，可以弹出“动作”面板的快捷菜单。其中一些命令的作用与辅助按钮栏各按钮的作用一样，其他命令的作用如下：

（1）“首选参数”命令：选择它，可以弹出“首选参数”（动作脚本）对话框。利用它可以进行动作脚本的默认状态的设置和参数的设置。

（2）“转到行”命令：选择它可以弹出“转到行”对话框。在“行号”文本框内输入脚本窗口中的行号，单击“确定”按钮，该行即被选中。

（3）“导入脚本”命令：选择它，可以弹出“打开”对话框。利用该对话框，可以从外部导入一个“*.as”的脚本程序文件，它是一个文本文件。

（4）“导出脚本”命令：选择它，可以弹出“另存为”对话框。利用该对话框，将当前脚本窗口中的程序作为一个“*.as”的脚本程序文件保存。

（5）“打印”命令：选择它可以弹出“打印”对话框，打印当前脚本窗口中的程序。

（6）“Esc 快捷键”命令：选择它，可以使命令列表区内各命令右边显示其快捷键。

4. 帧事件与动作

交互式动画的一个行为包含了两个内容：一个是事件；一个是事件产生时所执行的动作。事件是触发动作的信号，动作是事件的结果。在 Flash 中，播放指针到达某个指定的关键帧、用户单击按钮或影片剪辑元件、用户按下了键盘按键等操作，都可以触发事件。

动作可以有很多，可以由读者发挥创造。可以认为动作是由一系列的语句组成的程序。最简单的动作是使播放的动画停止播放，使停止播放的动画重新播放等。

事件的设置与动作的设计是通过“动作”面板来完成的。

帧事件就是当影片或影片剪辑播放到某一帧时的事件。注意：只有关键帧才能设置事件。例如，如果要求上述的动画播放到第 30 帧时停止播放，那么就可以在第 30 帧创建一个关键帧，再设置一个帧事件，它的响应动作是停止动画的播放。操作的方法如下：

（1）在时间轴中，单击选中第 30 帧，按【F6】键，将该帧设置为关键帧。

（2）选中该关键帧，选择“窗口”→“动作”命令，弹出“动作-帧”面板。

（3）在“动作-帧”面板中，将命令列表区内“全局函数”→“时间轴控制”目录下的“stop”命令拖动到脚本窗口内。这时脚本窗口内会显示“stop()”程序。也可以单击按钮，弹出它的菜单，再选择该菜单内的“全局函数”→“时间轴控制”→“stop”命令。

5. 按钮和按键事件与动作

单击选中舞台工作区内的一个按钮实例对象，“动作”面板即可变为“动作-按钮”面板。在“动作-按钮”面板中，将命令列表区中“全局函数”→“影片剪辑控制”目录下的“on”命令拖动到右边脚本窗口内，这时面板右边脚本窗口内会弹出图 8-1-6 所示的按钮和按键事件命令菜单。双击该菜单中的选项，可以在“on”命令的括号内加入按钮事件与按键事件命令。例如，双击“release”命令后，脚本窗口内的程序如图 8-1-12 所示。在“release”命令右边输入英文字符“,”后，单击辅助按钮栏内的“显示代码提示”按钮，弹出图 8-1-6 所示列表，双击其中的 keyPress "<Left>"命令，可再加入按键事件命令。此时，脚本窗口内的程序如图 8-1-13 所示。可见该按钮可以响应两个或多个事件命令。

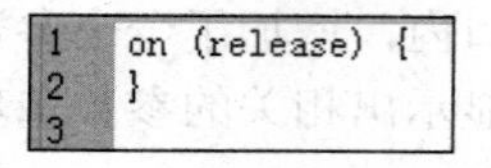

图 8-1-12　双击 release 命令效果

```
1  on (release, keyPress "<Left>") {
2  }
3
```

图 8-1-13　加入按键命令效果

图 8-1-6 所示列表中各按钮和按键事件命令的含义如下：

（1）press（按）：当鼠标指针移到按钮之上，并单击按下鼠标左键时触发事件。

（2）release（释放）：当鼠标指针移到按钮之上，单击后松开鼠标左键时触发事件。

（3）releaseOutside（外部释放）：当鼠标指针移到按钮之上，并单击按下鼠标左键，不松开鼠标左键，将鼠标指针移出按钮范围，再松开鼠标左键时触发事件。

（4）rollOver（滑过）：当鼠标指针由按钮外面，移到按钮内部时触发事件。

（5）rollOut（滑离）：当鼠标指针由按钮内部，移到按钮外边时触发事件。

（6）dragOver（拖过）：当鼠标指针移到按钮之上，并单击按下鼠标左键，不松开鼠标左键，然后将鼠标指针拖动出按钮范围，接着再拖动回按钮之上时触发事件。

（7）dragOut（拖离）：当鼠标指针移到按钮之上，并单击按下鼠标左键，不松开鼠标左键，然后把鼠标指针拖动出按钮范围时触发事件。

（8）keyPress "<按键名称>"（按键）：当键盘的指定按键被按下时，触发事件。

在 on 括号内输入多个事件命令，事件命令之间用逗号分隔，这样当这几个事件中的任意一个发生时都会产生事件，触发动作的执行。动作脚本程序写在大括号内。

在具有脚本帮助的状态下，将“动作-按钮”面板中命令列表区内“全局函数”→“影片剪辑控制”目录下的“on”命令拖动到右边脚本窗口内后，“动作-按钮”面板如图 8-1-5 所示。可以方便地选择一个或多个按钮事件。这对于初学者非常适用。

6. 影片剪辑元件事件与动作

将影片剪辑元件从“库”面板中拖动到舞台时，即完成了一个影片剪辑的实例化，形成一个影片剪辑实例。该实例可以通过鼠标、键盘、帧等的触发而产生事件，并通过事件来执行一系列动作（即程序）。使用“选择工具”选中影片剪辑实例，弹出“动作-影片剪辑”面板。这个面板与“动作-帧”面板和“动作-按钮”面板的使用方法基本一样。

将“动作-影片剪辑”面板左边命令列表区内“全局函数”→“影片剪辑控制”目录下的 onClipEvent 命令拖动到右边脚本窗口内。这时脚本窗口内会弹出影片剪辑实例事件命令菜单，如图 8-1-14 所示。双击该菜单中的选项，可以在 onClipEvent 命令的括号内加入影片剪辑实例事件命令。在 loaderInfo 命令右边输入英文字符“,”后，单击辅助按钮栏内的“显示代码提示”按钮，可弹出图 8-1-15 所示的影片剪辑实例事件命令菜单，双击该菜单中的选项，可再加入相应的事件命令。影片剪辑实例可响应多个事件。

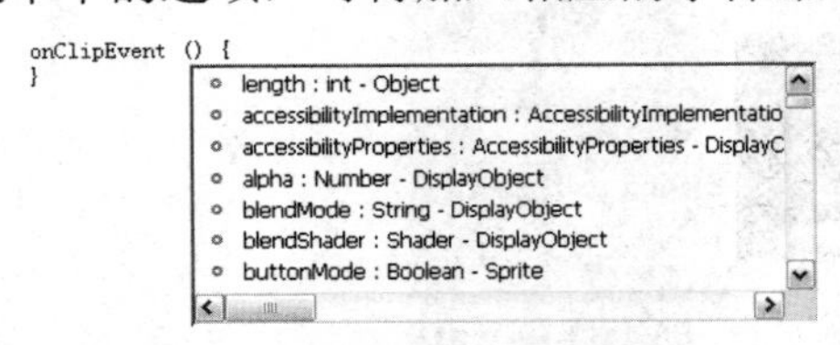

图 8-1-14　影片剪辑实例事件

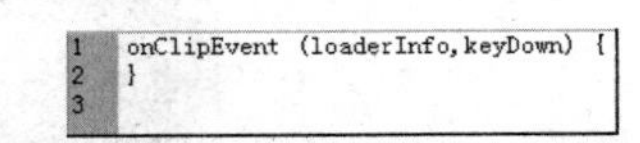

图 8-1-15　影片剪辑实例事件命令

影片剪辑实例事件（“onClipEvent()”句柄）可以设置多种不同的事件，举例如下：

（1）enterFrame（进入帧）：当导入帧时产生事件。

（2）mouseDown（鼠标按下）：当鼠标左键按下时产生事件。

（3）mouseUp（鼠标弹起）：当鼠标左键释放时产生事件。

（4）mouseMove（鼠标移动）：当鼠标在舞台中移动时产生事件。

（5）keyDown（向下键）：当键盘的某个按键按下时产生事件。

（6）keyUp（向上键）：当键盘的某个按键释放时产生事件。

思考与练习8-1

（1）制作一个“按钮控制指针表”动画，该动画运行后的一幅画面如图 8-1-16 所示。单击“停止”按钮，指针停止自转，回到原始状态。单击“播放”按钮，从头开始自转。单击“暂停”按钮，动画暂停，没有回到初始状态。单击“继续”按钮，动画从暂停处继续播放。

（2）制作一个“按钮控制动画播放”动画，该动画播放后，显示两个动画和两个按钮，单击按钮 A 后，动画 A 播放，动画 B 关闭；单击按钮 B 后，动画 B 播放，动画 A 关闭。

（3）制作一个“照明电路”动画，该动画播放后的两幅画面如图 8-1-17（a）所示。单击按钮后的画面如图 8-1-17（b）所示。再单击按钮又回到图 8-1-17（a）所示状态。

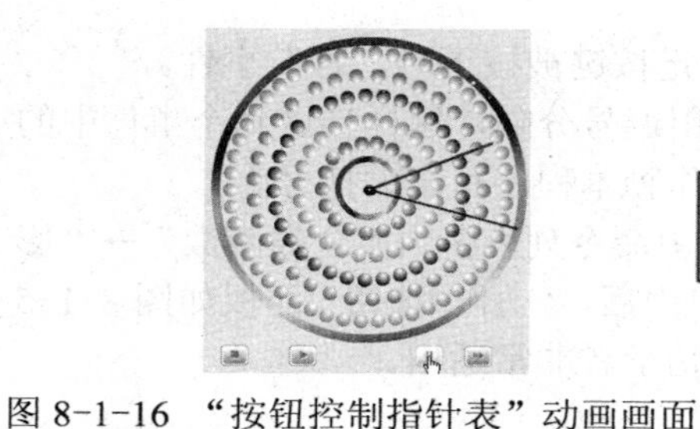

图 8-1-16 “按钮控制指针表”动画画面

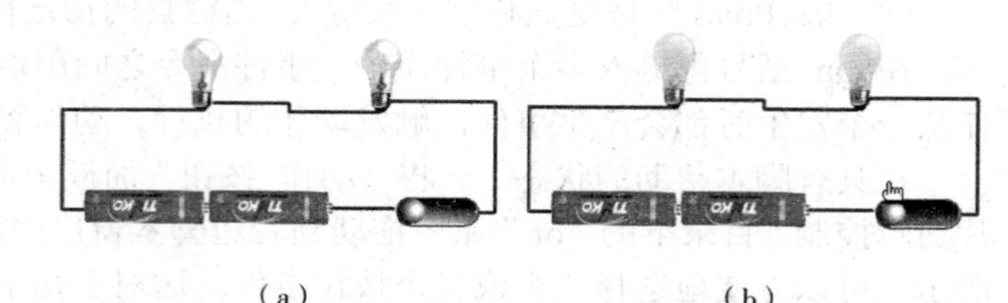

（a）　　（b）

图 8-1-17 “照明电路”动画程序播放后的两幅画面

8.2 【案例 31】图像浏览器

【案例效果】

“图像浏览器”动画播放后的一幅画面如图 8-2-1 所示。单击画面中的“下一幅”按钮，可以显示下一幅图像；单击“上一幅”按钮，可以显示上一幅图像；单击“第 1 幅”按钮，可以显示第 1 幅图像；单击“最后一幅”按钮，可以显示最后一幅图像。单击右边的小图像，会显示相应的大图像。在显示第 1 幅图像时，单击“上一幅”按钮，仍显示第 1 幅图像，在显示第 10 幅图像时，单击“下一幅”按钮，仍显示第 10 幅图像。文本框用来显示正在展示的图像的编号。

图 8-2-1 “图像浏览器”动画播放后的一幅画面

【操作过程】

1. 创建背景画面和按钮

（1）新建一个 Flash 文档，设置舞台工作区宽为 780 px、高为 380 px，以名称“【案例 31】图像浏览器.fla”保存。导入“图 1.jpg”～“图 10.jpg”10 幅大小一样的大图像（宽 470 px、高 300 px）和一幅“框架.gif”图像到“库”面板中。再导入“TU1.jpg”～“TU10.jpg”10 幅大小一样的小图像（宽 93 px、高 58 px，内容与大图像一样）到“库”面板中。

（2）将“图层 1”图层的名称改为“框架”，选中该图层的第 1 帧，将“库”面板中的“框架.gif”图像拖动到舞台工作区中，并调整它的大小和位置，如图 8-2-2 所示。将框架图像分离，裁切出右边一条有花朵的图像，复制两份，将其中一份水平翻转，再将它们拼接成最后的背景图像，如图 8-2-3 所示。

图 8-2-2 框架图像

图 8-2-3 背景图像

（3）在“框架”图层上边添加一个“按钮和文本”图层。选中该图层第 1 帧，将按钮公用库中的 4 个按钮拖动到舞台工作区下边，再输入红色文字“图像浏览器”，并给文字添加斜角滤镜，如图 8-2-1 所示。

（4）创建并进入“图像 1”影片剪辑元件的编辑状态，将“库”面板内的第 1 幅小图像“TU1.jpg”拖动到舞台工作区内的正中间。然后回到主场景。按照相同的方法，再创建“图像 2”～“图像 10”影片剪辑元件，其内分别导入“库”面板内的“TU2.jpg”～“TU10.jpg”小图像。

（5）创建并进入“按钮 1”按钮元件的编辑状态，选中“弹起”帧，将“库”面板内的“图像 1”影片剪辑元件拖动到舞台工作区内的正中间。按住【Ctrl】键，单击选中其他 3 个帧，按【F6】键，创建 3 个与“弹起”帧内容一样的关键帧。选中“弹起”帧，单击该帧内的图像，在其“属性”面板内的“颜色”下拉列表框中选择“Alpha”选项，将该图像的 Alpha 值调整为 34%，使图像半透明。然后，回到主场景。

（6）按照上述方法，制作“按钮 2”～“按钮 10”按钮元件，其内的影片剪辑元件分别为“图像 2”～“图像 10”。然后，依次将这 10 个图像按钮元件拖动到舞台工作区内的右边，排成两列。

（7）选中“按钮和文本”图层第 1 帧，在下边按钮中间创建一个文本框，在它的“属性”面板内“文本类型”下拉列表框中选择“动态文本”选项，在“变量”文本框中输入“n”，如图 8-2-4 所示。

图 8-2-4 动态文本框的“属性”面板设置

（8）选中两个图层的第 1 帧，将它们拖动到第 2 帧处。选中“框架”图层的第 1 帧，弹出“动作-帧”面板，输入“*n*=1;”语句，用来定义变量 *n*，给变量 *n* 赋初值 1，这是一个初始化程序。

2. 制作图像浏览

（1）创建并进入“图像”影片剪辑元件的编辑状态，按住【Shift】键，单击“图层 1”图层第 2 帧和第 10 帧，选中“图像”图层第 2 帧到第 10 帧之间的所有帧，按【F7】键，创建 9 个空白关键帧。

（2）选中“图层 1”图层第 1 帧，将“库”面板中的第 1 幅大图像拖动到舞台工作区中，并调整它的大小和位置。然后，将“库”面板中的其他 9 幅大图像依次拖动到“图层 1”图层第 2 帧到第 10 帧的舞台工作区中，并调整它的大小和位置。

（3）选中该图层第 1 帧，在“动作-帧”面板内输入“stop();”语句。回到主场景。

（4）选中“按钮和文本”图层第 2 帧内“第 1 幅”按钮，在其“属性”面板中的“实例名称”文本框内输入实例名称“AN11”。再依次给下边其他按钮实例分别命名为“AN12”“AN13”“AN14”；依次给右边的 10 个图像按钮实例分别命名为“AN1”～“AN10”。

（5）在“按钮和文本”图层之上创建一个“图像”图层，选中该图层第 2 帧，将“库”面板内的“图像”影片剪辑元件拖动到框架内，调整它的大小和位置，将实例命名为 TU。

（6）选中“背景”图层第 2 帧，打开“动作-帧”面板，在程序设计区内输入如下程序：

```
stop();
AN11.onPress=function(){
  _root.TU.gotoAndStop (1);     //转至起始帧停止
  n=1;
}
AN12.onPress=function(){
  if (n>1){
```

```
        _root.TU.prevFrame();        //转上一帧播放
        n--;
      } else {
        _root.TU.gotoAndStop(10); //转至最后一帧停止
      n=10;
      }
   }
   AN13.onPress=function(){
     if (n<10){
       _root.TU.nextFrame();     //转至后一帧播放
        n++;
     } else {
        _root.TU.gotoAndStop(1); //转至起始帧停止
      n=1;
     }
   }
   AN14.onPress=function(){
     _root.TU.gotoAndStop(10);      //转至最后一帧停止
     n=10;
   }
   AN1.onPress=function(){
     _root.TU.gotoAndStop (1);      //转至第 1 帧停止
     n=1;
   }
   AN2.onPress=function(){
     _root.TU.gotoAndStop (2);      //转至第 2 帧停止
     n=2;
   }
   AN3.onPress=function(){
     _root.TU.gotoAndStop (3);      //转至第 3 帧停止
     n=3;
   }
   AN4.onPress=function(){
     _root.TU.gotoAndStop (4);      //转至第 4 帧停止
     n=4;
   }
   AN5.onPress=function(){
     _root.TU.gotoAndStop (5);      //转至第 5 帧停止
     n=5;
   }
   AN6.onPress=function(){
     _root.TU.gotoAndStop (6);      //转至第 6 帧停止
     n=6;
   }
   AN7.onPress=function(){
     _root.TU.gotoAndStop (7);      //转至第 7 帧停止
     n=7;
   }
```

```
AN8.onPress=function(){
  _root.TU.gotoAndStop (8);      //转至第 8 帧停止
  n=8;
}
AN9.onPress=function(){
  _root.TU.gotoAndStop (9);      //转至第 9 帧停止
  n=9;
}
AN10.onPress=function(){
  _root.TU.gotoAndStop (10);     //转至第 10 帧停止
  n=10;
}
```

【相关知识】

1. “时间轴控制”全局函数

函数是完成一些特定任务的程序，通过定义函数，可以在程序中通过调用这些函数来完成具体的任务。函数有利于程序的模块化。Flash 提供了大量的函数，可从“动作”面板命令列表区的“全局函数”目录下找到。对于 ActionScript 2.0，“时间轴控制”函数由 9 个函数组成，在“全局函数”→“时间轴控制”目录下。该函数的格式和功能如表 8-2-1 所示。

表 8-2-1 “时间轴控制”函数的格式和功能

序 号	格 式	功 能
1	stop()	暂停当前动画的播放，使播放头停止在当前帧
2	play()	如果当前动画暂停播放，则从播放头暂停处继续播放动画
3	gotoAndPlay([scene,] frame)	使播放头跳转到指定场景内的指定帧，并从该帧开始播放动画，参数 scene 设置场景，默认当前场景；参数 frame 指定播放帧号。帧号可以是帧的序号，也可以是帧的标签（即帧的“属性”面板内的“帧标签”文本框中的名称）
4	gotoAndStop([scene,] frame)	使播放头跳转到指定场景内的指定帧，并停止在该帧上
5	nextFrame()	使播放头跳转到当前帧的下一帧，并停在该帧
6	prevFrame()	使播放头跳转到当前帧的前一帧，并停在该帧
7	nextScene()	使播放头跳转到当前场景的下一个场景的第 1 帧，并停在该帧
8	prevScene()	使播放头跳转到当前场景的前一个场景的第 1 帧，并停在该帧
9	stopAllSounds ()	关闭目前正在播放的所有 Flash 动画内所有正在播放的声音

2. 常量、变量和注释

（1）常量：程序运行中不变的量。常量有数值、字符串和逻辑型三种，其特点如下：

① 数值型：就是具体的数值。例如，2013 和 3.1415 等。

② 字符串型：用引号括起来的一串字符。例如，“Flash CS6”和“20131107”等。

③ 逻辑型：用于判断条件是否成立。True 或“1”表示真（成立），False 或“0”表示假（不成立）。

（2）变量：它可以赋值一个数值、字符串、布尔值、对象或 Null 值（即空值，它既不是数值 0，也不是空字符串，是什么都没有）。数值型变量都是双精度浮点型。不必明确地定义变量的类型，Flash 会在变量赋值的时候自动决定变量的类型。在表达式中，Flash 会根据表达式的需要自动改变数据的类型。

① 变量的命名规则：变量的开头字符必须是字母、下画线或美元符号，后续字符可

以是字母、数字等，但不能是空格、句号、保留字（即关键字，它是 ActionScript 语言保留的一些标示符，如 play、stop 等）和逻辑常量等字符。变量名区分大小写。

② 变量的作用范围和赋值：变量分为全局变量和局部变量，全局变量可以在时间轴的所有帧中共享，而局部变量只在一段程序（大括弧内的程序）内起作用。如果使用了全局变量，一些外部的函数将有可能通过函数改变变量的值。

可以使用 var 命令定义局部变量，如 `var L=`“中文 `Flash CS6`”。

可以在使用赋值号“=”运算符给变量赋值时，定义一个全局变量，如 N1=123。

使用“Flash Player 6”以上版本的 Flash 播放器，必须先定义变量，才可以使用变量。选择“文件”→“发布设置”命令，弹出“发布设置”对话框，在其内可以设置 Flash 播放器和 ActionScript 的版本。

③ 测试变量的值：可使用 trace 函数来测试变量的值。trace 函数的格式与功能如下：

【格式】`trace（expression）;`

【功能】将表达式 expression 的值传递给“输出”面板，在该面板中显示表达式的值，其中的表达式可以是常量、变量、函数和表达式。可以通过“动作”面板中的命令列表区内的“全局函数”→“其他函数”目录选择 trace 函数。

例如，当执行 trace("1+2+3")命令时，会打开“输出”面板，并在该面板中显示 6。

例如，trace("x 值："+_ymouse);表示在“输出”面板内显示鼠标指针的 x 坐标值。

（3）注释：为了帮助阅读程序，可在程序中加入注释内容。它在程序运行中不执行。

① 单行注释符号“//”：用来注释一行语句。在要注释的语句右边加入注释符号“//”，在“//”注释符号的右边加入注释内容，构成注释语句。

② 多行注释符号“/*”和“*/”：如果要加多行注释内容，可在开始处加入“/*”注释符号，在结束处加入“*/”注释符号，构成注释语句。

3. 运算符和表达式

运算符是能够提供对常量与变量进行运算的元件。表达式是用运算符将常量、变量和函数以一定的运算规则组织在一起的式子。表达式可分为三种：算术表达式、字符串表达式和逻辑表达式。在 Flash CS6 的表达式中，同级运算按照从左到右的顺序进行。

运算符可以在程序设计区内直接输入，或在“动作”面板命令列表区的“运算符”目录下找到。也可以单击“动作”面板内辅助按钮栏中的“将新项目添加到脚本中”按钮，弹出菜单，再在其内的“运算符”目录中找到。常用的运算符及其使用方法如表 8-2-2 所示。

表 8-2-2 普通运算符和字符串运算符

运算符	名称	使用方法	运算符	名称	使用方法
!	逻辑非	a=!true; //a 的值为 false	?:	条件判断	【格式】变量=表达式 1?: 表达式 2，表达式 3 如果表达式 1 成立，则将表达式 2 的值赋给变量，否则将表达式 3 的值赋给变量
%	取模	a=21%5;//a=1	*	乘号	6*8//其值为 48
+	加号	a="abc"+5; //a 的值为 abc5	_	减号	9-6/其值为 3
++	自加	y++相当于 y=y+1	--	自减	y--相当于 y=y-1
/	除	9/3;//其值为 3	>	大于	a>1;//当 a=3 时，其值为 true
<>	不等于	a<>5;// a=5 时，其值为 false	<	小于	a<1;//当 a=6 时，其值为 false

续表

运　算　符	名　　称	使 用 方 法	运　算　符	名　　称	使用方法
<=	小于等于	a<=3;// a=1 时，其值为 true	==	等于	判断左右的表达式是否相等 a==6; //当 a=6 时，a 的值为 true
>=	大于等于	a>2;//当 a 为 4 时，其值 true	&& and	逻辑与	只当 a 和 b 都为 0 时，a && b 的值 false; a and b 的值 true
!=	不等于	判断左右的表达式是否不相等，a!=true //a 的值为 false	|| or	逻辑或	当 a 和 b 中一个不为 0 时，a || b 的值为 1，a or b 的值为 true
===	全等	判断左右表达式和数据类型是否相等	!==	不全等	判断左右的表达式和数据类型是否不相等
“”	定义字符串	“abcde”	add 或+	字符串连接	a="ab"add"cd";//a 的值为 “abcd”

4. 文本类型和它的“属性”面板

文本有静态、动态和输入文本三种类型。“属性”面板内的“文本类型”下拉列表框用来选择文本类型。选择“动态文本”选项时的“属性”面板如图 8-2-5 所示。选择“输入文本”选项时的“属性”面板与图 8-2-5 所示基本一样，只是少了“链接”和“目标”文本框，增加了“最大字符数”文本框。该面板中没有介绍过的一些选项的作用简介如下：

（1）“嵌入”按钮：单击它可以弹出“字体嵌入”对话框，如图 8-2-6 所示。

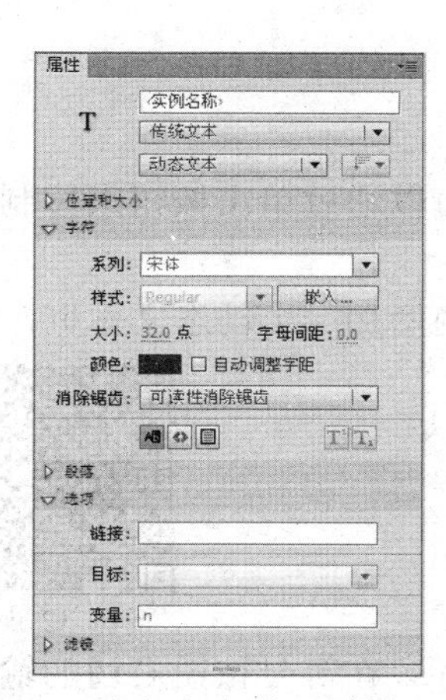

图 8-2-5　动态文本的“属性”面板

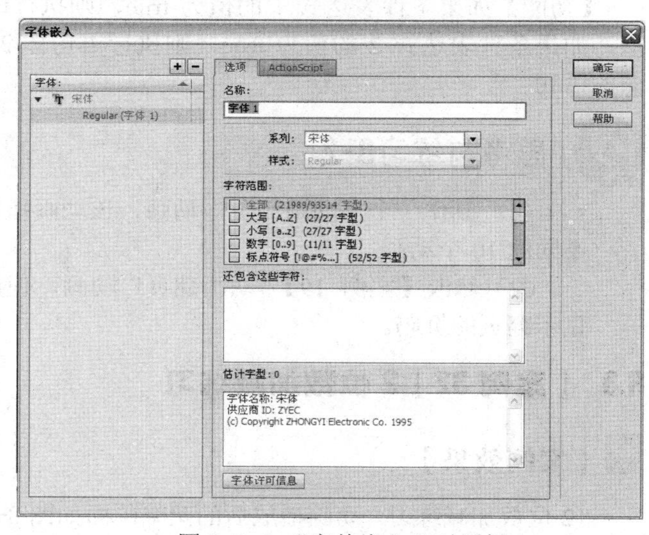

图 8-2-6　“字体嵌入”对话框

该对话框用来选择嵌入动画文件内的字符。在“系列”和“样式”下拉列表框内可以选择字体，在“名称”文本框内可以输入字体名称，在“字符范围：”列表框中可以选择嵌入的字符种类，在“还包含这些字符：”文本框中可以输入另外嵌入的字符。

（2）“将文本呈现为 HTML”按钮：选中后，支持 HTML 标记语言的标记符。

（3）“在文本周围显示边框”按钮：选中后，输出的文本周围会有一个矩形边框线。

（4）“变量”文本框：展开“选项”栏可以看到该选项，用来输入文本框的变量名称。

（5）“最大字符数”文本框：在展开“选项”栏可以看到该选项，用来设置输入文本中允许的最多字符数量。如果是 0，则表示输入的字符数量没有限制。

（6）“行为”下拉列表框：对于动态文本，其中有三个选项：“单行”“多行”“多行不换行”。对于输入文本，其中有四个选项，增加了“密码”选项。选择了该选项后，输入的字符用字符“*”代替。

5. if 语句

【格式 1】
```
if （条件表达式） {
          语句体}
```

【功能】如果条件表达式的值为 true，则执行语句体；如果条件表达式的值为 false，则跳到 if 语句，继续执行后面的语句。

【格式 2】
```
if （条件表达式） {
          语句体 1
      } else {
          语句体 2
      }
```

【功能】如果条件表达式的值为 true，则执行语句体 1；否则执行语句体 2。

【格式 3】
```
if （条件表达式 1） {
          语句体 1
      } else if （条件表达式 2） {
          语句体 2
      }
```

【功能】如果条件表达式 1 的值为 true，则执行语句体 1，否则判断条件表达式 2 的值。如果条件表达式 2 的值为 true，则执行语句体 2。否则退出 if 语句，继续执行 if 后面的语句。

思考与练习8-2

（1）制作一个“动画浏览”动画，该动画播放后，可以通过单击按钮来控制播放不同的 10 个动画。

（2）修改【案例 19】“动画翻页”动画，使该动画内增加一个动态文本框，其内显示翻页的页码。

案例 32 视频

8.3 【案例 32】2 位数加减练习

【案例效果】

“2 位数加减练习”动画播放后的两幅画面如图 8-3-1 所示。在等号按钮右边的输入文本框内输入计算结果，再单击“加法”或“减法”按钮，可以显示下一道题目（产生新的 2 位随机整数），同时在下边重新显示做过的题目数和做对的题目数。单击“加法”按钮后，显示的题目是加法题目，运算符号会随之改为“+”，如图 8-3-1（a）所示（等号“=”按钮右边还没有输入数据）。单击“减法”按钮后，显示的题目是减法题目，运算符号会随之改为“-”，如图 8-3-1（b）所示。单击等号按钮，可以在右边显示计算结果，但是不算作对了的题目。三个文本框都是输入文本框。可以在左边的两个文本框内输入数值，来自己出题。

在做题的过程中，一直显示做题所用的时间（单位为秒），如图 8-3-1 所示。

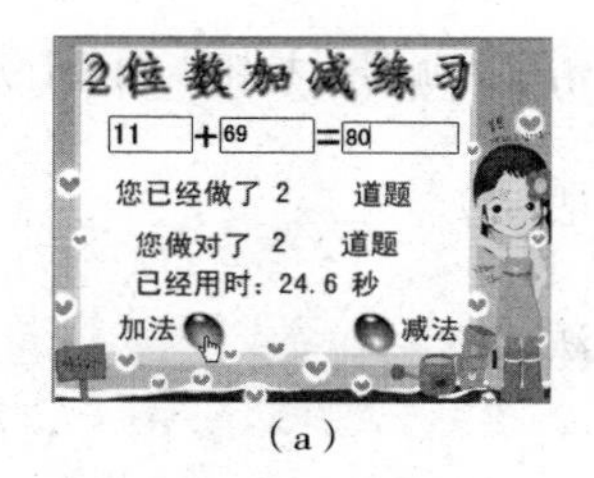

（a）

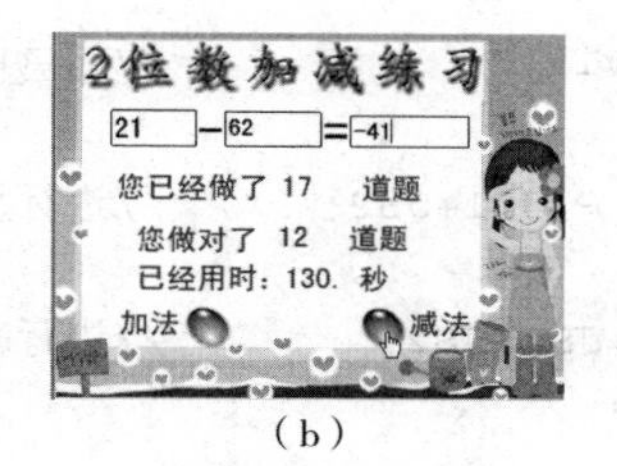

（b）

图 8-3-1 “2 位数加减练习”动画播放后的两幅画面

【操作过程】

1. 制作界面

（1）新建一个 Flash 文档，设置舞台工作区的宽为 400 px，高为 300 px，背景色为白色。选中“图层 1”图层第 1 帧，导入“框架.jpg”和“2 位数加减练习.jpg”立体文字图像，调整它们的大小和位置，如图 8-3-1 所示。再以名称为“【案例 32】2 位数加减练习.fla”保存。

（2）输入红色、24 号字、黑体的“加法”“减法”“您已经做了”“道题”“您做对了”“道题”“已经用时：”“秒”文字，如图 8-3-1 所示。

（3）在“图层 1”图层之上添加一个“图层 2”图层。选中该图层第 1 帧，在舞台工作区中创建三个输入文本框，它们的文本变量分别命名为 JS1、JS2 和 JSJG。在左边的两个输入文本框之间创建一个动态文本框，文本框内输入“+”，文本变量名称为 YSFH。四个文本框的字体为黑体，大小为 24，颜色为蓝色。

（4）在“您已经做了”和“道题”文字之间创建一个动态文本框，文本变量名称为“TH”；在“您做对了”和“道题”文字之间创建一个动态文本框，文本变量名称为“ZDTS”；在“已经用时：”和“秒”文字之间创建一个动态文本框，文本变量名称为“time1”。

（5）选中第 1 个输入文本框，单击“属性”面板中的“嵌入”按钮，弹出“字体嵌入”对话框，如图 8-2-6 所示。单击选中该对话框中的“数字”复选框，在“还包括这些字符”文本框内输入“–”，然后，单击“确定”按钮，退出该对话框。从而设置该输入文本框内只可以输入数字、小数点和负号“–”。采用相同方法，设置其他两个输入文本框只可以输入数字和小数点。

（6）创建一个文字按钮，其内是一个“=”字符。在第 2 个和第 3 个输入文本框之间放置这个按钮的实例，它的实例名称为“AN1”。将 Flash 公用库中的两个按钮拖动到舞台工作区中，形成按钮实例。两个按钮实例的名称分别为“AN2”和“AN3”。

2. 设计程序

（1）选中“图层 2”图层第 1 帧，在其“动作-帧”面板内程序设计区中输入如下程序：

```
JS2=random(89)+10;          //变量 JS1 用来存储一个随机的两位自然数
JS1=random(89)+10;          //变量 JS2 用来存储一个随机的两位自然数
YSFH="+";                   //变量 YSFH 用来保存“+”或“–”符号
JSJG="";                    //变量 YSFH 用来保存计算结果
TH=0;                       //变量 TH 用来保存题目的号码
ZDTS=0;                     //变量 ZDTS 用来保存做对的题数
time1=getTimer()/1000;//给文本框变量“time1”存储所用的时间
AN1.onPress=function() {
  JS1=Number(JS1);        //将文本变量 JS1 的数据转换为数值型
  JS2=Number(JS2);        //将文本变量 JS2 的数据转换为数值型
```

```
  if (YSFH=="+"){          //如果单击了“加号”按钮，则进行加法运算，否则进行减法运算
      JSJG = JS1+JS2;      //进行加法运算
    }else{
      JSJG=JS1-JS2;        //进行减法运算
    }
}
AN2.onPress=function() {
  JS1=Number(JS1);      //将文本变量 JS1 的数据转换为数值型
  JS2=Number(JS2);      //将文本变量 JS2 的数据转换为数值型
  JSJG=Number(JSJG);    //将文本变量 JSJG 的数据转换为数值型
  if ((JS1+JS2==JSJG) or (JS1-JS2== JSJG)){
    ZDTS=ZDTS+1;        //如果计算正确，则给变量 ZDTS 数值加 1
  }
  YSFH="+";             //给文本变量 YSFH 赋值“+”
  JSJG="";              //给文本变量 JSJG 赋空字符串
  TH=TH+1;              //题号自动加 1
  JS1=random(89)+10;    //变量 JS1 用来存储一个随机的两位自然数
  JS2=random(89)+10;    //变量 JS2 用来存储一个随机的两位自然数
}
AN3.onPress=function() {
  JS1=Number(JS1);      //将文本变量 JS1 的数据转换为数值型
  JS2=Number(JS2);      //将文本变量 JS2 的数据转换为数值型
  JSJG=Number(JSJG);    //将文本变量 JSJG 的数据转换为数值型
  if ((JS1+JS2==JSJG) or (JS1-JS2== JSJG)){
    ZDTS=ZDTS+1;        //如果计算正确，则给变量 ZDTS 数值加 1
  }
  YSFH="-";             //给文本变量 YSFH 赋值“-”
  JSJG="";              //给文本变量 JSJG 赋空字符串
  TH=TH+1;              //题号自动加 1
  JS2=random(89)+10;    //变量 JS1 用来存储一个随机的两位自然数
  JS1=random(89)+10;    //变量 JS2 用来存储一个随机的两位自然数
}
```

程序中，为了使文本框内是空的，给第 3 个输入文本框变量 JSJG 赋空串。为了使两个输入文本框变量 JS1、JS2 和 JSJG 的数据能够进行加减法运算，使用 Number 函数将字符型数据转换为数值型数据。

（2）进入“时间”影片剪辑元件的编辑状态，选中“图层 1”图层第 1 帧，弹出“动作-帧”面板，输入“_root.time1=getTimer()/1000;”程序。

（3）选中“图层 1”图层第 5 帧，按【F5】键，目的是为了不断执行第 1 帧的程序。然后，回到主场景。

（4）选中主场景“图层 1”图层第 1 帧，将“库”面板内的“时间”影片剪辑元件拖动到主场景舞台工作区内，形成一个小圆点，即“时间”影片剪辑元件的实例。

【相关知识】

1. “影片剪辑控制”全局函数

“影片剪辑控制”全局函数的格式与功能如表 8-3-1 所示。

表 8-3-1 “影片剪辑控制”全局函数的格式与功能

序　号	格　式	功　能
1	duplicateMovieClip（target,newname,depth）	复制一个影片剪辑实例对象到舞台工作区指定层，并给它赋予一个新的名称。target 给出要复制的影片剪辑元件的目标路径。newname 给出新的影片剪辑实例的名称。depth 给出新的影片剪辑元件所在层的号码
2	removeMovieClip（target）	该函数用删除指定的对象，其中参数 target 是对象的目标地址路径
3	On(mouseEvent)	用来设置鼠标和按键事件处理程序。mouseEvent 参数是鼠标和按键事件的名称
4	On(ClipEvent)	用来设置影片剪辑事件处理程序。ClipEvent 参数是影片剪辑事件的名称
5	startDrag（target [,lock [,left , top , right, bottom]]）	该函数用来设置鼠标可以拖动舞台工作区的影片剪辑实例。target 是要拖动的对象，lock 参数是是否以锁定中心拖动，参数 left（左边）、top（顶部）、right（右边）和 bottom（底部）是拖动的范围。在[ ]中的参数是可选项
6	stopDrag()	stopDrag 函数没有参数，其功能是用来停止鼠标拖动影片剪辑实例
7	getProperty(my_mc, property)	用来得到影片剪辑实例属性的值。括号内的参数 my_mc 是舞台工作区中的影片剪辑实例的名称，参数 property 是影片剪辑实例的属性名称，参见表 8-3-2
8	setProperty（target,property,value/expression）	用来设置影片剪辑实例（target）的属性。target 给出了影片剪辑实例在舞台中的路径和名称；property 是影片剪辑实例的属性，参见表 8-3-2；value 是影片剪辑实例属性的值；expression 是一个表达式，其值是影片剪辑实例属性的值

表 8-3-2 影片剪辑实例的属性表

属 性 名 称	定　义
_alpha	透明度，以百分比的形式表示，100%为不透明，0%为透明
_currentframe	当前影片剪辑实例所播放的帧号
_droptarget	返回最后一次拖动影片剪辑实例的名称
_focusrect	当使用【Tab】键切换焦点时，按钮实例是否显示黄色的外框。默认显示是黄色外框，当设置为 0 时，将以按钮元件的“弹起”状态来显示
_framesloaded	返回通过网络下载完成的帧的数目。在预下载时使用它
_height	影片剪辑实例的高度，以像素为单位
_highquality	影片的视觉质量设置：1 为低，2 为高，3 为最好
_name	返回影片剪辑实例的名称
_quality	返回当前影片的播放质量
_rotation	影片剪辑实例相对于垂直方向旋转的角度。会出现微量的大小变化
_soundbuftime	Flash 中的声音在播放之前要经过预下载然后播放，该属性说明预下载的时间
_target	用于指定影片剪辑实例精确的字符串。在使用 TellTarget 时常用到
_totalframes	返回影片或者影片剪辑实例在时间轴上所有帧的数量
_url	返回该.swf 文件的完整路径名称
_visible	设置影片剪辑实例是否显示：true 为显示，false 为隐藏
_width	影片剪辑实例的宽度，以像素为单位
_x	影片剪辑实例的中心点与其所在舞台的左上角之间的水平距离。影片剪辑实例在移动时，会动态地改变这个值，单位是像素。需要配合“信息”面板来使用
_xmouse	返回鼠标指针相对于舞台水平的位置
_xscale	影片剪辑元件实例相对于其父类实际宽度的百分比

续表

属性名称	定　义
_y	影片剪辑实例的中心点与其所在舞台的左上角之间的垂直距离。影片剪辑实例在移动时，会动态地改变这个值，单位是像素。需要配合“信息”面板来使用
_ymouse	返回鼠标指针相对于舞台垂直的位置
_yscale	影片剪辑实例相对于其父类实际高度的百分比

2. Math 对象

在面向对象的编程中，对象是属性和方法的集合，程序是由对象组成的。Flash 中有许多类对象，其中使用较多的是 Math（数学）对象。该对象的常用方法在“动作”面板内命令列表区中的“ActinScript 2.0 类”→“核心”→“Math”→“方法”目录下，它的常用方法的格式和功能如表 8-3-3 所示。它不需要实例化，其方法可以像使用一般函数那样来使用（注意前面应加“Math.”）。

表 8-3-3　Math（数学）对象的常用方法

格　式	功　能
Math.abs(n)	求 *n* 的绝对值。例如：Math.abs(-123)=123
Math.acos(n)	求 *n* 的反余弦值，返回弧度值。例如：Math.acos(0.5)=1.047197
Math.asin(n)	求 *n* 的反正弦值，返回弧度值。例如：Math.asin(0.5)=0.523598
Math.atan(n)	求 *n* 的反正切值，返回弧度值。例如：Math.atan(0.5)=0.463647
Math.ceil(number)	向上取整。返回大于等于 number 的最小整数。例如：Math.ceil(18.5)=19, Math.ceil(–18.5)=–18
Math.cos(n)	返回余弦值，*n* 的单位为弧度。例如：Math.cos(3.1415926)=–0.999999
Math.exp(n)	返回自然数的乘方。例如：Math.exp(1)=2.718281828
Math.floor(number)	返回小于等于 number 的最大整数，它相当于截取最大整数。例如：Math.floor(–18.5)=–19, Math.floor(18.5)=18
Math.log(n)	返回以自然数为底的对数的值。例如：Math.log(2.718)=0.999896315
Math.max(x,y)	返回 *x* 和 *y* 中，数值大的。例如：Math.max(10,3)=10
Math.min(x,y)	返回 *x* 和 *y* 中，数值小的。例如：Math.min(10,3)=3
Math.pow(base,exponent)	返回 base 的 exponent 次方。例如：Math.pow(–1,2)=1
Math.random()	返回一个大于等于 0 而小于 1.00 的随机数。例如：Math.random()*501；可以产生大于等于 0 而小于 501 之间的随机数（两位小数）
random(n)	random(n) 返回一个大于等于 0 而小于 n 的随机数
Math.round(n)	四舍五入到最近整数的参数。例如：Math.round(5.3)=5, Math.round(5.6)=6
Math.sin(n)	返回正弦值，*n* 的单位为弧度。例如：Math.sin(1.57)=0.999999682
Math.sqrt()	返回平方根。例如：Math.sqrt(16)=4
Math.tan(n)	返回正切弧度值。例如：Math.tan(0.785)=0.999203990

3. Number 函数

【格式】`Number (expression);`

【功能】将 expression 的值转换为数值型数据。如果 expression 为逻辑值，当其值为 true 时，则返回 1，否则返回 0。如果 expression 为字符串，则尝试将该字符串转换为指数形式的十进制数字，如 3.123e–10。如果 expression 为未定义的变量（undefined），则返回 0（对于 Flash 6 以前版本）；或者为 NaN（对于 Flash 7 以后版本）。参数 expression 可以是字符串、字符型变量或字符表达式。

4. getTimer 函数

【格式】getTimer();

【功能】该函数属于“其他”全局函数。它返回动画运行后所经过的时间，单位为毫秒。

思考与练习8-3

（1）改进“2 位数加减练习”动画，使该动画在做完 10 道题后给出做对的题目数、分数和所用的时间。

（2）参考【案例 32】“2 位数加减练习”动画的制作方法，制作一个“2 位数四则运算练习”动画，该动画可以进行四则运算练习，并在做完 10 道题后给出做对的题目数、分数和所用的时间。

（3）制作一个“猜数游戏”动画，该动画播放后，产生一个随机数，屏幕显示如图 8-3-2（a）所示。单击白色文本框内，输入一个 1 到 100 之间的自然数，输入完后单击文本框左边的按钮或按【Enter】键，会马上根据输入的数据进行判断，给出一个提示。如果猜错了，则显示的提示是：“太大了！”或“太小了！”，如图 8-3-2（b）所示。如果猜对了，会显示“正确!”，并显示共用的次数，如图 8-3-2（c）所示。猜完一个数后，可单击右上角的按钮，产生下一个随机数，重复上述猜数过程。

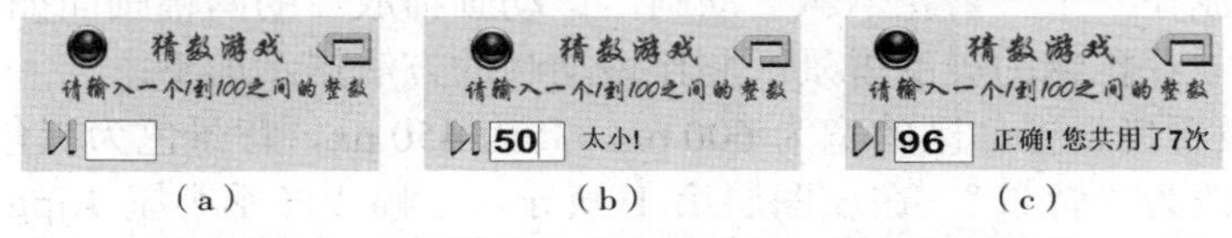

（a）（b）（c）

图 8-3-2 “猜数游戏”动画播放后的 3 幅画面

（4）制作一个“变换浏览动画”动画，播放后的画面如图 8-3-3 所示。单击“放大”按钮，可以使动画画面变大。单击“缩小”按钮，可以使动画画面变小。单击“上移”按钮，可以使动画画面向上移动。单击“下移”按钮，可以使动画画面向下移动。单击“左移”按钮，可以使动画画面向左移动。单击“右移”按钮，可以使动画画面向右移动。单击“顺时针旋转”按钮，可以使动画画面顺时针旋转一定角度。单击“逆时针旋转”按钮，可使动画画面逆时针旋转一定角度。

（5）制作一个“跟随鼠标移动的气泡”动画，该动画播放后的画面如图 8-3-4 所示。随着鼠标指针的移动，一些逐渐变大、变小和变色（绿变红）的气泡也随之移动，气泡的大小随机变化。

图 8-3-3 “变换浏览动画”动画画面

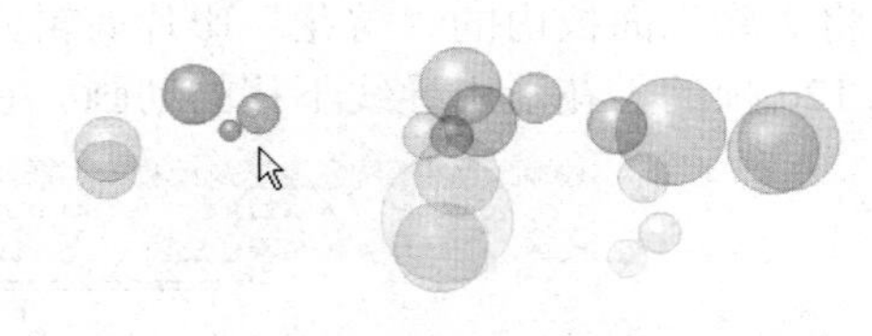

图 8-3-4 “跟随鼠标移动的气泡”动画画面

制作该动画的方法提示如下：

① 制作一个“气泡”影片剪辑元件，其内制作一个透明气泡变大变小，同时变色的动画。

② 制作一个“移动气泡”影片剪辑元件，其内制作一个“气泡”影片剪辑实例

沿着一个小圆路径移动的动画。选中主场景“图层 1”图层第 1 帧，将“库”面板内的“移动气泡”影片剪辑元件拖动到舞台工作区的外边，在其“属性”面板内为“移动气泡”影片剪辑实例命名为“YDQP.”。

③ 选中主场景“图层 1”图层第 1 帧，在其“动作-帧”面板内程序设计区中输入如下程序：

```
YDQP._visible = false;          //隐藏“YDQP”影片剪辑实例
//执行第 1 帧时产生事件，执行{}内的程序
YDQP.onEnterFrame = function() {
    YDQP.startDrag(true);       //允许鼠标拖动“YDQP”影片剪辑实例
    i++;
    if (i>20) {        //用来确定复制“YDQP”影片剪辑实例的个数，此处为 20 个
       i = 1;
    }
    //复制“YDQP”影片剪辑实例，其名称为“YDQP”加变量 i 的值
     YDQP.duplicateMovieClip("YDQP"+i, i);
     YDQPK=_root["YDQP"+i];    //将复制的影片剪辑实例赋给变量 YDQPK
    //使复制的影片剪辑实例 YDQPK 等比例随机缩小
     YDQPK._xscale=YDQPK._yscale=Math.random()*80+20;
}
```

（6）制作一个“雪花飘飘”动画，该动画播放后的两幅画面如图 8-3-5 所示。可以看到，雪花飘飘的美丽雪景。制作该动画的方法提示如下：

① 设置舞台工作区的宽为 600 px，高为 450 px，背景色为黑色。将“图层 1”图层的名称改为“背景”，在该图层第 1 帧导入一幅“冬季小屋 1.jpg”图像，调整它刚好将舞台工作区完全覆盖。

② 创建并进入“雪花”影片剪辑元件的编辑状态，绘制一个白色六瓣雪花图形，如图 8-3-6 所示。雪花图形的宽和高均为 10 px。然后，回到主场景。

图 8-3-5 “雪花飘飘”动画播放后的两幅画面

图 8-3-6 雪花图形

③ 创建并进入“雪花飘落”影片剪辑元件的编辑状态，选中“图层 1”图层第 1 帧，将“库”面板内的“雪花”影片剪辑元件拖动到舞台工作区内。创建一个第 1 帧到第 120 帧的雪花沿引导线下移的动画。它的时间轴如图 8-3-7 所示。回到主场景。

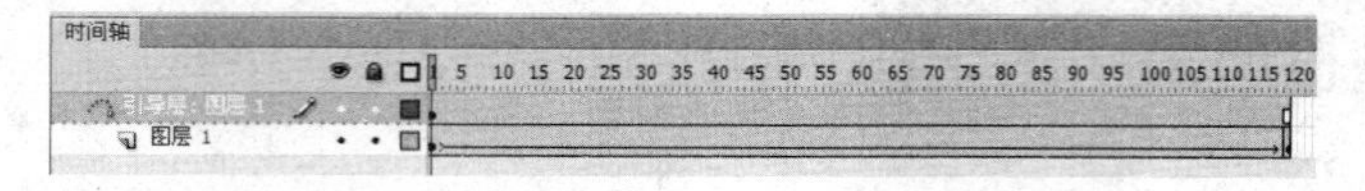

图 8-3-7 “雪花飘落”影片剪辑元件的时间轴

④ 在“背景”图层上边创建一个“雪花飘”图层，选中该图层第 1 帧，将“库”面板内的“雪花飘落”影片剪辑元件拖动到舞台工作区内，给该实例命名为“xhp”。

⑤ 同时选中“背景”和“雪花飘”图层第 3 帧，按【F5】键，创建普通帧。

⑥ 在“雪花飘”图层的上边创建一个名称为“脚本程序”的图层，选中该图层

第 1 帧，在它的“动作-帧”面板内的程序设计区内输入如下程序：

```
xhshu= 0;                    //定义雪花的数量初始值为 0
xhp._visible=false;          //场景中 xph 实例的为不可见
```

⑦ 选中“脚本程序”图层第 2 帧，按【F7】键。弹出“动作”面板，输入如下程序：

```
//复制名称为“xhp”加序号（变量 xhshu 的值）的实例
xhp.duplicateMovieClip("xhp"+xhshu, xhshu);
newxh=_root["xhp"+xhshu];  //将复制好的新实例 xhp 的名称用 newxh 替代
newxh._x=Math.random()*600;
               //赋给 newxh 实例的 x 坐标 0 到 600(不含 600)之间的随机数
newxh._y=Math.random()*10;
               //赋给 newxh 实例的 y 坐标 0 到 10(不含 10)之间的随机数
newxh._rotation=Math.random()*100-50;
//赋给 newxh 实例角度-50 到 50(不含 50)之间的随机数
///赋给 newxh 实例的水平宽度比例一个 60 到 100(不含 100)之间的随机数
newxh._xscale = Math.random()*40+60;
//赋给 newxh 实例的垂直宽度比例一个 60 到 100(不含 100)之间的随机数
newxh._yscale = Math.random()*40+60;
newxh._alpha = Math.random()*50+50;
//赋给 newxh 实例透明度 50 到 100(不含 100)之间的随机数
xhshu++;              //变量 xhshu 的值自动加 1，即雪花数量加上 1
```

⑧ 选中“脚本程序”图层第 3 帧，按【F7】键。调出“动作”面板，输入如下程序：

```
gotoAndPlay(2);     //跳转到第 2 帧
```

8.4 【案例 33】连续整数的和与积

【案例效果】

“连续整数的和与积”动画播放后的画面如图 8-4-1（a）所示。在“起始数”文本框中输入一个数（如 1），在“终止数”文本框中输入一个数（如 1 000）。单击“求和”按钮，即可显示 1+2+…+1 000 的值，如图 8-4-1（b）所示。将“终止数”文本框中的数改为 10，单击“求积”按钮，即可显示 1*2*…*10 的值，如图 8-4-1（c）所示。

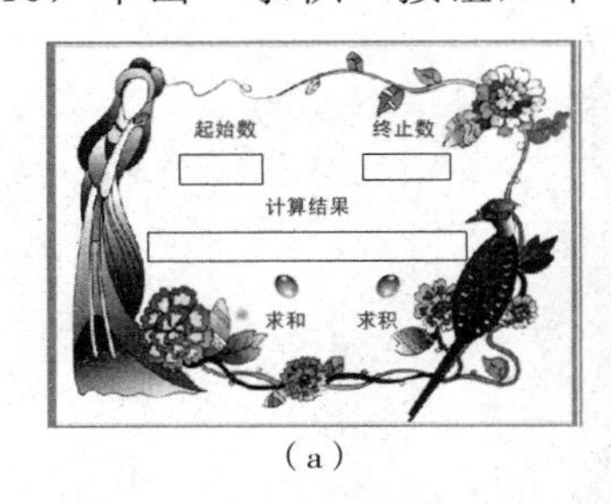

（a）

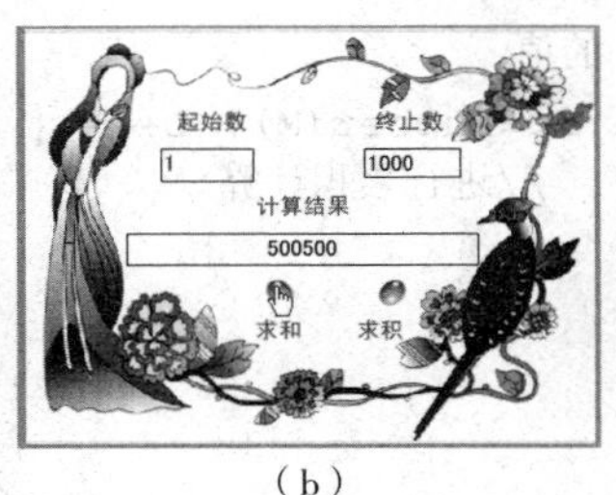

（b）

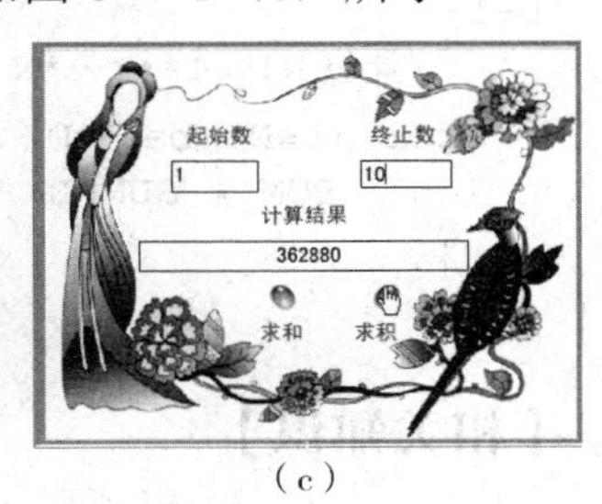

（c）

图 8-4-1 “连续整数的和与积”动画播放后的画面

【操作过程】

（1）新建一个 Flash 文档，设置舞台工作区的宽为 400 px，高为 300 px，背景色为黄色。再以名称“【案例 33】连续整数的和与积.fla”保存。

（2）选中“图层 1”图层第 1 帧，绘制一个金黄色、粗 5 px 的图像框，与舞台工作区大小和位置一样。然后，导入一幅“画框.jpg”框架图像，调整它们的大小和位置，效果如图 8-4-1 所示。在“图层 1”图层之上添加“图层 2”图层。

（3）选中“图层 2”图层第 1 帧，创建 5 个静态文本框，文本框内分别输入红色、黑体、加粗、16 点文字“起始数”、“终止数”、“计算结果”、“求和”和“求积”。

（4）在“起始数”和“终止数”文字下边各创建一个输入文本框，在它们的“属性”面板的“变量”文本框中分别输入“N”和“M”。再在“计算结果”文字下边创建一个动态文本框，在其“属性”面板的“变量”文本框中输入“SUM”。利用“属性”面板，设置 3 个文本框为黑体，大小为 16，颜色为蓝色。

（5）选中动态文本框，单击其“属性”面板中的“字符”按钮，弹出“字体嵌入”对话框。选中“数字”复选框，在“还包含这些字符”文本框内输入“-”和“e”，单击“确定”按钮。

（6）将 Flash 公用库中的两个按钮分别拖动到框架图像内的下边，形成两个按钮实例，如图 8-4-1 所示。分别将两个按钮实例的名称命名为“AN1”和“AN2”。

（7）选中第 1 帧，在它的“动作-帧”面板程序设计区内输入如下程序：

```
//给输入文本框变量赋空字符串初值目的是使程序运行后该文本框内不显示内容
N="";        //给变量 N 赋空字符串初值
M="";        //给变量 M 赋空字符串初值
stop();      //使程序暂停运行
//单击按钮“AN1”后执行大括号内的程序
AN1.onPress=function(){
    SUM=0;      //给变量 SUM 赋初值 0
    L=0;        //给变量 L 赋初值 0
    //计算 N+（N+!）+（N+2）+…+M 的值
    for(L=Number(N); L<=Number(M); L++) {
        SUM=SUM+L;            //进行累加
    }
}

//单击按钮 AN2 后执行大括号内的程序
 AN2.onPress=function(){
  SUM=1;                      //给变量 SUM 赋初值 0
  L=1;
     //计算 N! =1*•*…*N 的值
     for (L=Number(N);  L<=Number(M); L++) {
          SUM = SUM*L;     //进行累积计算
     }
}
```

【相关知识】

1. for 循环语句

【格式】for （init; condition; next） {

语句体;

}

【功能】for 括号内由三部分组成，每部分都是表达式，分别用分号隔开，其含义如下：

init 用于初始化一个变量，它可以是一个表达式，也可以是用逗号分隔的多个表达式。init 总是只执行一次，即第一次执行 for 语句时最先执行它。condition 用于 for 语句的条件测试，它可以是一个条件表达式，当表达式的值为 false 时结束循环。在每次执行完语句体时执行 next，它可以是一个表达式，一般用于计数循环。举例如下：

```
var sum=0;
var x;
for (x=1;x<=200;x++){
   sum=sum+x;
}
trace(sum);  //该程序用于计算1～200的和
```

2. while 循环语句

（1）while 循环语句。

【格式】while（条件表达式）{
　　　　语句体
　　　}

【功能】当条件表达式的值为 true 时，执行语句体，再返回 while 语句；否则执行语句体后退出循环。

（2）do while 循环语句。

【格式】do {
　　　语句体
　　}while（条件表达式）

【功能】当条件表达式的值为 true 时，执行语句体，再返回 do 语句，否则退出循环。

3. break 和 continue 语句

（1）break 语句：它经常在循环语句中使用，用于强制退出循环。例如：

```
var count=0;
while(count<160){
    count++;
    if (count=100){
    break;}
}   //结束循环，本程序运行后，count的值为100
```

（2）continue 语句：强制循环回到开始处。例如：

```
var sum=0;
var x=0
while(x<=100){
    x++;
    if ((x%5)==0){
       continue;
    }
    sum=sum+x;
}  //计算100以内的不能被5整除的数的和
```

思考与练习8-4

（1）制作一个“求偶数积”动画，该动画播放后输入 N 和 M 两个正整数，单击“计算”按钮，即可显示 N 到 M 之间的所有偶数的积。

（2）制作一个“求裴波纳契数列的和”动画，播放后的两幅画面如图 8-4-2 所示。在“个数”输入文本框中输入裴波纳契数列前面的个数（赋给变量 N）。单击“计算”

按钮，可在“结果”动态文本框内显示前 N 个裴波纳契数列数的和。裴波纳契数列的第 1 个数是 0，第 2 个数是 1，以后的数总是前两个数的和。

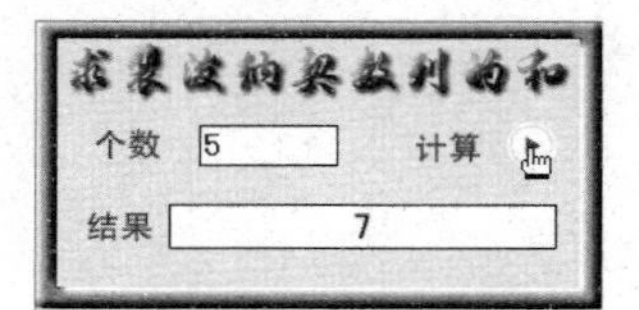

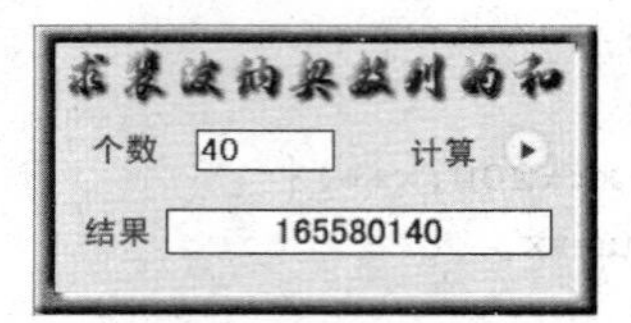

图 8-4-2 “求裴波纳契数列的和”动画播放后的两幅画面

8.5 【案例 34】美食菜谱网页

【案例效果】

当要下载的动画很大时，为了不让浏览者看到不完整的动画，可以做一个预下载的小动画，让浏览者先看这个有趣的小动画，当整个网页动画的所有帧全下载完后，再开始播放网页的主页。“美食网页”网页的预下载动画是：在浅绿色背景之上，上边是标题文字，下边的“美食菜谱网页正在下载，请稍等…”文字逐渐由黄色变为蓝色，中间有四个模拟指针表不断转动。网页预下载动画的一个画面如图 8-5-1 所示。

当要下载的网页内容下载完后，网页切换到它的主页画面，主页画面是“美食菜谱”动画，该动画运行后的画面如图 8-5-2 所示。标题文字“美食菜谱”下边的图像按钮、左边框架、框架下边的 4 个按钮和文本框组成一个与【案例 31】功能基本一样的美食图像浏览器，不同的是单击按钮后，在框架内显示的是外部图像。在该案例内新增了右边的文本框，在单击按钮后，不但左边框架内图像会随之变化，右边文本框内也会显示相应的文字。单击文本框下边的第 1 个按钮或按【Ctrl+PgUp】组合键，文本框内的文字向上滚动 8 行；单击文本框下边的第 2 个按钮或按光标上移键，文本框内的文字向上滚动 1 行；单击文本框下边的第 3 个按钮或按光标下移键，文本框内的文字向下滚动 1 行；单击文本框下边的第 4 个按钮或按【Ctrl+PgDn】组合键，文本框内的文字向下滚动 8 行。

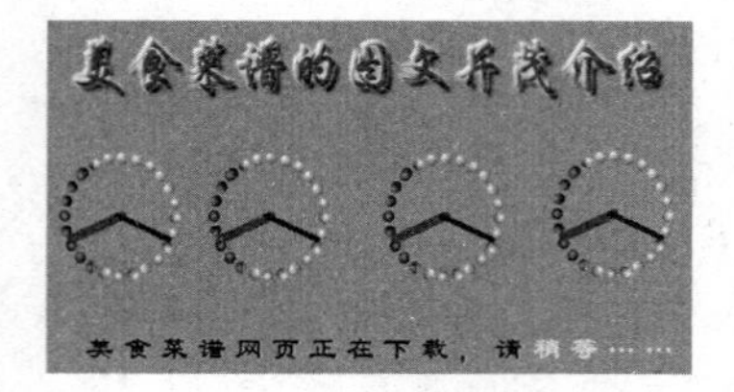

图 8-5-1 “美食网页”网页预下载画面

图 8-5-2 “美食菜谱”动画运行后的画面

将鼠标指针移到文本框上边的“美食菜谱网”文字按钮之上时，红色按钮文字颜色会变为绿色，单击该按钮后，按钮文字会变为蓝色。单击“美食菜谱网”文字按钮，会弹出网址为“http://www.zuocai8.com/”的“美食菜谱网”主页，如图 8-5-3 所示。

图 8-5-3 “美食菜谱网”主页

【操作过程】

1. 准备文本素材和设计背景

（1）新建一个 Flash 文档。设置舞台工作区的宽为 900 px，高为 400 px，背景色为浅蓝色。以名称“【案例 34】美食菜谱网页.fla”保存。创建“背景”、“按钮和文本”和“脚本程序”三个图层，选中这三个图层的第 2 帧，按【F7】键，创建三个空白关键帧。

（2）打开记事本程序，输入文字，“text1=”文字表示文本框变量的名称，如图 8-5-4 所示。选择“文件”→“另存为”命令，弹出“另存为”对话框，在“编码”下拉列表框内选择“UTF-8”选项，选择“CPTEXT”文件夹，输入文件的名称“CP1.TXT”，单击“保存”按钮。

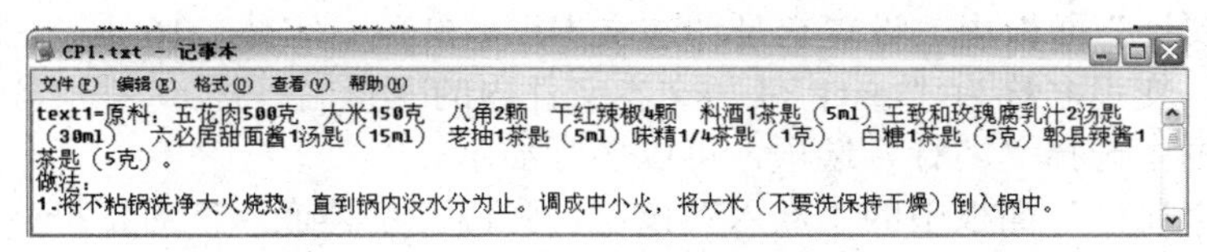

图 8-5-4　记事本内的文字

（3）按照上述方法，再建立“CP2.TXT”～“CP8.TXT”等 7 个文本文件。

（4）准备“粉子蒸肉.jpg”、“干烧大虾.jpg”、“干烧蝶鱼.jpg”、“鲫鱼蒸蛋.jpg”、“玫瑰鱼头.jpg”、“南乳烤翅.jpg”、“嫩炸牛排.jpg”和“糖醋带鱼.jpg”（宽 400 px，高 300 px）8 幅图像，如图 8-5-5 所示。这 8 幅图像分别与“CPTEXT”文件夹内的“CP1.TXT”～“CP8.TXT”8 个文本文件中介绍的菜谱内容次序是一样的，将这 8 幅图像存放在 Flash 动画所在文件夹内的“CPTU”文件夹中。

菜谱图像1.jpg

菜谱图像2.jpg
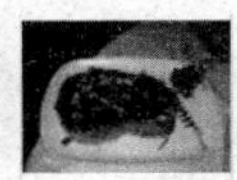
菜谱图像3.jpg

菜谱图像4.jpg

菜谱图像5.jpg

菜谱图像6.jpg

菜谱图像7.jpg

菜谱图像8.jpg

图 8-5-5　8 幅图像

（5）在“CPTEXT\小图”文件夹内保存“粉子蒸肉 1”、“干烧大虾 1.jpg”、“干烧蝶鱼 1.jpg”、“鲫鱼蒸蛋 1.jpg”、“玫瑰鱼头 1.jpg”、“南乳烤翅 1.jpg”、“嫩炸牛排 1.jpg”和“糖醋带鱼 1.jpg”（宽 100 px、高 75 px）8 幅小图像，它们的内容与相应的大图像一样。将这 8 幅小图像导入“库”面板内。

（6）创建并进入“文本框架”影片剪辑元件的编辑状态，绘制一幅轮廓线为棕色、填充为白色、笔触 4 px、宽 190 px、高 330 px 的矩形图形。然后，回到主场景。

（7）创建并进入“背景图像”影片剪辑元件的编辑状态，其内导入一幅宽 900 px、高 400 px 的“美食”图像，使它位于舞台工作区中间。然后，回到主场景。

（8）选中“背景”图层第 2 帧，将“库”面板内的“背景图像”和“文本框架”影片剪辑元件拖动到舞台工作区内，使“背景图像”影片剪辑实例刚好将舞台工作区完全覆盖。在其“属性”面板内的“样式”下拉列表框中选择“Alpha”选项，设置其值为 30，使“背景图像”影片剪辑实例透明一些。

（9）将“文本框架”影片剪辑实例拖动到舞台工作区内右边，调整它的大小，给它添加“斜角”滤镜，使文本框架有立体感并发黄光。“属性”面板的滤镜设置如图 8-5-6 所示。

（10）导入一幅“框架.jpg”图像，删除背景白色，调整它的大小和位置。创建一个带阴影的立体红色文字“美食菜谱”，如图 8-5-7 所示（还没有“美食菜谱网”按钮）。

图 8-5-6　滤镜设置

图 8-5-7　“背景”图层第 1 帧内的画面

2. 制作文本和按钮

（1）选中“按钮和文本”图层第 2 帧。在“文本框架”影片剪辑实例之上创建一个文本框，在其“属性”面板内，设置它是动态文本框、红色、宋体、16 点、居左对齐，加边框，行距为 0，变量名称为“text1”（与文本文件内的变量名一样）。在“段落”栏内“行为”下拉列表框中选择“多行”选项，可以多行显示。

（2）单击“属性”面板中的“嵌入”按钮，弹出“字体嵌入”对话框，选中该对话框中的“数字”和“简体中文-1 级”复选框，单击“确定”按钮，退出该对话框。

（3）选中“按钮和文本”图层第 1 帧，将按钮公用库中的 4 个按钮各两次拖动到舞台。将其中的 4 个按钮移到左下边，另外的 4 个按钮移到文本框架的下边，再将一些按钮按照需要分别进行不同角度的旋转，最后效果如图 8-5-8 所示。

（4）在左边 4 个按钮之间创建一个文本框，在其“属性”面板内设置文字为动态文本框，它的颜色为红色、字体为黑体、大小为 26，变量名称为“n1”，如图 8-5-8 所示。

图 8-5-8　8 个公用按钮、8 个图像按钮和两个文本框

（5）创建并进入“图像 11”影片剪辑元件的编辑状态，将“库”面板内的“粉子蒸肉 1.jpg”图像拖动到舞台中间。再回到主场景。接着再创建“图像 12”～“图像 18”影片剪辑元件，其内分别放置“库”面板内的“干烧大虾 1.jpg”“干烧蝶鱼 1.jpg”～“糖醋带鱼 1.jpg”8 幅图像。

（6）创建并进入“图像按钮 11”按钮元件的编辑状态，选中“弹起”帧，将“库”面板内的“图像 11”影片剪辑元件拖动到舞台中间。创建其他 3 个帧与“弹起”帧内容一样的关键帧。选中“弹起”帧，将该帧内图像的 Alpha 值调整为 34%，使图像半透明。回到主场景。

（7）按照上述方法，制作“图像按钮 12”～“图像按钮 18”按钮元件。

（8）选中“按钮和文本”图层第 2 帧，依次将“图像按钮 11”～“图像按钮 18”按钮元件分别拖动到文本框架的左边，排成 2 列、4 行。

3. 制作显示外部图像和文本

（1）从左到右依次给舞台工作区内下边的 8 个按钮实例命名为“AN1A”、“AN1B”、“AN1C”、“AN1D”、“AN1”、“AN2”、“AN3”和“AN4”。

（2）依次给文本框架左边的 8 个图像按钮实例命名为“AN11”～“AN18”。

（3）创建并进入“图像”影片剪辑元件编辑窗口，其内不绘制和导入任何对象。然后回到主场景，创建一个空的“图像”影片剪辑元件，用来为加载的外部图像定位。

（4）选中“按钮和文本”图层第 2 帧，将“库”面板内的“图像”影片剪辑元件拖动到舞台工作区内的左上角，该实例是一个很小的圆，将该实例命名为“CPTU1”，如图 8-5-9 所示。这是因为“图像”影片剪辑元件是一个空元件，所以它形成的实例也是空的，动画播放时它不会显示出来，只是用来给外部图像定位。

图 8-5-9 “图像”影片剪辑实例“CPTU1”的位置

（5）选中“脚本程序”图层第 2 帧，在“动作-帧”面板脚本窗口内输入如下程序：

```
stop();
n1=1;               //用来显示菜谱图像的序号
_root.CPTU1.loadMovie("CPTU\\菜谱图像 1.jpg");     //调外部菜谱图像文件
loadVariablesNum("CPTEXT/CP1.txt",0);
text1.scroll=0;
Mouse.show();//使鼠标指针显示
CPAN.onPress=function(){
  //在新浏览窗口内打开网址为“http://www.zuocai8.com/”的“美食菜谱网”主页
  getURL("http://www.zuocai8.com/",_blank)
}
AN11.onPress=function(){
  _root.CPTU1.loadMovie("CPTU/菜谱图像 1.jpg");     //调外部菜谱图像文件
  n1=1;                                          //给文本变量 n1 赋值 1
  loadVariablesNum("CPTEXT/CP1.txt",0);          //调外部文本文件
  text1.scroll=0;                                //设文本滚动在起始处
}
AN12.onPress=function(){
  _root.CPTU1.loadMovie("CPTU/菜谱图像 2.jpg");     //调外部菜谱图像文件
  n1=2;
  loadVariablesNum("CPTEXT/CP2.txt",0);
  text1.scroll=0;
}
AN13.onPress=function(){
  _root.CPTU1.loadMovie("CPTU/菜谱图像 3.jpg");     //调外部菜谱图像文件
  n1=3;
  loadVariablesNum("CPTEXT/CP3.TXT",0);
  text1.scroll=0;
}
AN14.onPress=function(){
  _root.CPTU1.loadMovie("CPTU/菜谱图像 4.jpg");     //调外部菜谱图像文件
  n1=4;
  loadVariablesNum("CPTEXT/CP4.TXT",0);
  text1.scroll=0;
}
AN15.onPress=function(){
  _root.CPTU1.loadMovie("CPTU/菜谱图像 5.jpg");     //调外部菜谱图像文件
  n1=5;
  loadVariablesNum("CPTEXT/CP5.TXT",0);
  text1.scroll=0;
```

```
}
AN16.onPress=function(){
  _root.CPTU1.loadMovie("CPTU/菜谱图像 6.jpg");    //调外部菜谱图像文件
  n1=6;
  loadVariablesNum("CPTEXT/CP6.TXT",0);
   text1.scroll=0;
}
AN17.onPress=function(){
  _root.CPTU1.loadMovie("CPTU/菜谱图像 7.jpg");    //调外部菜谱图像文件
  n1=7;
  loadVariablesNum("CPTEXT/CP7.TXT",0);
   text1.scroll=0;
}
AN18.onPress=function(){
  _root.CPTU1.loadMovie("CPTU/菜谱图像 8.jpg");    //调外部菜谱图像文件
  n1=8;
  loadVariablesNum("CPTEXT/CP8.TXT",0);
   text1.scroll=0;
}

AN1A.onPress=function(){
   _root.CPTU1.loadMovie("CPTU/菜谱图像 1.jpg");   //调外部菜谱图像文件
   n1 =1;
   loadVariablesNum("CPTEXT/CP1.TXT",0);
     text1.scroll=0;
}
AN1B.onPress=function(){
if (n1>1){
      n1--;
      _root.CPTU1.loadMovie("CPTU/菜谱图像"+n1+".jpg"); //调外部菜谱图像文件
      loadVariablesNum("CPTEXT/CP"+n1+".TXT",0);
       text1.scroll=0;
   } else {
      _root.CPTU1.loadMovie("CPTU/菜谱图像 8.jpg");       //调外部菜谱图像文件
       n1=8;
      loadVariablesNum("CPTEXT/CP8.TXT",0);
      text1.scroll=0;
   }
}
AN1C.onPress=function(){
  if (n1<8){
      n1++;
      _root.CPTU1.loadMovie("CPTU/菜谱图像"+n1+".jpg"); //调外部菜谱图像文件
      loadVariablesNum("CPTEXT/CP"+n1+".TXT",0);
        text1.scroll=0;
  } else {
      _root.CPTU1.loadMovie("CPTU/菜谱图像 1.jpg");       //调外部菜谱图像文件
        n1 =1;
```

```
        loadVariablesNum("CPTEXT/CP1.TXT",0);
          text1.scroll=0;
        }
    }
    AN1D.onPress=function(){
      _root.CPTU1.loadMovie("CPTU/菜谱图像 8.jpg");          //调外部菜谱图像文件
      n1 =8;
      loadVariablesNum("CPTEXT/CP8.TXT",0);
        text1.scroll=0;
    }
```

程序中“_root.CPTU1.loadMovie("CPTU\\菜谱图像 1.jpg");”语句的作用是：将外部当前文件夹下“CPTU”目录中的“菜谱图像 1.jpg”菜谱图像导入，加载到“CPTU1”影片剪辑实例中。程序中“loadVariablesNum("CPTEXT/CP1.TXT",0); ”语句的作用是：将外部当前文件夹下“CPTEXT”目录中的“CP1.TXT”文本导入到动态文本框“text”内。

（6）单击选中文本框下边的第 1 个按钮，在它的“动作-按钮”面板内输入如下程序：

```
on (release, keyPress "<PageUp>") {
  for (x=1; x<=8; x++) {
     text1.scroll=text1.scroll+1;
  }
}
```

（7）单击选中文本框下边的第 2 个按钮，在它的“动作-按钮”面板内输入如下程序：

```
on (release, keyPress "<Up>") {
  text1.scroll=text1.scroll+1;     //文本框内的文字向上移动一行
}
```

（8）单击选中文本框下边的第 3 个按钮，在它的“动作-按钮”面板内输入如下程序：

```
on (release, keyPress "<Down>") {
  text1.scroll=text1.scroll-1;     //文本框内的文字向下移动一行
}
```

（9）单击选中文本框下边的第 4 个按钮，在它的“动作-按钮”面板内输入如下程序：

```
on (release, keyPress "<PageDown>") {
  for (x=1; x<=8; x++) {
     text1.scroll = text1.scroll-1;
   }
}
```

4. 制作网页

（1）由读者自行制作一个“指针表”影片剪辑元件。选中“背景”图层第 1 帧，4 次将“库”面板中的“指针表”影片剪辑元件拖动到舞台工作区内中间，间隔排成一行。

（2）由读者自行制作一个“逐渐显示文字”影片剪辑元件。其内是一个从左向右逐渐推出的“美食菜谱网页正在下载，请稍等…”，文字逐渐由黄色变为蓝色的动画。选中“背景”图层第 1 帧，将“库”面板中的“逐渐显示文字”影片剪辑元件拖动到一行“指针表”影片剪辑实例的下边。

（3）在舞台工作区上方创建立体带阴影的红色文字“美食菜谱的图文并茂介绍”。

（4）选中图层“脚本程序”第 1 帧，在“动作-帧”面板内输入如下脚本程序：

```
Mouse.hide();//隐藏鼠标指针
//如果网页动画下载到动画的总帧数帧时，开始继续播放动画的第 2 帧
```

```
if (_framesloaded>=_totalframes) {
   gotoAndPlay (2);//转到第 2 帧播放动画
}
```

（5）创建并进入“元件 1”按钮编辑状态，选中“图层 1”图层“弹起”帧，输入红色文字“美食菜谱网”。选中“图层 1”图层其他 3 帧，按【F6】键，将“指针经过”和“按下”帧内文字的颜色分别改为绿色和蓝色。选中“图层 1”图层“点击”帧，绘制一个将文字刚好覆盖的矩形。回到主场景。

（6）选中图层“脚本程序”第 2 帧，将“库”面板内的“元件 1”按钮元件拖动到文本框上边，适当调整它的大小和位置。在其“属性”面板内设置该实例的名称为“CPAN”。

（7）选中图层“脚本程序”第 2 帧，在“动作-帧”面板的脚本窗口内第 5 行下边插入如下程序：

```
Mouse.show();//使鼠标指针显示
CPAN.onPress=function(){
   //在新浏览窗口内打开网址为“http://www.zuocai8.com/”的“美食菜谱网”主页
   getURL("http://www.zuocai8.com/",_blank)
}
```

5. 网页的调试与输出

（1）按【Ctrl+Enter】组合键，弹出 Flash Player 播放器，播放该动画。

（2）选择 Flash Player 播放器菜单栏的“视图”→“下载设置”→“DSL(32.6KB/S)”命令，设置下载速度为 32.6 bit/s。然后选择 Flash Player 播放器菜单栏的“视图”→“模拟下载”命令，就可以观看到动画模拟下载的效果。

（3）选择“文件”→“发布设置”命令，弹出“发布设置”对话框，选中“HTML”标签选项，采用默认参数设置。

（4）单击该对话框中的“发布”按钮，即可生成 HTML 网页文件“【案例 34】美食菜谱网页.html”。双击该网页文件图标，弹出网页浏览器并观察到网页预下载动画画面。

【相关知识】

1.“浏览器/网络”函数

（1）loadMovie 函数。

【格式】`loadMovie("url",target [,method])`

【功能】用来从当前播放的影片外部加载 SWF 影片到指定的位置。

【说明】url 表示被加载的外部 SWF 文件或 JPEG 文件的绝对或相对的 URL 路径，相对路径必须相对于级别 0 处的 SWF 文件。绝对 URL 必须包括协议引用，如 http:// 或 file:///。通常需要将被加载的影片与被加载的外部文件放到同一个文件夹中。

参数 target 是可选参数，用来指定目标影片剪辑实例的路径。目标影片剪辑实例将替换为加载的 SWF 文件或图像。被加载的影片将继承被替换掉的影片剪辑元件实例的属性。

参数 method 是可选参数，用来指定用于发送变量的 HTTP 方法。该参数必须是字符串 GET 或 POST。如果没有要发送的变量，则省略此参数。GET 方法将变量追加到 URL 的末尾，它用于发送少量的变量。POST 方法在单独的 HTTP 标头中发送变量，它用于发送大量的变量。例如，“loadMovie("FLASH1.swf", mySWF);”。其中，“FLASH1.swf”是要加载的外部影片，mySWF 是要被外部加载影片所替换的影片剪辑实例名。

（2）loadMovieNum 函数。

【格式】`loadMovieNum ("url" [,level,method])`

【功能】用来加载外部 SWF 影片到目前正在播放的 SWF 影片中，位置在当前 SWF 影片内的左上角。

【说明】参数 level 是可选参数，用来指定播放的影片中，外部影片将加载到播放影片的哪一层。参数 method 也是可选参数，指定发送变量传送的方式（GET 或 POST）。

（3）loadVariable 函数。

【格式】`loadVariables（"url",target [,level,method]）`

【功能】该函数用来加载外部变量到目前正在播放的 SWF 动画中。

【说明】参数 target 是可选参数，用来指定目标影片剪辑实例的路径。目标影片剪辑实例将替换为加载的内容。被加载的影片将继承被替换掉的对象的属性。参数 method 是可选参数，指定发送变量传送的方式（GET 或 POST）。例如：

```
loadVariables（" TEXT\NL1.txt",_root.list,get）;
```

该语句是将该 Flash 文档所在目录下“TEXT”文件夹内的“NL1.txt”文本文件内容载入当前 SWF 动画内的“list”对象中，载入变量值使用 GET 方式传送。

（4）loadVariableNum 函数。

【格式】`loadVariablesNum（"url",level [,method]）`

【功能】该函数用来加载外部变量到目前正在播放的 SWF 动画中。

【说明】参数 level 是可选参数，用来指定播放的影片中，外部动画将加载到播放动画的哪一层，参数 method 也是可选参数，指定发送变量传送的方式（GET 或 POST）。

例如，loadVariablesNum（”NL1.txt”,5,get）;表示将该动画所在目录下的“NL1.txt”文本文件内容载入当前 SWF 动画内第 5 层中，载入变量值使用 GET 方式传送。

（5）getURL 函数。

【格式】`getURL（"url" [, window][,variables]）`

【功能】启动一个 URL 定位，经常使用它来调用一个网页，或者使用它来调用一个邮件。调用网页的格式是在双引号中加入网址，调用邮件可以在双引号中加入“mailto:”，再跟一个邮件地址，如“mailto:Flash@yahoo.com.cn”。

【说明】url 是设置调用的网页网址 URL，参数 window 是设置浏览器网页打开的方式（指定网页文档应加载到浏览器的窗口或 HTML 框架）。这个参数可以有以下四种设置方式：

① _self：在当前 SWF 影片所在网页的框架，当前框架将被新的网页所替换。

② _blank：打开一个新的浏览器窗口，显示网页。

③ _parent：如果浏览器中使用了框架，则在当前框架的上一级显示网页。

④ _top：在当前窗口中打开网页，即覆盖原来所有的框架内容。

（6）unloadMovie 函数。

【格式】`unloadMovieNum(target)`

【功能】该函数用来删除加载的 SWF。

【说明】参数 target 是 SWF 动画载入指定的目标路径。

（7）unloadMovieNum 函数。

【格式】`unloadMovieNum(level)`

【功能】该函数用来删除加载的外部 SWF。

【说明】参数 level 是 SWF 动画载入时指定的层号。

2. “其他”全局函数

从“动作”面板动作命令列表区中的“全局函数”→“其他函数”目录下可找到“其他”全局函数。已经介绍过 trace 和 getTimer 函数，下面再介绍部分“其他”全局函数。

（1）setInterval 函数。

【格式 1】`setInterval(function, interval[arg1,arg2…arg2n])`

【格式 2】setInterval(object,methodName,interval[arg1,arg2…arg2n])

【功能】设置一个间隔时间，用来确定每经过设置的间隔时间，就调用的函数。

【说明】参数 function 是函数名称。参数 object 是对象的名称。参数 methodName 是对象方法的名称。参数 interval 是间隔时间的长度，单位为毫秒，如果此参数小于场景所设置的帧速率（1 帧≈10ms），则此函数会尽可能地依照参数所设置的时间间隔来调用指定的函数。arg1,arg2…arg2n 参数是对象或方法的参数。例如：

```
setInterval(function(){trace("美食!");},60000);  //每隔 1 分钟出现一次"美食!"
setInterval(myData),1000);//每隔 1 秒调用一次函数 myData
```

（2）clearInterval 函数。

【格式】clearInterval(intervalID)

【功能】删除 setInterval 函数设置的间隔时间。

【说明】参数 intervalID 是对象的名称。制定一个名称给 setInterval 函数设置的计时器。例如：

```
bashou=setInterval(myData),1000);//设置可以调用 myData 函数的计时器 bashou
clearInterval(bashou);             //删除计时器 bashou
```

（3）escape 函数。

【格式】escape(expression)

【功能】将表达式 expression 的值转换为 ASCII 码字符，并返回字符串。

（4）eval 函数。

【格式】eval(expression)

【功能】将括号内的参数 expression 的内容返回。

【说明】参数 expression 可以是变量、属性、对象或影片剪辑实例的名称。例如：

```
N1="good! 好! ";
N2="N1";
//将 N2 的值"N1"取出来，替代 eval(N2)，即将 N1 的值赋给文本变量 TEXT1
TEXT1=eval(NL2);
//执行该程序后，文本框变量 TEXT1 的值为"good!好!"
```

思考与练习8-5

（1）修改本案例，使它可以在标题处显示图像的名称。

（2）参考本案例的制作方法，制作一个“中国名胜浏览”动画。

（3）修改“美食菜谱网页”动画，使它还可浏览 10 幅图像和相关文字。

（4）制作一个“滚动文本”动画，动画的画面如图 8-5-10 所示。可以浏览两个外部文本文件。通过单击右边的两个按钮可以切换浏览不同的文本文件。

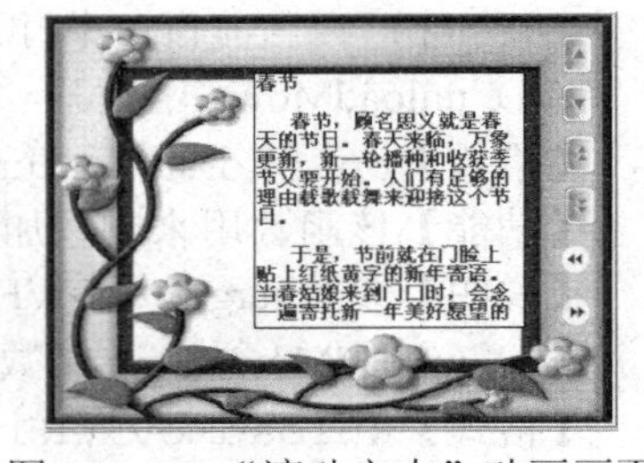

图 8-5-10 “滚动文本”动画画面

（5）制作一个“电子文章浏览”动画。

（6）制作一个“SWF 动画浏览”动画，该动画运行后，可以浏览 8 个外部 SWF 动画。

8.6 【案例 35】小小定时数字表

案例 35 视频

【案例效果】

“小小定时数字表”动画播放后的画面如图 8-6-1（a）所示。数字表显示计算机系统当前的年、月、日、星期、小时、分钟和秒数值，同时显示一幅卡通儿童图像，单击右下角的按钮，可以打开定时面板，如图 8-6-1（b）所示。在两个文本框内分别输入定时的小时和分钟数，单击右下角的按钮，回到图 8-6-1（a）所示状态。到了定时时间，卡通儿童动作 20 s，同时播放 20 s 的“叮叮”声音。

（a）

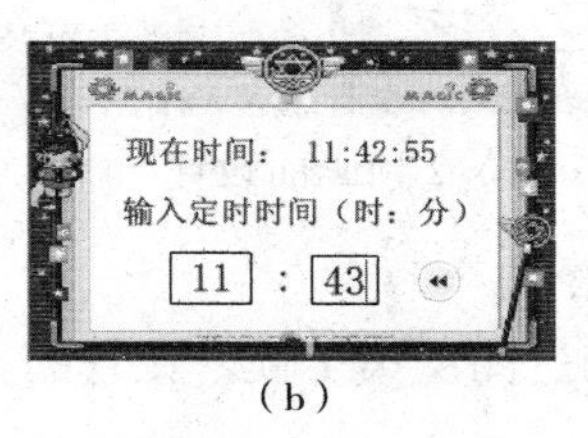

（b）

图 8-6-1 “小小定时数字表”动画播放后显示的两幅画面

【操作过程】

1. 制作外形

（1）设置舞台工作区宽为 320 px，高为 200 px，背景色为白色。将该 Flash 文档以名称“小小定时数字表.fla”保存在“【案例 35】小小定时数字表”文件夹内，在该文件夹内还保存一个“ping.mp3” MP3 格式文件。

（2）导入一个“卡通儿童.gif” GIF 格式动画到“库”面板内，将“库”面板内自动生成的影片剪辑元件的名称改为“卡通儿童 1”。在“库”面板内复制一个“卡通儿童 1”影片剪辑元件，将复制的元件的名称改为“卡通儿童 2”。双击“卡通儿童 2”影片剪辑元件，进入它的编辑状态，将时间轴内除了第 1 帧外的所有帧删除，然后回到主场景。

（3）将“图层 1”图层名称改为“框架”。选中该图层第 1 帧，导入一幅“框架.jpg”图像，使它刚刚将舞台工作区覆盖，如图 8-6-1 所示。选中该图层第 3 帧，按【F5】键。

（4）在“框架”图层之上添加一个“动画和图像”图层。选中“动画和图像”图层第 1 帧，将“库”面板内的“卡通儿童 1”和“卡通儿童 2”影片剪辑元件依次拖动到舞台工作区内，调成一样大小（高 110 px、宽 110 px），移到框架图像内的左边。给“卡通儿童 1”影片剪辑实例命名为“KTERT1”，给“卡通儿童 2”影片剪辑实例命名为“KTERT2”。

（5）在“动画和图像”图层之上添加一个“时间”图层。选中该图层第 1 帧，将按钮公用库内的一个按钮拖动到框架内右下角，给按钮实例命名为“AN1”。创建 3 个动态文本框，它们的变量名称分别为“DATE1”、“WEEK1”和“TIME1”（按照从上到下，从左到右的顺序）。

（6）设置 3 个文本框的字体为宋体，大小为 20 点，颜色为红色。单击“属性”面板中的“嵌入”按钮，弹出“字体嵌入”对话框，选中该对话框中的“数字”复选框，在“还包含这些字符”文本框内输入“:年月日一二三四五六星期”。单击“确定”按钮，退出该对话框。

（7）选中“时间”图层第 2 帧，按【F6】键。选中“时间”图层第 3 帧，按【F7】键。将按钮公用库内的一个按钮拖动到框架内右下角，给按钮实例命名为“AN2”。

（8）将“时间”图层第 1 帧内变量名称为“TIME1”的动态文本框复制粘贴到“时间”图层第 3 帧的舞台工作区内。选中“时间”图层第 3 帧，在“TIME1”动态文本框左边输入“现在时间:”，再在第 2 行输入文字“输入定时时间（时：分）”和“：”，文字都设置为宋体，大小为 20 点，颜色为红色的。

（9）在“：”文本框两边分别创建一个输入文本框，字体为宋体，大小为 20 点，颜色为红色。输入文本框用来输入定时的小时和分钟数。输入文本框的变量名称分别为“HOUR2”和“MINUTE2”。

图 8-6-2 所示为第 1、2 帧画面设计，图 8-6-3 所示为第 3 帧画面设计。

图 8-6-2　第 1、2 帧画面设计

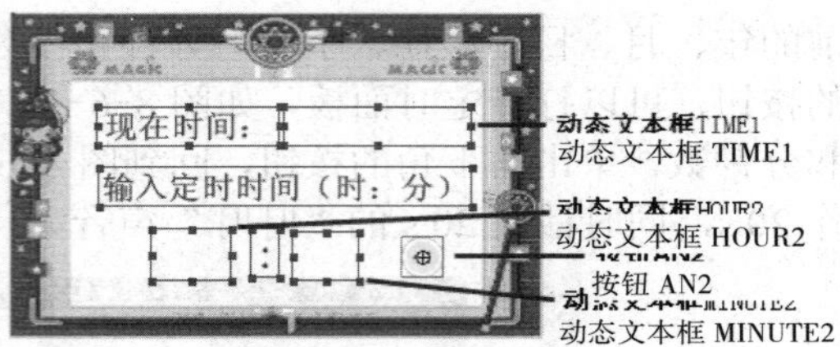

图 8-6-3　第 3 帧画面设计

2. 制作核心程序

（1）选中“时间”图层第 1 帧，在它的“动作-帧”面板程序设计区内输入如下程序：

```
//stop();                                    //使播放头暂停
//_root.onEnterFrame=function(){
  mySound1=new Sound();                      //创建一个 mySound1 声音对象
  mydate=new Date();                         //创建一个日期对象 mydate
  myyear=mydate.getFullYear();               //获取年份，存储在变量 myyear 中
  mymonth=mydate.getMonth()+1;               //获取月份，存储在变量 mymonth 中
  myday=mydate.getDate();                    //获取日子，存储在变量 myday 中
  myhour=mydate.getHours();                  //获取小时，存储在变量 myhour 中
  myminute=mydate.getMinutes();              //获取分钟，存储在变量 myminute 中
  mysec=mydate.getSeconds();                 //获取秒，存储在变量 mysec 中
  myarray=new Array("日", "一", "二", "三", "四", "五", "六");  //定义数组
  myweek=myarray[mydate.getDay()];           //获取星期，存储在变量 myweek 中
  DATE1=myyear+"年"+mymonth+"月"+myday +"日";//获取日期，存储在文本框变量 DATE1 中
  WEEK1="星期"+myweek;                                  //显示星期
  TIME1=myhour +":"+myminute +":"+mysec;                //显示时间
  if (myhour==HOUR2 && myminute==MINUTE2&&(mysec>=0 && mysec<20)){
    setProperty(this.KTERT2, _visible, false);  //隐藏实例“KTERT2”
    setProperty(this.KTERT1, _visible, true);   //显示实例“KTERT1”
   //_root.mySound1.loadSound("MP311.mp3",true);//加载外部 MP3 音乐
   //_root.mySound1.start();                    //开始播放音乐
   _root.mySound1.attachSound("sound1");
   _root.mySound1.start();                      //开始播放音乐
   var x;
    for (x=1;x<=500000;x++){
    }                                           //延时程序
   } else{
    setProperty(this.KTERT2, _visible, true);   //显示实例“KTERT2”
    setProperty(this.KTERT1,_visible, false);   //隐藏实例“KTERT1”
      _root.mySound1.stop();                    //停止播放音乐
   }
//}
AN1.onPress=function(){
   gotoAndStop(3);
}
```

上述程序是该影片的核心程序，程序解释如下：

① myyear=mydate.getFullYear() 语句：获得当前系统的年份数，其值赋给变量“myyear”。

② mymonth=mydate.getMonth()+1 语句：获得当前系统月份数，其值赋给变量“mymonth”。月份数的范围是从 0～11，0 对应一月、1 对应二月、2 对应三月，依此类推，11 对应十二月。在获得系统的月份后，还应该加 1，即得到当前月份。

③ myday = mydate.getDate()语句：获得当前系统的日期数，其值赋给变量“myday”。其值的范围是从 1～31，随系统大月或者小月而改变。

④ myhour = mydate.getHours()语句：获得当前系统的小时数，其值赋给变量“myhour”。

⑤ myminute = mydate.getMinutes()语句：获得当前系统的分钟数，其值赋给变量“myminute”。

⑥ mysec = mydate.getSeconds()语句：获得当前系统的秒数，其值赋给变量“mysec”。

⑦ myarray = new array("日", "一", "二", "三", "四", "五", "六")语句：它定义了一个数组对象实例 myarray。当使用 myarray 数组时，myarray[0]的值是文字“日”，myarray[1]的值是文字“一”，myarray[2]的值是文字“二”，myarray[3]的值是文字“三”，myarray[4]的值是文字“四”，myarray[5]的值是文字“五”，myarray[6]的值是文字“六”。

⑧ myweek=myarray[mydate.getDay()]语句：获得当前系统的星期数，其数值范围是从 0 到 6，其中 0 对应星期日、1 对应星期一、2 对应星期二、3 对应星期三、4 对应星期四、5 对应星期五、6 对应星期六。通过 ydate.getDay()的值确定了数组的值，赋给变量“myweek”。

关于创建一个 mySound1 声音对象，加载外部 MP3 音乐的有关程序将在第 8.7 节中介绍。

如果删除“时间”图层第 2 帧，可以恢复第 1、2 行和倒数第 4 行语句。将倒数第 2 行语句改为“gotoAndStop(2);”。因为动画不停地执行第 1 帧，所以不断触发帧事件 _root.onEnterFrame=function(){}，时间不断变化。如果不使用该语句，则时间不会变化。

（2）选中“时间”图层的第 2 帧，在程序设计区内输入“gotoAndPlay(1);”程序。

（3）选中“时间”图层的第 3 帧，在程序设计区内输入如下程序：

```
stop();
AN2.onPress=function(){
    gotoAndPlay(1);
}
```

【相关知识】

时间（Date）对象是将计算机系统的时间添加到对象实例中去。时间对象可以从“动作”面板命令列表区的“ActinScript 2.0 类”→“核心”→“Date”目录中找到。

1. 时间（Date）对象实例化的格式

```
myDate=new date();
```

2. 时间对象的常用方法

时间对象的常用方法及功能如表 8-6-1 所示。

表 8-6-1 时间对象的常用方法及功能

方法或属性	功 能
getDate()	获取当前日期
getDay()	获取当前星期，从 0 到 6，0 代表星期一，1 代表星期二等
getFullYear()	获取当前年份（四位数字，如 2002）
getHours()	获取当前小时数（24 小时制，0～23）

续表

方法或属性	功　能
getMilliseconds()	获取当前毫秒数（0～999）
getMinutes()	获取当前分钟数（0～99）
getMonth()	获取当前月份，0 代表一月，1 代表二月等
getSeconds()	获取当前秒数，值为 0～59
getTime()	根据系统日期，返回距离 1970 年 1 月 1 日 0 点的秒数
getTimer()	返回自 SWF 文件开始播放时起已经过的毫秒数
getYear()	获取当前缩写年份（用年份减去 1900，得到两位年数）
new Date	实例化一个日期对象。new 操作符的实例化过程
setDate()	设置当前日期
setFullYear()	设置当前年份（四位数字）
setHours()	设置当前小时数（24 小时制，0–23）
setMilliseconds()	设置当前毫秒数
setMinutes()	设置当前分钟数
setMonth()	设置当前月份（0–Jan,1–Feb...）
setSeconds()	设置当前秒数
setYear()	设置当前缩写年份（当前年份减去 1900）

思考与练习8-6

（1）修改【案例 35】“小小定时数字表”动画，使该动画的定时播放动画与声音的时间为 30 s，而且框四周的彩灯闪亮 30 s。可以根据时间显示“上午”或“下午”文字，上午和下午时背景图像不一样。

（2）修改【案例 35】“小小定时数字表”动画，使该动画播放时，显示的日期和时间的每一位数字均占两位。例如，6 月 8 日，应显示为“06 月 08 日”；6 点 8 分 5 秒，应显示为“06：08：05”。另外，每小时会自动调出一个动画，播放 1min。

8.7 【案例 36】播放外部 MP3 音乐

【案例效果】

“播放外部 MP3 音乐”动画播放后的两幅画面如图 8-7-1 所示。单击其中的蓝色按钮，可以播放第 1 首 MP3 音乐；单击绿色、黄色、棕色按钮，可以播放第 2、3、4 首音乐。单击中间的“暂停”按钮，可以使音乐停止播放。MP3 文件应存放在该动画所在目录下的“MP3”文件夹内。

图 8-7-1 “播放外部 MP3 音乐”动画播放后的两幅画面

【操作步骤】

1. 制作基本元件

（1）设置舞台工作区大小宽为 400 px，高为 200 px，背景色为浅蓝色。

（2）创建“点”和“线”图形元件，分别如图 8-7-2 所示。创建“点闪”影片辑剪元件，其画面如图 8-7-3 所示。创建“表盘”图形元件，其内“图层 1”图层第 1 帧绘制一个金黄色矩形图形。

（3）创建并进入“单个数字”影片剪辑元件的编辑状态，将“图层 1”图层的名字改为“背景”。选中“背景”图层第 1 帧，7 次将“库”面板内的“线”图形元件拖动到舞台工作区内，进行大小、位置和旋转调整，组成 7 段数码字“8”。利用它们的“属性”面板将 Alpha 值调整为 24%，效果如图 8-7-4（a）所示。

（4）在“背景”图层之上，创建一个名字为“7 段”的图层，将“背景”图层第 1 帧的内容复制粘贴到“7 段”图层第 1 帧。选中“7 段”图层第 1 帧内粘贴的图形，利用它的“属性”面板将 Alpha 值调整为 100%，效果如图 8-7-4（b）所示。

（a）（b）（a）（b）

图 8-7-2 荧光色立体球和线条图形 图 8-7-3 “点闪”影片剪辑元件画面 图 8-7-4 单个数字图形

（5）选中“7 段”图层第 2 帧到第 10 帧，按【F6】键，创建 9 个新关键帧，其内容一样。选中“背景”图层第 10 帧，按【F5】键，创建普通帧。

（6）选中“7 段”图层第 1 帧，删除中间横线，得到“0”图形。选中“7 段”图层第 2 帧，删除中间所有横线和左边竖线，得到“1”图形。按照相同的方法，进行各帧图形的加工。第 3 帧的数码为“2”，第 4 帧的数码为“3”……第 10 帧的数码为“9”。

（7）选中“7 段”图层第 1 帧，在它的“动作-帧”面板内输入程序“stop();”。回到主场景。

2. 制作“数字表”和“Action”影片剪辑元件

（1）创建并进入“数字表”影片剪辑元件的编辑状态，将“图层 1”图层的名字改为“表盘”。选中该图层第 1 帧，将“库”面板内的“表盘”图形元件拖动到舞台工作区内，调整其大小和位置，如图 8-7-5 所示。

（2）在“表盘”图层之上添加“数字”图层，选中“数字”图层第 1 帧，6 次将“库”面板内的“单个数字”影片剪辑元件拖动到舞台工作区内，再将“库”面板内的“点闪”影片剪辑元件拖动到舞台工作区内，调整它们的大小、位置和倾斜，效果如图 8-7-6 所示。

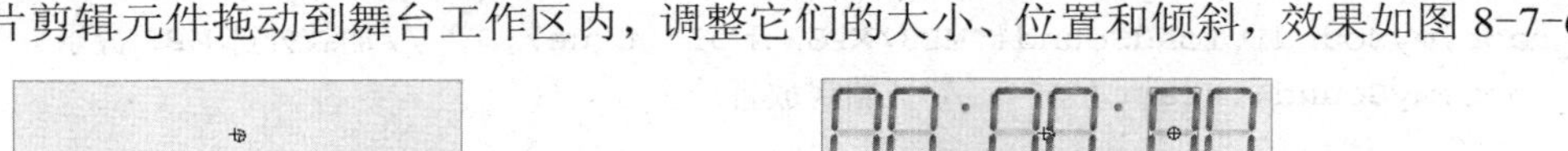

图 8-7-5 “表盘”图形实例 图 8-7-6 6 个“单个数字”和“点闪”影片剪辑实例

（3）利用“属性”面板，从右到左分别给“单个数字”影片剪辑元件实例命名为“S1”、“S2”、“M1”、“M2”、“H1”和“H2”。给“点闪”影片剪辑元件实例命名为“DS”。然后，回到主场景。

（4）创建并进入“Action”影片剪辑元件编辑状态，在这舞台工作区中不放置任何对象。选中“图层 1”图层第 1 帧，在它的“动作-帧”面板程序编辑区内输入如下程序：

```
var m;                      //定义一个变量 m
var miao;                   //定义一个变量 miao
mydate=new Date();          //实例化一个 mydate 日期对象
//计算音乐播放的剩余时间，赋给变量 m
m=Math.floor((_root.mySound1.duration-_root.mySound1.position)/1000);
//计算秒的个位和十位数字，分别赋给变量 S1 和 S2
_root.numview.S1.gotoAndStop(Math.floor(Math.floor(m%60)%10)+1);
_root.numview.S2.gotoAndStop(Math.floor(Math.floor(m%60)/10)+1);
//计算分的个位和十位数字，分别赋给变量 M1 和 M2
_root.numview.M1.gotoAndStop(Math.floor(Math.floor(m/60)%10)+1);
_root.numview.M2.gotoAndStop(Math.floor(Math.floor(m/60)/10)+1);
//每秒小点闪一次
if (miao<>mydate.getSeconds()) {
   _root.numview.DS.play(); //播放“点闪”影片剪辑实例“DS”
   miao=mydate.getSeconds()
}
```

（5）选中“图层 1”图层第 2 帧，按【F5】键，创建一个普通帧，目的是让程序不断执行“图层 1”图层第 1 帧的程序。动态地更新“数字表”的时钟数据。回到主场景。

3. 制作 MP3 播放器

（1）将主场景内“图层 1”图层的名称改为“外壳”，选中“外壳”图层第 1 帧，导入一幅手机图像，将该手机图像分离，进行加工处理，再将它组成组合。然后，调整它的大小和位置，使它刚好将整个舞台工作区覆盖，如图 8-7-1 所示。

（2）在“外壳”图层的上边增加一个“时间”图层。选中“时间”图层第 1 帧，将“库”面板中的“数字表”影片剪辑元件拖动到舞台工作区中，如图 8-7-1 所示。打开“属性”面板，为“数字表”影片剪辑实例命名“numview”。

（3）在“时间”图层的上边增加一个“按钮”图层。选中“按钮”图层第 1 帧，选择“窗口”→“公用库”→“按钮”命令，打开“库-按钮”面板。将 5 个按钮元件拖动到舞台工作区中，如图 8-7-1 所示。然后。利用“属性”面板分别给按钮实例命名为“AN1”、“AN2”、“AN3”、“AN4”和“AN5”。

（4）将“库”面板中的“Action”影片剪辑元件拖动到舞台工作区中，形成一个白色小圆点，它的作用是不断刷新数字表，起到显示音乐播放剩余时间的作用。

（5）选中“按钮”图层第 1 帧，在它的“动作-帧”面板程序编辑区内输入如下程序：

```
mySound1=new Sound();          //实例化一个 mySound1 声音对象
AN1.onPress=function() {
   _root.mySound1.stop();      //停止播放音乐
   _root.mySound1.loadSound("MP3/MP31.mp3",true);     //加载外部 MP3 音乐
   _root.mySound1.start();     //开始播放音乐
};
AN2.onPress=function() {
   _root.mySound1.stop();      //停止播放音乐
   _root.mySound1.loadSound("MP3/MP32.mp3", true ); //加载外部 MP3 音乐
   _root.mySound1.start();     //开始播放音乐
};
AN3.onPress=function() {
   _root.mySound1.stop();      //停止播放音乐
```

```
    _root.mySound1.loadSound("MP3/MP33.mp3", true);   //加载外部MP3音乐
    _root.mySound1.start();    //开始播放音乐
  };
  AN4.onPress=function() {
    _root.mySound1.stop();     //停止播放音乐
    _root.mySound1.loadSound("MP3/MP34.mp3", true);   //加载外部MP3音乐
    _root.mySound1.start();    //开始播放音乐
  };
  AN5.onPress=function() {
    _root.mySound1.stop();     //停止播放音乐
  };
```

【相关知识】

1. Sound（声音）对象的构造函数

【格式】new Sound([target])

参数 target 是 Sound 对象操作的影片剪辑实例，此参数是可选的。可以采用“mySound=new Sound();”或“mySound=new Sound(target);”命令。

【功能】使用 new 操作符实例化 Sound 对象，即为指定的影片剪辑创建新的 Sound 对象。如果没有指定目标实例 target（目标），则 Sound 对象控制影片中的所有声音。如果指定 target，则只对指定的对象起作用。

实例 1：创建一个名字为 hsound1 的 Sound 对象新实例。程序中的第二行调用 setVolume 方法并将影片中的所有声音的音量调整为 60%。

```
hsound1=new Sound();
hsound1.setVolume(60);
```

实例 2：创建 Sound 对象的新实例 moviesound，将目标影片剪辑 myMovie 传递给它，然后调用 start 方法，播放 myMovie 中的所有声音。

```
moviesound=new Sound(myMovie);
moviesound.start();
```

2. Sound（声音）对象的方法和属性

（1）start 方法。

【格式】sound.start()

【功能】开始播放当前的 Sound 对象。

（2）stop 方法。

【格式】sound.stop()

【功能】停止正在播放的 Sound 对象。

（3）setVolume 方法。

【格式】sound.setVolume(n)

【功能】用来设置当前 Sound 对象音量的大小。参数 n 可以是一个整数值或一个变量，其值为 0 到 100 之间的整数，0 为无声，100 为最大音量。

（4）sound.getVolume 方法。

【格式】sound.getVolume()

【功能】返回一个 0 到 100 之间的整数，该整数是当前 Sound 对象的音量，0 是无音量，100 是最高音量。可以将 sound.getVolume()的值赋给一个变量，默认值是 100。

（5）mySound.setPan 方法。

【格式】`mySound.setPan(pan)`

参数 pan 是一个整数，它指定声音的左右均衡。它的有效值范围为-100～100，其中，-100 表示仅使用左声道，100 表示仅使用右声道，而 0 表示在两个声道间平均地均衡声音。

【功能】用来确定声音在左右声道（扬声器）中是如何播放的。对于单声道声音，pan 确定声音通过哪个扬声器（左或右）进行播放。

（6）mySound.getPan 方法。

【格式】`mySound.getPan()`

【功能】这个方法返回在上一次使用 setPan 方法时设置的 pan 值，它是一个从-100 到 100 之间的整数值，这个值代表左右声道的音量，-100～0 是左声道的值，0～100 是右声道的值（0 平衡地设置左右声道）。该面板设置控制影片中当前和将来声音的左右均衡。此方法是用 setVolume 方法累积的。

（7）duration 属性。

【格式】`mySound.duration`

【功能】它是只读属性。给出声音的持续时间，以毫秒为单位。

（8）position 属性。

【格式】`mySound.position`

【功能】它是只读属性。给出声音已播放的毫秒数。如果声音是循环的，则在每次循环开始时，位置将被重置为 0。

思考与练习8-7

（1）修改【案例 36】“播放外部 MP3 音乐”动画，使该动画增加播放音乐的个数。

（2）参考【案例 36】“播放外部 MP3 音乐”动画的设计方法，设计另外一个“播放外部 MP3 音乐”动画。使该动画在播放不同音乐时，可以更换不同的背景图像。

（3）制作一个“荧光数字表”动画，该动画播放后的两幅画面如图 8-7-7 所示。

图 8-7-7 “荧光数字表”动画播放后显示的两幅画面

（4）修改【案例 36】“播放外部 MP3 音乐”动画，使该动画增加可以调整音量的功能。

第9章 组件应用

本章通过完成 3 个案例，介绍创建组件和组件参数设置的方法，以及 UIScrollBar（滚动条）、ScrollPane（滚动窗格）、RadioButton（单选按钮）、CheckBox（复选框）等组件的使用方法等。

9.1 【案例 37】滚动文本

案例 37 视频

【案例效果】

“滚动文本”动画播放后的画面如图 9-1-1（a）所示。拖动滚动条内的滑块、单击滚动条内的按钮或滑槽、拖动文字和移动鼠标的滚动轴，都可以浏览文本框中的文本，还可以在文本框中输入、删除、剪切、复制、粘贴文本。单击按钮◀，文字内容会有变化，如图 9-1-1（b）所示。单击按钮▶，文字内容也会有变化，文字分段显示如图 9-1-1（c）所示。

（a）

（b）

（c）

图 9-1-1 “滚动文本”动画播放后的 3 幅画面

【操作过程】

1. 制作动态文本框

（1）新建一个“ActionScript 2.0”类型的 Flash 文档，设置舞台工作区宽为 300 px、高为 400 px。选中“图层 1”图层第 1 帧，导入一幅框架图像。再以名称“滚动文本.fla”保存。

（2）在“图层 1”图层之上添加“图层 2”图层。选中该图层第 1 帧，使用“文本工具” T，在“属性”面板的“文本类型”下拉列表框中选择“动态文本”选项，再在框架图像内拖动创建一个动态文本框，如图 9-1-2（a）所示。拖动动态文本框右下角正方形控制柄可进行调整。

（3）选择“文本”→“可滚动”命令，使文本框成为可拖动滚动文字的文本框。文本框右下角增添一个黑色方形控制柄，如图 9-1-2（b）所示。拖动该控制柄可以调整动态文本框的宽和高，在文本框输入文字后，仍然可以拖动该控制柄来调整动态文本框的宽和高。

（4）选中动态文本框，在“属性”面板的“实例名称”文本框中输入“WENBEN”。

在“属性”面板的“行为”下拉列表框中选择“多行”选项，设置文本框为多行文本，且可以换行。再单击▣按钮，设置文本框为显示边框方式。然后，设置字体为宋体、大小为 14 点、颜色为蓝色，在“变量”文本框内输入“text1”等，设置好的“属性”面板如图 9-1-3 所示。

（5）在记事本软件中打开一个文本文档，选中其内的一段没有换行的文字，将选中的文字复制到剪贴板中。回到 Flash CS6，使用“文本工具”T 右击动态文本框内部，在弹出的快捷菜单中选择“粘贴”命令，将剪贴板中的文字粘贴到动态文本框内，如图 9-1-4 所示。

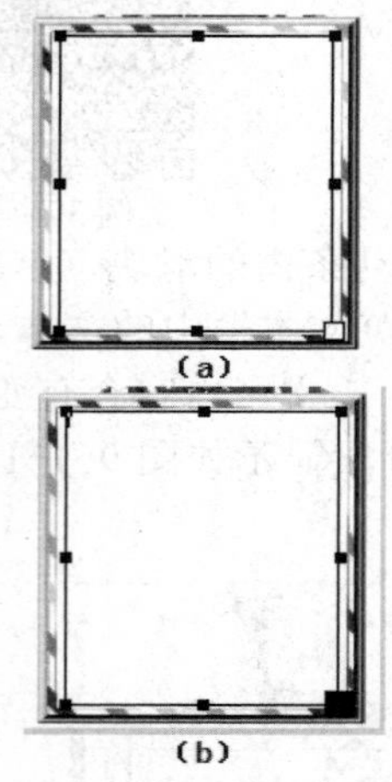

图 9-1-2 动态文本框

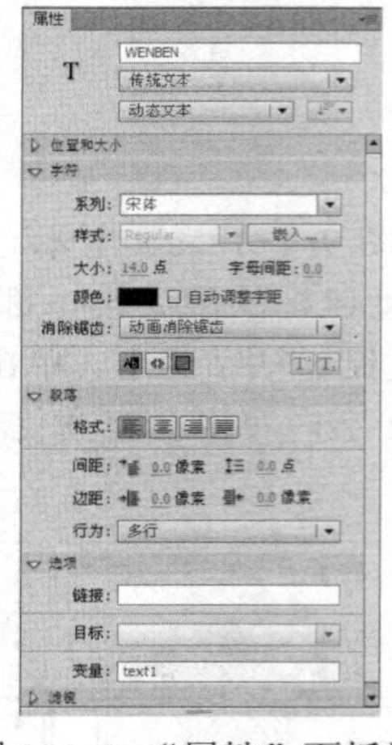

图 9-1-3 “属性”面板设置

图 9-1-4 文字粘贴后效果

（6）单击“属性”面板中的“嵌入”按钮，弹出“字体嵌入”对话框，确保选中“字符范围”栏内的“数字”和“简体中文–1 级”复选框，“系列”下拉列表框中选择“宋体”选项，在“名称”文本框内输入“字体 1”，添加字体后单击“确定”按钮。

2. 制作组件和设计程序

（1）选择“窗口”→“组件”命令，打开“组件”面板，如图 9-1-5 所示。将“组件”面板中的 UIScrollBar 组件 UIScrollBar 拖动到动态文本框的右边，调整其大小和位置，使它的高度与动态文本框一样，如图 9-1-4 所示。

（2）单击选中 UIScrollBar（滚动条）组件实例，在“属性”面板的“组件参数”栏中，设置_targetInstanceName 值为“WENBEN”，确定它与要控制的动态文本框的链接；设置 horizontal 参数值为 false，表示滚动条垂直，“组件参数”栏的设置如图 9-1-6 所示。

（3）将“组件”面板中的 Label 组件 A Label 拖动到舞台工作区内的左上角，调整其大小和位置，如图 9-1-4 所示。在“属性”面板的“组件参数”栏中设置，如图 9-1-7 所示。

（4）选择“窗口”→“外部库”→“Buttons”命令，弹出按钮公用库“外部库”面板，将其内的按钮元件◂两次拖动到舞台工作区内右上角，排成一行，形成两个按钮实例。再将右边的按钮实例水平翻转，如图 9-1-4 所示。

（5）选中“图层 2”图层第 1 帧，在“动作-帧”面板内程序设计区中输入如下程序：

```
label1.setStyle("fontWeight","bold");   //设置标签文字字体为粗体
label1.setStyle("fontSize",16);          //设置标签文字大小为 20 磅
label1.setStyle("color", 0xff0000);      //设置标签文字颜色为红色
label1.setStyle("fontFamily", "宋体");   //设置标签文字字体为宋体
label1.text="中国十大名湖";             //设置标签文字内容为“标签实例外观的改变”
```

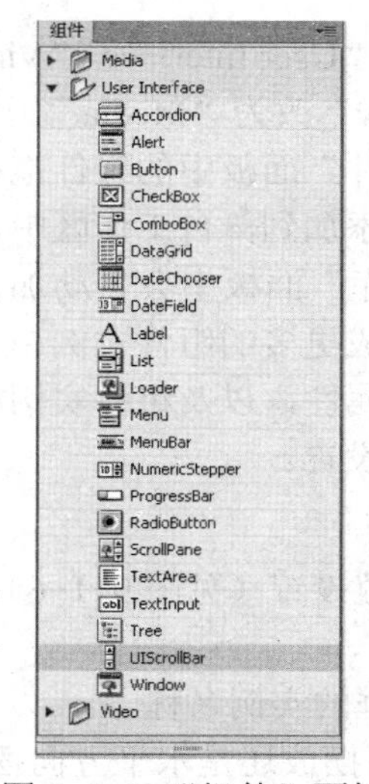

图 9-1-5 “组件”面板

图 9-1-6　组件“属性”面板 1

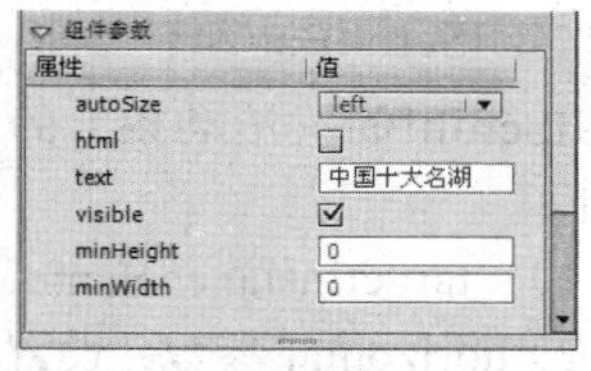

图 9-1-7　组件“属性”面板 2

（6）单击选中左边的按钮 ，在“动作-帧”面板内程序设计区中输入如下程序：

```
on (release) {
    text1="[中国十大名湖]：鄱阳湖：我国最大的淡水湖，湖面周围有许多奇峰异洞，密林幽谷，是全国著名的游览胜地。洞庭湖：我国第二大淡水湖，北连长江，南接湘、资、沅、澧四水，烟波浩渺，水天一色，朝晖夕阴，气象万千。太湖：我国东南第一大湖，位于江苏省苏州市西部，地跨江、浙两省，湖面 2 425 平方千米，湖中有大小岛屿 48 个，湖中有山，山辉水映，风光秀丽，景点众多。杭州西湖：位于杭州西部，三面环山，湖周青山叠翠，花木繁茂，四季景色不同，风光迷人，历代文人墨客以诗赞颂之作极多。武汉东湖：位于武汉市东郊，是武汉最广阔优美的风景区，异样繁华，分外娆人。嘉兴南湖：位于浙江嘉兴城南，是一个有历史意义的纪念地。1921 年 7 月，中国共产党第一次全国代表大会曾从上海移至这里继续举行。南湖风光秀丽，湖中有烟雨楼等名胜。扬州瘦西湖：位于扬州西部。湖光潋滟，园林雅致，犹如一幅山水画卷，沿湖有长堤春柳、徐园、小金山、钓鱼台、五亭桥等名胜。上海淀山湖：位于上海青浦县西，面积 60 平方千米，湖水碧澄如镜，富有江南水乡风光，是上海规模最大的游览区。大明湖：位于济南旧城北郊，湖面积 46.5 平方千米，这里一湖烟水，绿树蔽空，沿湖亭台楼榭，人文景点荟萃，是济南最大的游览区。千岛湖：位于浙江淳安县境内，是我国最大的人工湖，1959 年建。湖面约 580 平方千米，湖中大小岛屿 1 078 个，故名“千岛湖”。";
}
```

（7）单击选中右边的按钮 ，在“动作-帧”面板内程序设计区中输入如下程序：

```
on (release) {
    loadVariablesNum("text1.txt",0);//调外部文本文件
}
```

"text1.txt"文件是事先制作好的关于十大名湖的文本文件，参见【案例 34】的操作过程。

【相关知识】

1. 组件简介

组件是一些复杂的并带有可定义参数的元件。在使用组件创建动画时，可以直接定义参数，也可以通过 ActionScript 的方法定义组件的参数。每一个组件都有自己的预定义参数，还有组件的属性、方法和事件。使用组件可以使程序设计与软件界面设计分开，提高工作效率。

Flash CS6 拥有一个“组件”面板，其内有系统提供的组件，如图 9-1-5 所示。如果文

档“脚本”设置为“ActionScript 3.0”版本，则“组件”面板中只有“User Interface”“Video”“Flex”三类组件；如果设置为“ActionScript 2.0”版本，则“Flex”改为“Media”。

选择“窗口”→“组件”命令，打开“组件”面板。将“组件”面板中的组件拖动到舞台工作区中或双击“组件”面板中的组件图标，都可以将组件添加到舞台工作区中，形成一个组件实例。当将一个或者多个组件加入舞台工作区时，“库”面板中会自动加入该组件元件。从“库”面板中将组件拖动到舞台工作区中，可以形成更多的组件实例。

使用“属性”面板可以设置组件实例的名称、大小、位置等属性，以及组件实例的参数，如图 9-1-6 所示。使用“组件检查器”面板也可以进行一些设置。

2. UIScrollBar 组件参数

UIScrollBar（滚动条）的“属性”面板“组件参数”栏的参数设置（见图 9-1-6），含义如下：

（1）_targetInstanceName 参数：设置组件实例要控制的文本框的实例名称。

（2）horizontal 参数：设置“UIScrollBar”组件实例是垂直方向摆放还是水平方向摆放。其值为 true 时，是垂直方向摆放；其值为 false 时，是水平方向摆放。

（3）enabled 参数：有“false”和“true”两个选项。选择“false”选项，滚动条无效；选择“true”选项，滚动条有效。

（4）visible 参数：有“false”和“true”两个选项。选择“false”选项，滚动条隐藏；选择“true”选项，滚动条显示。

3. Label 组件参数

Label（标签）组件的“属性”面板“组件参数”栏的参数设置（见图 9-1-7），含义如下：

（1）autoSize 参数：设置标签文字相对于 Label 组件实例外框（又称文本框）的位置。它有 4 个值：none（不调整标签文字的位置）、left（标签文字与文本框的左边和底边对齐）、center（标签文字在文本框内居中）、right（标签文字与文本框的右边和底边对齐）。

（2）html 参数：用来指示标签是（true）否（false）采用 HTML 格式。值为 true，则不能使用样式来设置标签格式，但可以使用 font 标记将文本格式设置为 HTML。

（3）text 参数：设置标签的文本内容，默认值是 Label。

（4）设置 Label 标签组件实例的外观可以使用 setStyle 方法，格式如下：

```
组件实例的名称.SetStyle("属性","参数")
```

常用的属性有：Color 设置文本颜色；fontFamily 设置文本的字体名称，默认“_sans”；fontSize 设置文本的字体大小，默认 10 点。

Color 属性的参数可以用 0xRRGGBB（RR、GG、BB 分别是两位十六进制数，分别表示红、绿和蓝色成分多少）或者用颜色的英文表示颜色。例如，red 表示红色、green 表示绿色、blue 表示蓝色、black 表示黑色。其中，“0x”是数字 0 和英文小写字母“x”。

Label 组件实例中的所有文本必须采用相同的样式。例如，对同一标签内的两个单词设置 color 样式时，不能将一个单词设置为 blue，而将另一个单词设置为 red。

思考与练习9-1

（1）将【案例 37】“滚动文本”动画中的文字更换。

（2）制作另一个“滚动文本”动画，使动画运行后的一幅画面如图 9-1-8 所示。可以用来滚动浏览关于“春节”和“元宵节”等的文字介绍。

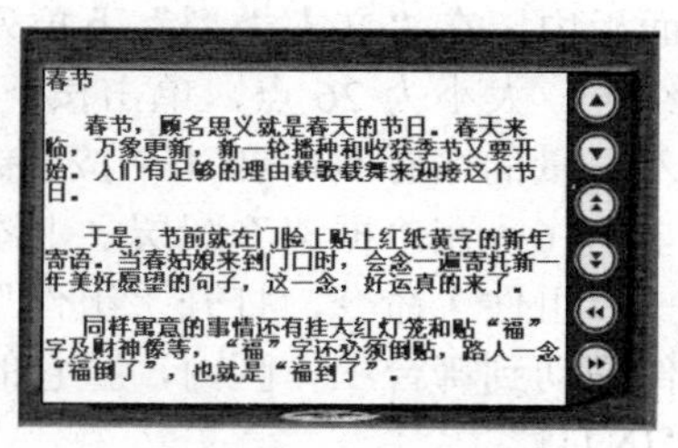

图 9-1-8 “滚动文本”动画画面

9.2 【案例 38】图像浏览

【案例效果】

“图像浏览”动画播放后的两幅画面如图 9-2-1 所示。该动画浏览的是“HTU”文件夹内的“宽幅 1.jpg”～“宽幅 12.jpg”12 幅大幅图像，只显示大幅图像的局部，可以拖动垂直和水平的滚动条来浏览整幅的图像，也可以拖动框架中的图像来浏览。单击◀按钮，可以显示上一幅图像；单击▶按钮，可以显示下一幅图像；单击⏮按钮，可显示第 1 幅图像；单击⏭按钮，可以显示最后一幅图像。文本框中显示图像的编号。如果显示第 1 幅图像，单击“上一幅”按钮◀，则显示第 12 幅图像；如果显示第 12 幅图像时，单击“下一幅”按钮▶，则显示第 1 幅图像。

图 9-2-1 “图像浏览”动画播放后的两幅画面

选中“可以拖曳”单选按钮，即可用拖动图像；选中“不可拖曳”单选按钮，则不可以拖动图像。同时在图像下边显示相应的提示文字。

【操作过程】

1. 设计界面

（1）在“【案例 38】图像浏览”文件夹内的“HTU”文件夹中保存“宽幅 1.jpg”～“宽幅 12.jpg”12 幅图像，在“【案例 38】图像浏览”文件夹内还保存有“图像.jpg”图像。

（2）新建一个“ActionScript 2.0”类型的 Flash 文档，设置舞台工作区宽为 545 px、高为 380 px。将“图层 1”图层的名称改为“框架”，选中该图层的第 1 帧，导入一幅框架图像到舞台工作区中，调整它的大小为宽 545 px、高 380 px，X 和 Y 均为 0，如图 9-2-1 所示。

（3）在“框架”图层之上添加一个“按钮和文本”图层，选中该图层的第 1 帧，将按钮公用库中的两个按钮两次拖动到舞台工作区中，将其中两个按钮水平翻转。然后利用“对齐”面板将 4 个按钮顶部对齐，如图 9-2-1 所示。按住【Ctrl】键，单击选中“框架”和“按钮和文本”图层的第 3 帧，按【F5】键，使这两个图层第 1 帧到第 3 帧内容一样。

（4）选中左起第 1 个“第 1 幅”按钮，在其“属性”面板中的“实例名称”文本框内输入实例名称“AN1”。按照相同的方法，依次给其他按钮实例分别命名为“AN2”“AN3”“AN4”。

（5）选中“按钮和文本”图层第 1 帧，使用工具箱内的“文本工具”**T**，在其“属性”

面板内，在“文本类型”下拉列表框中选择“动态文本”选项，设置字体为黑体、颜色为红色、大小为 26 点，单击按下“在文本周围显示边框”按钮▣，在“变量”文本框中输入变量的名称 N。在 4 个按钮之间拖动鼠标，创建一个动态文本框，如图 9-2-1 所示。

（6）在“框架”图层之上添加一个“组件”图层，选中该图层第 1 帧。选择“窗口”→“组件”命令，打开“组件”面板，将“组件”面板中的“ScrollPane”（滚动窗格）组件拖动到舞台工作区内，整它的大小和位置，如图 9-2-2 所示。然后将该实例的名称命名“INTU”。

（7）将 Label（标签）组件从“组件”面板中拖动到舞台工作区内，弹出它的“属性”面板，将该实例的名称命名为“label1”，“组件参数”栏设置如图 9-2-3 所示。

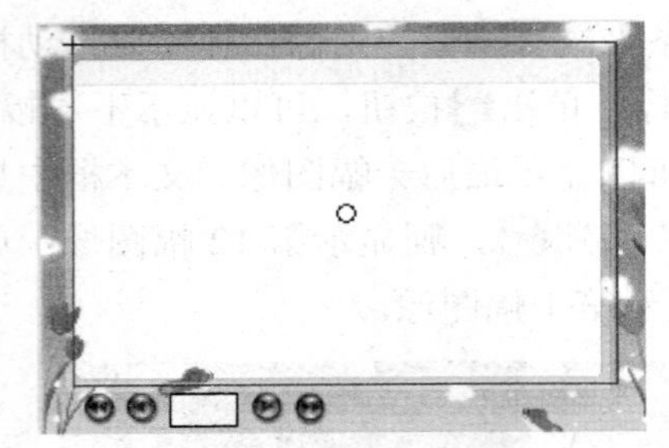

图 9-2-2 “ScrollPane”（滚动窗格）组件实例

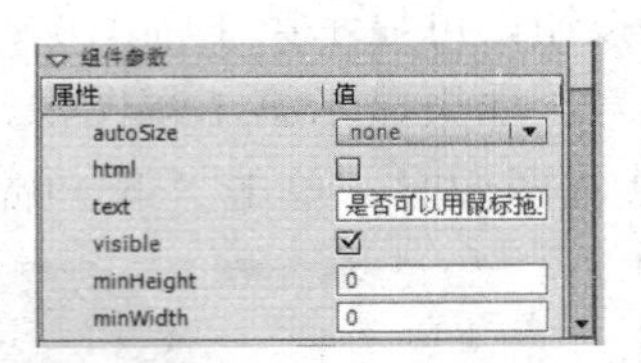

图 9-2-3 “属性”面板“组件参数”栏

（8）两次将 RadioButton（单选按钮）组件从“组件”面板中拖动到舞台工作区中，将两个实例的名称分别命名为“te1”和“te2”。选中左边的 RadioButton（单选按钮）组件实例（te1），在它的“属性”面板“组件参数”栏中设置参数，如图 9-2-4 所示。选中右边的 RadioButton（单选按钮）组件实例（te2），在它的“属性”面板“组件参数”栏中设置参数，如图 9-2-5 所示。

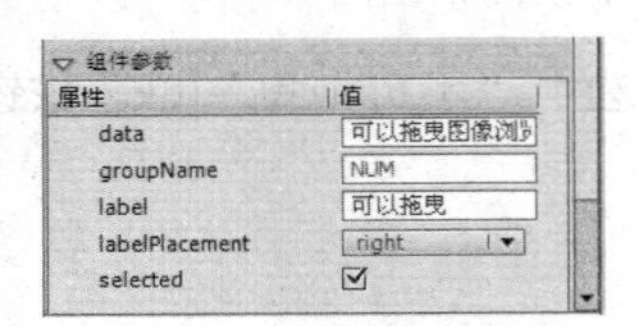

图 9-2-4 第 1 个 RadioButton 组件实例参数设置

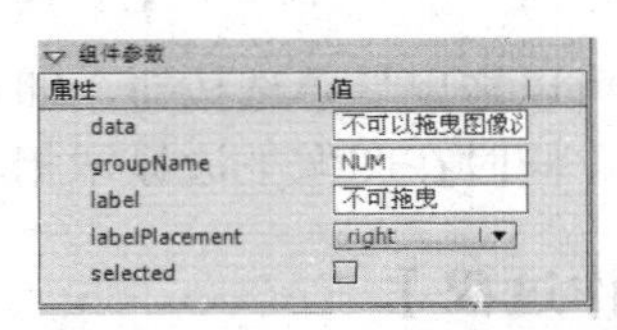

图 9-2-5 第 2 个 RadioButton 组件实例参数设置

在“te1”组件实例的“data”参数项中输入“可以拖曳图像浏览！”，“label”参数值为“可以拖曳”；在“te2”组件实例的“data”参数项中输入“不可以拖曳图像浏览！”，“label”参数值为“不可拖曳”。两个 RadioButton 组件实例的“group Name”参数值处均输入“NUM”，表示它们是一个单选按钮组。两个 RadioButton 组件实例的“labelPlacement”参数都选择“right”选项。第 1 个 RadioButton 组件实例的“selected”参数项选择“true”选项，第 2 个 RadioButton 组件实例的“selected”参数项选择“false”选项。

2. 建立“ScrollPane”组件和元件的链接

（1）将“图像.jpg”图像导入“库”面板内。

（2）选择“插入”→“新建元件”命令，弹出“创建新元件”对话框。然后，在其“名称”文本框中输入这个元件的名称“图像”，选中“影片剪辑”单选按钮，设置这个元件为影片剪辑元件。单击“高级”按钮，展开该对话框，如图 9-2-6 所示。

选中“为 ActionScript 导出”复选框，同时选中“在第一帧导出”复选框。在“标识符”文本框中输入这个元件的标识符名称，它是在 ActionScript 中调用这个元件的名字，也是建立组件和这个元件链接的名字。在此输入“TU1”，如图 9-2-6 所示。

图 9-2-6 “创建新元件”对话框

（3）单击该对话框中的“确定”按钮，进入“图像”影片剪辑元件的编辑状态。将“库”面板内的“图像.jpg”元件拖动到舞台工作区内，将该图像的左上角与舞台工作区的中心点（十字线注册点）对齐，如图 9-2-7 所示。然后，回到主场景。

（4）右击“库”面板中的“图像”影片剪辑元件，弹出快捷菜单，选择“属性”命令，弹出“元件属性”对话框，可以在该对话框内的“标识”文本框中重新输入标识符名称。单击“确定”按钮，关闭该对话框。

（5）选中“ScrollPane”（滚动窗格）组件实例，弹出“属性”面板，将“组件参数”栏内“contentPath”参数值设置为“库”面板中“图像”影片剪辑元件的标识符名称“TU1”，建立该组件与“图像”影片剪辑元件的链接。

（6）设置 ScrollDrag 参数的值为“true”，表示框架中的图像可以被鼠标拖动。设置好的“属性”面板如图 9-2-8 所示。

图 9-2-7　图像的位置

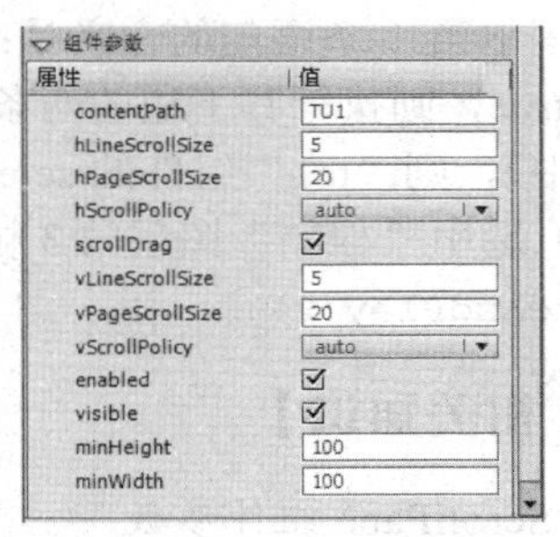

图 9-2-8 “属性”面板“组件参数”栏

3. 组件与外部图像链接的程序设计

（1）选中“程序”图层第 1 帧，在它的“动作-帧”面板程序编辑区内输入如下程序：

```
N=0;   //定义变量 N，用来保存图像的序号
label1.setStyle("fontWeight","bold");     //设置标签文字字体为粗体
label1.setStyle("fontSize",16);           //设置标签文字大小为 16 磅
label1.setStyle("fontFamily", "宋体");    //设置标签文字字体为宋体
label1.setStyle("color","red");           //设置标签文字颜色为红色
```

（2）选中“程序”图层第 2 帧，在它的“动作-帧”面板程序编辑区内输入如下程序：

```
if (te1.selected) {
    INTU.scrollDrag=true
    label1.text=te1.data
}else{
    INTU.scrollDrag=false
    label1.text=te2.data
}
AN1.onPress = function() {
    INTU.contentPath="HTU/宽幅 1.jpg"
    N=1;
}
AN2.onPress = function() {
```

```
        N--;
        if (N<=0){
          N=12;
    }
    INTU.contentPath="HTU/宽幅"+N+".jpg"
    };
    AN3.onPress = function() {
        N++;
        if (N==13){
          N=1;
        }
          INTU.contentPath="HTU/宽幅"+N+".jpg"
        };
    AN4.onPress = function() {
        INTU.contentPath="HTU/宽幅12.jpg"
        N=12;
    };
```

程序中第 1 条语句的含义是：如果“te1”单选按钮被选中，“te1”组件的 selected 属性值为 true，则执行其下边的两条语句；如果“te1”单选按钮没被选中（即“te2”单选按钮被选中），则“te1”组件的 selected 属性值为 false，则执行 else 下边的两条语句。

（3）选中“程序”图层第 3 帧，在它的“动作-帧”面板程序编辑区内输入如下程序：

```
gotoAndPlay(2);
```

【相关知识】

1. ScrollPane 组件参数

ScrollPane（滚动窗格）的“属性”面板“组件参数”栏的参数设置（见图 9-2-8），含义如下：

（1）contentPath 参数：用来指示要加载到滚动窗格中的内容。该值可以是本地 SWF 或 JPEG 文件的相对路径，或 Internet 上文件的相对或绝对路径。它也可以是设置为“库”面板中的影片剪辑元件的链接标识符。

（2）hLineScrollSize 参数：设置单击水平滚动条箭头按钮时，图像水平移动量。

（3）vLineScrollSize 参数：设置单击垂直滚动条箭头按钮时，图像垂直移动量。

（4）hPageScrollSize 参数：设置单击滚动条的水平滑槽时，图像水平移动的像素数。

（5）vPageScrollSize 参数：设置单击滚动条的垂直滑槽时，图像垂直移动的像素数。

（6）hScrollPolicy 参数：在“auto”“on”“off”三个选项中选择一个。如果选择“auto”选项，则可以根据影片剪辑元件是否超出“ScrollPane”组件实例滚动窗口来决定是否要水平滚动条；如果选择“on”选项，则不管影片剪辑元件是否超出“ScrollPane”组件滚动窗口都显示水平滚动条；如果选择“off”选项，则不管影片剪辑元件是否超出“ScrollPane”组件滚动窗口都不显示水平滚动条。

（7）vScrollPolicy 参数：有“auto”“on”“off”三个选项，其作用与 hScrollPolicy 参数基本一致，只是它用来控制垂直滚动条何时显示。

（8）scrollDrag 参数：有“false”和“true”两个选项。选择“false”选项，则表示框架中的图像不可被拖动；选择“true”选项，则表示框架中的图像可以被拖动。

2. RadioButton 组件参数

RadioButton（单选按钮）的“属性”面板“组件参数”栏的参数设置（见图9-2-4），含义如下：

（1）data 参数：可以赋给文字或其他字符，该数据可以返给 Flash 系统，这里利用这个参数保存操作提示信息。

（2）groupName 参数：输入单选按钮组的名称，一组单选按钮的组名称应该一样，在相同组的单选按钮中只可以有一个单选按钮被选中。这一项实际上决定了将这个单选按钮分到哪个组中，假如需要两组单选按钮，两组的单选按钮互不干扰，那么就需要设置两个组内的单选按钮具有不同的“group Name”参数值。

（3）label 参数：确定单选按钮旁边的标题文字。单击“Label”参数值部分，同时该项进入可以编辑状态，然后输入文字，该文字出现在“RadioButton”组件实例的标题上。

（4）labelPlacement 参数：确定单选按钮旁边文字的位置。选择“right”选项，表示文字在单选按钮的右边；选择“left”选项，表示文字在单选按钮的左边；选择“top”选项，表示文字在单选按钮的上边；选择“bottom”选项，表示文字在单选按钮的下边。

（5）selected 参数：用来确定单选按钮的初始状态。选择“false”选项，表示单选按钮的初始状态为没有选中；选择“true”选项，表示单选按钮的初始状态为选中。

3. CheckBox 组件参数

CheckBox（复选框）组件“属性”面板如图9-2-9所示。其组件参数的含义如下：

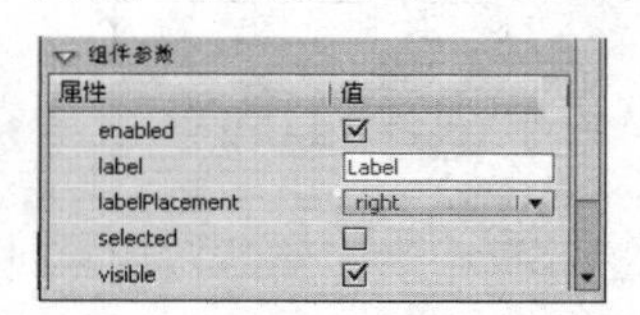

图9-2-9　CheckBox 组件参数设置

（1）label 参数：用来修改 CheckBox 组件实例标签的名称，如改为“复选框”。

（2）labelPlacement 参数：调出它的下拉列表框，选择组件实例标签名称所处的位置。它有“right”“left”“top”“bottom”4 个选项，分别用来设置组件实例标签名称在复选框的左、右、上或下。

（3）selected 参数：调出它的列表框，它有两个选项，用来设置复选框的初始状态。选择 true 选项，则初始状态为选中；选择 false 选项，则初始状态为没选中。

思考与练习9-2

（1）修改“图像浏览”动画，使它可以浏览外部 10 幅图像和 10 个 SWF 格式动画。

（2）参考【案例 38】“图像浏览”动画的制作方法，制作一个“浏览图像”影片，它的图像框呈菱形，有两个复选框。单击选中“滚动”复选框后，可以利用滚动条滚动浏览图像；单击选中“拖动”复选框后，可以使用鼠标拖动浏览图像。

（3）制作一个“名花浏览器”动画，该动画播放后的两幅画面如图9-2-10所示。它的功能与【案例 38】“图像浏览”动画相似，只是更换了浏览的图像，可以单击下边的图像按钮来切换图像，可以同步显示相应的文字，可以拖动文本框滚动条内的滑块、单击滚动条内的按钮或者拖动文字，来浏览文本框中的文本等。

图 9-2-10 “名花浏览”动画播放后的两幅画面

（4）制作一个“四则运算练习器”动画，该动画播放后的 3 幅画面如图 9-2-11 所示（文本框内还没有数值）。加、减法均为两位数的运算，乘法是两位数乘以一位数，除法是两位数或一位数除以一位数。单击选择“加”“减”“乘”或“除”单选按钮，单击“出题”按钮，随机显示一道相应运算类型的题目。在“=”右边的文本框内输入计算结果后，单击“判断”按钮，即可根据输入的计算结果进行判断，如果计算正确，则累计分数（做对一道题加 10 分），并显示“正确”；如果计算不正确，则显示提示信息“错误！”。

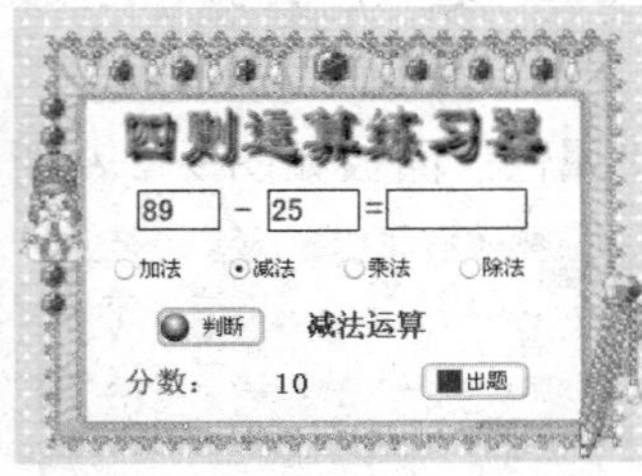

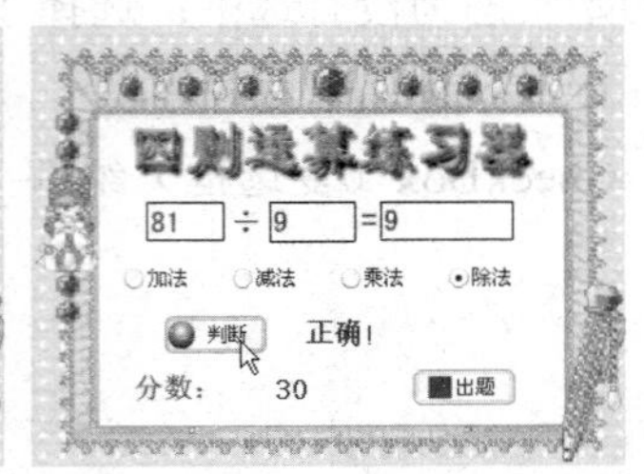

图 9-2-11 “四则运算练习器”动画播放后的 3 幅画面

9.3 【案例 39】列表浏览

案例 39 视频

【案例效果】

“列表浏览”动画运行后的两幅画面如图 9-3-1 所示。可以看到，图像框内显示一幅风景图像，左下边文本框内显示“这是风景图像”文字。单击下拉列表框中的一个选项或单击列表框中的选项，则会在右边的图像框中显示对应的外部图像文件的风景图像，同时相应的文字会显示在文本框中，拖动滚动条的滑块、拖动图像或单击滑槽内的按钮，可以调整图像的显示部位。另外，在选择下拉列表框中的选项后，列表中的当前选项会随之改变；单击选中列表中的选项后，下拉列表框中当前选项也随之改变。

显示的图像在该程序所在目录下的“TU”文件夹中。

图 9-3-1 “列表浏览”动画运行后的两幅画面

【操作过程】

1. 建立影片剪辑元件与“ScrollPane”组件的链接

（1）在“TU”文件夹内保存“图像.jpg”“图像 1.jpg”～“图像 12.jpg”13 个图像文件。新建一个“ActionScript 2.0”类型的 Flash 文档，设置舞台工作区宽为 420 px、高为 280 px，再以名称“列表浏览.fla”保存。

（2）将“图层 1”图层名称改为“框架”，选中该图层第 1 帧，导入一幅“框架.jpg”图像，使该图像刚好将舞台工作区覆盖，如图 9-3-1 所示。

（3）选择“插入”→“新建元件”命令，弹出“创建新元件”对话框。单击“高级”按钮，展开“创建新元件”对话框。在“名称”文本框内输入“图像”，在“标识符”文本框中输入“TU1”，选中“链接”栏内的两个复选框，如图 9-3-2 所示。

（4）单击“确定”按钮，进入“图像”影片剪辑元件的编辑窗口。导入“图像.jpg”图像到舞台工作区中，将该图像左上角与舞台工作区的中心点对齐。然后，回到主场景。

（5）在“框架”图层之上新建“组件程序”图层，选中该图层第 1 帧，从“组件”面板中将“ScrollPane”（滚动窗格）组件拖动到舞台工作区中。选中滚动窗格组件实例，在其“属性”面板为该实例命名“INTU”，设置“contentPath”值为“图像”影片剪辑元件的标识符名称“TU1”，建立该组件与该影片剪辑元件的链接，如图 9-3-3 所示。

2. “ComboBox”（组合框）组件设置

（1）选中“组件程序”图层第 1 帧，将“ComboBox”（组合框）组件拖动到舞台工作区中，形成组件实例，该实例命名为“comboBox1”。打开“属性”面板，选中“comboBox1”组件实例，如图 9-3-4 所示（还没有设置）。

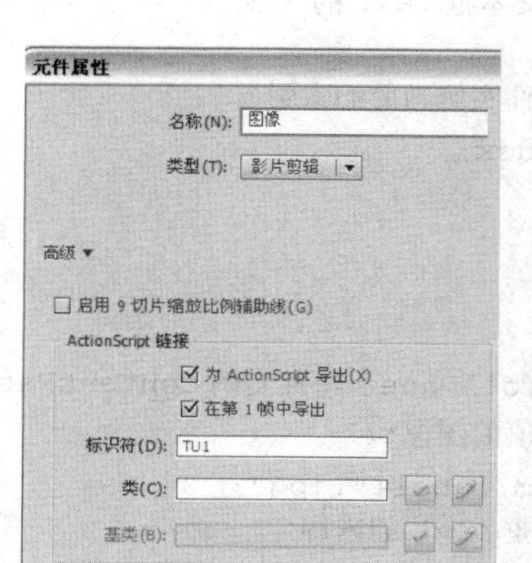

图 9-3-2　“创建新元件”对话框设置

图 9-3-3　“属性”面板 1

图 9-3-4　“属性”面板 2

（2）单击它的“属性”面板内的 data 参数右边的数据区，弹出“值”对话框，单击第 0 行“值”栏文本框，输入“这是杜鹃花”文字。再单击按钮，添加第 1 行。按照上述方法，输入其他行的文字，如图 9-3-5（a）所示。

在上述“值”对话框中，单击按钮，可以删除选中的选项，单击按钮可以将选中的选项向下移动一行，单击按钮可以将选中的选项向上移动一行。

（3）单击它的“属性”面板内的 labels 参数右边的数据区，弹出“值”对话框。采用与上述相同的方法，给各行输入文字，如图 9-3-5（b）所示。

3. “List”（列表框）组件和文本框设置

（1）将“List”（列表框）组件拖动到舞台工作区中，给该实例命名为“List1”。“属性”

面板设置如图 9-3-6 所示。设置方法与“comboBox1”组件的设置方法一样。

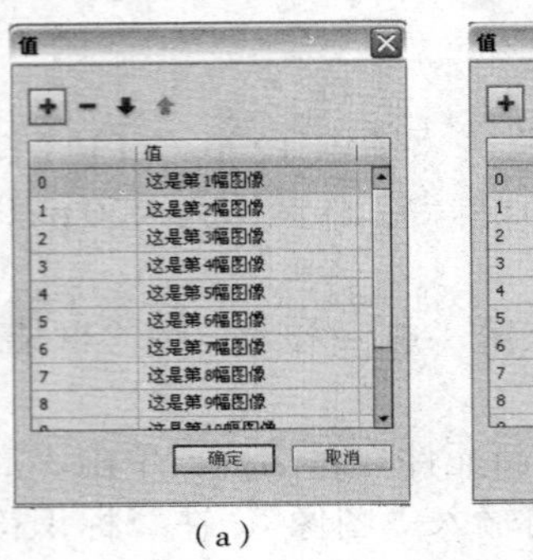

(a)

(b)

图 9-3-5 “值”对话框

图 9-3-6 List1“属性”面板设置

（2）在“List1”（列表框）组件实例的下边创建一个动态文本框，设置它的字体为系统字体“_sans”，大小为 14 点，颜色为红色，变量名为“text”。

（3）调整各组件实例和文本框的大小和位置，如图 9-3-1 所示。

4. 程序设计

选中“组件程序”图层第 1 帧，在它的“动作-帧”面板内输入如下程序：

```
//定义函数 change1
function change1(){
   /*设置 comboBox1 组件实例当前的 label 参数值作为 ScrollPane 组件实例
contentPath 参数的值，从而在滚动窗格内显示链接标识符为 label 参数值的图像*/
    INTU.contentPath ="TU/"+comboBox1.selectedItem.label+".jpg";
    //用 comboBox 组件实例当前的 data 参数值改变动态文本框 text 的内容
    text=comboBox1.selectedItem.data;
    //用 comboBox1 组件实例当前的索引号改变 list1 组件实例当前的索引号
    list1.selectedIndex= comboBox1.selectedIndex;
}
comboBox1.addEventListener("change", change1);
//定义函数 change2
function change2(){
    /*设置 list1 组件实例当前的 label 参数值作为“ScrollPane”组件实例 contentPath
参数的值，从而在滚动窗格内显示链接标识符为 label 参数值的图像*/
    INTU.contentPath ="TU/"+list1.selectedItem.label+".jpg";
    //用 list1 组件实例当前的 data 参数值改变动态文本框 text 的内容
   text=list1.selectedItem.data;
    //用 list1 组件实例当前的索引号改变 comboBox1 组件实例当前的索引号
   comboBox1.selectedIndex=list1.selectedIndex;
}
list1.addEventListener("change", change2);//侦听组件实例发生变化的事件
```

在程序中，“comboBox1.addEventListener("change",change1);”语句的作用是将 comboBox1 组件实例的 change 事件与自定义函数“change1”绑定。addEventListener 方法用来侦听事件。当 comboBox1 组件实例变化时执行“change1”自定义函数。

“list1.addEventListener("change", change2);”语句的作用是将 list1 组件实例的 change 事件（改变 list1 组件实例后产生的事件）与自定义函数 change2 绑定。

selectedItem 是 comboBox1 和 list1 组件实例的属性，可以获取这两个组件实例的参数

值。例如，selectedItem.label 可以获取 label 参数值，selectedItem. data 可以获取 data 参数值。

【相关知识】

1. ComboBox 组件参数

（1）ComboBox（组合框）组件实例的常用方法和属性如表 9-3-1 所示。

表 9-3-1　ComboBox（组合框）组件实例的常用方法和属性

方法和属性	说　明
ComboBox.addItem()	向组合框的下拉列表的结尾处添加选项
ComboBox.addItemAt()	向组合框的下拉列表的结尾处添加选项的索引
ComboBox.change	当组件的值因用户操作而发生变化时产生事件。也就是，当 ComboBox.selectedIndex 或 ComboBox.selectedItem 属性因用户交互操作而改变时，向所有已注册的侦听器发送
ComboBox.open()	当组合框的下拉列表打开时产生事件
ComboBox.close()	当组合框的下拉列表完全回缩时产生事件
ComboBox.itemRollOut	当组合框的下拉列表指针滑离下拉列表选项时产生事件
ComboBox. itemRollOver	当组合框的下拉列表指针滑过下拉列表选项时产生事件
selectedIndex	属性，下拉列表中所选项的索引号。默认值为 0
selectedItem	属性，下拉列表中所选项目的值

（2）ComboBox 组件实例的“属性”面板如图 9-3-4 所示。部分参数作用如下：

① data 参数：用来将数据值与 ComboBox 组件中每一个选项相关联，它是一个数组。

② editable 参数：设置是可编辑的（true）还是只可以选择的（false），默认值为 false。

③ labels 参数：利用该参数可以设置组合框（下拉列表框）内各选项的值。

④ rowCount 参数：设置下拉列表框下拉后最多可以显示的选项个数。

⑤ restrict 参数：指示用户可在组合框的文本字段中输入的字符集。

2. List 组件参数

List 组件是一个单选或多选列表框，可以显示文本、图形及其他组件。该组件实例的一些参数、方法和属性与 ComboBox 组件实例基本一样。组件外观可通过 setStyle 方法来设置。该组件实例的“属性”面板如图 9-3-6 所示。其中一些参数的作用如下：

（1）multipleSelection 参数：指示是（true）否（false）可以选择多个值。

（2）rowHeight 参数：指示每行高度，单位像素。默认值为 20。设置字体不会更改行高度。

3. TextInput 和 TextArea 组件参数

TextInput 是一个文本输入组件，可利用它输入文字或密码类型字符。TextArea 是一个多行文本框。它们的主要参数名称及其含义介绍如下：

（1）editable 参数：设置该组件是否可以编辑。其值为 true 时，可以编辑。

（2）password 参数：设置输入的字符是否为密码。其值为 true 时，显示密码。

（3）text 参数：设置该组件中的文字内容。

（4）wordWrap 参数：设置是否可以自动换行。其值为 true 时，可以换行。

4. FLVPlayback 组件

FLVPlayback 组件实例的“属性”面板如图 9-3-7 所示。部分参数的含义如下：

（1）cuePoints 参数：设置 FLV 流媒体视频文件的视频提示点。提示点是是否允许用户同步包含 Flash 影片、图形或文本的 FLV 文件中的特定点。

（2）autoPlay 参数：设置载入外部 FLV 流媒体视频文件后一开始是否进行播放。其值为 true 时，一开始就播放；其值为 false 时，一开始暂停。

（3）autoRewind 参数：设置 FLV 视频文件在完成播放后是否还重新播放。其值为 true 时，重新播放，播放头回到第 1 帧；其值为 false 时，不重新播放，停在最后一帧。

（4）autoSize 参数：设置 FLVPlayback 组件实例是否适应 FLV 视频的大小。其值为 true 时，适应 FLV 流媒体视频的大小；其值为 false 时，不适应 FLV 流媒体视频的大小。

（5）bufferTime 参数：设置播放 FLV 流媒体视频文件之前，在内存中缓冲 FLV 流媒体视频文件的秒数，默认值为 0.1。

（6）skin 参数：设置 FLVPlayback 组件实例的外观，单击该参数或右边的按钮，可以弹出“选择外观”对话框，如图 9-3-8 所示。利用该对话框可以选择组件的外观。

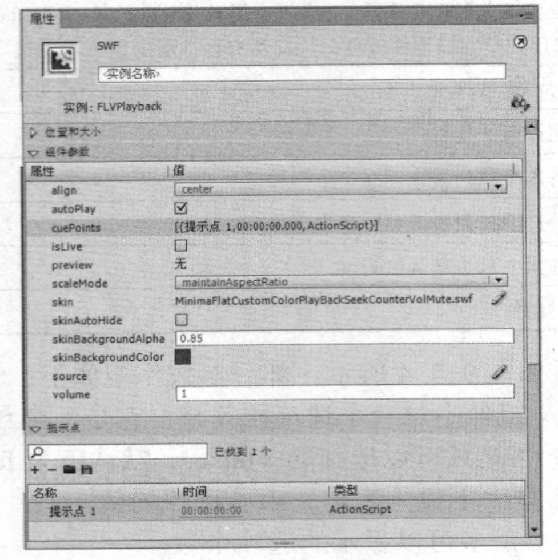

图 9-3-7 “属性”面板

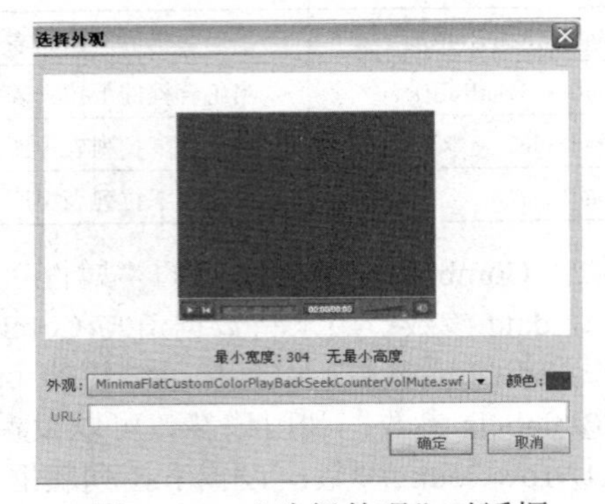

图 9-3-8 “选择外观”对话框

（7）skinAutoHide 参数：设置 FLV 视频下方控制器区域是否隐藏控制器外观。其值为 true 时，则当鼠标指针不在 FLV 视频下方时隐藏控制器；其值为 false 时，不隐藏控制器。

（8）contentPath 参数：指定 FLV 视频文件的 URL。双击该参数，可弹出“内容路径”对话框。利用它可以加载 FLV 流媒体视频文件。FLV 流媒体视频文件的 URL 地址可以是本地计算机上的路径、HTTP 路径或实时消息传输协议（RTMP）路径。

（9）volume 参数：设置 FLV 视频播放音量相对于最大音量的百分比，取值 0～100。

5. DateChooser 组件参数

对于采用“ActionScript 2.0”版本的 Flash 文件，其“组件”面板内“User Interface”类组件中有一个 DateChooser 组件。将它拖动到舞台工作区中，可创建一个 DateChooser 组件实例，如图 9-3-9 所示。它的“属性”面板“组件参数”栏如图 9-3-10 所示。

图 9-3-9 DateChooser 组件实例

图 9-3-10 DateChooser 实例的“属性”面板

（1）dayNames 参数：设置一星期中每天的名称。它是一个数组，默认值为[S,M,T,W,T,F,S]，其中第 1 个 S 表示星期天，第 2 个 M 表示星期一，其他类推。单击该参数可以弹出“值”对话框，与图 9-3-5 所示一样，用来设置星期名称。

（2）disabledDays 参数：设置一星期中禁用的各天。该参数是一个数组，最多有 7 个值，默认值为[]（空数组）。

（3）firstDayOfWeek 参数：设置一星期中的哪一天（其值为 0～6，0 是 dayNames 参数中的第 1 个数值）显示在日历星期的第 1 列中。

（4）monthNames 参数：设置日历月份名称。它是一个数组，默认值为英文月份名称。

（5）showToday 参数：设置是否要加亮显示今天的日期，其值为 true（默认值）时，加亮显示；其值为 false 时，不加亮显示。

DateChooser（日历）组件的外观可以使用 setStyle 方法来设置。

思考与练习9-3

（1）制作一个“中国美食”动画，可以列表浏览 10 幅外部美食图像和相应的文字。

（2）制作一个“列表浏览文本”动画，它可以浏览 10 个文本文件。

（3）制作一个“视频播放器”动画。制作一个“MP3 播放器”动画。

（4）制作一个“日历”动画，该动画运行后显示当月日历，文字颜色是蓝色，大小 16 点。

第10章 综合案例

10.1 【案例40】数字表

【案例效果】

“数字表”动画播放后的两幅画面如图10-1-1所示。它是一个荧光数字表，两组荧光点每隔1 s闪动一次，喇叭响一声。还有“上午”和“下午”文字显示、动画切换和月历。

图10-1-1 “数字表”动画播放后的两幅画面

【操作过程】

1. 制作“数字表”影片剪辑元件

参见【案例36】，制作“数字表”影片剪辑元件。

（1）新建一个“ActionScript 2.0”类型的Flash文档，设置舞台工作区的宽为800 px、高为260 px，背景为黄色。以名称“数字表.fla”保存。

（2）创建“点”和“线”图形元件，如图10-1-2所示。然后，回到主场景。创建并进入“点闪”影片剪辑元件，其内有两个“点”图形实例。“图层1”图层第1帧内有“stop();”语句，选中“图层1”图层第2帧，按【F7】键。然后，回到主场景。

（3）创建并进入“单数字”影片剪辑元件的编辑状态，将“图层1”名称改为“背景”，在“背景”图层之上新建“7段”图层。选中“背景”图层第1帧，7次将“库”面板内的“线”图形元件拖动到舞台工作区内，调整它们的大小、文字和旋转角度，组合成一个7段荧光数字“8”，如图10-1-3（a）所示。将该帧复制帧粘贴到“7段”图层第1帧。

（4）选中“背景”图层第1帧内所有“线”图形实例，在“属性”面板内的“样式”下拉列表框中选择“Alpha”选项，设置为0%，使该实例完全透明，如图10-1-3（b）所示。选中该图层第10帧，按【F5】键。

（5）选中“7段”图层第2～10帧，按【F6】键，使第2～10帧内容均与第1帧内容一样，均为荧光“8”字。然后，将第1～10帧内的图形分别改为“0”～“9”7段荧光数字。

（6）选中“7段”图层第1帧，在它的“动作-帧”面板内输入“stop();”语句。“单数字”影片剪辑元件的时间轴如图10-1-4所示。然后，回到主场景。

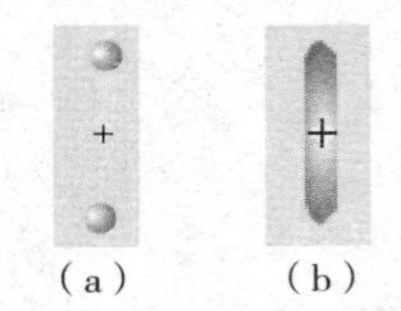

（a）　（b）

图10-1-2 点和线

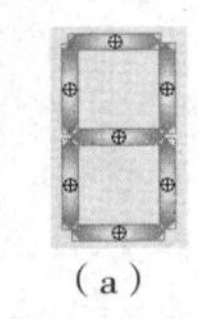

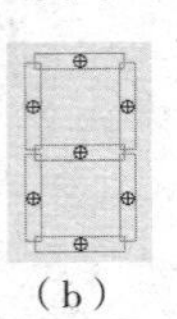

（a）　（b）

图10-1-3 “单数字”元件

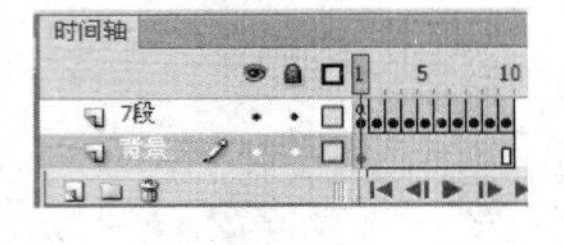

图10-1-4 “单数字”影片剪辑元件时间轴

（7）创建并进入“数字表”影片剪辑元件的编辑状态，选中“图层 1”图层第 1 帧，6 次将“库”面板内的“单个数字”影片剪辑元件和一次将“点闪”影片剪辑元件拖动到舞台工作区的中间，调整其大小、位置和倾斜，如图 10-1-5 所示。

（8）从左到右分别给“单个数字”影片剪辑元件实例命名为“H2”“H1”“M2”“M1”“S2”“S1”。给“点闪”影片剪辑元件命名为“DS”。然后，回到主场景。

图 10-1-5　“数字表”影片剪辑元件

2. 制作界面和制作程序

（1）将主场景的“图层 1”图层的名称改为“背景”，选中该图层第 1 帧，导入一幅框架图像，对该图像进行加工处理，最后效果如图 10-1-1 所示。

（2）在“背景”图层之上新建“日期时间”图层，选中该图层第 1 帧，将“库”面板中“数字表”影片剪辑元件拖动到舞台工作区中。设置该实例名称为“VIEW”。

（3）选中“日期时间”图层第 1 帧，在“数字表”影片剪辑实例下边创建 4 个动态文本框，变量名分别设置为“DATE1”“SXW”“WEEK1”“TIME1”，分别用来显示日期、星期、上午/下午和时间。设置文本框颜色为红色，黑体，30 点，加粗。

（4）将两个 GIF 格式动画导入“库”面板内，将生成的两个影片剪辑元件名称分别改为“卡通 1”和“卡通 2”。在“日期时间”图层之上添加“动画”图层，选中该图层第 1 帧，将“库”面板内的“卡通 1”和“卡通 2”影片剪辑元件拖动到“数字表”影片剪辑实例的右边，分别给实例命名为“ETDH1”“ETDH2”。然后，调整它们的大小和位置。

（5）在“动画”图层之上新建“月历”图层，选中该图层第 1 帧，将“组件”面板中 DateChooser 组件拖动到框架内右边，创建一个 DateChooser 组件实例。

（6）单击 dayNames 参数行，打开“值”面板，修改“值”栏数值，如图 10-1-6 所示。单击 monthNames 参数行，打开“值”面板，修改“值”栏数值，如图 10-1-7 所示。

（7）在“月历”图层之上创建“程序”图层。选中 5 个图层的第 2 帧，按【F5】键，使 4 个图层第 1、2 帧内容一样，为的是让程序可以不断执行“程序”图层第 1 帧的程序。

（8）导入一个“秒声.wav”音乐文件到“库”面板内。右击“库”面板内的“秒声.wav”声音元件，弹出快捷菜单，选择“属性”命令，打开“声音属性”面板，单击“ActionScript”标签，切换到“声音属性”面板的“ActionScript”选项卡。

选中第 1 个复选框，同时第 2 个复选框会自动选中，在“标识符”文本框内输入“sound1”，如图 10-1-8 所示。单击“确定”按钮，关闭该对话框，将“秒声.wav”音乐元件的标识符名称设置为“sound1”。

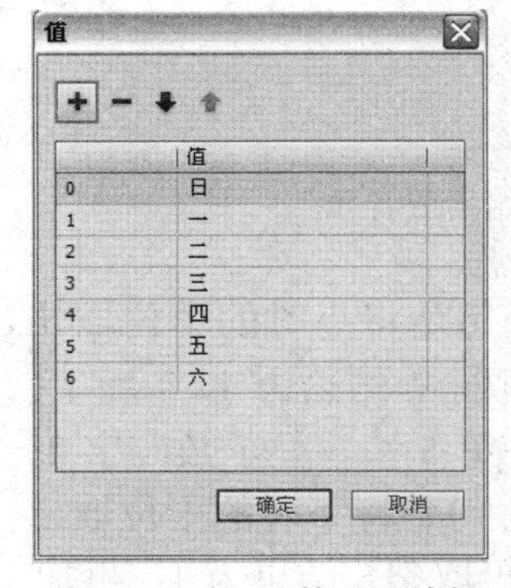

图 10-1-6　“值”面板 1

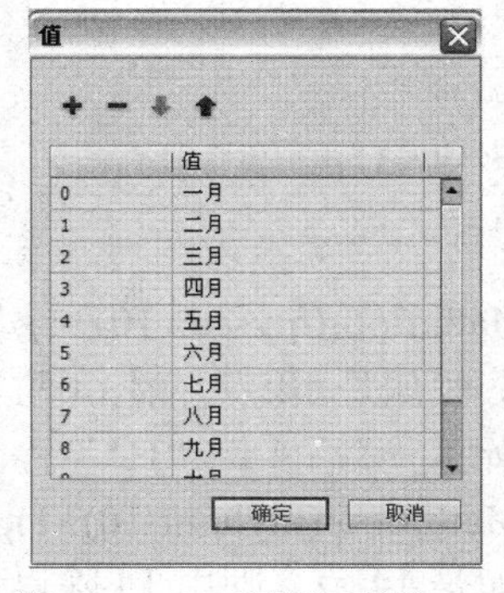

图 10-1-7　“值”面板 2

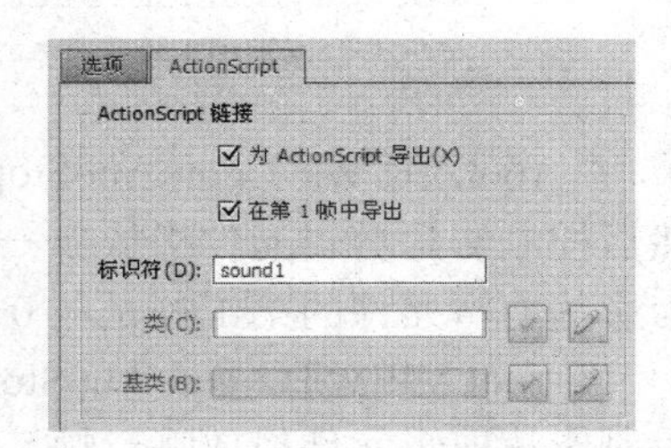

图 10-1-8　“声音属性”面板设置

（9）选中“程序”图层第 1 帧，在“动作-帧”面板的脚本窗口内输入如下程序：

```
mySound1 = new Sound();              //创建一个 mySound1 声音对象
mydate = new Date();                 //创建一个 mydate 日期对象
myyear = mydate.getFullYear();       //获取年份，存储在变量 myyear 中
mymonth = mydate.getMonth()+1;       //获取月份，存储在变量 mymonth 中
myday = mydate.getDate();            //获取日子，存储在变量 myday 中
myhour = mydate.getHours();          //获取小时，存储在变量 myhour 中
myminute = mydate.getMinutes();      //获取分钟，存储在变量 myminute 中
mysec = mydate.getSeconds();         //获取秒，存储在变量 mysec 中
myarray = new Array("日", "一", "二", "三", "四", "五", "六"); //定义数组
myweek = myarray[mydate.getDay()];//获取星期，存储在变量 myweek 中
DATE1=myyear+"年"+mymonth+"月"+myday +"日";   //获取日期存储在变量 DATE1 中
WEEK1="星期"+myweek;                              //显示星期
TIME1=myhour +":"+myminute +":"+mysec;          //显示时间
//上下午图像和文字切换
if (myhour >12) {
    _root.SXW="下 午";
    setProperty(_root.ETDH2, _visible, 1);   //显示实例“ETDH2”
    setProperty(_root.ETDH1, _visible, 0);   //隐藏实例“ETDH1”
    hour= hour-12;//将 24 小时制转换为 12 小时制
}else{
    _root.SXW="上 午";
    setProperty(_root.ETDH1, _visible, 1);   //显示实例“ETDH1”
    setProperty(_root.ETDH2, _visible, 0);   //隐藏实例“ETDH2”
}
//下面两行脚本程序是控制数码钟的秒
_root.VIEW.S1.gotoAndStop(Math.floor(mysec%10)+1);
_root.VIEW.S2.gotoAndStop(Math.floor(mysec/10+1));
// 下面两行脚本程序是控制数码钟的分
_root.VIEW.M1.gotoAndStop(Math.floor(myminute%10)+1);
_root.VIEW.M2.gotoAndStop(Math.floor(myminute/10+1));
// 下面两行脚本程序控制数码钟的小时
_root.VIEW.H1.gotoAndStop(Math.floor(myhour%10)+1);
_root.VIEW.H2.gotoAndStop(Math.floor(myhour/10)+1);
//每秒小点闪一次
if (miao<>mydate.getSeconds()) {
    _root.VIEW.DS.play();
    miao=mydate.getSeconds()
    _root.mySound1.attachSound("sound1");
    _root.mySound1.start();                        //开始播放音乐
}
```

“_root.VIEW.S1.gotoAndStop(Math.floor(mysec%10)+1);”语句是将小时的个位取出，然后控制影片剪辑元件播放哪一帧，假如是 14 点，则 14 与 10 取余，结果为 4，4 加 1（因为影片剪辑元件的第 1 帧是从 0 开始），然后实例“H1”停止在第 5 帧，显示数码字 4。

“_root.VIEW.H2.gotoAndStop(Math.floor(myhour/10)+1);”语句是将小时的十位取出，控制影片剪辑元件播放哪一帧，假如是 14 点，则用 14 除以 10 再取整，结果为 1，再加 1，然后影片剪辑实例“H2”播放并停止在第 2 帧，显示数码 1。其他的数码字类似。

10.2 【案例 41】定时指针表

【案例效果】

“定时指针表”动画播放后的两幅画面如图 10-2-1 所示。显示一个指针表，这个指针表除了有时针、分针和秒针外，还显示当前的年、月、日和星期，以及“上午”或“下午”。指针表有秒针、分针和时针，不停地随时间的变化而改变。另外，还显示一个小秒表，还可以每一秒响一声，一小时报时 1 秒；输入定时的小时和分钟数后，当时间为定时的时间时，1 秒声停止 1 分钟，接着进行 1 分钟的报时。

图 10-2-1　“定时指针表”动画播放后的两幅画面

【操作过程】

1．制作影片剪辑元件

（1）新建一个“ActionScript 2.0”类型的 Flash 文档，设置舞台工作区的宽和高均为 360 px，背景为白色。以名称“定时指针表.fla”保存。

（2）创建并进入“second”影片剪辑元件编辑状态，绘制一条红色的细线、蓝色的坠和一个立体小圆，并将它们组合，作为秒针，如图 10-2-2（a）所示。然后，回到主场景。

（3）创建一个“minute”影片剪辑元件，其内绘制一个如图 10-2-2（b）所示的分针。创建一个“hour”影片剪辑元件，其内绘制一个如图 10-2-2（c）所示的时针。

注 意

应将秒针、分针和时针的中心点调到线的底部，而且与舞台的中心十字重合。

（4）创建一个“秒表盘”影片剪辑元件，其内绘制或导入一幅小秒表盘图形。

（5）创建并进入“指针表”影片剪辑元件的编辑状态。将“图层 1”图层的名称改为“表盘”。选中“表盘”图层第 1 帧，导入一幅表盘图像，调整它的宽和高均为 360 px。将“库”面板内的“秒表盘”影片剪辑元件拖动到表盘图像内下边，调整它的大小和位置。

（6）在“表盘”图层的上边创建 6 个新图层，如图 10-2-3 所示。选中“文本框”图层第 1 帧，在表盘内上边和下边创建两个无边框的动态文本框，上边的动态文本框变量名称为“DATE1”，用来显示日期；下边的动态文本框变量名称为“TIME1”，用来显示时间。

（7）在表盘内右边创建两个显示边框的动态文本框，第 1 个动态文本框变量名称为“WEEK1”，用来显示星期；右边的动态文本框变量名称为“SW”，用来显示上午或下午。

（8）在表盘内左边创建两个显示边框的输入文本框，第 1 个输入文本框变量名称为“HOUR2”，用来输入定时的小时数；右边的输入文本框变量名称为“MINUTE2”，用来输入定时的分钟数。它们之间输入一个静态文本的“：”。

（9）设置各文本框的颜色为红色、字体为宋体；上边和下边动态文本框的文字大小为26点；中间文字大小为16点。单击“属性”面板内的“嵌入”按钮，弹出“字体嵌入”对话框，在“字符范围”列表框中选中“数字”复选框，在“还包含这些字符：”文本框内输入“年月日星期：上午下”。然后单击“确定”按钮，关闭该对话框。

（10）选中“指针”图层第1帧，将“库”面板中的“hour”“minute”“second”影片剪辑元件依次拖动到舞台工作区中。将时针、分针和秒针移到表盘中心处（注意：表针的中心应与表盘和舞台工作区的中心十字重合）。然后，再将“second”影片剪辑元件拖动到小秒表内，小秒针底端的中心应与小表盘的中心重合，效果如图10-2-4所示。

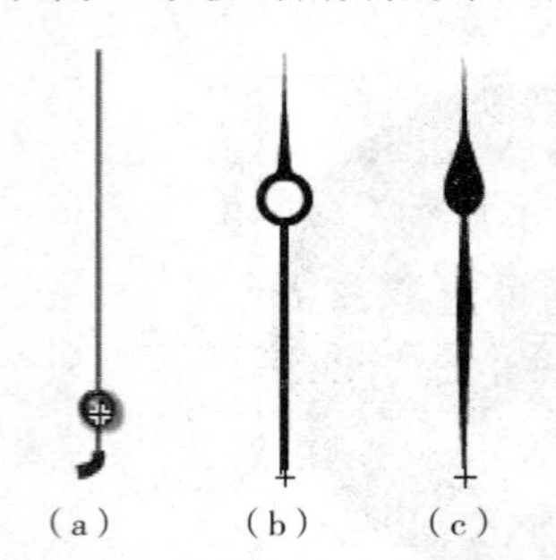

图 10-2-2　秒针、分针和时针

图 10-2-3　时间轴

图 10-2-4　指针与表盘中心重合

（11）创建一个名称为“背景图1”的影片剪辑元件，其内中间是一幅圆形图像（导入一幅图像，分离后加工成圆），大小与表盘内框大小一样。再创建一个名称为“背景图2”的影片剪辑元件，其内中间是另一幅圆图像，大小与表盘内框大小一样。

（12）选中“背景图像1”图层第1帧，将“库”面板内的“背景图1”影片剪辑元件拖动到舞台中心，给该实例命名为“T1”；选中“背景图像2”图层第1帧，将“库”面板内的“背景图2”影片剪辑元件拖动到舞台中心，给该实例命名为“T2”。

2. 设计程序和制作主场景动画

（1）利用它们的“属性”面板，分别给“hour”影片剪辑实例命名为“hourhand”，“minute”影片剪辑实例命名为“minutehand”，“second”影片剪辑实例命名为“secondhand”，小秒表指针的“second”影片剪辑实例命名为“secondhand1”。

（2）选中“程序”图层第1帧，在“动作-帧”面板内输入如下脚本程序：

```
//获取日期、时间和星期
mydate=new Date();                  //将日期（Date）类实例化一个名称为 mydate 的实例
myyear=mydate.getFullYear();        //获取当前年份，存储在变量 myyear 中
mymonth=mydate.getMonth()+1;        //获取当前月份，存储在变量 mymonth 中
myday=mydate.getDate();             //获取当前日期，存储在变量 myday 中
mysec=mydate.getSeconds();          //获取当前秒数，赋给变量 mysec
myminute=mydate.getMinutes();       //获取当前分钟数，赋给变量 myminute
myhour=mydate.getHours();           //获取当前小时数，赋给变量 myhour
myarray=new Array("日","一","二","三","四","五","六");//定义数组
myweek=myarray[mydate.getDay()];    //获取星期，存储在变量 myweek 中

//根据 hour 的值是否大于 12，确定是上午还是下午，并显示相应的背景图像
m=0;
SW="上午";
if (myhour>12) {
   myhour = myhour-12;
```

```
      m = 1;
     SW= "下午";
   }
   //显示日期、时间、星期和上午或下午
   DATE1=myyear+"年"+mymonth+"月"+SW;               //显示年月和上午或下午
   WEEK1="星期"+myweek;                              //显示星期
   DATE2=myday +"日";                                //显示日子
   TIME1=myhour +": "+myminute +": "+mysec;        //显示时间
   //按照当前时间旋转指针
   secondhand._rotation=mysec*6;                     //按照当前时间旋转秒针
   secondhand1._rotation=mysec*6;                    //按照当前时间旋转秒针
   minutehand._rotation=myminute*6;                  //按照当前时间旋转分针
   hourhand._rotation=myhour*30                      //按照当前时间旋转时针
   setProperty (T1, _visible, 1-m);
   setProperty (T2, _visible, m);
   //每秒响一声
   if(mysec!=n){
       n=mysec;
       //绑定一个“库”面板中的声音元件“sound1”对象
       _root.mysound1.attachSound("sound1");
       _root.mysound1.start();
   }
   //每小时进行一次报时
   if (myminute==0 && mysec==0) {
      _root.mysound1.stop();   //停止 mySound1 声音对象播放
      _root.mysound2.attachSound("sound2");
      _root.mysound2.start(); //开始播放绑定的声音
   }
   //定时
   if (myhour==HOUR2 and myminute==MINUTE2) {
       _root.mysound1.stop(); //停止 mySound1 声音对象播放
       _root.mysound2.stop(); //停止 mySound2 声音对象播放
    }
       //绑定一个“库”面板中的声音元件“sound3”对象
       _root.mysound3.attachSound("sound3");
       _root.mysound3.start(); //开始播放绑定的声音
   }
```

程序中有关语句简要说明如下：

①“secondhand._rotation = sec*6;”语句：因为秒针旋转一周是 360 度，而时钟的秒一周是 60 个基本单位，一个基本单位是 6 度（360 除以 60 等于 6）。因此必须进行换算，将时钟的秒基本单位乘以 6。

②“minutehand._rotation = minute*6;”语句：分的一周是 60 个基本单位，一个基本单位是 6 度（360 除以 60 等于 6）。因此必须进行换算，将时钟的分基本单位乘以 6。

③ 因为“getHours()”的值范围是 0～23，而钟表的时针一周是 12 小时，必须使用“if (hour>12) { hour= hour-12; }”语句，当超过 12 小时则减去 12，得到当前 12 进制时间。例如，15 点即下午 3 点（15-12=3）。

④“hourhand._rotation = hour*30;”语句：由于时针一周是 12 小时，即 12 个基本单位，一个基本单位为 30 度（360 除以 12 等于 30），还要进行转换，将 hour 乘以 30。

（3）按住【Ctrl】键，单击选中各图层的第 2 帧，按【F5】键。然后，回到主场景。

（4）选中主场景“图层 1”图层第 1 帧，将“库”面板中的“指针表”影片剪辑元件拖动到舞台工作区中，形成一个实例。

（5）在“图层 1”图层之上创建“图层 2”图层，选中该图层第 1 帧，在“动作-帧”面板内输入如下脚本程序：

```
mysound1=new Sound();  //将 Sound（声音）类实例化一个名称为 mysound1 的实例
mysound2=new Sound();  //将 Sound（声音）类实例化一个名称为 mysound2 的实例
mysound3=new Sound();  //将 Sound（声音）类实例化一个名称为 mysound3 的实例
```

10.3 【案例 42】字母猜猜猜

案例 42 视频

【案例效果】

“字母猜猜猜”动画播放后，计算机产生一个随机大写字母，屏幕上边显示已经用的时间，第 4 行输入文本框内输入猜的字母。输入完后单击文本框左边的按钮或按【Enter】键，计算机会马上给出一个提示。如果猜错了，则显示的提示是“太大！”或“太小！”，如图 10-3-1（a）所示。如果猜对了，会显示“正确!”，并显示您共用的次数，如图 10-3-1（b）所示。单击左下角的按钮，会在右边显示要猜的字母。单击“下一个”按钮，会产生一个新随机字母，同时在文本框下边显示猜的是第几个字母。当猜完 4 个字母后，会显示每次猜字母所用次数和时间、总次数和总时间以及成绩，如图 10-3-1（c）所示。

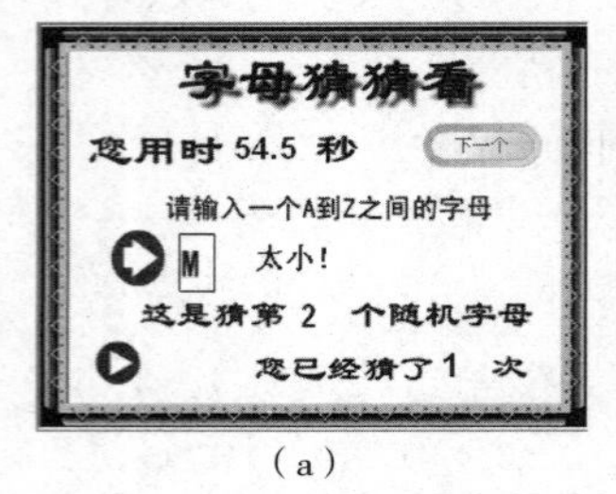

（a）

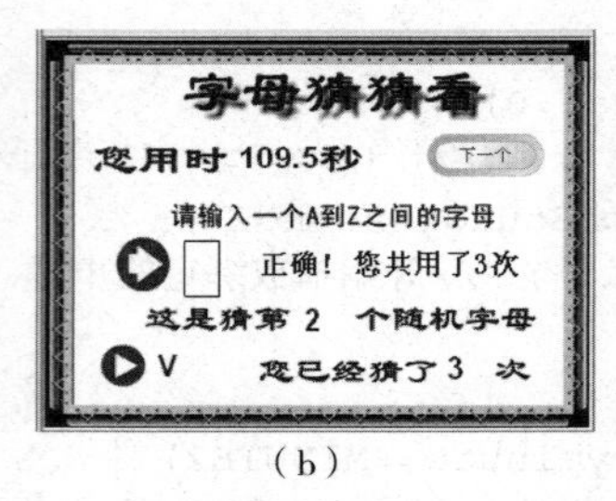

（b）

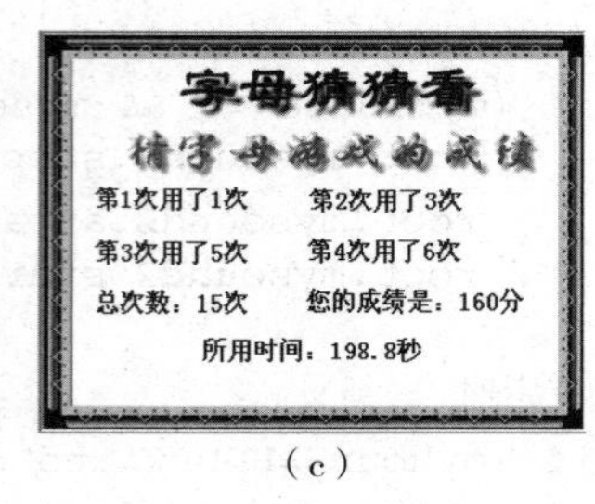

（c）

图 10-3-1 “字母猜猜猜”动画播放后的 3 幅画面

【操作过程】

1. 制作界面

（1）新建一个 Flash 文档，设置舞台工作区宽为 360 px，高为 260 px，背景色为白色。设置播放器版本为“Flash Player 10”，脚本为“ActionScript 2.0”选项。

（2）选中“图层 1”图层第 1 帧，导入一幅框架图像，调整它的大小和位置，将整个舞台工作区完全覆盖。输入蓝色、隶书、40 点大小文字“字母猜猜看”，再给该文字添加“斜角”和“发光”滤镜。选中“图层 1”图层第 3 帧，按【F5】键，使该图层第 1～3 帧内容一样。

（3）在“图层 1”图层之上添加“图层 2”图层，选中该图层第 2 帧，按【F7】键，创建一个空白关键帧。加入 Flash 系统库中的 3 个按钮，3 个按钮实例的名称从上到下分别为 AN1、AN2 和 AN3。输入一些蓝色、华文楷体、加粗、26 点文字，加入 6 个文本框，如图 10-3-2 所示。

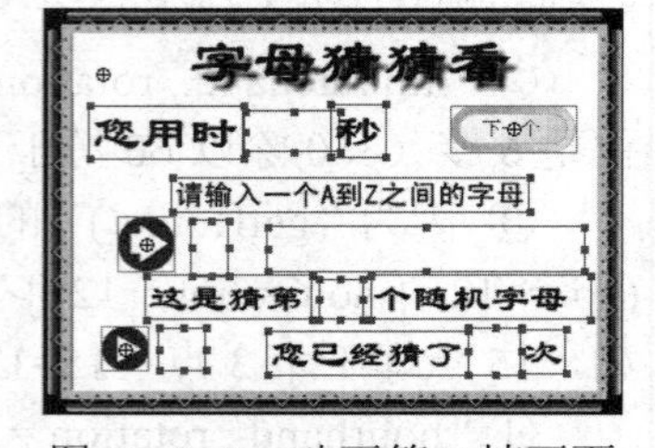

图 10-3-2 动画第 2 帧画面

（4）第 2 行文本框是不加框的动态文本框，用来输出已经用的时间，变量名为“textsj”。第 4 行左边的文本框是加框的输入文本框，用来输入要猜的字母，变量名为“text1”。第 4 行右边的文本框是不加框的动态文本框，用来输出提示信息，变量名为“text2”。第 5 行中间的文本框是不加框的动态文本框，用来输出产生随机字母的个数，变量名为“textcs”；第 6 行右边的文本框是不加框的动态文本框，用来输出猜的次数，变量名为“textcs1”；第 6 行左边的文本框是不加框的动态文本框，用来输出产生的随机字母，变量名为“sc1”。

2. 制作猜字母程序

（1）选中“图层 2”图层第 1 帧，在它的“动作-帧”面板内输入如下初始化程序：

```
//初始化程序，并产生第 1 个随机字母
myArray=new Array();//定义一个名字为“myArray”数组
cj=0 ;//变量 cj 用来存储成绩
n = 0;//变量 n 用来存储猜随机字母的次数
nn=0;//变量 nn 用来存储是否猜对了字母,如果猜对了,则 nn=1,否则为 0
nh=0;//变量 nh 用来存储总次数
k=1;//变量 k 用来存储猜了随机字母的个数
sj1=getTimer();//启动游戏后至此所用时间(单位为千分之一秒)存入变量 sj1 中
su=random(26)+65; //变量 su 用来存储 A 到 Z 之间的随机字母的 ASCII 码
sc=chr(su); //变量 sc 用来存储 A 到 Z 之间的随机字母
textcs=k;//给文本框变量“textcs”存储随机字母的个数
textcs1=n;//给文本框变量“textcs1”存储猜随机字母的次数
sc1="";//给文本框变量“sc1”存储空字符
text1="";//给文本框变量“text1”存储空字符
text2="";//给文本框变量“text2”存储空字符
cj=0 ;//变量 cj 用来存储成绩
```

（2）选中“图层 2”图层第 2 帧，在它的“动作-帧”面板内输入如下程序：

```
stop();//暂停动画播放，即播放指针停在第 2 帧，按钮还起作用
AN1.onPress=function(){
    if (nn==1){
      su=random(26)+65;//猜对数后产生一个新的 A 到 Z 之间的随机字母的 ASCII 码
      sc=chr(su);//将 ASCII 码转换成相应的字符，并赋给变量 sc
      myArray[k]=n;//将上次猜字母的次数保存到数组 myArray 中
      k++;//变量 k 自动加 1
      textcs=k;//给文本框变量“textcs”存储随机字母的个数
      textcs1=n;//给文本框变量“textcs1”存储猜随机字母的次数
      n=0;//变量 n 赋初值 0
      nn=0; //变量 nn 赋初值 0
      text1=""; //文本框变量 text1 赋初值为空字符串
      text2="";//文本框变量 text2 赋初值为空字符串
      sc1="";//文本框变量 sc1 赋初值为空字符串
    }
    //如果猜了四个随机字母，则进行统计：变量 nh 用来存储总次数
    if (k==5){
      nh= myArray[1]+ myArray[2]+ myArray[3]+ myArray[4];
      cj=int(2400/nh);//变量 cj 用来存储成绩
      sj=Math.floor((getTimer()-_root.sj1)/100)/10;//sj 存储总时间(单位为秒)
      gotoAndPlay(3);//转到第 3 帧播放
```

```
    }
  }
  AN3.onPress=function(){
    sc1=sc;//单击该按钮后将 sc 存储的随机字母赋给文本框变量 sc1，以显示随机数
  }
```

（3）选中第 2 帧内第 4 行的 AN2 按钮实例，在“动作-按钮”面板内输入如下程序：

```
//单击按钮或按【Enter】键后执行下面大括号内的程序
on(press,keyPress "<Enter>") {
    n++;//统计每回猜字母的次数，保存在变量 n 内
    nn=0; //变量 nn 赋初值 0
   textcs1 = n;// 给文本框变量“textcs1”存储猜随机字母的次数
  /*如果猜的字母小于随机字母，则将“太小！”文字赋给文本框变量“text 2”*/
  if (text1<sc) {
     var text2 = "太小!";
  }
  /*如果猜的字母大于随机字母，则将“太大！”文字赋给文本框变量“text2”*/
  if (text1>sc) {
     var text2 = "太大!";
  }
   /*如果猜对，则连接文字和变量 n 的值，并赋给文本框变量“text2”*/
   if (text1==sc) {
     var text2 = "正确! 您共用了"+n+"次";
     nn=1;//变量 nn 等于 1 时，表示猜对了，可以再产生新的随机数
   }
   var text1 =""
}
```

（4）上述动画制作完后还不能随时显示所用的时间，这是因为执行第 1 帧后不再执行第 1 帧中的程序，因此文本框变量“textsj”不会被刷新。为了刷新“textsj”的内容，可以创建一个影片剪辑元件，名字为“sj”。在该影片剪辑元件的“图层 1”图层第 1 帧内加入如下程序，给变量 textsj 存储所用时间。然后，选中“图层 1”图层第 5 帧，按【F5】键。

```
_parent.textsj= Math.floor((getTimer()-_parent.sj1)/100)/10;
```

将“库”面板中的影片剪辑元件“sj”拖动到主场景舞台，产生一个圆圈。在动画播放时不显示。这样，可以不断播放这个影片剪辑实例，不断刷新文本框“textsj”。

3. 制作统计程序

（1）选中“图层 2”图层第 3 帧，按【F7】键，创建一个空白关键帧。选中该帧，输入蓝色、华文行楷字体、20 点大小的文字“猜字母游戏的成绩”，再创建 7 个动态文本框，它们的变量名分别为“t1”～“t7”。设置文本框文字为宋体、蓝色、16 点大小，如图 10-3-3 所示。

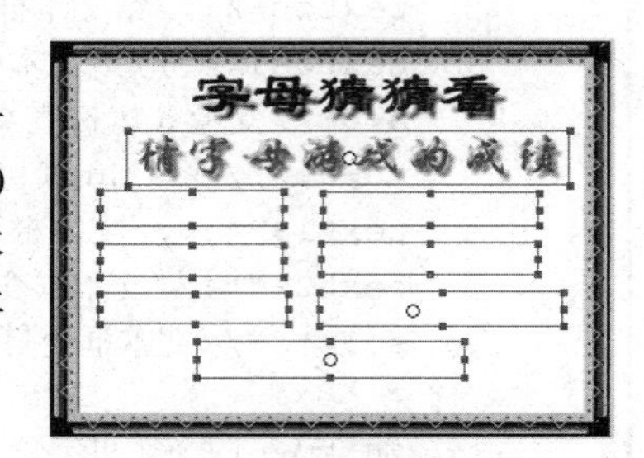

图 10-3-3　动画第 3 帧画面

（2）选中“图层 2”图层第 3 帧，在它的“动作-帧”面板内输入如下程序：

```
stop();
//将文字和数组变量 myArray[1]内的数据连接并赋给文本框变量 t1
t1="第 1 次用了"+myArray[1]+"次";
t2="第 2 次用了"+myArray[2]+"次";
t3="第 3 次用了"+myArray[3]+"次";
```

```
t4="第 4 次用了"+myArray[4]+"次";
t5="总次数："+nh+"次";
t6="您的成绩是："+cj+"分";
t7="所用时间："+sj+"秒";
```

思考与练习10

（1）修改【案例 40】“数字表”动画，使它具有定时功能。

（2）参考【案例 41】“定时指针表”动画的制作方法，制作另一个“指针表”动画。

（3）参考【案例 42】“字母猜猜猜”动画的制作方法，制作一个“猜数字游戏”动画。

（4）制作一个“简单计算器”动画，该动画播放后的一幅画面如图 10-3-4 所示。利用该计算器可以进行四则运算、函数运算、开方运算，以及平方、3 次方和 *Y* 次方等运算。例如，单击“5”按钮后单击“0”按钮，计算器显示 50，如图 10-3-4 所示。再单击“+”按钮，接着输入“60”，然后单击“=”按钮，计算器显示 110。

（5）制作一个“高级 MP3 播放器”动画播放后的一幅画面如图 10-3-5 所示。它增加了音量控制功能和模拟频谱分析功能，拖动音量调节杆，可以动态地改变音量的大小。

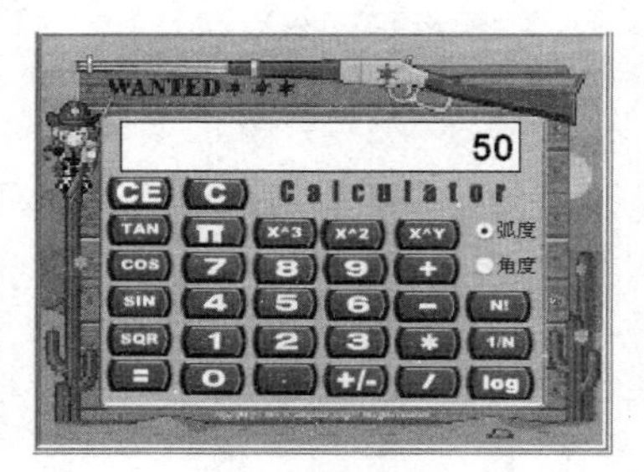

图 10-3-4 “简单计算器”动画画面

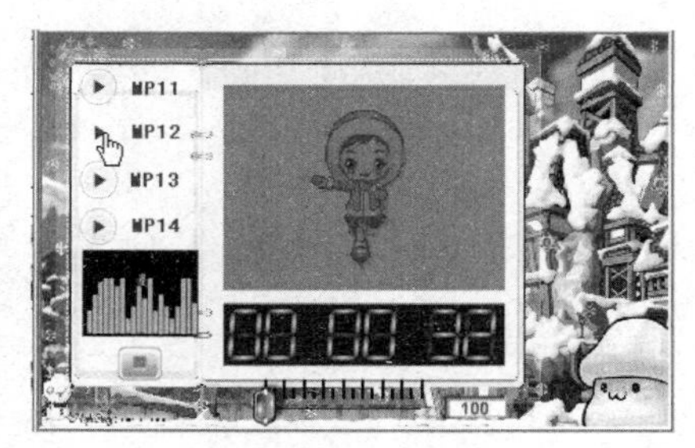

图 10-3-5 “高级 MP3 播放器”动画画面